Kurzer Leitfaden der Elektrotechnik

in allgemeinverständlicher Darstellung
für Unterricht und Praxis

von

Rudolf Krause

Fünfte, erweiterte Auflage

neubearbeitet von

W. Vieweger

Ingenieur

Mit 413 Abbildungen

Berlin
Verlag von Julius Springer
1929

ISBN-13: 978-3-642-89476-3   e-ISBN-13: 978-3-642-91332-7
DOI: 10.1007/978-3-642-91332-7
Softcover reprint of the hardcover 5th edition 1929

Vorwort.

Der Verfasser des vorliegenden Werkes hat bei der Darstellung der Vorgänge in elektrischen Maschinen und Apparaten großes Gewicht auf Anschaulichkeit gelegt und nur wenige rechnerische Beispiele eingefügt, wobei die Aufstellung mathematischer Formeln möglichst vermieden wurde. Der Leser sollte eben nicht zur gedankenlosen Verwendung ungeeigneter Formeln verleitet, sondern dazu angehalten werden, vor Beginn der Rechnung immer erst die Vorgänge mit Hilfe der Vorstellung zu erklären. Nach dem verhältnismäßig raschen Absatz der früheren Auflagen zu urteilen, dürfte der Verfasser mit dieser Methode reichen Anklang im Leserkreise gefunden haben, so daß der Bearbeiter der vorliegenden 5. Auflage nur einzelne Kapitel wesentlich zu erweitern hatte.

Abweichend von den früheren Auflagen brachte der Herausgeber einige wichtige Formeln, die er durch Beispiele noch besonders erläuterte.

Im Kapitel Wechselstrom wurde bei der Hintereinanderschaltung von Spule und Kondensator auch die Berechnung der Sparlampe der Philips AG. Lampenfabrik Holland eingefügt, während die Sekundär-Elemente durch die Beschreibung der schalterlosen Lampen eine Erweiterung erfuhren.

Die asynchronen Motoren wurden durch die Beschreibung des Doppelnutmotors und des kompensierten Motors ergänzt. Neu aufgenommen sind ferner die Phasenschieber und die automatischen Regler zur Konstanthaltung der Spannung.

Die Energieübertragung durch Kabel und Freileitung ist dem neusten Stande entsprechend beschrieben worden, wobei auch die Drehtransformatoren zur Erhöhung der Spannung Erwähnung fanden.

Den Erdschlußanzeigern und dem Kurbelinduktor sind mehrere Seiten gewidmet.

Bei dem Kapitel „Das elektrische Licht und die elektrischen Lampen" hielt der Herausgeber es für unbedingt notwendig, die Einheiten der Lichttechnik sowie die Lichtverteilungskurve zu erklären. Die Verwendung der Quarzlampe in der Medizin und in der Technik als Analysenlampe ist besonders hervorgehoben worden.

Auch das in der Radiotechnik so vielfach benutzte Dreielektrodenrohr zur Erzeugung ungedämpfter Schwingungen durfte nach Ansicht des Herausgebers nicht fehlen.

Ein ausführlich gehaltenes Sachverzeichnis gestattet dem Leser, das Buch als Nachschlagewerk zu benutzen.

Dass der Umfang des Werkes trotz der vielen Erweiterungen und Vermehrung der Abbildungen nicht größer wurde, ist der Verlagsbuchhandlung Julius Springer zu danken, die in liebenswürdiger Weise die meisten vorhandenen großen Abbildungen verkleinern ließ und auch die neu eingefügten in einem harmonischen Maßstabe brachte.

Dank gebührt auch Herrn Prof. H. Vieweger, der seine Erfahrungen in mehr als 40jähriger Lehrtätigkeit in uneigennütziger Weise dem Herausgeber zur Verfügung stellte.

Möge die Neuauflage, bei der auch die verschiedenen Vorschläge der Kritiker der früheren Auflage weitgehendst Berücksichtigung fanden, sich das Wohlwollen des Leserkreises erwerben.

Mittweida, im September 1929.

W. Vieweger.

Berichtigung.

Auf Seite 17, Formel (6b) muß lauten:

$$Q = 0{,}239\,UJt = 0{,}239\,J^2Rt = 0{,}239\,U^2t:R \ \text{cal.} \qquad (6\,\text{b})$$

Inhaltsverzeichnis.

I. Grunderscheinungen des elektrischen Stromes.

Die Elektrizität hat ihren Namen von dem Bernstein, der im Griechischen „Elektron" hieß, und den man im Altertum schon durch Reiben elektrisch machen konnte. In diesem Zustand zieht er, genau wie geriebenes Siegellack oder Hartgummi, kleine leichte Papierstückchen und ähnliche Körper an, um sie nach erfolgter Berührung sogleich wieder abzustoßen. Sind sie dann niedergefallen, so werden sie wieder angezogen, dann abermals abgestoßen, bis schließlich dieses abwechselnde Anziehen und Abstoßen schwächer und schwächer wird, weil sich die elektrische Ladung des geriebenen Körpers nach und nach verliert. Hält man einen durch Reiben elektrisierten Körper vorsichtig ans Ohr, so hört man ein leises Knistern, welches von überspringenden kleinen Funken herrührt.

Das Studium dieser Erscheinungen ließ bald erkennen, daß es zwei verschiedene Arten von Elektrizität gibt, nämlich die durch das Reiben eines Glasstabes erzeugte „positive Elektrizität" und die durch Reiben eines Hartgummistabes erzeugte „negative Elektrizität". Die Bezeichnung positive und negative Elektrizität ist willkürlich gewählt. Reibt man einen Glasstab mit einem Lederlappen, so wird der Glasstab „positiv" elektrisch, der Lederlappen „negativ" elektrisch. Da wir aber den Lederlappen mit der bloßen Hand anfassen, so gibt er seine Ladung über unseren Körper sofort an die Erde ab, wir können sie daher nicht ohne weiteres nachweisen. Der Glasstab dagegen leitet die Elektrizität nur sehr schlecht, weshalb die Ladung auf ihm haften bleibt.

Berührt man zwei an Seidenfäden aufgehängte Hollundermarkkügelchen mit der geriebenen Glasstange, so geht ein Teil ihrer Ladung auf die Kügelchen über, sie werden positiv elektrisch und stoßen sich gegenseitig ab. Berührt man dagegen das eine Kügelchen mit dem geriebenen Glasstab, das andere mit einer geriebenen Hartgummi- oder Siegellackstange, so ziehen die Kügelchen einander an.

Man erhält hieraus das Gesetz: Gleichnamige Elektrizitäten stoßen sich ab, ungleichnamige ziehen sich an.

Die Größe der Anziehung bzw. Abstoßung ist durch das sogenannte Coulombsche Gesetz bestimmt. Nach diesem hängt die Kraft ab von der elektrischen Ladung der beiden Körper, ihrer Entfernung voneinander und einer Größe, die von dem umgebenden Mittel abhängt. So ist die Anziehung bei gleicher Ladung und gleicher Entfernung in Luft eine andere wie in Wasser.

Nach dem Physiker Symmer (1759) nimmt man an, daß jeder unelektrische Körper zwei elektrische Flüssigkeiten (Fluida) in gleicher

Menge enthält, die nach außen unwirksam sind, weil sie gleichmäßig gemischt sind. Beim Vorgang des Reibens kommt es zu ihrer Trennung: Der mit dem Lederlappen geriebene Glasstab behält einen Überschuß des + Fluidums, der Lederlappen einen Überschuß des — Fluidums. Diese alte Anschauung wird neuerdings durch die Atomtheorie gestützt.

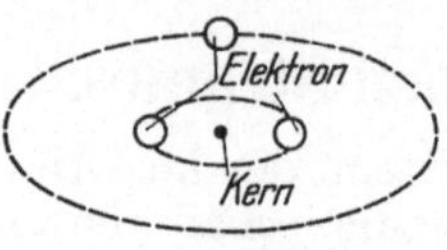

Abb. 1. Lithiumatom.

Die kleinsten Teilchen, aus denen sich die Materie aufbaut, heißen bekanntlich Atome. Man sah sie früher als einfache, nicht weiter teilbare Gebilde an, während man heute weiß, daß jedes Atom aus einem Kern besteht, der den Stoff bedingt, und einer Anzahl um den Kern kreisender Teilchen, den Elektronen, wie Abb. 1 dies veranschaulichen soll. Man kann dieses Gebilde vergleichen mit dem Umlauf der Planeten um die Sonne. Der Kern besitzt eine positive elektrische Ladung, während die Elektronen eine negative Ladung aufweisen. (Man sieht sie als die Atome des alles durchdringenden Äthers an.)

Die Elektronen stoßen sich also gegenseitig ab, während sie von dem positiven Kern angezogen werden, jedoch infolge der Zentrifugalkraft nicht auf ihn stürzen können. Beim unelektrischen Atom ist die Ladung des positiven Kerns genau so groß wie die Summe der Ladungen der Elektronen; nach außen hin erscheint das Atom unelektrisch zu sein. Man nennt es ein neutrales Atom[1]. Gehen auf irgendeine Weise Elektronen verloren, so erscheint der Atomrest positiv elektrisch. Wird die Anzahl der Elektronen dagegen vermehrt, so weist das Atom eine negativ elektrische Ladung auf.

Da die beiden elektrischen Fluida sich anziehen, so bedarf es einer Kraft, um sie zu trennen und getrennt zu halten. Die Kraft wird elektromotorische Kraft (abgekürzt EMK) genannt und kann auf verschiedene Weise erzeugt werden. So wurde sie, wie anfangs gezeigt, durch Reiben eines Glasstabes mit einem Lederlappen erzielt.

Die durch Reibung erzeugte Elektrizität hat nur wenig praktische Verwendung gefunden; wohl aber treten in den jetzt häufig ausgeführten Hochspannungsanlagen Erscheinungen auf, die denjenigen bei der Reibungselektrizität vollkommen gleichen, z. B. das Leuchten der Drähte, das Überschlagen der Spannung an Isolatoren und anderes.

Auch sind vielfach Störungen oder andere Erscheinungen in Hochspannungsanlagen auf den Übertritt von statischer oder Reibungselektrizität aus der Atmosphäre in die Leitungen zurückzuführen. Für die technische Verwertung ist aber die statische Elektrizität vorläufig unbrauchbar, und die weiteren auf diese Elektrizität bezüglichen Erfindungen brauchen deshalb hier nicht mehr berücksichtigt zu werden.

Ein anderer Weg, um eine EMK zu erzeugen, ist der zuerst von Volta angegebene. Taucht man zwei verschiedene Metalle in verdünnte Schwefelsäure, z. B. eine Kupfer- (Cu) und eine Zinkplatte (Zn), so wird die Kupferplatte positiv, die Zinkplatte dagegen negativ elek-

---

[1] Ein neutrales Wasserstoffatom besteht aus dem positiven Kern und einem Elektron, das in einem Abstand von 0,55 hundertmillionstel Zentimeter von der Kernmitte diesen in einer Sekunde 6200 billionenmal umkreist.

trisch. Er nannte diese Erscheinung nach dem italienischen Arzt Galvani einfach Galvanismus. Ein solcher Apparat wird jedoch mit Voltasches Becherelement bezeichnet. Es besteht aus einem Glasgefäß, gefüllt mit verdünnter Schwefelsäure und einer Kupfer- und einer Zinkplatte, die so hineingehängt sind, daß sie sich nicht berühren. An den aus der Flüssigkeit herausragenden Enden sind, wie die Abb. 2 zeigt, Klemmen angebracht, die man auch Pole nennt. Der Pol an der Kupferplatte heißt kurz Pluspol (+), der an der Zinkplatte Minuspol (—). (Man deutet ein Element durch folgendes Symbol an.)

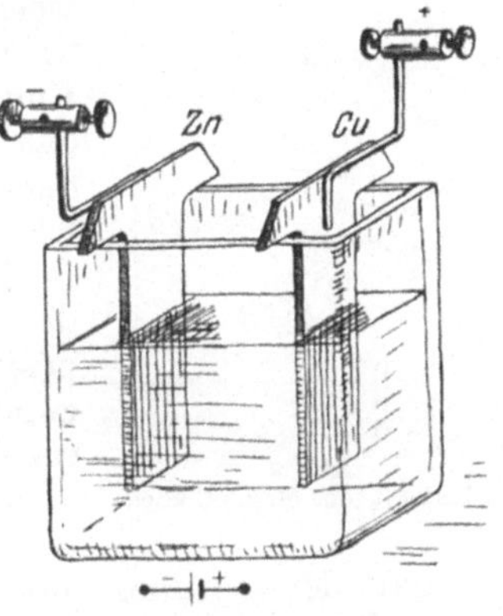

Da die beiden ungleichnamigen Elektrizitäten, die sich an den Polen angesammelt haben, sich anziehen, so haben sie das Bestreben, sich zu vereinigen, was auch gelingt, wenn man die beiden Klemmen durch einen Metalldraht (Leiter) verbindet. In dem Draht fließt dann ein elektrischer Strom.

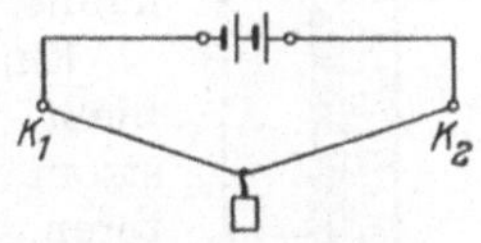

Abb. 2. Galvanisches Element.

Wir sind aber mit unseren Sinnesorganen nicht imstande, diesen elektrischen Strom wahrzunehmen, obwohl die Elektrizität höchstwahrscheinlich einen Einfluß auf uns ausübt, der uns aber nicht zum Bewußtsein kommt. Geht der Draht dicht neben oder über uns her, so können wir demselben nicht anmerken, ob ein Strom in ihm fließt oder nicht. Wir müssen erst Hilfsapparate benutzen, die uns in den Stand setzen, den Strom durch seine Wirkungen wahrzunehmen.

Hierbei findet man, daß die Wirkungen im Leiter selbst und auch außerhalb des Leiters nachweisbar sind.

Läßt man Strom durch einen dünnen Draht fließen, so erwärmt sich derselbe. Man spricht von der Wärmewirkung des elektrischen Stromes. Der straffgespannte Draht dehnt sich infolgedessen aus, ein kleines Gewicht sinkt, wie

Abb. 3. Wärmewirkung.

dies Abb. 3 zeigt. (Wird im Instrumentenbau bei den sogenannten Hitzdrahtinstrumenten verwendet.)

Bei großer Stromstärke und kleinem Drahtquerschnitt gerät der Draht in Weißglut, wodurch Licht erzeugt wird. (Angewendet bei den Glühlampen in der Beleuchtungstechnik.)

Treibt man die Erwärmung noch weiter, so schmilzt der Draht, wovon bei den Abschmelzsicherungen Gebrauch gemacht wird.

Leitet man den Strom durch eine Metallsalzlösung, so wird an derjenigen Stelle, welche mit dem negativen Pol der Stromquelle verbunden ist, das Metall aus der Lösung ausgeschieden. Man nennt dies die chemische Wirkung des Stromes.

Außerhalb des Leiters bemerken wir, daß eine Magnetnadel, wie sie in jedem Kompaß benutzt wird, von dem darüber oder darunter fließenden Strom aus ihrer Ruhelage abgelenkt wird. Es erfolgt aber die Ablenkung der Nadel in verschiedener Weise, je nachdem man den Draht an das Element anschließt. Hat man die Ablenkung der Nadel festgestellt und vertauscht dann die angeschlossenen Drahtenden an dem Becherelement in der Weise, daß das Ende, welches am Kupfer war, jetzt an die Zinkklemme gelegt wird und das dort befindliche Ende an den + Pol anschließt, ohne jedoch das Drahtstück über der Magnetnadel zu verändern, so erfolgt die Ablenkung entgegengesetzt wie vorher.

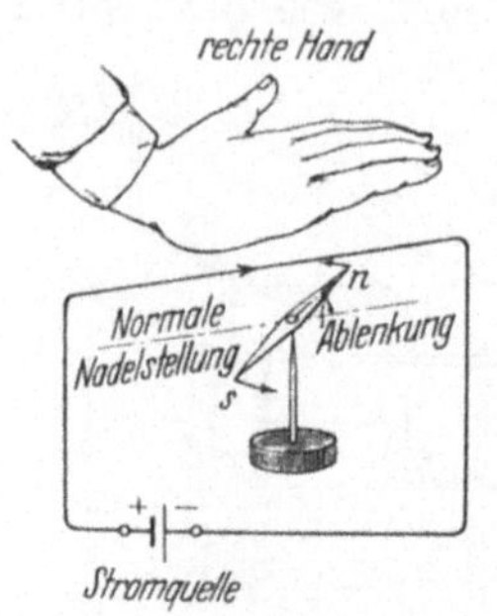

Abb. 4.
Ablenkung der Magnetnadel.

Man spricht daher auch von einer Richtung des Stromes und nennt diejenige Richtung positiv, in welcher er im Draht vom Kupfer zum Zink fließt. In der Abb. 4 durch den eingezeichneten Pfeil angedeutet.

Umwickelt man einen Eisenkern mit einem Leiter und sendet Strom durch die Windungen, so erhält der Eisenkern magnetische Eigenschaften, d. h. er zieht andere Körper aus Eisen, Nickel oder Kobalt an, wie Abb. 5 zeigt.

Zwei stromdurchflossene Drähte stoßen sich ab oder ziehen sich an, je nach der Richtung der in ihnen fließenden Ströme. Diese Wirkung nennt man die dynamische Wirkung des Stromes.

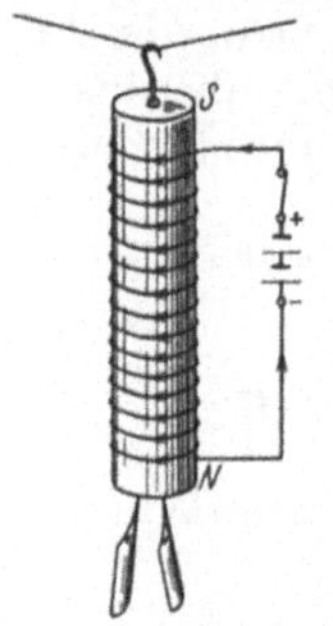

Die beiden Wirkungen, die sich außerhalb des Leiters bemerkbar machen, pflanzen sich mit Lichtgeschwindigkeit, das ist mit 300 000 km pro Sekunde, im Raum fort, wie das ja vielen Lesern von der Radiotechnik her bekannt sein dürfte.

Einen Strom, der fortwährend in derselben Richtung fließt, nennt man Gleichstrom. Ein solcher Gleichstrom wird durch galvanische Elemente und Akkumulatoren, sowie durch die Gleichstromdynamos erzeugt. Ebenso häufig aber benutzt man in der Technik auch den Wechselstrom, und zwar als ein- und mehrphasigen Wechselstrom, wobei dreiphasiger Wechselstrom auch

Abb. 5. Anziehung
von magnetischen
Substanzen.

als Drehstrom bezeichnet wird.

Ein Wechselstrom besteht in der Regel aus 80 bis 100 in einer Sekunde aufeinander folgenden Stromstößen von entgegengesetzter Richtung. Aus dem fortwährenden, schnellen Richtungswechsel des Wechselstromes ergibt sich, daß man diese Stromart nicht mit einer Magnetnadel nachweisen kann, denn da die Ablenkungsrichtung der Nadel von der Richtung des Stromes abhängig ist, so müßte sie auch 80- bis 100mal in einer Sekunde hin und her schwingen. Da sie aber infolge ihrer Trägheit so schnell nicht schwingen kann, bleibt sie einfach in ihrer gewöhnlichen Nord-Süd-Richtung stillstehen. Die Erwärmung eines dünnen Drahtes dagegen ist unabhängig von der Richtung des Stromes und kann daher zum

Nachweis von Wechelstrom dienen; dasselbe gilt für die dynamischen Wirkungen, wie dies später bei den Meßinstrumenten gezeigt wird.

Auch die chemische Wirkung erfolgt nur bei Gleichstrom, nicht aber bei Wechselstrom.

Durch Untersuchungen an Röntgenröhren hat man mit großer Wahrscheinlichkeit nachgewiesen, daß der elektrische Strom, oder besser gesagt diejenigen Erscheinungen, welche wir als elektrischen Strom bezeichnen, hervorgerufen werden, wie bereits eingangs erwähnt, durch ganz außerordentlich kleine Körperchen, welche man Elektronen nennt. Diese Elektronen sind so klein, daß sie sich unserer direkten Beobachtung entziehen. Man kann ihr Vorhandensein nur vermuten und hat auf Grund von besonderen Beobachtungen ihre wahrscheinliche Größe berechnet. Infolge ihrer Kleinheit durchdringen diese Elektronen alle festen Körper. Ähnliche kleine Körperchen, vielleicht sogar dieselben, sind auch die Träger des Lichtes und der elektrischen Wellen oder Schwingungen, welche bei der Wellentelegraphie und Telephonie benutzt werden. Das Licht und die elektrischen Wellen sind besondere Schwingungszustände dieser kleinen Körper, welche man auch als Ätherteilchen bezeichnet. Mit unseren Sinnen, und zwar mit dem Auge, können wir diejenigen Schwingungszustände, die wir als Licht bezeichnen, wahrnehmen. Für die anderen Schwingungszustände, die ebenfalls vorhanden sind, weil diese Ätherteilchen fortwährend in Bewegung sind, fehlt unserem Körper das Organ zur Wahrnehmung. Man kann sich diesen Vorgang an folgendem Bild klarmachen: Man denke sich in einen dunkeln Raum eingeschlossen. In diesem Raum ist ein Stab eingespannt, der in Schwingungen versetzt werden kann. Wenn der Stab langsam schwingt, bemerkt man zunächst nichts. Nun läßt man ihn immer schneller schwingen. Schließlich hört man einen tiefen Ton. Je schneller nun der Stab schwingt, desto höher wird der Ton, bis endlich, bei immer weiterer Steigerung der Schwingungen, der Ton für das menschliche Ohr verschwindet. Obgleich nun der Stab jetzt immer weiter schwingt, bemerkt man nichts von ihm, weil für diese hohen Schwingungen kein Organ am Körper des Menschen vorhanden ist. Steigert man nun aber die Schwingungen noch immer weiter, so beginnt der Stab Wärme und weiter Licht auszusenden. Zunächst unbestimmt und grau, dann immer heller und heller, je schneller er schwingt. Die Schwingungszustände, in denen er sich jetzt befindet, sind also wieder wahrnehmbar, aber nicht mehr durch das Ohr, sondern die Wärme durch das Gefühl, das Licht durch das Auge.

Wenn man nun den Ausdruck gebraucht, ein elektrischer Strom fließt durch den Draht, so ist dieser Ausdruck insofern nicht unzutreffend, als aus Versuchen über Kathodenstrahlen und Kanalstrahlen hervorgeht, daß die Elektronen durch den Draht hindurch verschoben werden. Sie sind eben so klein, daß sie zwischen den kleinsten Teilen des Drahtes, den Molekülen, hindurchkommen können, wodurch dann der Draht mehr oder weniger warm wird. Das Fließen des Stromes im Draht geht allerdings mit einer für unsere Begriffe ungeheuer großen Geschwindigkeit vor sich. Schließt man nämlich einen elektrischen

Strom auf einem Punkt des Äquators der Erde, so würde derselbe, wenn der Leitungsdraht rund um die Erde gespannt wäre, nach weniger als $^1/_2$ Sekunden wieder an seinen Anfangspunkt gelangt sein. Der Umfang der Erde beträgt am Äquator 40070 km, und unsere schnellsten Flugzeuge haben unter den günstigsten Umständen 500 km pro Stunde Geschwindigkeit noch nicht erreicht, würden aber bei dieser Geschwindigkeit etwa 80 Stunden gebrauchen, um rund um die Erde zu fliegen.

Für kritisch veranlagte Leser möge noch bezüglich der Elektronen bemerkt werden, daß diese sowohl als auch der Äther immer noch Annahmen sind, die man mit Vorsicht behandeln muß. Es ist aber der Zweck des vorliegenden Buches, eine Vorstellung über die mit der Anwendung und Erzeugung des elektrischen Stromes in der Technik, also zum praktischen Nutzen des Menschen, verbundenen Erscheinungen zu erleichtern, und dazu kann die gegebene Anschauung über die Elektronen ganz gut benutzt werden.

Was eigentlich Elektrizität ist, wissen wir noch nicht. Wissen wir aber überhaupt etwas? Was ist denn die Ursache, daß ein Stein fällt, wenn man ihn hebt und dann losläßt? Man sagt die Schwerkraft oder die Anziehungskraft der Erde. Warum hat aber die Erde diese Eigenschaft?

Im allgemeinen beunruhigen sich die Leute darüber nicht, weil sie von Jugend auf gewöhnt sind, daß der Stein fällt. Beim elektrischen Strom treten aber ganz neue, ungewohnte Erscheinungen auf, und da werden dann die Elektrotechniker gefragt, warum kommen diese Erscheinungen zustande.

Wer Elektrotechniker werden will, muß sich eben an die Erscheinungen gewöhnen, und er tut es auch, indem er sich so gut es geht mit Gleichnissen aus der ihm vertrauteren Erscheinungswelt hilft. Für den Techniker spielt in erster Linie die Frage eine Rolle: „Wie kann ich die Naturkräfte dem Menschen dienstbar machen?" Die andere Frage: „Was sind die Naturkräfte?" bewegen ja auch jeden denkenden Menschen, sind uns aber noch verschlossen und können wohl nur durch Suchen und Forschen gelöst werden.

II. Stromstärke, Spannung, Widerstand.

Wir haben schon im ersten Abschnitt gesehen, daß man sich eine Vorstellung des elektrischen Stromes mit Hilfe der Elektronen machen kann. Diese werden durch den Draht hindurch verschoben, finden aber offenbar einen Widerstand im Draht, der sich als Reibung äußert, so daß eine treibende Kraft wirken muß, welche die Elektronen in Bewegung versetzt. Diese treibende Kraft nennt man elektromotorische Kraft, abgekürzt EMK, und einen Teil derselben Spannung. Sie läßt sich vergleichen mit dem Druck, der bei einer Wasserleitung angewendet werden muß, um das Wasser durch die Röhren zu pressen. Je stärker der Druck ist, um so mehr Wasser fließt durch die Röhren, und je stärker die elektromotorische Kraft ist, um so stärker wird der

Strom, oder um so mehr Elektronen werden also in einer Sekunde in dem Draht verschoben.

Für die Einheiten der drei Größen: Elektromotorische Kraft, Strom und Widerstand hat man die folgenden Bezeichnungen:

Einheit der elektromotorischen Kraft oder Spannung ist das Volt   (V) ,
    ,,   ,, Stromstärke   ,, ,, Ampere (A) ,
    ,,   des Widerstandes   ,, ,, Ohm $(\Omega)^1$.

Genau so haben wir ja für die Längeneinheit das Meter (m), für die Gewichtseinheit das Kilogramm (kg) und für die Zeit die Sekunde (sek). Die Bezeichnungen Ampere, Volt und Ohm sind zu Ehren von Forschern gewählt, die sich um die Entwicklung der Elektrotechnik verdient gemacht haben; so rührt die Bezeichnung Volt von Volta her, Ampere von dem Franzosen Ampère und Ohm von dem gleichnamigen Gelehrten, der 1854 als Professor in München starb und als erster das nach ihm benannte Ohmsche Gesetz erkannte:

$$\text{Stromstärke} \quad J = \frac{\text{elektromotorische Kraft}}{\text{Widerstand des ganzen Stromkreises}} = \frac{E}{R} \text{ Ampere.} \quad (1)$$

Das Gesetz bedeutet: Wenn die elektromotorische Kraft größer wird, dann wird auch der Strom stärker, wenn dagegen der Widerstand vergrößert wird, dann wird der Strom schwächer.

Der Widerstand, welchen verschiedene Körper einem Durchgang des elektrischen Stromes entgegensetzen, ist ganz verschieden groß, wie sehr einfach an folgendem Versuch erkannt werden kann: Man schaltet Drähte von gleicher Länge und gleicher Dicke, also von gleich großem Querschnitt, alle hintereinander, und zwar seien die Metalle der Reihe nach: Silber, Kupfer, Gold, Aluminium, Platin, Blei. Leitet man nun einen stärkeren Strom hindurch, so beobachtet man, daß der Bleidraht am heißesten wird; weniger heiß wird der Platindraht, noch weniger der Aluminiumdraht usf., am kältesten bleibt der Silberdraht. Die Erwärmung des Drahtes ist aber ein Maß für den Widerstand, den er dem Strom, d. i. dem Durchgang der Elektronen, entgegensetzt, und so hat also bei dem vorliegenden Versuch das Blei den größten Widerstand und das Silber den kleinsten. Es folgt hieraus, daß man Drähte aus Silber am besten zur Fortleitung eines elektrischen Stromes benutzen kann; wegen der hohen Kosten dieses Metalls geschieht das aber nicht. Man verwendet vielmehr zur Fortleitung des Stromes Leitungen aus Kupfer, zumal der Widerstand des Kupfers nur ganz wenig größer ist, als derjenige des Silbers.

Der Widerstand eines Körpers wird in Ohm gemessen. Wie das Meter der zehnmillionste Teil des Viertels des Erdumfanges ist (in Wirklichkeit stimmt dies nicht ganz) und das Kilogramm das Gewicht von einem Liter Wasser bei 4° C, so ist 1 Ohm (gewöhnlich bezeichnet 1 Ω) der Widerstand eines Quecksilberfadens von 1,063 m Länge und 1 mm² Querschnitt bei 0°, und nach dem Ohmschen Gesetz ist dann 1 Volt

---

[1] 1000 Volt nennt man ein Kilovolt (kV); 0,001 Ampere nennt man ein Milliampere (mA); 1 000 000 Ohm = 10^6 Ohm nennt man ein Megohm (MΩ).

diejenige erforderliche elektromotorische Kraft, welche einen Strom von 1 Ampere in einem Stromkreis von 1 Ω Widerstand hervorruft.

Weil die Länge 1,063 m etwas unbequem ist, rechnet man sich besser den Widerstand für 1 m Länge und 1 mm² Querschnitt aus. Diese Zahl heißt dann der **spezifische Widerstand**.

In der folgenden Tabelle sind für einige der am häufigsten gebrauchten Körper diese spezifischen Widerstände bei 20° Temperatur angegeben.

Material	Spezifischer Widerstand ϱ bei 20° C	Leitfähigkeit $\dfrac{1}{\varrho}$ bei 20° C	Temperaturkoeffizient α
Silber geglüht	0,0163	61,4	0,0037
Kupfer rein	0,01724	58	0,00393
Leitungskupfer	0,0175	57	0,004
Aluminium hart gezogen	0,02857	35,1	0,0037
Zink	0,0625	16	0,0039
Eisendraht im Mittel	0,143	7	0,0047
Blei	0,20	5	0,0037
Nickelin	0,4	2,5	0,00015
Konstantan	0,5	2	0,000005
Chromnickel	1,10	0,91	0,00032

Nickelin ist eine Legierung aus Kupfer, Nickel und Zink. Konstantan ist eine Kupfer-Nickel-Legierung.

Von den Körpern dieser Tabelle benutzt man in erster Linie das Kupfer für elektrische Maschinen, für Leitungen aber, außer Leitungskupfer, auch Aluminium und Stahl; Stahlseile allerdings nur, wenn besonders große Spannweiten eine hohe Zugbeanspruchung erforderlich machen.

Die Materialien mit großem spezifischen Widerstand, wie Nickelin, Konstantan und Chromnickel, in besonderen Fällen auch Eisen, werden für Apparate benutzt, die zum Verändern und Regulieren der Stromstärke dienen, also für Regulierwiderstände, Regler, Anlasser. Chromnickel und Nickelin sind besonders für diese Zwecke hergestellte Legierungen mit hohem spezifischen Widerstand, denn je höher dieser ist, um so weniger Material gebraucht man für einen Widerstand zum Regulieren des Stromes.

Mit Hilfe des spezifischen Widerstandes lassen sich nun die Widerstände von beliebigen Drähten berechnen. Je länger ein Draht ist, um so größer, und je dicker er ist, um so kleiner wird sein Widerstand. Durch eine Formel ausgedrückt:

$$R = \frac{\varrho \cdot l}{q} \ \ \text{Ohm} \tag{2}$$

und zwar ist R der Widerstand ausgedrückt in Ohm (Ω). ϱ (lies rho) der spezifische Widerstand des betreffenden Materials, l die Länge des Drahtes in Metern (m), q der Querschnitt des Drahtes in Quadratmillimetern (mm²).

Soll ein Regulierwiderstand von bestimmter Größe aus möglichst wenig Material hergestellt werden, so nimmt man ein Widerstandsmaterial und berechnet die Länge.

1. Beispiel: Welche Länge muß ein Widerstand von 12 Ω aus Nickelindraht, der 6 mm² Querschnitt besitzt, erhalten?

Aus der (Gl. 2) $R = \dfrac{\varrho \cdot l}{q}$ folgt $l = \dfrac{R \cdot q}{\varrho}$, $l = \dfrac{12 \cdot 6}{0,4} = 180$ m, wo $\varrho = 0,4$ aus der Tabelle S. 8 für Nickelin entnommen wurde.

Wie wir schon gesehen haben, leiten die verschiedenen Stoffe den Strom nicht in gleich guter Art. Eigenartig ist dabei, daß dieselben Körper, welche den elektrischen Strom gut leiten, auch die Wärme gut leiten. Um die verschiedene Wärmeleitfähigkeit nachzuweisen, ist es nur nötig, gleich lange und gleich dicke Drähte aus den verschiedenen Metallen nach Abb. 6 an ihren Enden mit Wachstropfen zu versehen und sie mit dem anderen Ende, durch einen Kork abgedichtet, in heißes Wasser hineinragen zu lassen, welches sich in einem Blechkasten befindet. Die Wärme des Wassers teilt sich durch die Drähte auch den an ihren Enden angebrachten Wachstropfen mit. Zuerst schmilzt das Wachs an dem

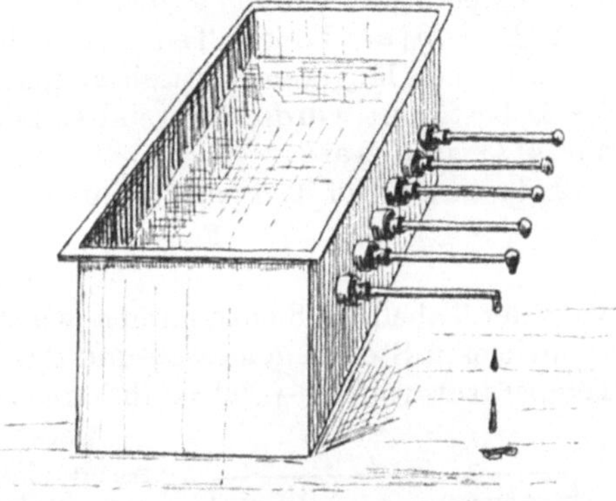

Abb. 6. Wärmeleitfähigkeit verschiedener Metalle.

Silberdraht, darauf das am Kupfer usf. genau in derselben Reihenfolge, wie die Metalle auf S. 7 angegeben sind.

Sämtliche Stoffe, welche die Wärme sehr schlecht leiten, leiten auch die Elektrizität nur in ganz geringem Maße, z. B. Seide, Wolle, Papier, Holz, Gummi, Stroh, Porzellan, Glas, Marmor, Schiefer usw. Alle diese Stoffe, welche den elektrischen Strom fast gar nicht leiten, nennt man Nichtleiter oder Isolatoren, und aus ihnen verfertigt man Umhüllungen und Umspinnungen von Leitungsdrähten, Träger und Stützvorrichtungen für stromführende Teile, wie Porzellanglocken und Rollen, sowie Gehäuse für elektrische Apparate, Schalter, Sicherungen u. dgl. Verschiedene Formen dieser Gegenstände werden später noch erläutert. Außer den angeführten Isolatoren, die nur feste Stoffe sind, gibt es auch wichtige flüssige, dahin gehört der Lack, der für elektrische Maschinen ein Hauptisolierstoff ist, und das Öl, welches in den meisten Hochspannungsapparaten benutzt wird.

In der Tabelle ist der spezifische Widerstand einiger Metalle bei 20° angegeben. Ist die Temperatur höher, so nimmt auch der Widerstand bei den Metallen zu; und zwar beträgt die Widerstandszunahme pro Grad jeweils die in der Rubrik Temperaturkoeffizient a bei 20° angegebenen Werte.

Dieser Temperaturkoeffizient ist nicht konstant, doch sind die

Änderungen bei den verschiedenen vorkommenden Temperaturschwankungen für unsere technischen Messungen zu gering, um einen merkbaren Fehler zu verursachen. Bezeichnet man mit R_T den Widerstand im warmen Zustande, mit R_0 den im kalten, so ist $R_T = R_0 + R_0 \alpha t$, wobei t die Temperaturdifferenz zwischen dem warmen und kalten Zustande bezeichnet. Dieser Ausdruck läßt sich umformen in:

$$R_T = R_0 (1 + \alpha t) \text{ Ohm.} \tag{3}$$

Mit Hilfe dieser Formel soll laut VDE[1]-Vorschrift stets die Temperaturzunahme ruhender Wicklungen bestimmt werden. Man verfährt hierbei in folgender Weise: Man stellt den Widerstand der Wicklung im kalten und dann im warmen Zustande fest und rechnet nach Formel 3 die Temperaturzunahme t aus.

2. Beispiel: Welche Temperatur hat eine Magnetwicklung aus Aluminium nach längerem Betrieb angenommen, wenn der Widerstand zu 4,8 Ω bestimmt wurde, während er bei einer Raumtemperatur von 25° nur 4 Ω groß war?

Lösung: Die Temperaturzunahme folgt aus (Gl. 3) zu

$$t = \frac{R_T - R_0}{\alpha R_0} = \frac{4,8 - 4}{0,004 \cdot 4} = 50°,$$

wo α der Tabelle S. 8 entnommen wurde, d. h. mit einem Thermometer an mehreren Stellen gemessen und das Mittel gebildet, hätte dieses eine Temperatur von $25 + 50 = 75°$ angezeigt.

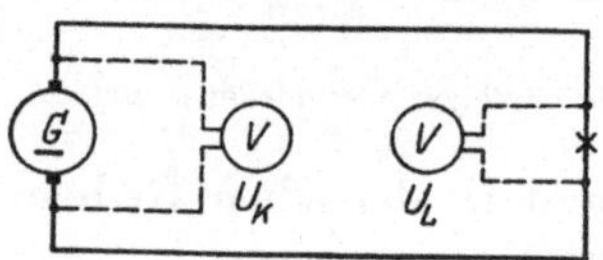

Abb. 7. Einfacher Stromkreis.

Jeder Stromkreis ist stets aus mehreren Teilen, die Widerstand besitzen, zusammengesetzt, und zwar kann man meist unterscheiden: den Widerstand der Stromquelle, der Leitung und den Nutzwiderstand. In Abb. 7 ist ein solcher einfacher Stromkreis gezeichnet. Dabei ist G die Stromquelle, z. B. eine Dynamomaschine, von welcher eine Leitung zu dem Nutzwiderstand, hier der „Glühlampe" ($\times$), führt, während eine zweite Leitung von dieser wieder zur Stromquelle zurückführt. In der Stromquelle entwickelt sich fortwährend eine elektromotorische Kraft, welche dauernd einen Strom durch den Kreis treibt. Damit die Lampe richtig leuchtet, muß ein Strom von ganz bestimmter Stärke durch sie hindurchfließen, und da dieser Strom im ganzen Stromkreis denselben Wert hat, da er alles hintereinander durchfließt, so ist er nach dem Ohmschen Gesetz bestimmt durch die Beziehung (Gl. 1) $J = \dfrac{E}{R}$, wo $R = $ Widerstand der Stromquelle $+$ Widerstand der Hinleitung $+$ Widerstand der Lampe $+$ Widerstand der Rückleitung bedeutet.

Damit nun der Strom in der erforderlichen Stärke entsteht, wie ihn die Lampe gebraucht, muß die elektromotorische Kraft in der Stromquelle den vollen Strom zunächst durch den Widerstand der Stromquelle hindurchtreiben, darauf durch die Hinleitung zur Lampe, dann durch

---

[1] VDE = Verein Deutscher Elektrotechniker.

die Lampe und schließlich durch die Rückleitung zurück zur Stromquelle. Man kann also sagen, daß ein Teil der elektromotorischen Kraft verbraucht wird zur Überwindung des Widerstandes der Stromquelle, ein weiterer Teil zur Überwindung des Widerstandes der Hin- und Rückleitung und der Rest zur Überwindung des Widerstandes der Lampe. Da aber der Strom hauptsächlich in der Lampe wirken soll, so wird man nach Möglichkeit alle Widerstände des Stromkreises gegenüber dem Nutzwiderstand der Lampe klein halten, damit die elektromotorische Kraft in der Stromquelle nicht unnötig groß zu sein braucht. Die Teile der elektromotorischen Kraft, welche für die einzelnen Widerstände des Stromkreises verbraucht werden, heißen Spannungen und sollen mit U bezeichnet werden.

Die Spannungen, welche verbraucht werden für den inneren Widerstand der Stromquelle und für die Leitungen, bezeichnet man besonders als Spannungsverluste, um anzudeuten, daß sie überflüssig, also möglichst klein zu halten sind. Der Rest der elektromotorischen Kraft, welcher für die Lampe übrigbleibt, nachdem man die Spannungsverluste abgezogen hat, wird als Nutzspannung bezeichnet.

Alle Spannungen lassen sich leicht berechnen. Während nämlich für den ganzen Stromkreis das Gesetz von Ohm die schon angegebene Form

$$\text{Stromstärke } J = \frac{\text{Elektromotorische Kraft}}{\text{Widerstand des ganzen Kreises}} = \frac{E}{R}$$

hat, gilt für einen Teil des Stromkreises

$$\text{Stromstärke } J = \frac{\text{Teilspannung}}{\text{zugehörigen Teilwiderstand}} = \frac{U_1}{R_1}$$

oder nach der Teilspannung U_1, aufgelöst:

$$U_1 = J R_1 \text{ Volt} \tag{4}$$

d. h.

Teilspannung (Spannungsverlust) $=$ Strom $\times$ Widerstand des Teiles.

3. Beispiel: Fließt in einer 80 m langen Kupferleitung von 6 mm² Querschnitt ein Strom von 12 Ampere, so ist der Widerstand dieser Leitung nach Gl. 2

$$R_1 = \frac{0,0175 \cdot 80}{6} = 0,233 \ \Omega$$

und der Spannungsverlust in derselben nach Gl. 4

$$U_1 = J R_1 = 12 \cdot 0,233 = 2,796 \text{ V.}$$

Spannungen werden mit dem Spannungsmesser oder Voltmeter gemessen. Schaltet man das Voltmeter an die Lampe, wie in Abb. 7 gezeichnet ist, dann zeigt es die Nutzspannung oder Lampenspannung U_N oder U_L an, legt man es an die Maschine, dann zeigt es deren Klemmenspannung U_K an, denn dort wirkt eine Spannung:

$$U_K = \text{Elektromotorische Kraft} - \text{Spannungsverlust in der Maschine.}$$

Die Voltmeter sind meist in derselben Art gebaut wie die Amperemeter, und werden beide später noch genauer besprochen. Die Spannungsmesser sind auch nur durch den Strom wirksam, der durch sie hindurchfließt. Da der Widerstand des Voltmeters unveränderlich ist, so ist der hindurchfließende Strom ein genaues Maß für die Spannung, und man braucht nur die Teilung des Voltmeters nicht nach dem hindurchfließenden Strom, sondern nach dem Produkt aus diesem Strom $\times$ Widerstand des Voltmeters auszuführen, so kann man die Spannung messen, obgleich das Instrument im Prinzip ein Amperemeter ist. Bei allen Voltmetern, mit Ausnahme der statischen, in denen die Spannung in Form von Anziehung oder Abstoßung wirkt und kein Strom fließt, führt man den Widerstand des Instrumentes immer sehr hoch aus. Man gibt dem Instrument im Innern eine Drahtwicklung aus vielen Windungen dünnen Drahtes und legt außerdem gewöhnlich noch besondere Vorschaltwiderstände mit in das Instrument. Der Unterschied zwischen der Schaltung von Volt- und Amperemeter geht aus Abb. 8 hervor. Da der Strommesser direkt in die Leitung geschaltet wird, muß sein Widerstand möglichst klein sein, damit nicht durch denselben ein größerer Spannungsverlust entsteht.

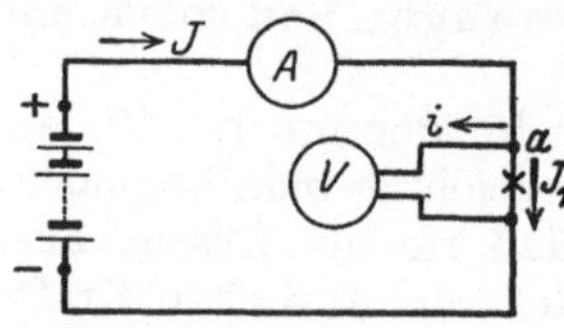

Abb. 8. Schaltung von Strom- und Spannungsmessern.

Das Voltmeter muß aber von einem möglichst schwachen Strom i durchflossen werden, sonst müßte die Stromquelle einen stärkeren Strom J liefern, wenn man ein Voltmeter einschaltet; denn es tritt, wie aus Abb. 8 zu sehen ist, an der Lampe bei a eine Verzweigung des Stromes J in die Zweigströme J_1 und i ein. Damit nun die Stromquelle beim Einschalten des Voltmeters nicht einen wesentlich stärkeren Strom zu liefern hat, sorgt man durch einen hohen Widerstand des Voltmeters dafür, daß i möglichst klein bleibt.

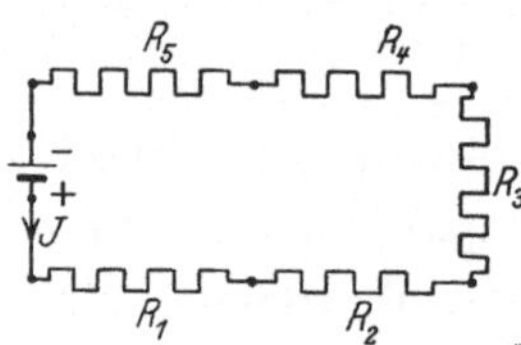

Abb. 9. Hintereinanderschaltung von Widerständen.

In dem einfachen Stromkreis von Abb. 8 sind die einzelnen Teile alle hintereinander geschaltet, und es ist dann der ganze Widerstand aller Teile gleich der Summe der einzelnen Widerstände. Es können in einem Stromkreis aber auch mehrere Nutzwiderstände, Lampen usw. hintereinander geschaltet werden. In Abb. 9 sind die fünf Widerstände, R_1, R_2, R_3, R_4 und R_5 hintereinander geschaltet, so daß der Gesamtwiderstand aller dieser fünf zusammen den Wert $R_1 + R_2 + R_3 + R_4 + R_5$ erhält. Je mehr Widerstände hintereinander geschaltet werden, um so größer wird der Gesamtwiderstand. Die Hintereinanderschaltung ist nicht häufig in Anwendung. Nur bei Bogenlampen kommt sie in der Regel vor. Auch bei Stromquellen wendet man diese Schaltung an, z. B. regelmäßig bei Akkumulatoren und Elementen. Bei dieser Hintereinanderschaltung von Stromquellen addieren sich die elektromotorischen Kräfte.

Eine bei dem elektrischen Licht und auch sonst sehr häufig benutzte Schaltung ist die Parallelschaltung. Wie aus Abb. 10 hervorgeht, liegen bei Parallelschaltung die betreffenden Widerstände alle zwischen denselben beiden Punkten A und B, und der Strom J, welcher aus der

Stromquelle herausfließt, verzweigt sich im Punkte A in soviel einzelne Zweigströme i_1, i_2, i_3, wie Widerstände parallel geschaltet sind.

Die Zweigströme lassen sich leicht berechnen, wenn die Spannung $U_{\overline{AB}}$ zwischen den beiden Punkten A und B bekannt ist. Nach Formel 4 ist $U_{\overline{AB}} = i_1 R_1$ oder auch $U_{\overline{AB}} = i_2 R_2$ oder $U_{\overline{AB}} = i_3 R_3$ usw.

Will man den Widerstand R_K berechnen, den man zwischen A und B einschalten muß, damit derselbe Strom J

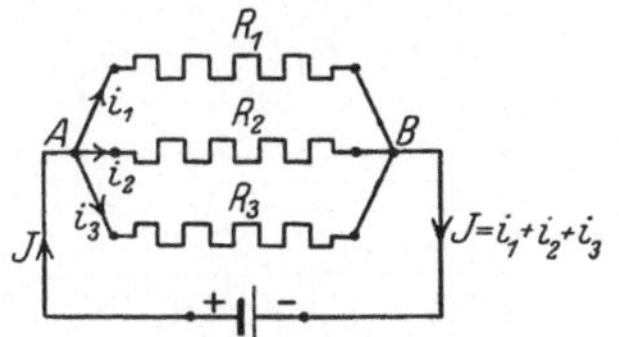

Abb. 10. Parallelschaltung von Widerständen.

von A nach B fließt, so hat man auch $J = \dfrac{U_{\overline{AB}}}{R_K}$. Nun ist aber schon aus der Abb. 10 zu ersehen, daß $J = i_1 + i_2 + i_3$ ist, also auch

$$\frac{U_{\overline{AB}}}{R_K} = \frac{U_{\overline{AB}}}{R_1} + \frac{U_{\overline{AB}}}{R_2} + \frac{U_{\overline{AB}}}{R_3} \cdots$$

oder

$$\frac{1}{R_K} = \frac{1}{R_1} + \frac{1}{R_2} + \frac{1}{R_3} + \cdots \text{ Siemens.} \qquad (5)$$

$\dfrac{1}{R} = G$ heißt **elektrischer Leitwert** und wird in Siemens (S) ausgedrückt, während

R_K mit **Kombinations- oder Ersatzwiderstand** bezeichnet wird.

In Worten heißt Gleichung 5:

Der Leitwert der Kombination ist gleich der Summe der Leitwerte der Einzelwiderstände.

Sind die parallel geschalteten Widerstände alle gleich groß, und ist ihre Anzahl m, so geht die Gleichung 5 über in

$$R_K = \frac{R}{m} \text{ Ohm.} \qquad (5a)$$

4. Beispiel: Sind 6 Lampen von je 120 Ω Widerstand parallel geschaltet, so ist der Kombinationswiderstand

$$R_K = \frac{120}{6} = 20\ \Omega.$$

In Abb. 10 sind die parallelen Widerstände zwischen die beiden Punkte A und B gelegt. Denkt man sich die Punkte zu Linien ausgezogen, so erhält man die Schaltung in Abb. 11. Diese entspricht der am meisten vorkommenden Schaltung beim elektrischen Licht. Man wendet hierbei fast immer Parallelschaltung an, weil dann die einzelnen Widerstände, also die Lampen, unabhängig voneinander sind. Bei Hintereinanderschal-

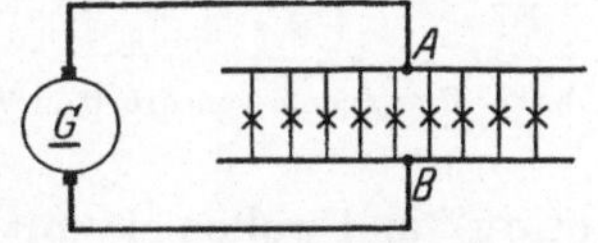

Abb. 11.
Parallelschaltung von Lampen.

tung müssen immer alle eingeschaltet sein, bei Parallelschaltung können sie einzeln brennen.

In elektrischen Anlagen kommen im allgemeinen nur Parallelschaltungen vor. In Abb. 12 ist jedoch eine Anlage gezeichnet, in welcher Hintereinander- und Parallelschaltung gleichzeitig vorkommen. In dem einen Stromkreis sind die Bogenlampen L_1 und L_2 mit ihrem Vorschaltwiderstand R_v hintereinander, die Glühlampen im zweiten Stromkreis parallel

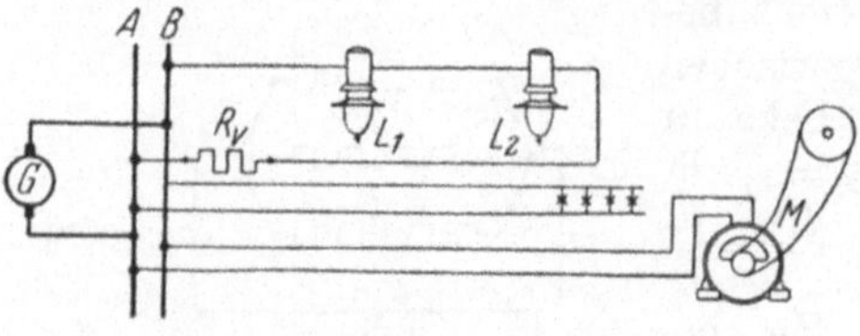
Abb. 12. Gemischte Schaltung.

geschaltet. Alle drei Stromkreise aber, Bogenlampenkreis, Glühlampenkreis und Motorenkreis, sind untereinander wieder parallel, weil sie alle drei an dieselben Schienen A und B angeschlossen sind.

In Straßenbahnwagen werden, wegen der hohen Fahrdrahtspannung (meist 550 V), jeweils 5 Glühlampen hintereinander geschaltet.

III. Arbeit und Leistung.

Wird durch eine Kraft eine Bewegung hervorgerufen, so hat sie auf einem gewissen Wege einen Widerstand zu überwinden, d. h. die Kraft verrichtet eine Arbeit. Als Arbeitseinheit bezeichnet man die Arbeit, welche geleistet wird, wenn ein Zug oder Druck von 1 kg längs eines Weges von 1 m wirkt.

Diese Arbeitseinheit heißt ein Kilogrammeter (oder auch Meterkilogramm), abgekürzt kgm. Zieht z. B. ein Arbeiter einen Sack Mehl von 75 kg Gewicht nach dem 8 m hoch gelegenen Speicher mittels einer einfachen Rolle, so hat er eine Arbeit von $75 \cdot 8 = 600$ kgm verrichtet.

Die Arbeit hat mit der Zeit, in welcher sie verrichtet wurde, nichts zu tun, gibt also keine Auskunft über den Fleiß des Arbeiters. Wäre aber bekannt gewesen, daß er diese 600 kgm in 100 Sekunden (allgemein in t-Sekunden) geleistet hatte, so wäre die in einer Sekunde verrichtete Arbeit $600 : 100 = 6$ kgm/sek (gelesen: 6 Kilogrammeter pro Sekunde) ein Maß für den Fleiß des Arbeiters

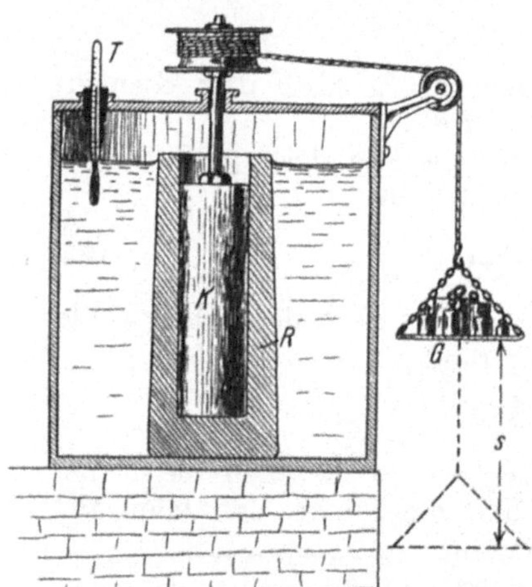
Abb. 13. Umwandeln von Arbeit in Wärme.

gewesen. Wir nennen die in einer Sekunde verrichtete Arbeit „Leistung" und wollen sie mit N bezeichnen. Es ist also $N = A : t$ kgm/sek.

Nun läßt sich Arbeit durch Reibung in Wärme umsetzen, und zwar hat man durch einen Versuch nach Abb. 13 beobachtet, wieviel Wärme man für eine bestimmte mechanische Arbeit erhält. Es ist in dieser Abb. ein Kolben K drehbar in einem Rohr R angeordnet. Das Rohr steht in einem Gefäß mit Wasser, in welches ein Thermometer hineingehängt ist. Läßt man nun die Schale mit den aufgesetzten Gewichten G abwärts sinken, und beobachtet man, um wieviel Meter sie sich nach unten bewegt hat, so ist $G \cdot s$ die geleistete Arbeit, wenn s die Meter sind und G die Gewichte in Kilogramm.

Durch oft wiederholte, sorgfältige Versuche fand man auf diese Weise, daß ein Gewicht von $G = 426{,}9$ kg um $1\,m$ sinken muß, wenn 1 Liter Wasser, d. i. 1 kg Wasser, durch die Reibung des Kolbens K in dem Rohr R um 1° erwärmt werden soll. Die Wärmemenge, welche 1 kg Wasser um 1° erwärmt (genauer von 14,5° auf 15,5°), nennt man 1 Kilogrammkalorie (kcal), während die Wärmemenge, die die Temperatur von 1 g Wasser von 14,5° auf 15,5° erhöht, eine Grammkalorie (cal) heißt. Da nun 1 Liter Wasser 1000 g wiegt, so ist

$$1 \text{ kcal} = 1000 \text{ cal.}$$

Wie wir schon im Anfang gesehen haben, kann man auch die elektrische Energie in Wärme umsetzen. Man verfährt hier nur so, daß man nach Abb. 14 eine Drahtspirale R in ein Gefäß mit Wasser hängt, den Strom J, der eine Anzahl Sekunden fließt, mit einem Strommesser feststellt, und die Spannung U, welche an den Enden AB der Spule vorhanden ist, mit dem Spannungsmesser bestimmt. Es wurde auch hier durch eine Reihe von Versuchen gefunden, daß zur Erzeugung von einer Kilogrammkalorie soviel Volt und Ampere nötig sind, daß deren Produkt mit der Zeit also Volt × Ampere × Sekunden die Zahl 4184 ergibt.

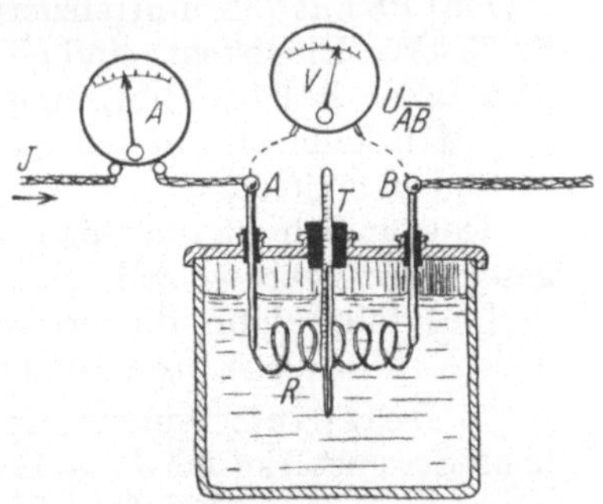

Abb. 14. Bestimmung der Wärmemenge des elektrischen Stromes.

Das Produkt aus Spannung und Stromstärke gibt die elektrische Leistung des Stromes an und heißt die Einheit der Leistung Volt-Ampere (VA) oder auch Watt (W). Die elektrische Leistung ist also bestimmt durch die Formel $N = UJ$ Voltampere oder Watt.

Zwischen den Größen: Spannung U, Strom J und Widerstand R besteht aber nach Formel 4 die Gleichung $U = JR$ oder $J = U : R$. Mit diesen Werten kann man die Leistung ausdrücken durch die Formeln:

$$N = UJ = J^2 R = U^2 : R \quad \text{Voltampere oder auch Watt.} \qquad (6)$$

Multipliziert man die Leistung N mit der Zeit t (t ausgedrückt in Sekunden), so gibt das Produkt Nt die elektrische Arbeit A des Stromes an, deren Einheit das Joule oder die Wattsekunde ist. Die elektrische Arbeit A wird demnach dargestellt durch die Formeln

$$A = Nt = UJt = J^2 Rt = U^2 t : R \quad \text{Joule} \qquad (6\,\text{a})$$

Es entsteht nun die Frage: Welche Beziehung besteht zwischen der mechanischen Arbeitseinheit Kilogrammeter und der elektrischen Arbeitseinheit Joule? Um sie zu beantworten, erinnere man sich an die durch Versuche ermittelten Angaben:

1 kcal wird erzeugt durch 426,9 kgm mechanischer Arbeit,

1 kcal wird erzeugt durch 4184 Joule elektrischer Arbeit,

also sind 426,9 kgm gleichwertig mit 4184 Joule. Demnach auch

$$1 \text{ kgm} = 4184 : 426,9 = 9,806 \approx 9,81 \text{ Joule oder Wattsekunden}$$

und umgekehrt 1 Joule $= 1 : 9,81 = 0,102$ kgm.

Für die Leistung war die mechanische Einheit das kgm/sek, die elektrische das Watt, also ist auch:

$$1 \text{ kgm/sek} = 9,81 \text{ Watt und } 1 \text{ Watt} = \frac{1}{9,81} \text{ kgm/sek.}$$

Für Leistungen, wie sie in unseren Maschinen üblich sind, ergibt die Einheit „Watt" sehr große Zahlenwerte. Man hat daher die Einheit „Kilowatt" (kW) für 1000 W eingeführt. Die Maschinenbauer rechnen meistens noch nach Pferdestärken (PS) zu je 75 kgm/sek, d. s. in Watt umgerechnet:

$$1 \text{ PS} = 75 \cdot 9,806 = 735 \text{ W} = 0,735 \text{ kW.}$$

Man verwandelt also die Pferdestärken in Watt, indem man die Anzahl PS mit 735 multipliziert, so sind z. B. 5 PS $= 5 \cdot 735 = 3675$ W $= 3,675$ kW. Umgekehrt sind beispielsweise 30 kW $= 30 : 0,735 = 40,9$ PS. Der Leser beachte nochmals, daß Leistung das Produkt aus $U \cdot J$ ist. Man kann also dieselbe Leistung N durch verschiedene Werte von U und J erzielen.

Gewöhnlich ist die Spannung U, an die der Stromverbraucher angeschlossen werden soll, eine gegebene Größe (110 V, 220 V, 440 V), und es folgt dann die erforderliche Stromstärke aus der Gleichung $J = N : U =$ Leistung dividiert durch Spannung.

5. Beispiel: Nimmt ein Motor 900 Watt auf, so ist die erforderliche Stromstärke bei $U = 110$ V $\qquad J = 900 : 110 = 8,18$ A

bei $U = 500$ V $\qquad J = 900 : 500 = 1,8$ A.

Selbstverständlich darf nicht der für 110 V bestimmte Motor an 500 V und umgekehrt angeschlossen werden.

Man beachte: Bezahlt wird nicht die Leistung, sondern die Arbeit, also das Produkt aus Leistung und Zeit. Für größere Leistungen ist die Arbeitseinheit „1 kW. $\times$ 1 Stunde", genannt Kilowattstunde, abgekürzt kWh (h = Abkürzung von hora = die Stunde).

$$1 \text{ kWh} = 1000 \cdot 3600 = 3\,600\,000 \text{ Joule oder Wattsekunden.}$$

Kostet z. B. die Kilowattstunde für elektrisches Licht 50 Pf., so würde man, wenn der Elektrizitätszähler nach einem Monat einen Verbrauch von 15 kWh anzeigt, $15 \cdot 50 = 750$ Pf. $= 7,50$ RM. zu zahlen haben. — Die elektrischen Glühlampen verbrauchen für 1 Kerze etwa 1 Watt. Hiernach kann man ausrechnen, wie viel eine Glühlampenbrennstunde kostet.

6. Beispiel: Was kostet die Brennstunde einer Metalldrahtlampe von 25 Kerzen Lichtstärke, wenn der Strompreis 40 Pf. für die kWh ist? — Eine solche Lampe gebraucht ungefähr 25 W, d. i. pro Stunde 25 Wattstunden (Wh) oder $25 : 1000 = 0,025$ kWh. Bei einem Strompreis von 40 Pf. für 1 kWh würde also die Brennstunde $0,025 \cdot 40 = 1$ Pf. kosten.

Zum Abschluß möge noch eine Beziehung zwischen Wärmemenge und Arbeit hergeleitet werden. Daß die erzeugte Wärmemenge der Arbeit A proportional ist, ist bereits auf S. 15 erwähnt, d. h. wenn Q die Wärme-

menge in Grammkalorien (cal) und A die elektrische Arbeit in Joule
bedeutet, ist $Q = K \cdot A$ cal, wo K eine unveränderliche Größe ist, die
jetzt bestimmt werden soll.

Aus den oben angegebenen Versuchsresultaten wissen wir, daß für
$Q = 1$ kcal, die elektrische Arbeit $A = 4184$ Joule sein muß, also gilt
für $Q = 1000$ cal.　$1000 = K \cdot 4184$, woraus $K = 1000 : 4184 = 0,239$ folgt.
Die erzeugte Wärmemenge, ausgedrückt in cal, ist also $Q = 0,239 \cdot A$ cal,
oder wenn man $A = UJt$ Joule setzt: $Q = 0,239\, UJt$.　Da $J = U : R$
($R = $ Widerstand in Ohm), so ist auch

$$Q = 0,239\, UJt = 0,239\, J^2 R\, t = 0,239\, U^2 : t \quad \text{cal.} \qquad (6b)$$

Dies ist das von Joule aufgestellte, nach ihm benannte Gesetz. (Anstatt
0,239 rechnet man gewöhnlich mit 0,24.)

7. **Beispiel:** Wieviel Kalorien kann man mit einer Kilowattstunde
(1 kWh) erzeugen?

In $Q = 0,239\, UJt$ ist zu setzen $UJ = 1000$ W und $t = 3600$ sek,
also ist $Q = 0,239 \cdot 1000 \cdot 3600 = 860\,400$ cal, oder $Q = 860,4$ kcal,
wofür nach gesetzlicher Vorschrift $Q = 860$ kcal zu setzen sind.

8. **Beispiel:** In einem elektrischen Kochtopf sollen 2 Liter Wasser
in 20 Minuten zum Sieden gebracht werden. Wir berechnen:

a) die theoretisch erforderliche Wärmemenge, wenn die Temperatur
des kalten Wassers 12° beträgt. — Da das Sieden bei 100° eintritt, so ist
die Temperaturerhöhung $100 - 12 = 88°$. Die Gewichtsmenge beträgt
2 kg, also ist die theoretisch erforderliche Wärmemenge $Q = 2 \cdot 88 =$
176 kcal oder $Q = 176\,000$ cal.

b) Die elektrische Leistung. Sie folgt aus $Q = 0,24 \cdot UJt$ cal,
$UJ = N = Q : 0,24\, t = 176\,000 : 0,24 \cdot (60 \cdot 20) = 612$ W.

c) Die Stromstärke. Sie ist $J = \dfrac{N}{U} = \dfrac{612}{U}$. Soll der Topf an 220 V
angeschlossen werden, so ist $U = 220$ zu setzen, und wir erhalten
$J = 612 : 220 = 2,78$ A.

d) Den Widerstand des Drahtes im warmen Zustande, aus dem
der Heizkörper besteht. Er ist: $R = U : J = 220 : 2,78 = 79\ \Omega$.

In Wirklichkeit mußte der Strom, um das Wasser in dem Topf zum
Sieden zu bringen, nicht 20 Minuten, sondern 23 Minuten eingeschaltet
bleiben, was daher kommt, daß von der zugeführten Wärmemenge ein
Teil wieder von dem erwärmten Topf an die Umgebung abgegeben
wird, also verloren geht. Man hat deshalb den Begriff „Wirkungsgrad" eingeführt und versteht hierunter den Quotienten (theoretische
Wärmemenge) : (wirkliche Wärmemenge), dessen hundertfacher Wert
den prozentualen Wirkungsgrad gibt und der mit η (gelesen eta) bezeichnet wird.

$$\eta = \frac{\text{theoretische Wärmemenge}}{\text{wirkliche Wärmemenge}} \cdot 100.$$

Die theoretische Wärmemenge ist die unter a) berechnete (176 000 cal).
Unter b) war die Leistung berechnet worden (612 W), die dieselbe

bleibt, nur geht diesmal der Strom 23 Minuten durch den Heizdraht des Topfes, also ist die in 23 Minuten entwickelte „wirkliche Wärmemenge"

$$Q = 0,24 \cdot 612 \cdot (23 \cdot 60) = 202\,000 \text{ cal,}$$

demnach

$$\eta = \frac{176\,000 \cdot 100}{202\,000} = 87\%.$$

IV. Magnetismus und Induktion.

Der Name Magnetismus rührt von der alten Stadt Magnesia in Kleinasien her, in deren Nähe Eisenerze gefunden wurden, welche magnetisch waren. Bestreicht man mit einem solchen natürlichen Magnet ein gehärtetes Stück Stahl, so wird dasselbe ebenfalls zu einem Magnet.

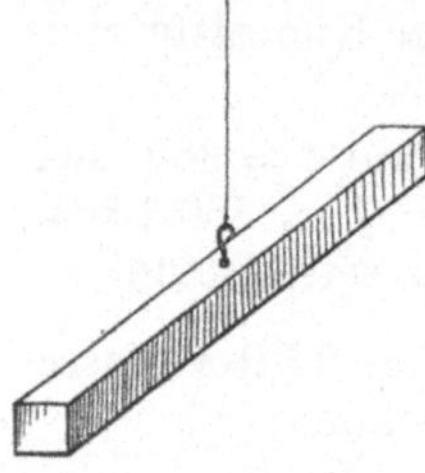

Abb. 15. Stabmagnet.

Hängt man einen solchen Magnet nach Abb. 15 an einem Faden auf, so stellt er sich, wie bekannt ist, in die Richtung von Norden nach Süden ein, weil unsere Erde ebenfalls ein großer Magnet ist. Man benutzt diese Eigenschaft des Magnets ja beim Kompaß. Nähert man dem nach Norden zeigenden Ende eines frei, nach Abb. 15, aufgehängten Magnets einen zweiten Magnet mit demjenigen Ende, mit welchem dieser bei ebenfalls freier Aufhängung nach Norden zeigen würde, so beobachtet man, daß der drehbare Magnet sich von dem anderen abwendet. Die Enden eines Magnets heißen Pole, und es stoßen sich gleiche Pole stets gegenseitig ab, während entgegengesetzte Pole sich anziehen.

Bricht man einen Magnet durch, so erhält man stets ohne weiteres zwei vollständige neue Magnete, jeder derselben mit einem Nordpol (N) und einem Südpol (S). Man kann diese Teilung beliebig weit fortsetzen, stets erhält man vollständige Magnete, sogar ein abgefeilter Span würde immer noch zwei Pole erkennen lassen. Aus dieser beliebig weit fortsetzbaren Teilung kann man schließen, daß das Eisen von Natur aus aus sehr kleinen Magneten zusammengesetzt ist. Jeder Körper besteht aus solch kleinen Teilen, die man Moleküle nennt, und beim Eisen sind diese Moleküle immer magnetisch. Im gewöhnlichen unmagnetischen Eisen bemerkt man nur deshalb nichts von dem Magnetismus der Moleküle, weil diese sich gegenseitig so beeinflussen, daß sich ihre entgegengesetzten Pole anziehen und sie sich deshalb genau so, wie freie einzelne Magnetnadeln es tun würden, zu geschlossenen Gruppen

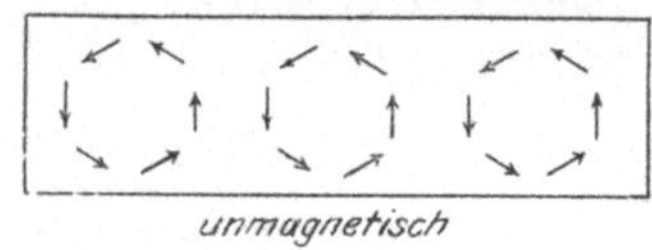

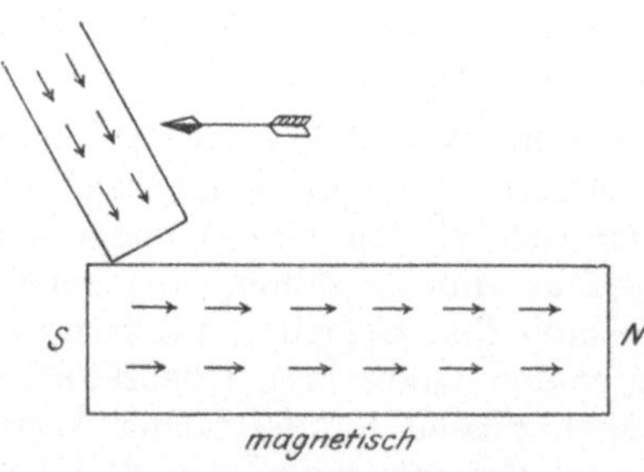

Abb. 16. Lagerung der Moleküle.

geordnet haben, wie etwa in Abb. 16 angedeutet ist. Fährt man mit einem Magnet über das Eisen hinweg, so werden die Moleküle dadurch alle in die gleiche Richtung gedreht, und das Eisen ist magnetisiert. Dies läßt sich sehr schön zeigen, indem man eine Glasröhre mit Eisenfeilicht füllt, beide Enden verschließt und dann mit einem Magneten gemäß der Abb. 16 darüber streicht.

In hartem Stahl sind die Moleküle schwer beweglich; man muß daher viele Male die Bestreichung mit dem Magnet vornehmen, ehe alle Moleküle gerichtet sind, nachher bleiben sie aber auch in dieser Zwangsstellung stehen; es bleibt also harter Stahl, der einmal magnetisiert wurde, dauernd magnetisch. In weichem Eisen sind die Moleküle leicht beweglich, besonders in ausgeglühtem Schmiedeeisen, deshalb wird solches Eisen auch leicht magnetisch; wenn aber die magnetisierende Einwirkung aufhört, dann stellen sich die Moleküle zum allergrößten Teil wieder in die unmagnetische Lage ein; ein kleiner Teil allerdings bleibt, infolge der Reibung, die die Moleküle bei ihrer Drehung aneinander erleiden, in der magnetischen Stellung zurück, und man spricht dann von remanentem Magnetismus. Dieser Umstand ist außerordentlich wichtig für die Selbsterregung der elektrischen Maschinen, und ist die Grundlage für das durch Werner von Siemens entdeckte dynamoelektrische Prinzip. Will man den remanenten Magnetismus aus dem Eisen wieder herausbringen, so genügt es, mit einem Hammer einige leichte Schläge auf das Eisen zu machen. Dieses leichte Zurückdrehen der Moleküle ist auch Veranlassung zu der folgenden Erscheinung, die zuweilen an elektrischen Maschinen beobachtet wird: Die Magnetgestelle der elektrischen Maschinen sind ebenfalls aus weichem Eisen hergestellt, und zwar meist aus Stahlguß, seltener aus weichem Gußeisen. Jede in einer Fabrik fertiggestellte Maschine wird nun, wenn sie nicht gar zu groß ist, auf dem Prüffeld einer Probe unterzogen und vor ihrer ersten Inbetriebsetzung muß das Magnetgestell von Gleichstromgeneratoren zunächst einmal magnetisiert werden, weil sonst die Maschine, wie später gezeigt wird, sich nicht erregen kann. Läuft die Maschine ein zweites Mal, so ist das vorherige Magnetisieren nicht wieder nötig, weil vom erstenmal her noch ein schwacher Magnetismus im Eisen vorhanden ist. Wenn nun die Maschine an ihren Bestimmungsort gebracht ist und dort zum erstenmal laufen soll, tritt sehr häufig der Fall ein, daß sie sich nicht erregt; sie hat dann den von der Fabrikprobe her zurückgebliebenen schwachen Magnetismus infolge der Erschütterung beim Transport verloren und muß daher noch einmal künstlich magnetisiert werden.

Wir haben schon anfangs gesehen, daß ein elektrischer Strom die Magnetnadel aus ihrer normalen Lage ablenkt (s. Abb. 4). Da nun das Eisen aus lauter kleinen magnetischen Molekülen zusammengesetzt ist, so kann man daraus den Schluß ziehen, daß ein elektrischer Strom die Moleküle des Eisens ebenfalls richtet, d. h. daß er das Eisen magnetisch macht. In der Tat läßt sich dies durch den Versuch nach Abb. 5 und 17 erkennen. M ist ein hufeisenförmig gebogenes Schmiedeeisenstück, dessen beide Enden Pole heißen, und welches von einem Draht in vielen Windungen umgeben ist. A ist eine Stromquelle, R ein Regulierwiderstand zum Verändern der Stromstärke J. E ist ein Stück weiches Eisen, welches über beide Pole reicht und **Anker** genannt wird. An ihm hängt die Belastung P. Schaltet man den Strom ein, so hält der Magnet M den Anker E fest und trägt die Belastung P. Schaltet man den Strom aus, so fällt der Anker E ab, weil dann die richtende Kraft des Stromes auf die Moleküle nicht mehr vorhanden ist und diese sich unter ihrem gegenseitigen Einfluß sofort in die alte Lage zurückdrehen. Wie bereits erwähnt, wird hartes Eisen schwerer magnetisiert als weiches, es eignet sich daher nicht zur Herstellung von Lastmagneten. Am besten eignet sich zu diesen **Elektromagneten** Schmiedeeisen oder Stahlguß, denn in diesen Eisensorten sind die Moleküle leicht beweglich und stellen sich daher sofort in die magnetische Lage ein, sobald man den magnetisierenden Stromkreis schließt. Ein Elektromagnet wirkt bedeutend stärker als ein Stahlmagnet. Man wendet solche Elektromagnete häufig in Hütten-

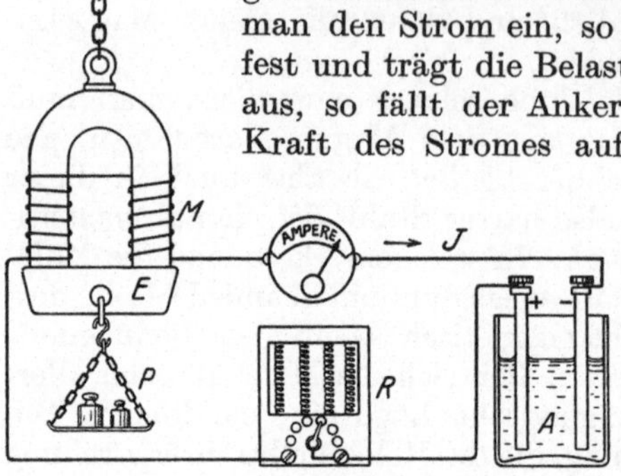

Abb. 17. Elektromagnetismus.

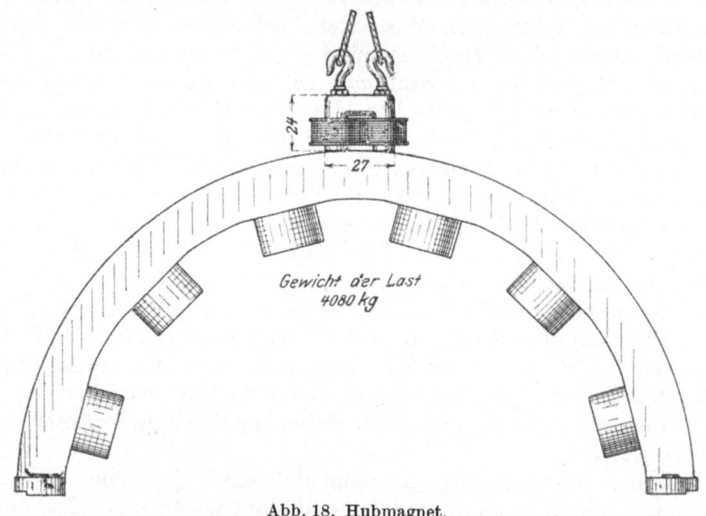

Abb. 18. Hubmagnet.

werken und Eisengießereien zum Heben von Eisenteilen an, wobei das zeitraubende Einhängen der Last mit Seilen oder Ketten in den Kranhaken erspart wird, weil der Magnet nur auf das Eisen herabgelassen wird, dann schaltet man ihn ein, wodurch er die Last festhält. Ist sie durch den Kran an die gewünschte Stelle befördert und dort niedergelassen, so wird nur der Strom ausgeschaltet, der Elektromagnet verliert seine magnetischen Eigenschaften und läßt die Last wieder los.

Damit der Leser eine bessere Vorstellung von der gewaltigen Tragkraft eines solchen Hubmagnets bekommt, ist in Abb. 18 eine Skizze mit eingeschriebenen Maßen in Zentimetern für einen solchen Magnet gegeben, welcher die obere Hälfte eines Maschinengestelles trägt. Das Gewicht der Last beträgt 4080 kg, der Magnet kann aber gemäß Firmenangabe 5000 kg tragen.

Weiter ist in Abb. 19 ein solcher Hubmagnet dargestellt, wie er in Eisenhüttenwerken zum Verladen der Eisenbarren oder Masseln benutzt wird. Er ist mit beweglichen Polen ausgerüstet, damit seine Tragkraft bei der unregelmäßigen Form der Last besser ausgenutzt werden kann. Durch derartige Magnete kann gerade in Hüttenwerken viel Zeit und Arbeitslohn erspart werden, und deshalb sind sie wieder in anderen Formen zum Heben von Blechpaketen, Trägern und Schienen ebenfalls in Anwendung.

Die elektromagnetischen S c h i e n e n - b r e m s e n, wie sie jetzt vielfach bei elektrischen Bahnen eingeführt werden, beruhen ebenfalls auf der Anziehungskraft zwischen am Wagengestell federnd auf-

Abb. 19. Hubmagnet mit beweglichen Polen für Hüttenwerke.

gehängten Elektromagneten und den Schienen, die als Anker dienen.

A u c h A u f s p a n n v o r r i c h t u n g e n für Drehbänke, Hobel- und Schleifmaschinen lassen sich als Elektromagnete konstruieren, bei denen das aufzuspannende Eisen als Anker dient.

In den sogenannten M a g n e t s c h e i d e r n werden aus unmagnetischen Substanzen, z. B. Kupfer- oder Messingspänen, kleine Eisen-, Nickel- oder Kobaltteilchen abgesondert.

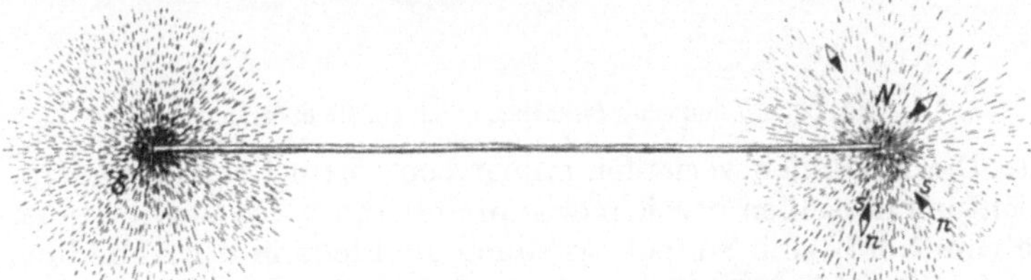

Abb. 20. Kraft- oder Feldlinien eines langen Stabmagneten.

Es war schon erwähnt, daß zwei Magnete sich mit ungleichen Polen anziehen. Würde man nun einen sehr langen Stahlmagnet nach Abb. 20 herstellen und in die Nähe seiner Pole Eisenfeilspäne streuen, so würden sich diese strahlenförmig in geraden Linien anordnen, wie dies die Abb.

zeigt. Die Richtung dieser Linien gibt die Richtung der von den Polen ausgehenden Kräfte an; man nennt sie daher Kraftlinien und kann sie, wie schon bemerkt, mit Eisenfeilspänen sichtbar machen. Anstatt Kraftlinien gebrauchen wir neuerdings das Wort Feldlinien.

Eine kleine Magnetnadel würde sich ebenfalls so einstellen, daß sie mit der durch sie hindurchgehenden Feldlinie in einer Richtung steht.

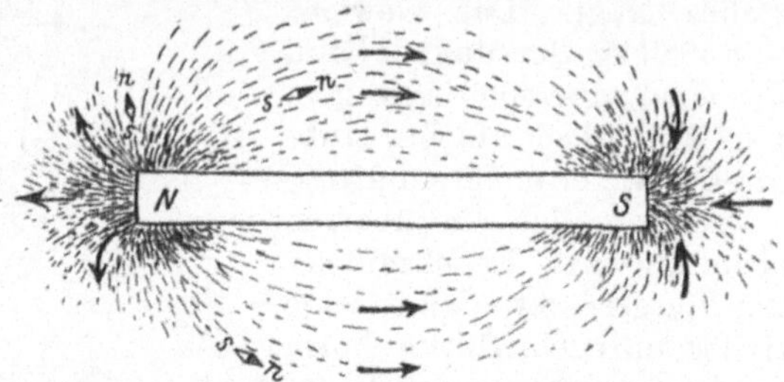

Abb. 21. Feldlinien eines gewöhnlichen Stabmagneten.

In der Abb. 20 ist bei dem Nordpol N des Stabmagnets die Stellung einer kleinen Magnetnadel $n\,s$ in verschiedenen Lagen angegeben. In Wirklichkeit sind nun die Magnete niemals so lang, daß ihre Pole sehr weit auseinanderliegen, daher sind auch die Feldlinien nicht gerade Linien, sondern mehr oder weniger gekrümmt und von der Form des Magnets abhängig. In Abb. 21 sind die Feldlinien eines gewöhnlichen geraden Stabmagnets dargestellt, welche man am besten dadurch sichtbar macht, daß man den Magnet unter ein Papier legt und auf dieses Eisenfeilspäne

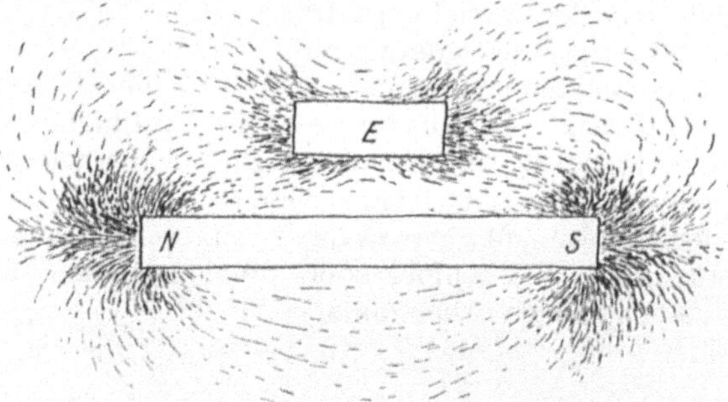

Abb. 22. Einfluß eines Eisenstückes auf ein Magnetfeld.

streut. Die Feldlinien verlaufen immer von einem Pol zum andern, und als Richtung derselben bezeichnet man außerhalb des Magnetstabes diejenige vom Nord- zum Südpol, wie auch die Pfeile in der Abbildung dies andeuten. Eine Magnetnadel, welche in das Feld hineingebracht wird, stellt sich mit ihrem Nordpol stets in die Richtung dieser Pfeile ein.

Wie aus Abb. 22 hervorgeht, suchen die Feldlinien, obgleich sie sonst möglichst auf kurzen Wegen von Pol zu Pol verlaufen, doch lieber Eisen zu durchdringen als Luft, so daß sie sich mehr oder weniger nach einem Eisenstück E hinziehen und somit durch dieses das gleichförmige Feld gestört wird.

In Abb. 23 sind die Feldlinien eines Magnets in Hufeisenform gezeichnet, zwischen dessen Pole ein Eisenring gelegt ist. Die Linien verlaufen hier zum größten Teil durch den Ring von Pol zu Pol, so daß

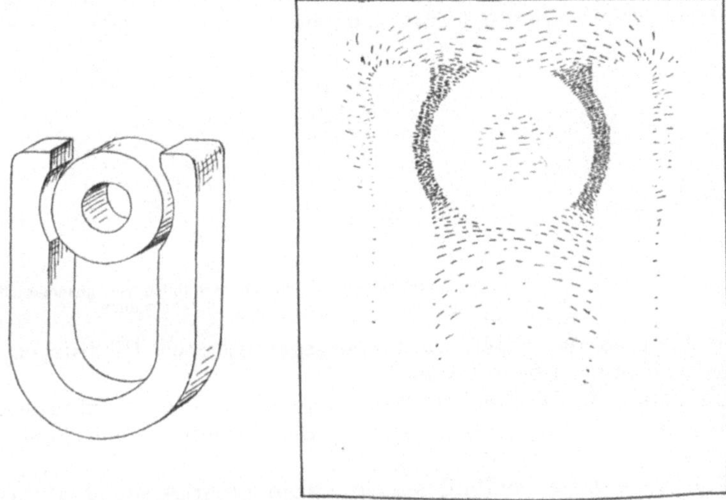

Abb. 23. Linienfeld eines Hufeisenmagneten mit Ring.

in den beiden Luftspalten vor den Polen die dichteste Ansammlung von Linien vorhanden ist.

Aus dem Einfluß, den der elektrische Strom auf die Magnetnadel ausübt, kann man den Schluß ziehen, daß um jeden stromdurchflossenen Draht ein magnetisches Feld vorhanden sein muß. Die Feldlinien des elektrischen Stromes kann man nach Abb. 24 sichtbar machen, indem man einen Draht durch eine Pappscheibe führt und auf diese Eisenfeilspäne streut. Diese ordnen sich in Kreisen um den Draht herum an. Eine Magnetnadel nimmt ebenfalls eine andere Lage ein. Hieraus kann man folgende, leicht zu behaltende Regel für die Richtung der Feldlinien des Stromes ableiten:

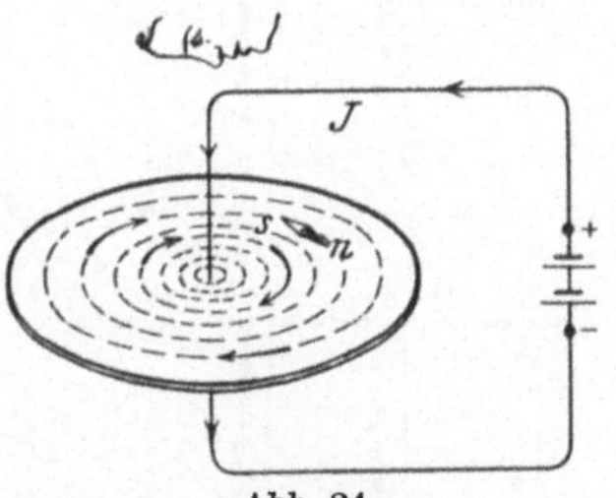

Abb. 24.
Feldlinien des elektrischen Stromes.

Blickt man in der Richtung des Stromes auf die Feldlinien, so ist die Drehrichtung des Uhrzeigers die positive Richtung der Feldlinie.

Auch mit Hilfe eines Korkenziehers kann man die Richtung wie folgt bestimmen:

Denkt man sich in den Draht in der Richtung, wie der Strom fließt, einen Korkenzieher hineingedreht, so gibt die Drehung des Korkziehers die Richtung der Feldlinie an.

Wenden wir diese Regel auf die beiden Drähte in Abb. 25 an, wenn die mit 1 bezeichneten Pfeile die Richtung des Stromes andeuten, so ergibt sich die gezeichnete Richtung der Feldlinien. Eine Magnetnadel, welche im unbeeinflußten Zustand die Nord-Süd-Richtung $N—S$ hat, würde durch die Feldlinien des Stromes in der Richtung der Pfeile abgelenkt werden. Liegen nun zwei Drähte nebeneinander, in denen der Strom gleiche Richtung hat, wie Abb. 26 zeigt, so laufen zwischen

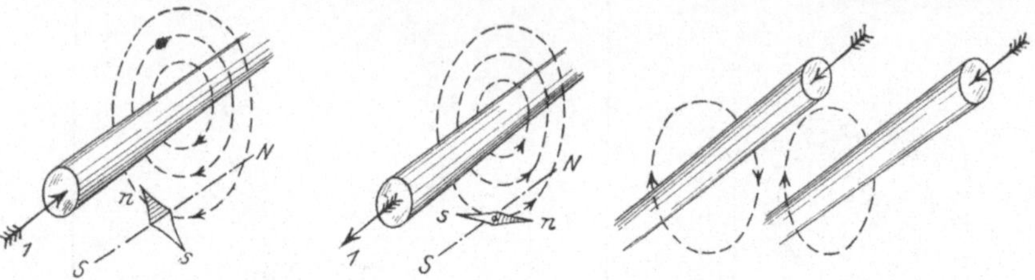

Abb. 25. Feldlinien von entgegengesetzt gerichteten Strömen.

Abb. 26. Feldlinien von gleichgerichteten Strömen.

beiden Drähten die Feldlinien in entgegengesetzten Richtungen, sie werden sich dort also aufheben.

Es entsteht in Wirklichkeit ein Linienfeld um beide Drähte herum, wie es Abb. 27 zeigt, wobei zwischen den Drähten keine Feldlinien verlaufen.

Abb. 28 stellt das Feldbild von vier stromdurchflossenen Leitern dar.

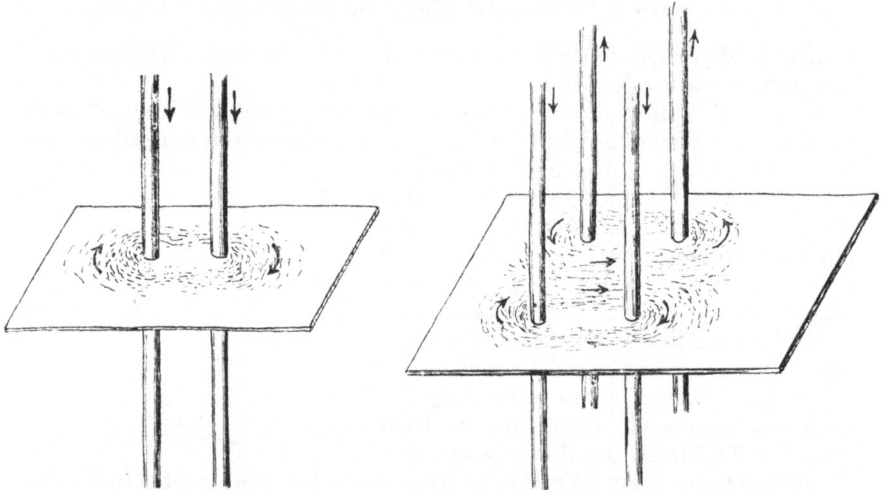

Abb. 27. Feldbild von gleichgerichteten Strömen.

Abb. 28. Feldbild von 4 stromdurchflossenen Leitern.

Biegt man den Stromleiter zu einer Schleife zusammen, so bilden sich die Feldlinien, wie Abb. 29 zeigt, aus. Die Wirkung wird größer, wenn man mehrere Schleifen nebeneinander anordnet. Diese Schleifenanordnung nennt man eine Spule oder ein Solenoid und stellt die Abb. 29 den Feldlinienverlauf dar. Vergleicht man die Abb. 21 mit Abb. 29, so erkennt man, daß beide Felder genau gleich sind. Es muß also solch eine Spule ebenso wirken wie ein Stabmagnet, und das tut sie auch.

Hängt man sie z. B. leicht beweglich auf, so stellt sie sich unter dem Einfluß des Erdmagnetismus von Norden nach Süden ein, sie hat also an einem Ende einen Nordpol, am anderen einen Südpol, wie es auch durch die Buchstaben N und S in der Abb. 29 angedeutet ist. Legt man nun noch ein Stück weiches Eisen in das Innere der Spule hinein, so wird der

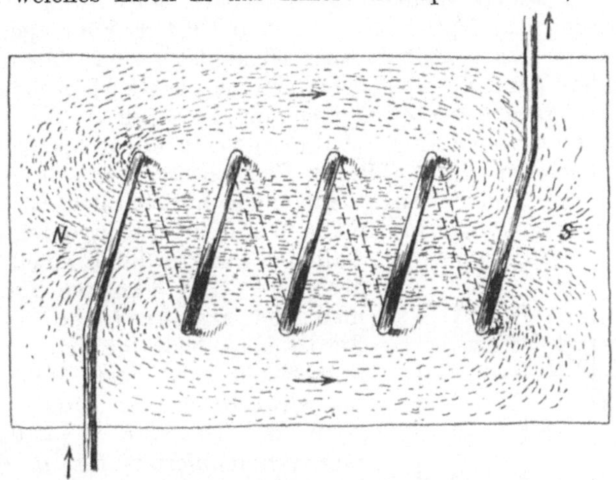

Abb. 29. Feld einer Drahtringspule.

Magnetismus wesentlich verstärkt, und man erhält den schon besprochenen Elektromagneten.

Eine wichtige Größe in der Lehre vom Magnetismus ist die sogenannte Felddichte $\mathfrak{B}$ auch Induktion genannt. Man versteht hierunter die Feldlinienzahl, die durch 1 cm² einer senkrecht zu den Feldlinien gestellten Fläche hindurchgeht. Werden z. B. in der Höhlung der Spule 554 Feldlinien durch den Strom erzeugt und beträgt der Querschnitt der Spule 100 cm², so kommen auf 1 cm² demnach $554:100 = 5{,}54$ Feldlinien, welche Zahl eben die Felddichte vorstellt. Es ist also

$$\mathfrak{B} = \text{Felddichte} = \frac{\text{Feldlinienzahl}}{\text{Querschnitt in cm}^2} = \frac{\Phi}{F}. \qquad (7)$$

Die praktische Einheit der Felddichte ist 1 Gauß.

Um nun in der Höhlung einer Spule eine gewisse Felddichte $\mathfrak{B}$ (Induktion) zu erzeugen, bedarf es hierzu einer bestimmten Feldstärke $\mathfrak{H}$, die gegeben ist durch die Gleichung

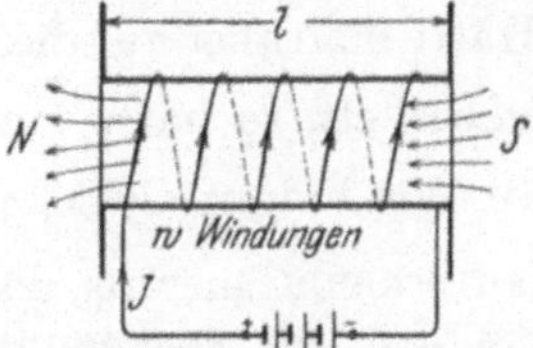

Abb. 30. Spule mit Feldlinien.

$$\mathfrak{H} = \frac{J \cdot w}{l} \quad \frac{\text{A}}{\text{cm}}, \qquad (8)$$

wo J der Strom in Ampere, w die Anzahl der Windungen der Spule und l die Spulenlänge in cm ist wie in Abb. 30 gezeichnet. Der Bruch $w:l$ bedeutet die Anzahl der Windungen, die auf 1 cm Wicklungslänge kommen, daher ist $\dfrac{J \cdot w}{l}$ die Stromstärke in A pro cm, was wir schreiben wollen $\dfrac{A}{cm}$ oder A/cm. Der Zusammenhang zwischen Felddichte $\mathfrak{B}$ und Feldstärke $\mathfrak{H}$ wird nun dargestellt durch die einfache Gleichung:

$$\mathfrak{B} = \mu\,\mathfrak{H} \quad \text{Gauß.} \tag{9}$$

Für Luft und andere nicht magnetisierbare Substanzen (z. B. Holz, Kupfer, Messing) ist μ (sprich mi) $= 1,256$, d. i. $0,4 \cdot \pi$. Für magnetisierbare Substanzen wie Eisen, Kobalt oder Nickel ist μ keine unveränderliche Größe, sondern kann nur umgekehrt erst aus der Gl. 9 berechnet werden; wenn durch Versuche der Zusammenhang zwischen $\mathfrak{B}$ und $\mathfrak{H}$ ermittelt worden ist, dann ist $\mu = \mathfrak{B} : \mathfrak{H}$. Auf diese Versuche soll hier jedoch nicht eingegangen werden. Man stellt die Versuchsergebnisse als Kurve dar, indem man die Werte von $\mathfrak{H}$ auf einer horizontalen Geraden (der Abszisse), die zugehörigen Werte von $\mathfrak{B}$ auf einer Senkrechten (der Ordinate) hierzu abträgt und die erhaltenen Punkte durch einen Linienzug verbindet. Die erhaltene Kurve nennt man die **Magnetisierungskurve**. Sie ist in Abb. 31 für die üblichen Dynamobleche gezeichnet. Man entnimmt ihr beispielsweise zur Abszisse $\mathfrak{H} = 4,43$ A/cm die Ordinate $\mathfrak{B} = 10\,000$ Gauß und erhält hiermit für μ den Wert $\dot\mu = 10\,000 : 4,43 = 2258$. Hätte man den Eisenkern aus unserer Spule entfernt, so würde dieselbe Feldstärke $\mathfrak{H} = 4,43$ A/cm nur eine Feldliniendichte

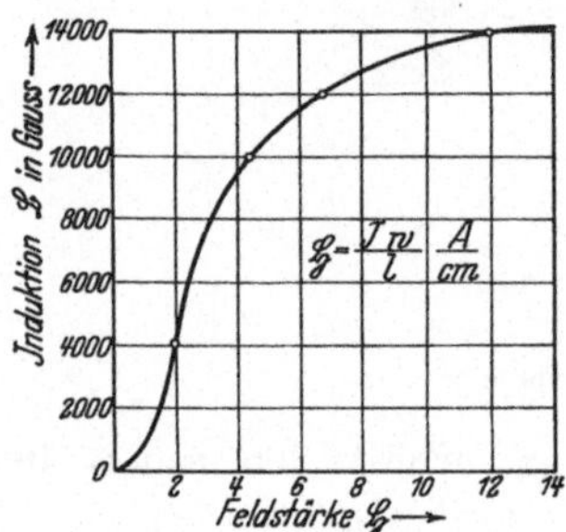

Abb. 31. Zusammenhang zwischen Feldstärke und Induktion.

$$\mathfrak{B} = 1,256 \cdot 4,43 = 5,54 \text{ Gauß}$$

hervorgebracht haben. Woher kommt nun die große Zunahme von $\mathfrak{B}$ bei Eisen? Wir erinnern uns an die auf S. 18 auseinandergesetzte Anschauung über die Moleküle magnetischer Substanzen. Dort wurde gesagt, daß die Moleküle der magnetischen Substanzen kleine Magnete sind, die durch die Feldstärke $\mathfrak{H}$ gerichtet werden, so daß also der Eisenkern selbst ein starker Magnet wird, der viele Feldlinien aussendet.

Die Feldstärke $\mathfrak{H}$ (z. B. $\mathfrak{H} = 4,43$ A/cm) kann auf verschiedene Weise erzeugt werden. Wir wollen eine Spule von $l = 20$ cm Länge annehmen und auf diese $w = 400$ Windungen wickeln, dann muß durch diese ein Strom $J = \dfrac{\mathfrak{H} \cdot l}{w} = \dfrac{4,43 \cdot 20}{400} = 0,2215$ A fließen. Hätte man aber auf diese Spule von 20 cm Länge nur 10 Windungen aufgewickelt, so hätte man den Strom $J = \dfrac{4,43 \cdot 20}{10} = 8,86$ A durch die 10 Windungen schicken müssen, um das gewünschte $\mathfrak{H}$ zu erzeugen. Man erkennt hieraus, daß bei gegebener Spulenlänge l nur das Produkt Jw, die sogenannte **Amperewindungszahl**, auch **Durchflutung** genannt, bestimmend für die Feldstärke $\mathfrak{H}$ ist. Hat man eine große Spannung zur Verfügung, so wird man viele Windungen aus dünnem Draht aufwickeln, während man bei geringer Spannung, wie man sie von einigen hintereinander geschalteten Akkumulatoren erhält, mit wenigen Windungen, aber starken Strömen arbeiten wird.

Die Feldlinien erzeugen unter gewissen Bedingungen in Leitern elektromotorische Kräfte. Man kann diese Bedingungen durch die nachfolgenden Gesetze ausdrücken:

1. **Schneidet ein Leiter Feldlinien, so entsteht in ihm eine elektromotorische Kraft.**

Die Feldlinien, die man früher Kraftlinien nannte, heißen, weil sie im geschlossenen Leiter Ströme induzieren, auch **Induktionslinien**, und die Felddichte nennt man kurzweg **Induktion**.

Das Schneiden kann auf verschiedene Weisen zustande kommen. So kann z. B. der Leiter in Abb. 32, der sich in der Nähe eines Magneten N befindet, mit einer gewissen Geschwindigkeit in der Richtung des Pfeils nach abwärts bewegt werden. Er schneidet dann die vom Magnetpol ausgesandten Feldlinien, und es entsteht hierdurch in ihm eine elektro-

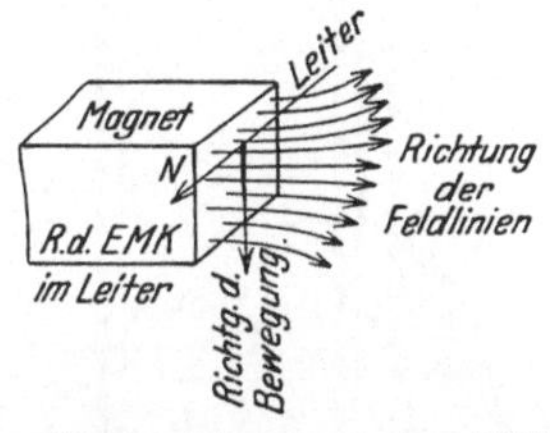

Abb. 32. Erzeugung einer EMK durch Schneiden von Feldlinien.

motorische Kraft von der in der Abb. 32 eingezeichneten Richtung, die bestimmt ist nach der weiter unten angegebenen Handregel. Die Größe der EMK ist gegeben durch die Formel

$$E = \frac{\mathfrak{B} \cdot l \, v}{10^8} \text{ Volt,} \tag{10}$$

(10^8 abgekürzte Schreibweise für 100 000 000)

wo $\mathfrak{B}$ die Felddichte oder Induktion in Gauß, l die Länge des Leiters innerhalb des magnetischen Feldes in cm und v die Geschwindigkeit der Bewegung senkrecht zu den Induktionslinien in cm pro Sekunde bedeutet.

Nimmt man, wie dies neuerdings geschieht, das Volt als eine jedermann geläufige Größe an, weil es ja durch das Voltmeter gemessen wird, und schreibt die Gleichung 10: $E = \mathfrak{B}' \, l \, v$ Volt, so kann man hieraus eine neue Einheit der Induktion $\mathfrak{B}'$ herleiten. Löst man nach der Induktion $\mathfrak{B}'$ auf, so erhält man:

$$\mathfrak{B}' = \frac{E}{l \, v} = \frac{\text{Volt}}{\text{cm} \cdot \text{cm/sek}} = \frac{\text{Voltsek}}{\text{cm}^2} \, .$$

Wir wollen die Einheit dieser Größe Neugauß nennen. Es besteht dann die Beziehung:

$$1 \text{ Neugauß} = 10^8 \text{ Gauß.}$$

9. **Beispiel:** Auf einem rechteckigen Holzrahmen sind 100 Windungen isolierten Kupferdrahtes aufgewickelt, deren Enden mit einem Voltmeter verbunden sind. Eine Seite dieses Rahmens befindet sich auf 10 cm Länge in einem magnetischen Felde (etwa zwischen den Polen eines Elektromagneten), in welchem sie, senkrecht zu den Induktionslinien, mit 6 cm/sek Geschwindigkeit fortbewegt wird, wobei das Voltmeter 0,3 V anzeigt. Wie groß ist hiernach die magnetische Induktion ausgedrückt in Neugauß (Voltsek: cm²) und in Gauß?

Lösung. $E = 0{,}3$ V, $v = 6$ cm/sek, l bedeutet die Länge des Drahtes im magnetischen Felde also $l = 10 \cdot 100 = 1000$ cm, da ja die elektromotorischen Kräfte in den 100 Windungen sich addieren. Hiermit wird

$$\mathfrak{B}' = \frac{E}{l\,v} = \frac{0,3}{1000 \cdot 6} = 0,00005 \text{ Neugauß oder } \frac{\text{Voltsek}}{\text{cm}^2}.$$

Nun ist $\mathfrak{B}' = \dfrac{\mathfrak{B}}{100\,000\,000}$ also $\mathfrak{B} = 100\,000\,000 \cdot 0,00005 = 5000$ Gauß.

In gleicher Weise wird durch das Feld des stromdurchflossenen Leiters 1 in dem parallelen Leiter 2 eine elektromotorische Kraft erzeugt, wenn er dem Leiter 1 genähert (Abb. 33) oder von ihm ent-

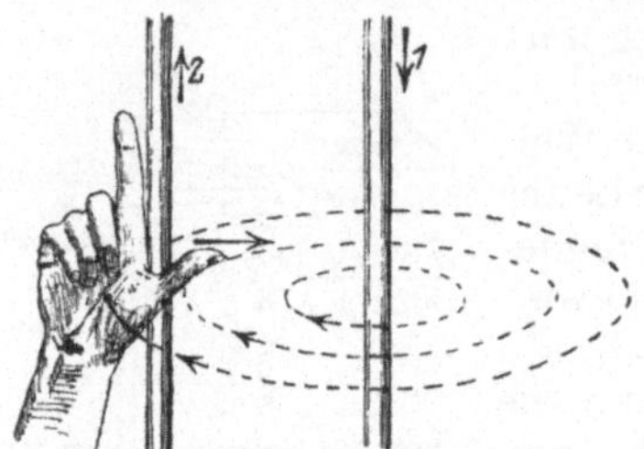

Abb. 33. Erläuterung zur Handregel.

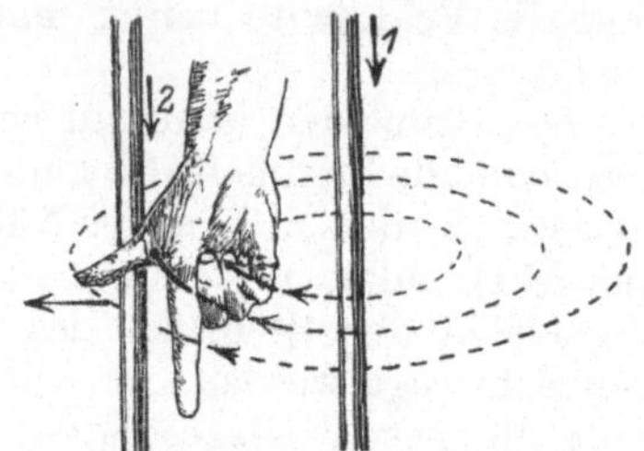

Abb. 34. Erläuterung zur Handregel.

fernt wird (Abb. 34). Die Richtung der entstandenen EMK ist in beiden Abbildungen durch den Pfeil 2 angegeben.

Durch den Versuch kann man die folgende **Handregel** für die Richtung der EMK finden:

Man halte die rechte Hand so, daß die Feldlinien in ihre Innenfläche eintreten und der ausgestreckte Daumen die Richtung der Bewegung des Leiters anzeigt, dann entsteht die elektromotorische Kraft in der Richtung des Zeigefingers (vgl. Abb. 33, die für Annäherung des Leiters 2, und Abb. 34, die für Entfernung gilt).

Anstatt den Leiter 2 zu nähern oder zu entfernen, hätte man auch dasselbe Resultat erhalten durch Verstärken bzw. Schwächen des Stromes im Leiter 1.

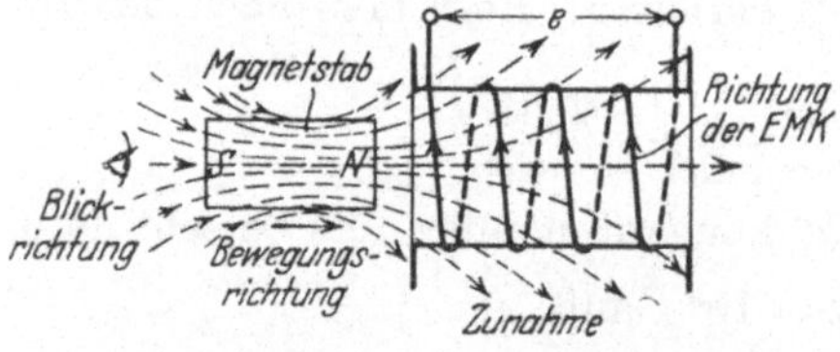

Abb. 35. Erläuterung zur Stromrichtung in einer Spule bei Näherung eines Magneten.

Denkt man sich in Abb. 35 den Magnetstab auf die Spule zu bewegt, so erkennt man, daß die Feldlinien des Magneten die Windungen der Spule schneiden, also in ihnen elektromotorische Kräfte entstehen müssen, die durch die eingezeichneten Pfeile angedeutet sind. Wenn man auch nach dem obigen Gesetz die Entstehung und Richtung der EMK einsieht, so ist es doch vorteilhafter, in diesem Falle das Gesetz 1 anders zu formulieren, nämlich:

2. Umschließt eine Spule Induktionslinien und ändert sich die Anzahl derselben, so entsteht in den Windungen eine elektromotorische Kraft.

Über die Richtung der entstehenden EMK gibt die nachstehende Regel Auskunft:

Blickt man in der Richtung der Induktionslinien auf die Spule (d. h. sieht man den Südpol des Magneten an), so entsteht bei einer Zunahme derselben eine elektromotorische Kraft, die bei geschlossenem Stromkreise einen Strom im entgegengesetzten Drehsinne des Uhrzeigers, bei einer Abnahme im Drehsinne hervorrufen würde.

Die Abb. 35 entspricht einer Zunahme der Induktionslinien, denn je mehr der Magnet der Spule genähert wird, desto mehr Induktionslinien werden von den Windungen eingeschlossen. Das Maximum wird erreicht, wenn Spulenmitte und Stabmitte zusammenfallen. Wird der Magnet daher über die Mitte hinaus bewegt, so nimmt die Zahl der Induktionslinien wieder ab, und es entsteht sonach in den Windungen die entgegengesetzte EMK.

Nach diesem Gesetz erklärt sich auch sehr leicht die EMK, die in der Spule II entsteht, wenn in der Spule I der Abb. 36 der Strom verstärkt oder auch geschwächt wird, wobei die größte Verstärkung eintritt, wenn der Stromkreis geschlossen wird, die größte Schwächung beim Unterbrechen. Die in Abb. 36 eingezeichneten Pfeile entsprechen einem Verstärken des Stromes, also einer Zunahme des Induktionsflusses.

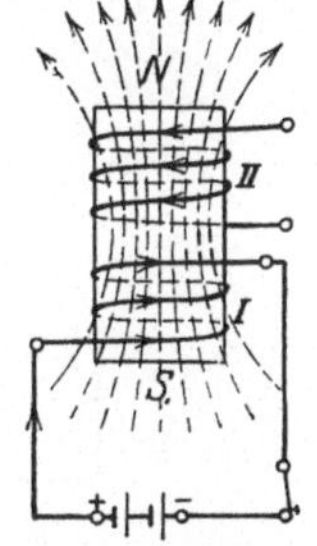

Abb. 36. Gegenseitige Induktion.

Die Pfeile in Spule I geben die Stromrichtung an, die durch die Verbindung mit der Stromquelle bedingt ist. Der Strom ist es, der die Induktionslinien hervorbringt, und jede Stromänderung bringt auch eine Feldlinienänderung hervor, aber nicht nur in Spule II, sondern auch in Spule I. Es entsteht also auch in den Windungen der Spule I eine EMK, die, nach der obigen Regel bestimmt, bei einer Zunahme des Stromes dem Strome entgegengerichtet, bei einer Abnahme dagegen gleichgerichtet ist. Man nennt sie die elektromotorische Kraft der Selbstinduktion. Die Folge der EMK der Selbstinduktion, früher Extraspannung genannt, ist also, daß beim Schließen des Stromes dieser nicht sofort seinen Höchstwert $\left(\dfrac{E}{R}\right)$ erreicht, sondern erst nach einer gewissen Zeit. Besonders auffallend ist das allmähliche Anwachsen des Stromes bei Magnetgestellen von großen Maschinen. Solche Magnete besitzen sehr viele Drähte und einen starken Magnetismus, d. h. einen großen Induktionsfluß. Schaltet man den Strom mit dem Schalter plötzlich ein, so kann man an einem eingeschalteten Amperemeter durch das langsame Steigen des Zeigers deutlich erkennen, daß der Strom erst allmählich seinen vollen Wert erreicht.

Schaltet man den in der Spule I der Abb. 36 fließenden Gleichstrom aus, so verschwindet das magnetische Feld, d. h. die Linienzahl nimmt bis auf Null ab. Es entsteht deshalb jetzt in den Windungen der Spule abermals eine EMK der Selbstinduktion, welche aber gleiche Richtung hat wie die den Strom erzeugende und deshalb den Strom noch kurze Zeit nach dem Öffnen des Stromkreises in Form eines Funkens (Lichtbogens) an der Unterbrechungsstelle aufrechterhält.

Mitunter ist diese EMK beim Ausschalten ein Vielfaches der Spannung der abgeschalteten Stromquelle, ein Fall, der häufig an Motoren für Gleichstrom beobachtet wurde, die für höhere Spannungen gewickelt waren. Bei den ersten Motoren wendete man 110, höchstens 220 V an. Als man aber anfing, Straßenbahnen zu bauen, wurden häufig auch Motoren neben der Strecke an die Straßenbahnleitung angeschlossen, und diese Motoren, die mit 500 V liefen, hatten sehr viele Windungen auf ihren Magnetspulen. Da man damals noch nicht die Schutzvorrichtungen an Anlassern so durchgebildet hatte wie heute, kam es vor, daß die Magnetspulen immer nach einigen Wochen oder Monaten ausgetauscht werden mußten, weil ihre Isolierung durchschlagen war. Dieses Durchschlagen der Isolierung rührte von der hohen EMK der Selbstinduktion beim Ausschalten der Magnetwicklung her, die bei der großen Windungszahl viel höher wurde als die normale Spannung

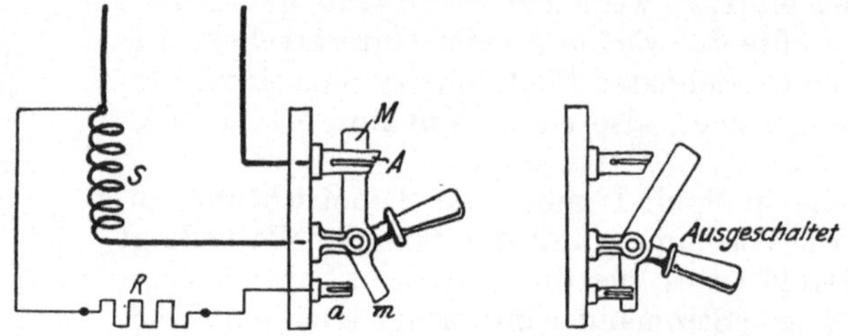

Abb. 37. Ausschalten von induktiven Stromkreisen.

von 500 V. Der wiederholten Wirkung dieser hohen Spannung konnte die Isolation auf die Dauer nicht standhalten. Heute hat man dagegen Schutzeinrichtungen am Anlasser oder bei Generatoren an den Reglern der Erregerstromkreise, die später noch genauer beschrieben sind, vorgesehen.

Durch besondere Schalter kann man aber auch die schädliche Wirkung der hohen EMK der Selbstinduktion beim Ausschalten vermeiden. In Abb. 37 bedeutet S die Spule, welche eine hohe Selbstinduktion besitzt. Man benutzt zum Ausschalten einen Schalter, der hinter dem Hauptschaltmesser M ein kleines Hilfsschaltmesser m besitzt. Während des Ausschaltens wird das Hilfsmesser schon in den Hilfskontakt a gedrückt, ehe das Hauptmesser M den Hauptkontakt A verlassen hat, dadurch wird ein hoher Widerstand R parallel zu der Spule S an die Leitung geschaltet und bekommt für den kurzen Augenblick Strom aus der Leitung, in welchem M noch nicht aus A herausbewegt ist. Sobald M aus A herausgezogen ist, sind die Spule S und der Widerstand R von der Zuleitung abgetrennt, aber die Spule ist immer noch mit dem Widerstand verbunden, und es kann die durch das Verschwinden des Feldes beim Ausschalten von M entstandene EMK sich mit einem Strom durch R hindurch ausgleichen. Das Verschwinden des Feldes geht daher ganz langsam vor sich.

Die Erscheinungen, die durch die Selbstinduktion hervorgerufen werden, lassen sich mit denen einer trägen Masse vergleichen. Wir denken uns beispielsweise einen Bahnwagen auf einer horizontalen Ebene stehend. Um ihn in Bewegung zu setzen ist eine Kraft erforderlich (z. B. ein Mann sucht ihn fortzuschieben), die ihm eine zunehmende Geschwindigkeit erteilt. Hat er eine gewünschte Geschwindigkeit erreicht, so wird er jetzt, ohne daß die Kraft noch auf ihn wirkt, mit dieser Geschwindigkeit sich dauernd weiter bewegen, wenn wir von Reibungswiderständen aller Art absehen. Soll er wieder zur Ruhe kommen, so muß abermals eine Kraft auf den Wagen einwirken, die jedoch diesmal der Bewegung entgegengerichtet ist. Da aber nach dem Gesetze von Druck und Gegendruck, der Wagen, solange seine Geschwindigkeit noch zunimmt, der schiebenden Kraft einen Widerstand entgegensetzt, der entgegen der Bewegungsrichtung wirkt, beim Anhalten des Wagens dieser Gegendruck in der Richtung der Bewegung wirksam ist, so erkennen wir, daß der Gegendruck der trägen Masse genau so wirkt wie die EMK der Selbstinduktion, nur muß man anstatt Geschwindigkeit das Wort Strom setzen. Der Mann, der den Wagen schiebt, muß Arbeit leisten, die vom Wagen aufgenommen wird und sich in Bewegungsenergie umwandelt, die durch die Formel $A = \dfrac{m\,v^2}{2}$ bestimmt ist. Es bedeutet A die von dem Manne geleistete Arbeit, m die Masse des G kg schweren Wagens und v die erreichte Geschwindigkeit (d. i. der pro Sekunde zurückgelegte Weg). Die Masse ist bekanntlich $m = G : 9{,}81$. — Beim Schließen des Stromes muß die Stromquelle die Arbeit

$$A = \frac{1}{2} L\,J^2 \quad \text{Joule} \tag{11}$$

leisten, wo L die Induktivität heißt und ihre Einheit 1 Henry (H) ist. Beim Anhalten des bewegten Wagens ist der Wagen imstande, dieselbe Arbeit wieder nützlich herzugeben, etwa in der Weise, daß er jetzt eine schiefe Ebene emporläuft und somit sein eigenes Gewicht hebt. Beim Unterbrechen des Stromes wird die aufgespeicherte, magnetische Arbeit $\frac{1}{2}LJ^2$ in Form von Wärme an der Unterbrechungsstelle wiedergewonnen.

10. Beispiel: Es sei $L = 0{,}05$ H, $J = 10$ A, so muß die Stromquelle die Arbeit $A = \dfrac{1}{2} \cdot 0{,}05 \cdot 10 \cdot 10 = 2{,}5$ Joule leisten, beim Unterbrechen des Stromes werden diese 2,5 Joule in Form eines Funkens in Wärme umgesetzt. (Der Leser darf hierbei jedoch nicht Joule und Watt verwechseln, denn würde z. B. die Stromunterbrechung in $\dfrac{1}{50}$ Sekunde erfolgen, so würde die mittlere Leistung [Arbeit in 1 Sekunde]

$$N = A : t = 2{,}5 : \frac{1}{50} = 125 \text{ W sein.})$$

V. Wechselstrom.

Während die Selbstinduktion beim konstanten Gleichstrom sich nur beim Ein- und Ausschalten bemerkbar macht, ist ihre Wirkung beim Wechselstrom eine dauernde, so daß die Gesetze des Gleichstromes für letzteren nicht mehr gültig sind. Was ein Wechselstrom ist, ist bereits auf S. 4 auseinandergesetzt worden, nämlich ein Strom, der seine Richtung in einer Sekunde mehrmals, seine Stärke dauernd ändert. Um ein anschauliches Bild eines Wechselstromes zu erhalten, stellt man die Zeitwerte des Stromes als Ordinaten einer Kurve dar, deren Abszissen Längen sind, die auf einer horizontalen Geraden aufgetragen werden. In Abb. 38 ist $\overline{OA} = \alpha$ (sprich alpha) eine Abszisse, $\overline{AA'} = i$ die zugehörige Ordinate. Die zwischen B und C liegenden Ordinaten

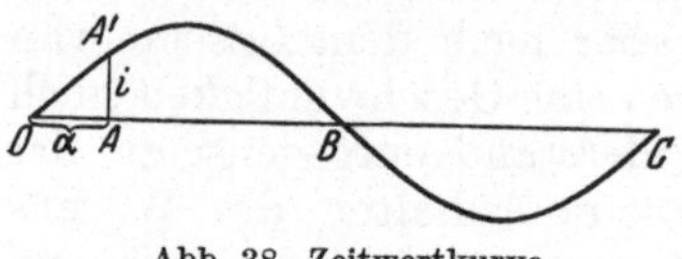

Abb. 38. Zeitwertkurve.

sind negativ, bedeuten demnach, daß die Ströme in umgekehrter Richtung wie die zwischen O und A fließen. Von C ab wiederholt sich die ganze Kurve, und zwar $f$mal in einer Sekunde, wenn f die Periodenzahl des Wechselstromes ist (gewöhnlich ist $f = 50$). Die Anzahl der Stromwechsel ist $2f$. Wenn nun f Perioden 1 Sekunde dauern, so ist die Zeitdauer einer Periode $T = 1:f$ sek. Die Anzahl der Perioden pro Sekunde heißt Frequenz und hat die Einheit die Bezeichnung Hertz (Hz) erhalten. (Für $f = 50$ Hz ist $T = 1:50 = 0,02$ sek und die Zeitdauer eines Zeichen- oder Stromrichtungswechsels $1:100 = 0,01$ sek.) Wir wollen im folgenden immer voraussetzen, daß die Kurve in Abb. 38 eine Sinuslinie ist, d. h. eine Kurve, deren Zeitwerte bestimmt sind durch die Gleichung $i = J_{\max} \sin \alpha$. Es ist zwar die Kurve unserer Maschinen keine reine Sinuskurve, jedoch werden Wicklung und Pol-

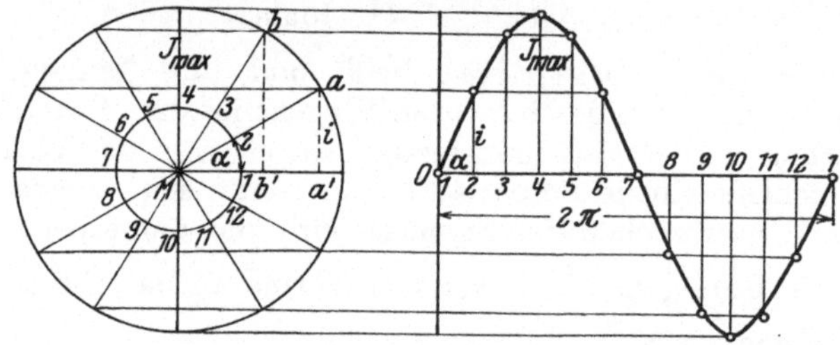

Abb. 39 a u. b. Darstellung einer Sinuslinie.

form so ausgeführt, daß der Strom, den die Maschine liefert, einer Sinuslinie möglichst nahe kommt, weil diese Form des Stromverlaufes am günstigsten ist, denn es treten dabei die wenigsten Störungen und Nebenerscheinungen in Apparaten und Leitungen ein. Man kann die Sinuslinie leicht wie folgt zeichnen:

Man beschreibe in Abb. 39 a mit dem Radius $J_{\max}$ einen Kreis und teile diesen durch Radien in eine Anzahl gleicher Teile, z. B. 12. Ein konzentrischer Kreis mit dem Radius 1 cm wird hierdurch gleichfalls in 12 Teile geteilt. Der Zentriwinkel zwischen zwei Radien ist $\dfrac{360°}{12} = 30°$ oder im Bogenmaß (berechnet aus der Proportion $\alpha° : \widehat{\alpha} = 360° : 2\pi$)

$$\widehat{\alpha} = \frac{\alpha° \cdot 2\pi}{360} = \frac{30 \cdot 2 \cdot 3,14}{360} = 0,523 \text{ cm}.$$

Diese Länge trage man auf einer durch den Mittelpunkt M des Kreises gehenden horizontalen Geraden von einem beliebig angenommenen Punkte O 12mal ab, so erhält man in diesen Teilpunkten die Abszissen, während die Ordinaten die Größen $\overline{aa'}$, $\overline{bb'}$ usf. sind. Verbindet man die so erhaltenen Punkte durch einen Linienzug, so erhält man in Abb. 39b die gewünschte Sinuslinie.

Häufig begnügt man sich zeichnerisch mit der Darstellung nur eines Zeitwerts, indem man in der Abb. 40 den Größtwert oder Scheitelwert $J_{max} = \overline{OA}$ unter dem beliebigen $\sphericalangle\,\alpha$ an eine horizontale Gerade anträgt und vom Endpunkt A die Senkrechte $\overline{AA''}$ auf eine durch den Anfangspunkt O gehende vertikale Gerade fällt, dann ist $\overline{OA''} = i$ der zum $\sphericalangle\,\alpha$ gehörige Zeitwert. Man nennt den Größtwert $\overline{OA} = J_{max}$ den Radiusvektor und das Ganze ein Vektordiagramm. Will man alle Zeitwerte einer Periode erhalten, so muß man sich den Vektor $\overline{OA}$ im Sinne des Pfeiles um den Punkt O gedreht denken, und zwar von $\alpha = 0°$ bis $\alpha = 360°$ oder in Bogenmaß von Null bis $\alpha = 2\,\pi$, die Projektionen auf die Vertikale geben dann die zugehörigen Zeitwerte.

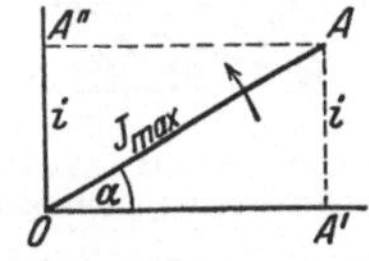

Abb. 40. Darstellung eines Zeitwertes.

In Abb. 39b stellt die Abszisse 1 bis 1 die Länge $2\,\pi$ einer Periode vor, bei f Perioden pro Sek. hätte man also die Länge $2\,\pi\,f$ erhalten, wenn man alle Perioden aufgezeichnet hätte. Bekanntlich nennt man den Weg pro Sekunde „Geschwindigkeit" und bei einer Drehbewegung heißt die Geschwindigkeit eines Punktes im Abstande 1 vom Drehpunkt seine Winkelgeschwindigkeit oder Kreisfrequenz, die man mit dem Buchstaben ω (omega) bezeichnet, so daß hier

$$\omega = 2\,\pi\,f \tag{12}$$

ist. Wird der Radiusvektor t Sekunden mit der konstanten Winkelgeschwindigkeit ω gedreht, so legt der Punkt im Abstande 1 den Weg

$$\widehat{\alpha} = \omega\,t \tag{12a}$$

zurück. Diese Gleichung dient zur Umrechnung der Zeit auf Winkel.

11. Beispiel: Ist $f = 50$ Hz und $\alpha = 30°$ (Gradmaß), so ist zunächst
$$\widehat{\alpha} = \frac{\alpha° \cdot 2\pi}{360} = \frac{30 \cdot 2 \cdot 3{,}14}{360} = 0{,}523, \text{ ferner (nach Gl. 12) } \omega = 2\,\pi \cdot 50 = 314$$
und aus $\widehat{\alpha} = \omega\,t$ folgt $t = \dfrac{\widehat{\alpha}}{\omega} = \dfrac{0{,}523}{314} = 0{,}00166$ sek.

Es ist wohl für den Leser ohne weiteres einleuchtend, daß die Darstellung der Sinuslinie nicht nur für Ströme, sondern auch für elektromotorische Kräfte und Spannungen gilt.

Bei der Hintereinanderschaltung zweier Gleichstromerzeuger gibt es nur zwei Möglichkeiten: Entweder die elektromotorischen Kräfte beider addieren sich, was der Fall ist, wenn sie Ströme gleicher Richtung hervorzubringen suchen, oder sie subtrahieren sich, wenn die Ströme entgegengerichtet sind. Für Wechselstromspannungen gilt dasselbe, doch können die Spannungen in der Phase gegeneinander ver-

schoben sein; allgemein können zwei Ströme (oder Spannungen) um den
$\sphericalangle\,\varphi$ (sprich phi) verschoben sein.

Wir wollen nun ermitteln, wie groß bei Hintereinanderschaltung
zweier solcher Spannungen die Summe beider ist. Es seien in Abb. 41
$\overline{OA} = E_1$ der Größtwert der einen EMK, $\overline{OB} = E_2$ der Größtwert der anderen, die beide den unveränderlichen $\sphericalangle\,AOB = \varphi$ miteinander einschließen, so ist für den dargestellten Zeitpunkt $\overline{OA'}$ der Zeitwert von E_1

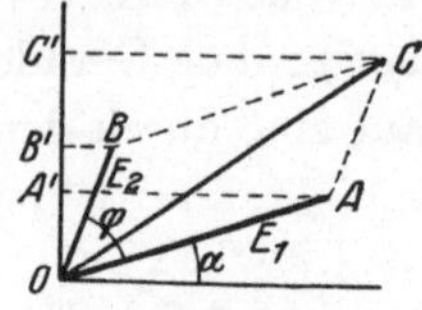

und $\overline{OB'}$ der Zeitwert von E_2. Die Zeitwerte addieren
sich, so daß $\overline{OC'}$ die augenblickliche Summe beider
ist. Diese muß aber die Projektion einer gewissen
von O ausgehenden Linie sein, und das ist, wie die
Abbildung zeigt, die Diagonale $\overline{OC}$ des Parallelogramms, das aus $\overline{OA} = E_1$ und $\overline{OB} = E_2$ gebildet
wird. Was für die Größtwerte, die man auch
Scheitelwerte nennt, gilt, gilt auch für die mit

Abb. 41. Addition zweier
Wechselstromspannungen.

Meßinstrumenten gemessenen Werte, die effektiven Werte, da zwischen beiden ja stets die Beziehung herrscht:

$$E_{\max} : E = f_s \tag{13}$$

d. h.

Scheitelwert : Effektivwert = Scheitelfaktor.

(Bei sinusförmigem Verlauf der EMK hat der Scheitelfaktor f_s den Wert
$\sqrt{2} = 1{,}41$). Will man also nur die Summe zweier EMK berechnen,
deren effektiven Werte bekannt sind, so kann man die effektiven Werte,
anstatt der Scheitelwerte, auftragen.

12. Beispiel: Die zwei gemessenen Spannungen einer Wechselstrommaschine betragen 40 V und 30 V, und man weiß, daß sie um $^1/_4$
einer Periode gegeneinander verschoben sind. Wie groß ist bei Hintereinanderschaltung beider ihre Summe? Ihre Summe ist die Diagonale
eines Parallelogrammes, dessen Seiten 40 V und 30 V sind und die einen
Winkel von 90° miteinander einschließen. Um Volt oder Ampere oder

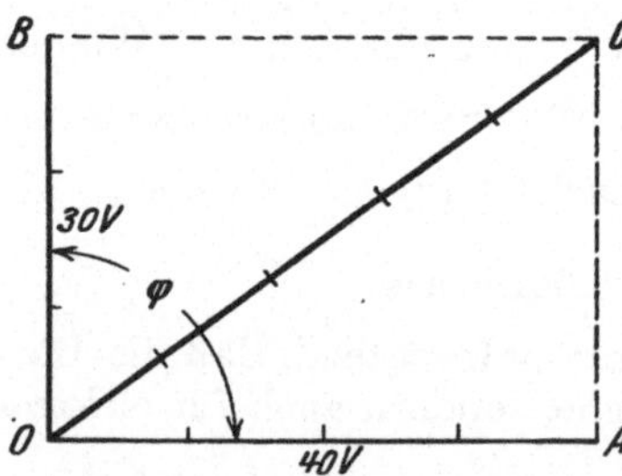

Ohm aufzeichnen zu können, muß man
einen Längenmaßstab willkürlich annehmen, in unserem Falle z. B. 1 V
$= 1$ mm. Wir zeichnen ein Rechteck,
dessen Seiten 40 V $= 40$ mm $= \overline{AO}$ und
30 V $= 30$ mm $= \overline{BO}$ sind, die Diagonale $\overline{CO}$ ist gemessen 50 mm lang, d. h.
in Volt ausgedrückt 50 V. Abb. 42 zeigt
die Durchführung der Konstruktion.
(Bei konstantem Gleichstrom hätte die
Messung der Summe $40 + 30 = 70$ V

Abb. 42. Addition zweier Spannungen.

ergeben.) In der Praxis zeichnet man nicht das ganze $\sphericalangle\,AOBC$, sondern
begnügt sich mit dem $\triangle\,OAC$, indem man an $\overline{OA}$ unter dem gegebenen
$\sphericalangle\,\varphi$ die Spannung $\overline{AC} = \overline{OB}$ anträgt und den Endpunkt C mit O verbindet.

Das Ohmsche Gesetz für Wechselströme.

In Abb. 43 ist eine Wechselstrommaschine G mit einer Spule verbunden. Die Maschine besitzt augenblicklich eine elektromotorische Kraft e, und infolgedessen fließt durch die Windungen der Spule ein Strom i im Sinne der eingezeichneten Pfeile. Derselbe erzeugt ein magnetisches Feld, welches durch die punktierten Linien angedeutet ist. Da der Strom sich ändert, so ändert sich auch die Stärke des magnetischen Feldes, und in den Windungen der Spule entsteht nach dem Induktionsgesetz eine elektromotorische Kraft e_s. Ist R der Widerstand des ganzen Stromkreises, so ist nach dem Ohmschen Gesetz,

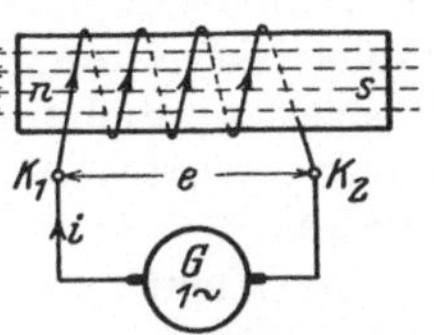

Abb. 43. Zusammenhang von Wechselstrom und durch Spule erzeugtem Magnetfeld.

welches für Zeitwerte genau wie bei konstantem Gleichstrom gilt:

$$\text{I.} \qquad i = \frac{e + e_s}{R} \text{ Ampere.}$$

Um die Vorstellungen zu vereinfachen, nehmen wir an, daß die Stromquelle G widerstandslos ist, dann ist e die augenblickliche Spannung zwischen den Klemmen K_1 und K_2 und R der Widerstand der Spule. Wir betrachten nacheinander zwei Fälle.

I. Fall. Der induktionsfreie Widerstand.

Die EMK der Selbstinduktion sei stets Null. Das ist nur möglich, wenn durch die Höhlung der Spule keine Feldlinien gehen, wenn also die Hälfte der Windungen rechts herum, die andere Hälfte links herum gewickelt ist, was man eine bifilare Wicklung nennt. Der Widerstand heißt in diesem Falle ein induktionsfreier oder Echtwiderstand. Die Formel I wird dann $i = e : R$ und gilt für jeden denkbaren Zeitwert. Wenn e den Größtwert annimmt, tut es auch i, wir schreiben also $J_{max} = E_{max} : R$. Dividiert man beide Seiten der Gleichung durch den Scheitelfaktor $(f_s = \sqrt{2})$, so erhält man an Stelle der maximalen die effektiven Werte, nämlich

$$J = E : R \text{ Ampere,} \qquad (14)$$

wo E die gemessene Spannung und R den Echtwiderstand der Spule bezeichnet. Aus der Gleichung $i = e : R$ geht hervor, daß für $e = o$ auch $i = o$ ist, man sagt: Strom und Spannung sind in Phase, oder im Diagramm fällt der Vektor des Stromes der Richtung nach mit dem Vektor der Spannung zusammen. Aus $J = E : R$ folgt auch $E = J R$ Volt.

II. Fall. Die widerstandslose Spule.

Es sei $R = o$. Aus I. $i = \frac{e + e_s}{R}$ folgt $iR = e + e_s$; setzt man jetzt $R = o$, so erhält man $o = e + e_s$ oder $e_s = -e$, d. h.:

Fließt ein Wechselstrom durch eine widerstandslose Spule, so ist die EMK der Selbstinduktion stets entgegengesetzt gleich der Klemmenspannung.

3*

Beim Vergleich der Selbstinduktion mit einer trägen Masse hatten wir das gleiche für die bewegende Kraft (der schiebende Mann) und den entgegengesetzt wirkenden Druck des Wagens gefunden. Ja mehr: War die gewünschte, d. i. maximale Geschwindigkeit erreicht, so wurde die schiebende Kraft Null, auf unseren Fall angewendet ist für $e = o$ i ein Maximum, d. h. Klemmenspannung und Strom haben eine Phasenverschiebung von $^1/_4$ der Periode oder 90°. Der Vektor des Stromes bleibt um 90° hinter dem Vektor der Spannung zurück.

Der effektive Strom J, der durch die Spule fließt, ist bestimmt durch die elementar nicht herleitbare Gleichung

$$J = \frac{E}{L\,\omega} \text{ Ampere,} \qquad (14\,\text{a})$$

wo E die Spannung an den Klemmen und $L\,\omega$ den Widerstand bezeichnet, den die widerstandslose Spule dem Strome (scheinbar) entgegensetzt. Er heißt **induktiver** oder auch **Blindwiderstand**.

Die beiden bisher betrachteten Fälle waren Idealfälle, denn eine Spule hat immer einen Echtwiderstand R und einen Blindwiderstand

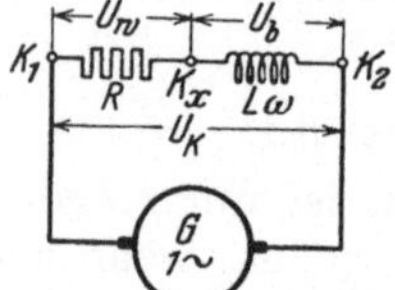

Abb. 44. Schaltung zweier
Widerstände hintereinander.

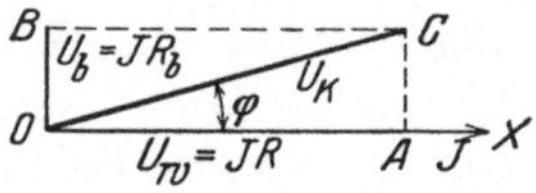

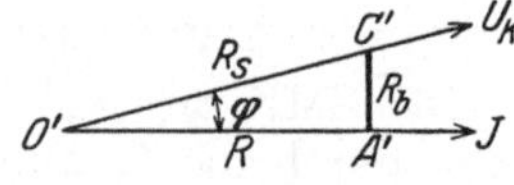

Abb. 45a. Spannungsdiagramm
einer Spule.

Abb. 45b. Widerstandsdreieck
einer Spule.

$R_b = L\,\omega$. Wir können aber stets eine solche Spule ansehen als die Hintereinanderschaltung eines induktionsfreien Widerstandes R und einer widerstandslosen Spule mit dem Blindwiderstand $R_b = L\,\omega$, wie dies in Abb. 44 dargestellt ist. In Wirklichkeit sind nur die Klemmen K_1 und K_2 vorhanden, die Klemme K_x ist also nur gedacht.

Fließt nun ein Strom J in diesem Stromkreise, so entsteht zwischen den Klemmen K_1 und K_x eine Spannung U_w, die **Wirkspannung** genannt wird, und zwischen den Klemmen K_x und K_2 eine Spannung U_b, die **Blindspannung** heißt. Die geometrische Summe aus beiden gibt die Klemmenspannung U_k. In Abb. 45a sei $\overline{OX}$ die Richtung des Stromvektors, dann fällt die Wirkspannung $U_w = \overline{OA}$ in diese Richtung, während die Blindspannung $U_b = \overline{OB}$ um 90° vorauseilt. Die Diagonale des Parallelogrammes aus $\overline{OA}$ und $\overline{OB}$ ist $\overline{OC} = U_k$.

In dem rechtwinkligen $\triangle\,OAC$ gilt die Gleichung:

$$\overline{OC}^2 = \overline{OA}^2 + \overline{AC}^2 \text{ oder } U_k^2 = U_w^2 + U_b^2.$$

Die Spannungen U_w und U_b können wegen Fehlens der Klemme K_x nicht gemessen, wohl aber aus den Gleichungen (14) $U_w = J\,R$ und (14a) $U_b = J\,R_b$ berechnet werden. Also wird

$$U_k{}^2 = J^2\,R^2 + J^2\,R_b{}^2$$

oder nach J aufgelöst

$$J = \frac{U_k}{\sqrt{R^2 + R_b{}^2}} \text{ Ampere.} \tag{15}$$

Diese Formel stellt das Ohmsche Gesetz für Wechselströme vor. Wir wollen zur Abkürzung den Nenner

$$\sqrt{R^2 + R_b{}^2} = R_s \tag{15a}$$

setzen und ihn den Scheinwiderstand der Spule nennen. Er läßt sich leicht merken als Hypotenuse eines rechtwinkligen Dreieckes $O'A'C'$ (Abb. 45 b), dessen Katheten die beiden Widerstände R und $R_b = L\omega$ der Spule sind. Aus dem $\triangle\ OAC$ in Abb. 45 a geht hervor, daß die Klemmenspannung $\overline{OC} = U_k$ der Spule dem Strom um den $\sphericalangle\ COX = \varphi$, dem Phasenverschiebungswinkel, vorauseilt. Um denselben $\sphericalangle\ \varphi$ eilt auch der Scheinwiderstand R_s dem Echtwiderstand R voraus, was in Abb. 45 b durch die Pfeile J und U_k angedeutet ist. Für ω gilt die Gleichung 12) $\omega = 2\,\pi\,f$. Die Größen R und L hängen von der Bauart der Spule ab, während ω mit der Frequenz f der Stromquelle sich ändert. Schließt man daher dieselbe Spule an Wechselströme verschiedener Periodenzahl an, so wächst der Scheinwiderstand mit der Periodenzahl.

13. Beispiel: Besitzt eine Spule einen Echtwiderstand $R = 2\ \Omega$ und eine Induktivität $L = 0{,}001$ H, so ist ihr Scheinwiderstand bei $f = 50$ Hz

$$R_s = \sqrt{2^2 + (0{,}001 \cdot 2\pi \cdot 50)^2} = 2{,}02\ \Omega$$

bei 50 000 Hz dagegen

$$R_s = \sqrt{2^2 + (0{,}001 \cdot 2\pi \cdot 50000)^2} = 314\ \Omega.$$

Wäre die Spule beide Male an 100 V angeschlossen gewesen, so würde bei 50 Perioden der Strom $J = 100 : 2{,}02 = 49{,}6$ A; bei 50 000 Hz $J = 100 : 314 = 0{,}319$ A hindurchgegangen sein.

Auf dem hohen Scheinwiderstand bei großer Periodenzahl beruht auch die Wirkung der zum Schutze von elektrischen Maschinen und Apparaten gegen Blitzschläge benutzten Induktionsspulen. In Abb. 46 ist die Einführung einer Freileitung in ein Gebäude gezeichnet, in welchem die aufgestellten Apparate vor Blitzschlägen geschützt werden sollen. Man schaltet dann in die Leitung eine Drosselspule, oder man kann auch die Leitung selbst zu einer solchen Spirale von etwa 10—15 Windungen und ungefähr 10 cm Windungsdurchmesser aufwickeln. Obgleich für diese Spule die Induktivität L sehr klein ist, bietet sie einer Blitzentladung einen sehr hohen Scheinwiderstand, weil ein Blitz in der Leitung als ein Wechselstrom von sehr großer Frequenz fließt. Dieser Wechselstrom findet in

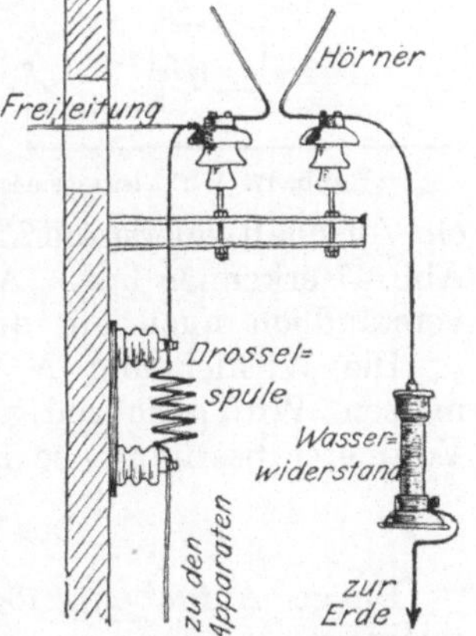

Abb. 46. Blitzschutz.

der Luftstrecke zwischen den Drahthörnern, die an der engsten Stelle
je nach der Höhe der Betriebsspannung 5—10 mm beträgt, und dem,
in Abb. 46 als Wasserwiderstand dargestellten Dämpfungswiderstand
weniger Widerstand zur Erde, als ihn die Drosselspule bietet.

Leistung des Wechselstromes.

Die Leistung eines konstanten Gleichstromes ist bekanntlich (s. Gl. 6)
das Produkt aus Spannung und Strom (Einheit Voltampere oder auch
Watt). Für einen Wechselstrom gibt das Produkt zweier zur selben
Abszisse gehörenden Werte von Spannung und Strom die momentane
Leistung, während die wirkliche Leistung, die sog. Wirkleistung N,
der Mittelwert aus den momentanen Leistungen ist. Für sie kann man
die Gleichung

$$N = U_k J \cos\varphi \text{ Watt} \qquad (16)$$

(nicht VA) herleiten, wo $\cos\varphi$ Leistungsfaktor genannt wird und in
Abb. 45a den Quotienten $\overline{OA} : \overline{OC}$, d. i. $U_w : U_k$, oder in Abb. 45b den
Quotienten $\overline{O'A'} : \overline{O'C'}$, d. i. $R : R_s$, vorstellt. Das Produkt $U_k J$ wird
Scheinleistung genannt und in Voltampere (VA) ausgedrückt.
Die Scheinleistung kann mit Volt- und Amperemeter bestimmt werden,
während man zur Messung der Wirkleistung besondere Meßinstrumente,
Wattmeter oder Leistungsmesser genannt, gebraucht.

Ein Wirkleistungsmesser, auch Wattmeter genannt, besteht aus
zwei Spulen: einer feststehenden S_1 (Abb. 47), die von dem zu messenden Strom J durchflossen und daher Stromspule genannt wird, und
einer beweglichen S_2 aus vielen
Windungen bestehend, die wie ein
Voltmeter angeschlossen wird und
Spannungsspule heißt. Die Enden
der festen Spule endigen in K_1, K_2,
die der Spannungsspule in k_1, k_2.

Damit durch die dünnen Drähte
der Spannungsspule der Strom eine
gewisse Größe (z. B. bei Siemens
0,03 A) nicht überschreitet, ist ihr

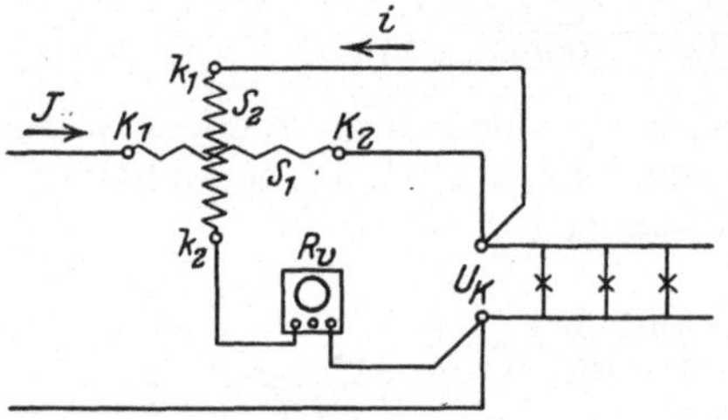

Abb. 47. Wirkleistungsmessung.

ein Vorschaltwiderstand R_v vorgeschaltet, wie dies das Schaltungsschema
Abb. 47 erkennen läßt. Anstatt der gezeichneten Lampen kann selbstverständlich auch ein anderer Stromverbraucher eingeschaltet sein.

Die Wirkleistung $N = U_k J \cos\varphi$ wird mit dem Wattmeter gemessen. Wird gleichzeitig noch J mit einem Amperemeter, U_k mit einem
Voltmeter bestimmt, so ist der Leistungsfaktor

$$\cos\varphi = \frac{\text{Wirkleistung}}{\text{Scheinleistung}} = \frac{N}{U_k J} . \qquad (17)$$

Einige Aufgaben mögen die aufgestellten Formeln und Gesetze
erläutern.

14. Beispiel: In Abb. 48 ist ein induktionsfreier Widerstand R_1
(Glühlampe) und eine Spule R_2 (ein Eisenring mit Windungen) hintereinandergeschaltet. Mit drei Voltmetern mißt man die Spannungen U_1, U_2

und U_k. Man soll hiernach das Parallelogramm der drei Spannungen zeichnen und die Wirkleistung der Drosselspule, wenn noch der Strom J gemessen wurde, berechnen.

Lösung. Der Strom J ist allen Teilen gemein, so daß wir im Vektordiagramm die Richtung des Stromvektors als Abszissenachse annehmen wollen. Die Spannung U_1 an den Klemmen der Glühlampe fällt dann in die Richtung des Stromvektors (Abb. 49). Man macht, nach Annahme eines Voltmaßstabes, $\overline{OA} = U_1$ Volt. Die Spulenspannung U_2 eilt dem Strom um einen (unbekannten) $\sphericalangle \varphi_s$ voraus, man zeichne also $\overline{OB} = U_2$, dann ist die Diagonale des Parallelogramms aus U_1 und U_2 die Gesamtspannung U_k. Die Konstruktion ist ohne weiteres aus Abb. 49 ersicht-

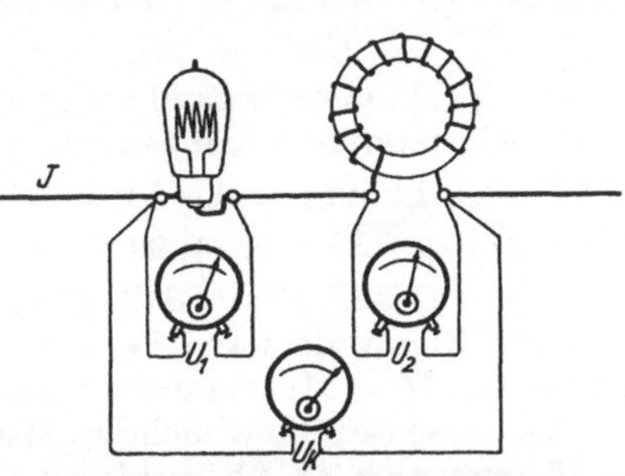

Abb. 48. Ohmscher und induktiver Widerstand hintereinander geschaltet.

lich, wenn man das $\triangle OAC$ betrachtet, von dem die drei Seiten U_1, U_2, U_k bekannt sind. Man nehme U_k in den Zirkel und beschreibe von O aus einen Kreisbogen, der den von A mit der Zirkelöffnung U_2 beschriebenen in C schneidet. Die Wirkleistung in der Spule ist:

$$N = U_2 J \cos \varphi_s \text{ Watt,}$$

wo aber $\cos \varphi_s$ noch unbekannt ist. In dem $\triangle OCA$ gilt der Kosinussatz:

$$U_k{}^2 = U_1{}^2 + U_2{}^2 + 2 U_1 U_2 \cos \varphi_s,$$

woraus

$$\cos \varphi_s = \frac{U_k{}^2 - U_1{}^2 - U_2{}^2}{2 U_1 U_2}$$

folgt; die Wirkleistung der Spule wird demnach

$$N = J \frac{U_k{}^2 - U_1{}^2 - U_2{}^2}{2 U_1} \text{ Watt.} \qquad (18)$$

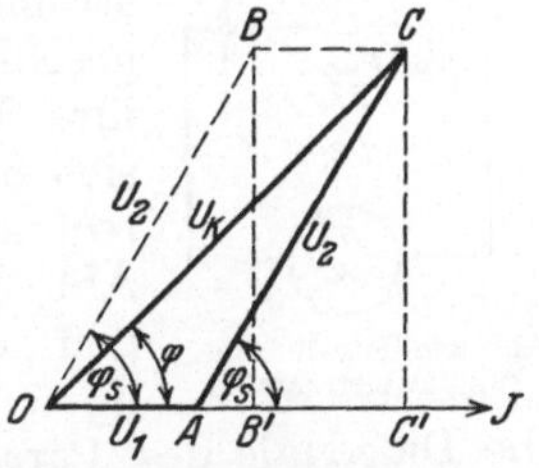

Abb. 49. Addition der Spannungen zweier Widerstände.

Wäre der induktionsfreie Widerstand R_1 genau bekannt gewesen, so brauchte man kein Amperemeter, denn für induktionsfreie Widerstände ist ja (nach Gl. (11)) $J = U_1 : R_1$, demnach wird

$$N = \frac{U_k{}^2 - U_1{}^2 - U_2{}^2}{2 R_1} \text{ Watt.} \qquad (18a)$$

Diese Methode der Leistungsmessung heißt die Methode der drei Voltmeter.

15. Beispiel: Es sei gemessen worden $U_1 = 65\,\text{V}$, $U_2 = 180\,\text{V}$, $U_k = 220\,\text{V}$, $J = 10\,\text{A}$ (es sind in Abb. 48 mehrere Lampen parallel geschaltet zu denken), $f = 50\,\text{Hz}$, dann ist zunächst $\cos \varphi_s = \dfrac{220^2 - 65^2 - 180^2}{2 \cdot 65 \cdot 180} = 0{,}5$.

Die Wirkleistung der Spule ist $N = U_2 J \cos \varphi_s = 180 \cdot 10 \cdot 0{,}5 = 900\,\text{W}$, die Scheinleistung $N_s = 180 \cdot 10 = 1800\,\text{VA}$. Die Wirkspannung der Spule ist im rechtwinkligen $\triangle OBB'$ die Seite $\overline{OB'}$, also $U_{w2} = \overline{OB'} =$

$\overline{OB} \cos \varphi_s = U_2 \cos \varphi_s = 180 \cdot 0{,}5 = 90$ V. Andererseits ist, wenn R_2 den Echtwiderstand der Spule bezeichnet: $\overline{OB'} = J R_2$, demnach: $R_2 = \overline{OB'} : J = 90 : 10 = 9\ \Omega$. Der Scheinwiderstand der Spule ist $R_{s2} = U_2 : J = 180 : 10 = 18\ \Omega$. Der Widerstand der Glühlampen ist $R_1 = 65 : 10 = 6{,}5\ \Omega$. In Abb. 49 folgt aus dem $\triangle OBB'$ die Blindspannung $U_{b2} = \overline{BB'} = \sqrt{U_2^2 - U_{w1}^2} = \sqrt{180^2 - 90^2} = 156$ V $= J R_{b2}$, woraus der Blindwiderstand der Spule $R_{b2} = 156 : 10 = 15{,}6\ \Omega$ folgt. Der Scheinwiderstand der Lampen und Spule ist zusammen $R_s = 220 : 10 = 22\,\Omega$. Die Wirkspannung beider ist die Größe $\overline{OC'}$ in Abb. 49. Diese ist aber $\overline{OC'} = \overline{OA} + \overline{OB'} = 65 + 90 = 155$ V $= J\,(R_1 + R_2)$, also $R_1 + R_2 = 155 : 100 = 15{,}5\ \Omega$, während die Blindspannung beider $\overline{CC'} = \overline{BB'} = 156$ V ist. Der Blindwiderstand R_{b2} der Spule ist die Größe $L_2\,\omega$, wo $\omega = 2\pi f = 2\,\pi \cdot 50 = 314$, demnach wird $L_2 = R_{b2} : \omega = 15{,}6 : 314 = 0{,}0496$ H.

Man beachte: Sind mehrere Widerstände hintereinandergeschaltet, so addieren sich **arithmetisch** 1. die Wirkspannungen, 2. die Blindspannungen, 3. die Echtwiderstände, 4. die Blindwiderstände, dagegen **geometrisch** die Spannungen und die Scheinwiderstände.

Ebenso wie bei der **Hintereinanderschaltung** mehrerer Widerstände sich die **Spannungen** geometrisch addieren, tun dies bei **Parallelschaltung** die **Ströme**. In Abb. 50 sind zwei Spulen parallel geschaltet und an eine Wechselstromspannung U von gegebener Frequenz f Hz angeschlossen. Die Spulen mögen bestimmt sein durch ihre Widerstände R_1, $L_1\,\omega$ und R_2, $L_2\,\omega$, dann lassen sich hieraus ihre Scheinwiderstände R_{s1} und R_{s2} berechnen, wozu das Widerstandsdreieck $O'A'C'$ in Abb. 45 b gute Dienste leistet. Die Stromstärken in den einzelnen Spulen sind dann $J_1 = U : R_{s1}$, $J_2 = U : R_{s2}$, während der Strom J in der Zuleitung

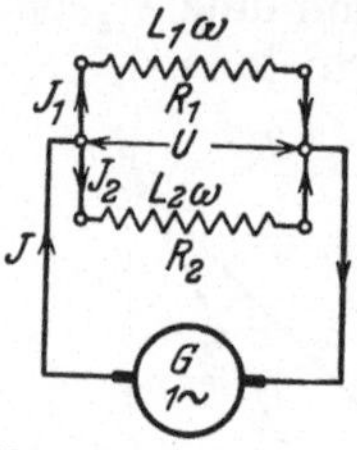

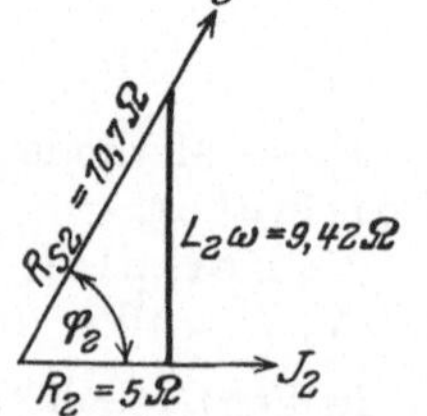

Abb. 50. Parallelschaltung zweier Spulen.

die Diagonale des Parallelogramms aus J_1 und J_2 ist. Folgende Aufgabe möge das Verfahren erläutern.

16. **Beispiel:** Gegeben $R_1 = 20\ \Omega$, $L_1 = 0{,}005$ H, $R_2 = 5\ \Omega$, $L_2 = 0{,}03$ H, $U = 100$ V, $f = 50$ Hz. Wir berechnen: $\omega = 2\pi f = 2\,\pi \cdot 50 = 314$, hiermit $L_1\,\omega = 0{,}005 \cdot 314 = 1{,}57\ \Omega$; $L_2\,\omega = 0{,}03 \cdot 314 = 9{,}42\ \Omega$. In Abb. 51 a u. b sind die Widerstandsdreiecke der beiden Spulen maßstäblich dargestellt $(1\ \Omega = 2$ mm$)$ $\overline{O'A'} = 2 \cdot 20 = 40$ mm, $\overline{A'C'} = 2 \cdot 1{,}57 = 3{,}14$ mm, die Messung für $\overline{O'C'} = R_{s1}$ ergibt 40,1 mm, d. i. $40{,}1 : 2 = 20{,}05\ \Omega$. In gleicher

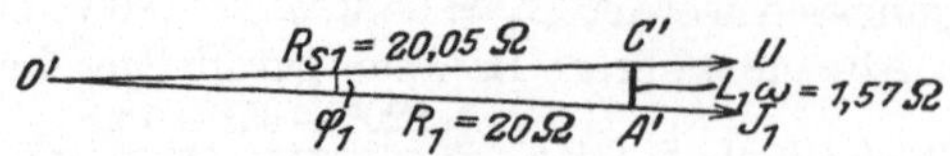

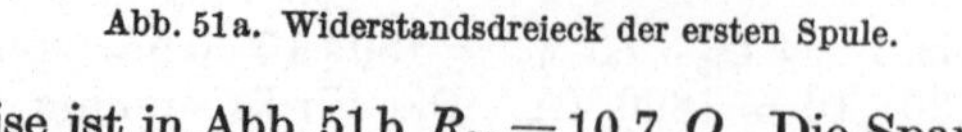

Abb. 51a. Widerstandsdreieck der ersten Spule.

Abb. 51b. Widerstandsdreieck der zweiten Spule.

Weise ist in Abb. 51 b $R_{s2} = 10{,}7\ \Omega$. Die Spannung eilt dem Strom um den Winkel φ vor, um den R_s gegen R voreilt. Wir erkennen also aus

Abb. 51a, daß der Strom J_1 gegen die Spannung U um den $\sphericalangle\,\varphi_1$ und aus Abb. 51b, daß J_2 gegen U um den $\sphericalangle\,\varphi_2$ zurückbleibt. In Abb. 52 sei OU die Richtung der den beiden Spulen gemeinsamen Spannung, dann trage man an diese Richtung die aus den Abb. 51a u. b bekannt gewordenen Winkel φ_1 und φ_2 im Punkt O an und auf den so erhaltenen Schenkeln die Ströme $J_1 = 100 : 20{,}05 \approx 5$ A und $J_2 = 100 : 10{,}7 = 9{,}35$ A (1 A $= 5$ mm angenommen); man erhält so $\overline{OA} = J_1$ und $\overline{OB} = J_2$. Die Diagonale $\overline{OC}$ des $\#\,OA\,CB$ ist der von der Stromquelle gelieferte Strom J. Die Ausmessung von $\overline{OC}$ liefert 64 mm, d. i. $J = 64 : 5 = 12{,}8$ A. Will man J durch Rechnung finden, so fälle man von den Endpunkten A, B, C Senkrechte auf die Richtung der

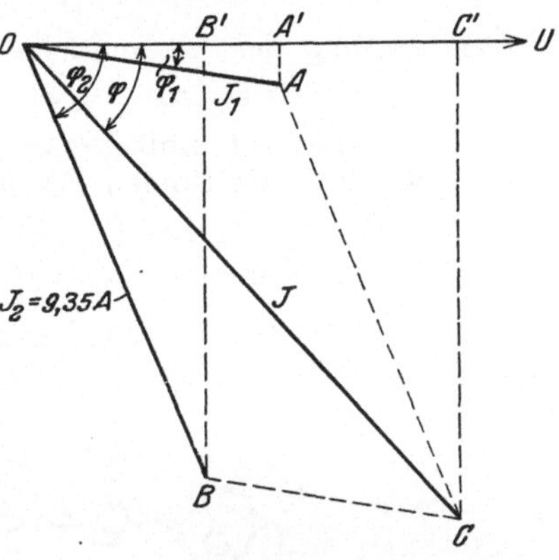

Abb. 52. Stromdiagramm zweier parallel geschalteter Spulen.

Spannung, man erhält dann in den Größen $\overline{OA'}$ und $\overline{AA'}$, $\overline{OB'}$ und $\overline{BB'}$ die Komponenten der Ströme J_1 und J_2 und zwar ist:

$$\overline{OA'} = J_{w1} \text{ die Wirkkomponente von } J_1$$
$$\overline{OB'} = J_{w2} \quad\text{,,}\qquad\qquad\text{,,}\qquad\qquad\text{,,}\; J_2$$
$$\overline{OC'} = J_w \quad\text{,,}\qquad\qquad\text{,,}\qquad\qquad\text{,,}\; J$$
$$\overline{AA'} = J_{b1} \quad\text{,, Blindkomponente}\quad\text{,,}\; J_1$$
$$\overline{BB'} = J_{b2} \quad\text{,,}\qquad\qquad\text{,,}\qquad\qquad\text{,,}\; J_2$$
$$\overline{CC'} = J_b \quad\text{,,}\qquad\qquad\text{,,}\qquad\qquad\text{,,}\; J;$$

wobei aus der Abbildung noch sofort zu erkennen ist, daß:

$$J_w = \overline{OC'} = \overline{OA'} + \overline{OB'} = J_{w1} + J_{w2}$$
$$J_b = \overline{CC'} = \overline{AA'} + \overline{BB'} = J_{b1} + J_{b2}.$$

Hiermit wird

$$J = \sqrt{J_w{}^2 + J_b{}^2} \text{ Ampere.} \tag{19}$$

Es ist unter Zuhilfenahme der Abb. 51a u. b

$$J_{w1} = J_1 \cos \varphi_1 = 5 \cdot \frac{20}{20{,}05} \approx 5 \text{ A}, \qquad J_{w2} = J_2 \cos \varphi_2 = 9{,}35 \cdot \frac{5}{10{,}7} = 4{,}35 \text{ A}$$

$$J_{b1} = J_1 \sin \varphi_1 = 5 \cdot \frac{1{,}57}{20{,}05} = 0{,}39 \text{ A}, \qquad J_{b2} = J_2 \sin \varphi_2 = 9{,}35 \cdot \frac{9{,}42}{10{,}7} = 8{,}2 \text{ A}$$

$$J_w = 5 + 4{,}35 = 9{,}35 \text{ A}, \qquad J_b = 0{,}39 + 8{,}2 = 8{,}59 \text{ A},$$

also

$$J = \sqrt{9{,}35^2 + 8{,}59^2} \approx 12{,}8 \text{ A}.$$

Der Strom J bildet mit der Spannung U in Abb. 52 den $\sphericalangle\, COC' = \varphi$, und es ist

$$\cos\varphi = \frac{\overline{OC'}}{\overline{OC}} = \frac{9{,}35}{12{,}8} = 0{,}734\,.$$

Die Leistung der Stromquelle ergibt sich zu:

$$N = U J \cos\varphi = 100 \cdot 12{,}8 \cdot 0{,}734 = 935\ \text{W}.$$

Dasselbe Resultat mußte man erhalten, wenn man die Summe der Leistungen für beide Spulen bildete.

$$N = U\,(J_1 \cos\varphi_1) + U\,(J_2 \cos\varphi_2) = U J_{w1} + U J_{w2}$$
$$= 100 \cdot 5 + 100 \cdot 4{,}35 = 935\ \text{W}.$$

Der Quotient $U : J$ stellt den Scheinwiderstand beider Spulen vor ($100 : 12{,}8 = 7{,}8\ \Omega$). Derselbe ist unabhängig von der Spannung, an die die beiden Spulen angeschlossen sind*.

Ist der Widerstand der einen Spule induktionsfrei, also $L_1 = 0$ (Glühlampen), so kann man aus den drei gemessenen Strömen J_1, J_2, J_3 (Schaltung Abb. 53) den Wattverbrauch der Spule bestimmen.

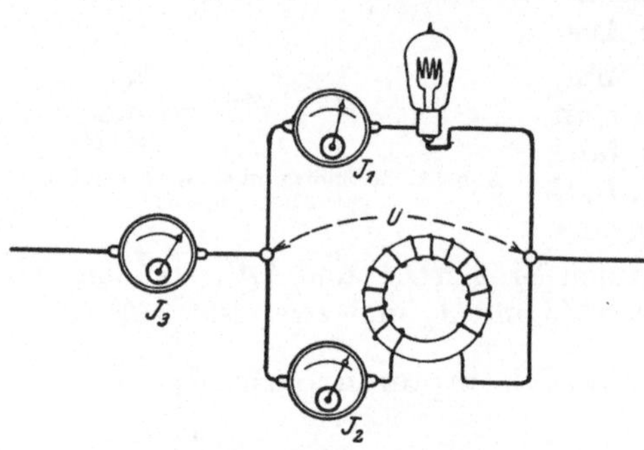

Abb. 53. Schaltung zur Leistungsmessung nach der Methode der drei Amperemeter.

Ist $\overline{OU}$ die Richtung der den beiden Widerständen gemeinsamen Spannung U in Abb. 54, so fällt $\overline{OA} = J_1$ in die Richtung von U. Das $\triangle\, AOC$ läßt sich aus den drei Seiten J_1, J_2 und J_3 aufzeichnen. Aus demselben folgt

$$J_3{}^2 = J_1{}^2 + J_2{}^2 + 2 J_1 J_2 \cos\varphi_s$$

oder hieraus

$$\cos\varphi_s = \frac{J_3{}^2 - J_1{}^2 - J_2{}^2}{2 J_1 J_2}\,.$$

Die in der Spule verbrauchte Leistung ist $N = U J_2 \cos\varphi_s$

$$N = U\,\frac{J_3{}^2 - J_1{}^2 - J_2{}^2}{2 J_1}\ \text{Watt}, \tag{20}$$

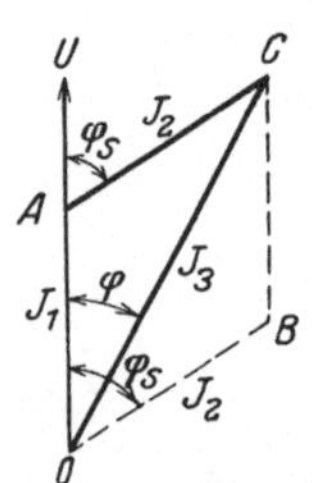

Abb. 54. Stromdiagramm zur Bestimmung der Leistung mit drei Amperemetern.

wo die Spannung U als gemessen angenommen wird. Wäre dies nicht der Fall, statt dessen aber der induktionsfreie Widerstand R_1 bekannt, so gilt für diesen $U = J_1 R_1$, also wird

$$N = \frac{R_1}{2}\,(J_3{}^2 - J_1{}^2 - J_2{}^2)\ \text{Watt}. \tag{20a}$$

Man nennt dies die Methode der drei Amperemeter. Sie gestattet eine Wechselstromleistung mit drei Amperemetern zu messen.

* Entnommen aus: Vieweger, Aufgaben und Lösungen aus der Gleich- und Wechselstromtechnik. 9. Aufl. Berlin: Julius Springer 1926.

17. **Beispiel**: Man mißt

$$U = 220 \text{ V}, \quad J_1 = 8 \text{ A}, \quad J_2 = 15 \text{ A}, \quad J_3 = 22 \text{ A},$$

so ist

$$N = 220 \, \frac{22^2 - 8^2 - 15^2}{2 \cdot 8} = 2680 \text{ W}$$

und

$$\cos \varphi_s = \frac{22^2 - 8^2 - 15^2}{2 \cdot 8 \cdot 15} = 0{,}815.$$

Die Leistung der Stromquelle ist die Summe aus Spulen- und Lampen-
leistung: $2680 + 8 \cdot 220 = 4440$ W, ihr Leistungsfaktor ist

$$\cos \varphi = \frac{4440}{22 \cdot 220} = 0{,}92.$$

Kondensator.

Während ein induktiver Widerstand verursacht, daß der Strom
später entsteht als die Spannung, d. h. der Vektor des Stromes hinter
dem Vektor der Spannung zurückbleibt, bewirkt ein Kondensator das
Gegenteil. Der einfachste Fall eines Kondensators sind zwei Metall-
platten, die voneinander durch eine Isolierschicht,
Dielektrikum genannt, getrennt sind, z. B.
zwei Messingplatten getrennt durch Luft oder
durch eine Glasscheibe. Verbindet man die beiden Platten (Belegungen) mit einer Gleichstromquelle wie Abb. 55 zeigt (Akkumulatorenbatterie
oder Gleichstrommaschine), so fließt durch die
Zuleitungsdrähte 1, 2 eine kurze Zeit ein Strom,
d. h. nach unseren Anschauungen häuft sich auf
der Platte, die mit dem negativen Pol der Stromquelle verbunden ist, negative Elektrizität (Elektronen), auf der anderen genau die gleiche Menge
positiver Elektrizität an. Die auf einer Platte

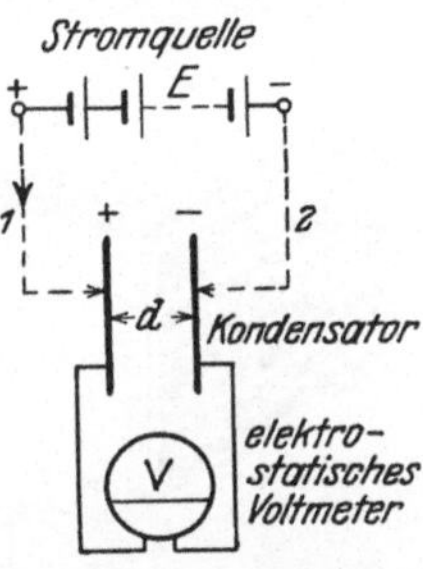

Abb. 55. Kondensator-
schaltung.

angesammelte Elek-
trizitätsmenge ist desto größer, je größer die EMK E der Stromquelle ist. Wir können also die Elektrizitätsmenge Q ausdrücken
durch die einfache Gleichung

$$Q = CE \text{ Coulomb}, \tag{21}$$

wo 1 Coulomb die Einheit der Elektrizitätsmenge ist. Die Größe C heißt
Kapazität und wird in Farad (F) angegeben, wenn Q in Coulomb und
E in Volt gemessen worden ist. (Der millionste Teil des Farad ist das
Mikrofarad (μF).) Entfernt man die Zuleitungsdrähte (1, 2) zur Stromquelle, so bleibt die Elektrizitätsmenge Q auf den Platten haften, wie
dies das statische Voltmeter V durch seinen unveränderten Ausschlag
anzeigt (Statisches Voltmeter s. Abb. 109). Schiebt man zwischen die
beiden Platten eine Glasplatte, so sinkt die Spannung auf etwa den
5. Teil, d. h. wir hätten, wenn die Zwischenschicht aus einer Glasplatte
besteht, dieselbe Elektrizitätsmenge mit dem 5. Teil der Spannung auf
den Belegungen anhäufen können oder, was dasselbe ist, wir hätten mit
der ursprünglichen Spannung die fünffache Elektrizitätsmenge auf den

Platten erhalten. Es muß also durch die Glasscheibe die Kapazität C auf das fünfache gestiegen sein. Man nennt 5 die **relative Dielektrizitätskonstante** des Glases bezogen auf Luft gleich 1. Sie möge mit ε (sprich epsilon) bezeichnet werden. Für die Zwischenschicht Paraffin ist $\varepsilon = 2{,}3$, für Wasser $\varepsilon = 81$. Die Kapazität C hängt weiter ab von der Entfernung d (Abb. 55) der beiden Platten, und zwar ist sie um so größer, je kleiner d ist. Der Flächeninhalt F einer Platte ist ebenfalls maßgebend, indem mit F auch C wächst, es ist also durch eine Formel dargestellt

$$C = \frac{\varepsilon F}{d}. \tag{21a}$$

Eine verblüffende Folgerung ergibt sich aus der Änderung von C mit dem Abstand d. Ist nämlich der Kondensator geladen, so ist die Elektrizitätsmenge Q nach Abtrennung von der Stromquelle eine konstante Größe. Bringt man jetzt die Platten auf den doppelten Abstand, so sinkt C auf den halben Wert, da aber immer noch $Q = CE$ ist, muß E auf den doppelten Wert steigen. War z. B. beim Laden $E = 220$ V,

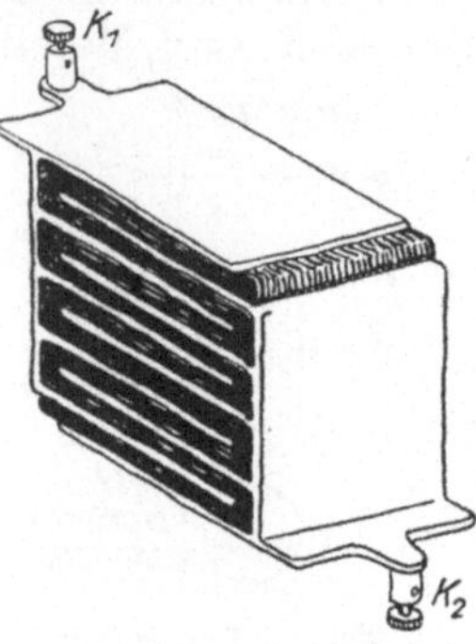

Abb. 56. Kondensator.

so steigt, nach Abschaltung der Stromquelle, das statische Voltmeter mit zunehmendem Abstand der beiden Kondensatorplatten und zeigt beim doppelten Abstand 440 V.

Um F groß zu machen, führt man den Kondensator nach Abb. 56 aus, wo die Platten in zwei Gruppen parallel geschaltet sind. Die eine Plattengruppe ist mit der Klemme K_1 verbunden, die zweite mit der Klemme K_2. Das Dielektrikum ist Papier mit Paraffin getränkt, die Belegungen sind dünne Stanniolplatten.

Verbindet man die Klemmen K_1 und K_2 mit einer Wechselstromquelle, so wird der Kondensator, solange die Spannung noch zunimmt, geladen, aber entladen bei Abnahme der Spannung der Stromquelle. Dieses sich wiederholende Laden und Entladen täuscht aber in den Zuleitungen einen Wechselstrom vor, da ja ein Strom nichts anderes ist, wie die Elektrizitätsmenge, die in einer Sekunde durch den Draht fließt. Ein vollkommenes Kreisen aus der Stromquelle zur Stromquelle zurück ist nicht möglich, weil ja die Platten voneinander isoliert sind. Der Strom, der in der Zuleitung gemessen werden kann, ist bestimmt durch die Gleichung

$$J = U : \frac{1}{C\omega} = U : R_c \text{ Ampere}, \tag{22}$$

wo U die Spannung an den Klemmen K_1 und K_2 des Kondensators in Abb. 56, C die Kapazität in F und $\omega = 2\pi f$ ist. Der Divisor $\frac{1}{C\omega} = R_c$ stellt den Widerstand des Kondensators vor. Dieser Widerstand nimmt mit zunehmender Frequenz des Wechselstromes ab.

18. Beispiel: Ist $C = 0,00001$ F, $f = 50$ Hz, so wird $R_c =$ $1 : 0,00001 \cdot 2\pi \cdot 50 = 318\,\Omega$; für $f = 5000$ Hz dagegen wird $R_c =$ $1 : 0,00001 \cdot 2\pi \cdot 5000 = 3,18\,\Omega$.

Wie schon erwähnt, eilt der Vektor des Stromes dem Vektor der Spannung um 90° voraus. Die im Kondensator verbrauchte Leistung ist deshalb

$$N = UJ \cos 90° = 0.$$

In einer widerstandslosen Spule bleibt der Vektor des Stromes um 90° hinter dem der Spannung zurück (Abb. 57), infolgedessen subtrahieren sich bei Hintereinanderschaltung von Kondensator und Spule die Blindspannung

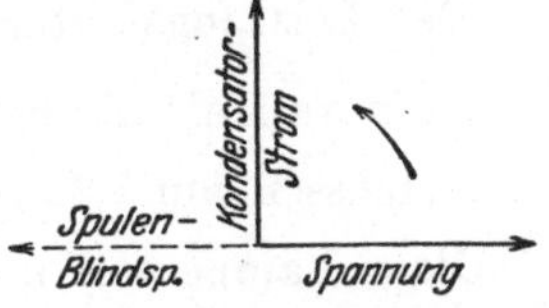

Abb. 57. Richtung des Strom- und Spannungsvektors beim Kondensator.

und die Kondensatorspannung, ebenso ihre Blindwiderstände $L\omega$ und $1 : C\omega$; bei Parallelschaltung der Kondensatorstrom und die Blindkomponente des Spulenstromes.

19. Beispiel: Ein induktionsfreier Widerstand R Ohm und ein Kondensator von der Kapazität C Farad sind hintereinander geschaltet und an eine Wechselstrommaschine von der Spannung U_k und der Frequenz f angeschlossen, wie Abb. 58 zeigt. (Der Kondensator soll im Schema stets durch zwei parallele, gleichlange Linien angedeutet werden.) Der Strom J erzeugt an den Klemmen A und B des induktionsfreien Widerstandes R die Spannung U_w, an den Klemmen B und C des Kondensators die Spannung U_c, während beide Spannungen addiert die Spannung U_k geben müssen. Durch Widerstand und Kondensator fließt derselbe Strom J, dessen Vektor wir als

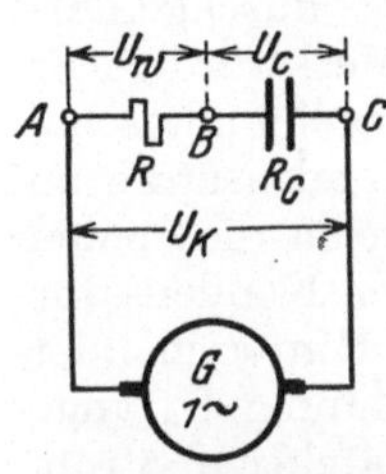

Abb. 58. Hintereinanderschaltung eines induktionsfreien Widerstandes und eines Kondensators.

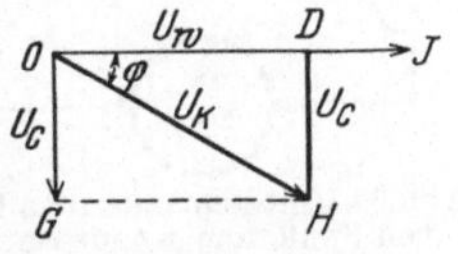

Abb. 59. Merkkonstruktion.

Abszissenachse wählen (Abb. 59), dann fällt die Spannung U_w in die Richtung des Stromvektors ($\overline{OD} = U_w$), während die Spannung U_c um 90° hinter J zurückbleibt, also $\overline{OG} = U_c$. Die Summe beider ist die Diagonale $\overline{OH} = U_k$. In dem rechtwinkligen $\triangle ODH$ ist:

$$U_k{}^2 = \overline{OH}{}^2 = \overline{OD}{}^2 + \overline{DH}{}^2 = U_w{}^2 + U_c{}^2.$$

Nun ist aber

$$U_w = JR \quad \text{und} \quad U_c = JR_c = J \cdot \frac{1}{C\omega};$$

demnach

$$U_k{}^2 = J^2 \left[R^2 + \left(\frac{1}{C\omega}\right)^2 \right],$$

woraus

$$J = \frac{U_k}{\sqrt{R^2 + \left(\dfrac{1}{C\omega}\right)^2}} = \frac{U_k}{R_s} \text{ Ampere}, \tag{23}$$

wobei für

$$\sqrt{R^2 + \left(\frac{1}{C\omega}\right)^2} = R_s \qquad (23\,\text{a})$$

gesetzt werden kann.

Der Leistungsfaktor ist $\cos\varphi = \overline{OD}:\overline{OH} = U_w:U_k$.

20. Beispiel: Berechne die Stromstärke einer Glühlampe, die an 50 V angeschlossen nur 3,25 W braucht. — Es ist $J = \dfrac{N}{U} = 3,25:50 = 0,065$ A.

Diese Lampe soll unter Vorschaltung eines Kondensators an eine Wechselstromspannung von 220 V und 50 Hz angeschlossen werden. Wie groß muß die Spannung an den Klemmen des Kondensators werden, und wie groß ist seine Kapazität? Lösung. In dem $\triangle ODH$ (Abb. 59) ist bekannt die Netzspannung $\overline{OH} = U_k = 220$ V, die Lampenspannung $\overline{OD} = U_w = 50$ V, gesucht die Kondensatorspannung $\overline{DH} = U_c$.

Es ist nach Abb. 59 $U_c{}^2 = U_k{}^2 - U_w{}^2$, also $U_c = \sqrt{220^2 - 50^2} = 214$ V. Aus Gl. 22: $J = U_c:\dfrac{1}{Cw}$ folgt $C = \dfrac{J}{U_c\cdot\omega} = \dfrac{0,065}{214\cdot 2\pi\cdot 50} = 0,00000097$ F oder $C = 1\,000\,000 \cdot 0,00000097 = 0,97\,\mu\text{F}$. — Diese Anordnung hat die holländische Lampenfirma Philips bei ihrer Sparlampe durchgeführt.

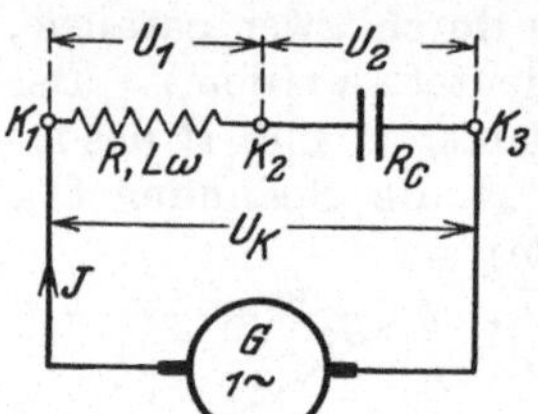

Abb. 60. Hintereinanderschaltung von Spule und Kondensator.

(Siehe Abschn. Beleuchtung.) Merkwürdige Erscheinungen treten bei der Hintereinanderschaltung einer Spule und eines Kondensators auf (Schaltung Abb. 60). Gegeben seien die Spulenwiderstände R und $L\omega$ und der Kondensatorwiderstand $R_c = 1:C\omega$, die in Hintereinanderschaltung an die Klemmenspannung U_k angeschlossen werden. Ist J der effektive Strom, so erzeugt dieser an den Spulenklemmen K_1 und K_2 die Spannung U_1, an den Kondensatorklemmen K_2 und K_3 die Spannung U_2, die zusammen die Spannung U_k ergeben. Den Stromvektor J (Abb. 61a) nehmen wir als Abszissenachse an, dann eilt die Spulenspannung U_1 um den aus dem Widerstandsdreieck der Spule (Abb. 61b) bekannten $\sphericalangle\varphi_1$ voraus, während die Kondensatorspannung U_2 um 90° zurückbleibt. Die Diagonale $\overline{OC}$ des $\#OACB$ ist die Spannung U. — In dieser Abb. 61a fällt auf, daß die Diagonale $\overline{OC} = U$ kleiner sein kann als jede der Teilspannungen U_1 und U_2, eine Tatsache, die bei ihrer erstmaligen Beobachtung großes Erstaunen hervorrief. Man denke daran, daß man bei Gleichstrom am Ende einer langen Leitung infolge

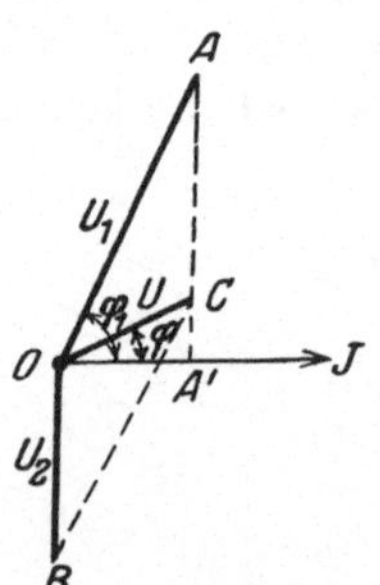

Abb. 61a. Spannungsdiagramm von Spule und Kondensator.

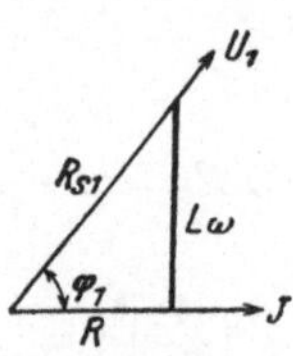

Abb. 61b. Widerstandsdreieck der Spule.

des Spannungsverlustes immer eine kleinere Spannung als an ihrem Anfange mißt, und nun findet man bei Wechselstrom das umgekehrte. — Fällt man von A die Senkrechte $\overline{AA'}$ auf J, so ist $\triangle OAA'$ das Spannungsdreieck der Spule, also ist:

$\overline{OA'} = U_{w1} = U_1 \cos \varphi_1$ die Wirkspannung der Spule $= JR$,

$\overline{AA'} = U_{b1} = U_1 \sin \varphi_1$ die Blindspannung der Spule $= JR_{b1} = JL\omega$.

Die Kondensatorspannung ist $U_2 = JR_c$.

Im $\triangle OCA'$ ist $\quad U^2 = U_{w1}^2 + (U_{b1} - U_2)^2$,

$$U^2 = (JR)^2 + (JR_{b1} - JR_c)^2,$$

$$U^2 = J^2 \{R^2 + (R_{b1} - R_c)^2\},$$

woraus, wenn allgemein $U = U_k$ geschrieben wird:

$$J = \frac{U_k}{\sqrt{R^2 + \left(L\omega - \dfrac{1}{C\omega}\right)^2}} = \frac{U_k}{R_s} \text{ Ampere} \qquad (24)$$

folgt. Nach Abb. 62 ist der Scheinwiderstand

$$R_s = \sqrt{R^2 + \left(L\omega - \frac{1}{C\omega}\right)^2} \qquad (24\,\text{a})$$

und der Leistungsfaktor der Stromquelle $\cos \varphi = R : R_s$. Er kann eins werden, wenn $R_s = R$ wird, d. h. wenn $L\omega = 1 : C\omega$ ist, dann fällt in Abb. 61a Punkt C nach A'. Es kann aber auch C unterhalb A' fallen, so daß in diesem Falle der Vektor des Stromes dem Vektor der Spannung vorauseilen würde.

21. Beispiel: Es sei $U_k = 50$ V, $R = 4\ \Omega$, $R_{b1} = L\omega = 10\ \Omega$, $R_c = 1 : C\omega = 7\ \Omega$, dann ist aus Abb. 62 $R_s = \sqrt{4^2 + (10 - 7)^2} = 5\ \Omega$ und $J = U : R_s = 50 : 5 = 10$ A. Der Scheinwider-stand der Spule ist nach Abb. 61b $R_{s1} = \sqrt{R^2 + (L\omega)^2}$ $= \sqrt{4^2 + 10^2} = 10{,}8\ \Omega$, der Leistungsfaktor der Spule $\cos \varphi_1 = \dfrac{R}{R_{s1}} = \dfrac{4}{10{,}8} = 0{,}37$. Der Leistungs-faktor der Stromquelle ergibt sich nach Abb. 62 zu $\cos \varphi = R : R_s = 4 : 5 = 0{,}8$. (Der Leistungsfaktor der Stromquelle ist durch die Hintereinander-schaltung wesentlich verbessert worden.) Die

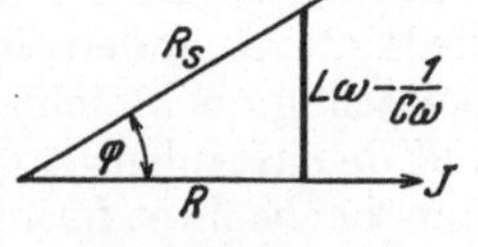

Abb. 62.
Widerstandsdreieck von
Spule und Kondensator.

Teilspannungen werden: $U_1 = J \cdot R_{s1} = 10 \cdot 10{,}8 = 108$ V, $U_2 = JR_c$ $= 10 \cdot 7 = 70$ V. Die Leistung der Stromquelle ist $N = U_k J \cos \varphi$ $= 50 \cdot 10 \cdot 0{,}8 = 400$ W, die in der Spule verbrauchte Leistung N_1 $= U_1 J \cos \varphi_1 = 108 \cdot 10 \cdot 0{,}37 = 400$ W, was vorauszusehen war, da ja der Kondensator keine Leistung verbraucht. Ist noch $f = 50$ Hz, so folgt aus $L\omega = 10\ \Omega$ $L = \dfrac{10}{2\pi \cdot 50} = 0{,}0318$ H (Henry) und aus $R_c = 7 = \dfrac{1}{C\omega}$

die Kapazität $C = \dfrac{1}{R_c \omega} = \dfrac{1}{7 \cdot 2\pi \cdot 50} = 0{,}000466$ F (Farad) oder $C = 1\,000\,000 \cdot 0{,}000466 = 466\ \mu$F (Mikrofarad).

Wir wollen jetzt die Frequenz unserer Stromquelle so ändern, daß $\cos \varphi = 1$ wird, was der Fall ist, wenn $R = R_s$ wird, dann muß $L\omega = 1 : C\omega$

werden. Hieraus berechnet sich $\omega = \dfrac{1}{\sqrt{CL}} = \dfrac{1}{\sqrt{0{,}000\,466 \cdot 0{,}0318}} = 260$,

damit wird $f = \dfrac{260}{2 \cdot \pi} = 41{,}4$ Hz, d. h. wenn man die Frequenz der Stromquelle von 50 Hz auf 41,4 Hz herabsetzt, wird die Phasenverschiebung zwischen Strom und Netzspannung aufgehoben. In diesem Falle wird $J = U_k : R = 50 : 4 = 12{,}5$ A, $U_1 = 12{,}5 \cdot 0{,}0318 \cdot 2\pi \cdot 41{,}4 = 103{,}4$ V; ebenso groß ist $U_2 = J \cdot \dfrac{1}{C\omega} = 12{,}5 \cdot \dfrac{1}{0{,}000\,466 \cdot 2\pi \cdot 41{,}4} = 103{,}4$ V. Die Leistung der Stromquelle ist $N = U_k J = 50 \cdot 12{,}5 = 625$ W.

Jede Leitung, die von Wechselströmen durchflossen wird, hat einen Echtwiderstand R sowie einen Blind-R_b und Kapazitätswiderstand R_c, von denen jedoch häufig der eine oder der andere wegen Kleinheit gegenüber den anderen vernachlässigt werden kann. Bei sehr langen Leitungen, wie sie neuerdings vorkommen, ist diese Vernachlässigung nicht

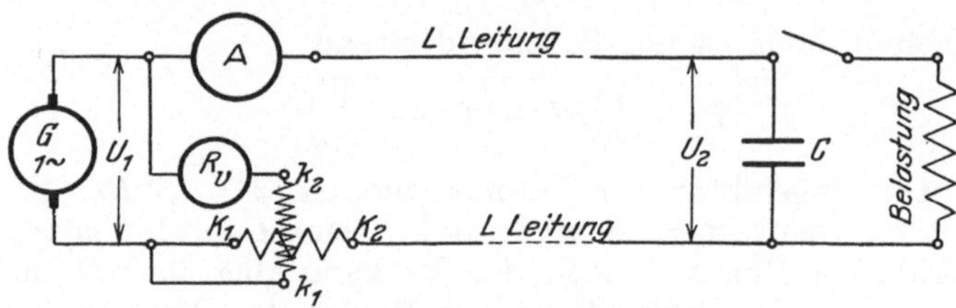

Abb. 63. Schema einer langen Leitung.

statthaft, und man hat dann das durch Abb. 63 dargestellte Leitungsschema vor sich. Hierin ist G die Stromquelle von der Spannung U_1, LL die Leitung mit den beiden Widerständen R und $L\omega$ und C die Kapazität der Leitung, die hier am Ende in Form eines Kondensators eingeschaltet gedacht ist. Dies ist aber genau das in Abb. 60 dargestellte Schema für die Hintereinanderschaltung von Spule und Kondensator. Wenn auch die Belastung noch nicht eingeschaltet ist, so fließt doch durch die Leitung und den Kondensator ein Strom, den man am Amperemeter A abliest. Man beobachtet ferner, daß die Spannung U_1 kleiner ist als die Spannung U_2 am Ende der Leitung. Das Wattmeter zeigt nur die durch Stromwärme in der Leitung verlorengegangene Leistung an, der Leistungsfaktor ist daher klein. Schaltet man jetzt nach und nach die Belastung ein, so sinkt zunächst die Stromstärke, um mit wachsender Belastung wieder zu steigen, wobei jetzt der Leistungsfaktor größer geworden ist.

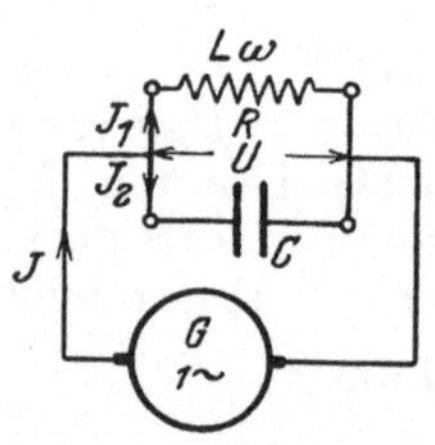

Abb. 64. Parallelschaltung von Spule und Kondensator.

Wichtiger noch wie die Hintereinanderschaltung von Spule und Kondensator ist ihre Parallelschaltung. Abb. 64 zeigt das Schaltungsschema. Die Spule wird von dem Strome $J_1 = U : R_{s1}$, der Kondensator von dem Strome $J_2 = U : \dfrac{1}{C\omega}$ durchflossen, während die Stromquelle die Summe beider liefern muß. In Abb. 65 ist diese Summe als Diagonale $\overline{OC}$ des $\#\,OACB$ dargestellt.

Auch hier ist das Merkwürdige, daß der Gesamtstrom J kleiner sein kann als jede Komponente. Will man J durch Rechnung anstatt Zeichnung finden, so verlängere man $\overline{AC}$ über C bis A', dann sind $\overline{OA'}$ und $\overline{AA'}$ die Komponenten des Spulenstromes, also $\overline{OA'} = J_{w1} = J_1 \cos \varphi_1$, $\overline{AA'} = J_{b1} = J_1 \sin \varphi_1$, während wie Abb. 65 zeigt $\overline{A'C} = \overline{AA'} - \overline{AC} = J_{b1} - J_2$ ist, also wird $\overline{OC} = J$

$$J = \sqrt{J_{w1}^2 + (J_{b1} - J_2)^2} \quad \text{Ampere} \qquad (25)$$

und der Leistungsfaktor der Stromquelle

$$\cos \varphi = \frac{\overline{OA'}}{\overline{OC}} = \frac{J_{w1}}{J}.$$

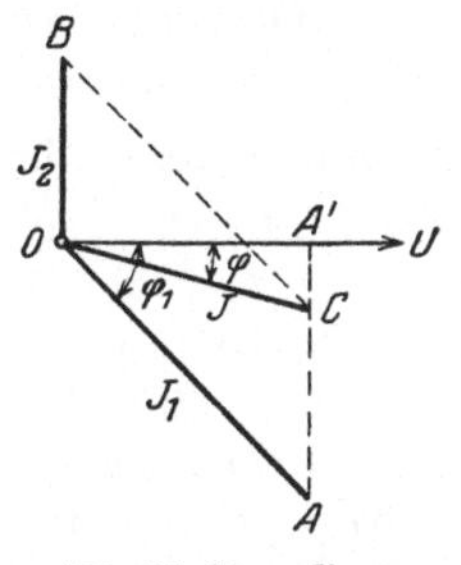

Abb. 65. Stromdiagramm (zu Abb. 64).

Auch hier kann $\cos \varphi = 1$ werden, wenn nämlich $J_{w1} = J$ ist, welcher Fall eintritt, wenn $J_{b1} = J_2$, d h. wenn die Blindkomponente des Spulenstromes gleich dem Kondensatorstrom wird.

22. Beispiel: Es sei $U = 50$ V, $R = 4\,\Omega$, $R_{b1} = 10\,\Omega$, $R_c = 7\,\Omega$, dann ist nach Gl. 15a $R_{s1} = \sqrt{4^2 + 10^2} = 10{,}8\,\Omega$, $\cos \varphi_1 = \dfrac{R}{R_{s1}} = \dfrac{4}{10{,}8}$ $= 0{,}37$, $\sin \varphi_1 = \sqrt{1 - \cos \varphi_1^2} = \sqrt{1 - 0{,}37^2} = 0{,}93$ oder auch nach Abb. 61b $\sin \varphi_1 = \dfrac{R_{b1}}{R_{s1}} = \dfrac{10}{10{,}8} = 0{,}93$. Ferner ist:

$$J_1 = U : R_{s1} = 50 : 10{,}8 = 4{,}64 \text{ A}, \quad J_2 = U : R_c = 50 : 7 = 7{,}14 \text{ A},$$
$J_{w1} = J_1 \cos \varphi_1 = 4{,}64 \cdot 0{,}37 = 1{,}71$ A, $J_{b1} = J_1 \sin \varphi_1 = 4{,}64 \cdot 0{,}93$ $= 4{,}3$ A, $J_{b1} - J_2 = 4{,}3 - 7{,}14 = -2{,}84$ A (das Minuszeichen bedeutet, daß in Abb. 65 der Punkt C oberhalb der Abszisse $\overline{OU}$ liegt, der Strom also der Spannung vorauseilt). Es ist $J = \sqrt{1{,}71^2 + (-2{,}84)^2}$ $= \sqrt{2{,}93 + 8{,}1} = \sqrt{11{,}03} = 3{,}32$ A. Der Leistungsfaktor ergibt sich zu: $\cos \varphi = \dfrac{1{,}71}{3{,}32} = 0{,}515.$

Drehstrom.

Eine wichtige Anwendungsform des Wechselstromes ist der Dreiphasenstrom, auch Drehstrom genannt. Es sind das drei um $^1/_3$ einer Periode (120°) gegeneinander verschobene Ströme bzw. elektromotorische Kräfte, die in einer Maschine mit drei Wicklungen erzeugt werden. Die Maschinen werden später erklärt. Die Vektoren der Drehströme bilden Winkel von 120° miteinander. In Abb. 66 sind $\overline{OA}$, $\overline{OB}$, $\overline{OC}$ die Maximalwerte, dargestellt für einen Winkel $\alpha = \omega t$, dann sind die Projektionen auf eine vertikale Gerade die zugehörigen Zeitwerte $\overline{OA'}$, $\overline{OB'}$, $\overline{OC'}$. Wie man sich durch Messung überzeugen kann, ist für einen beliebigen $\sphericalangle \alpha$

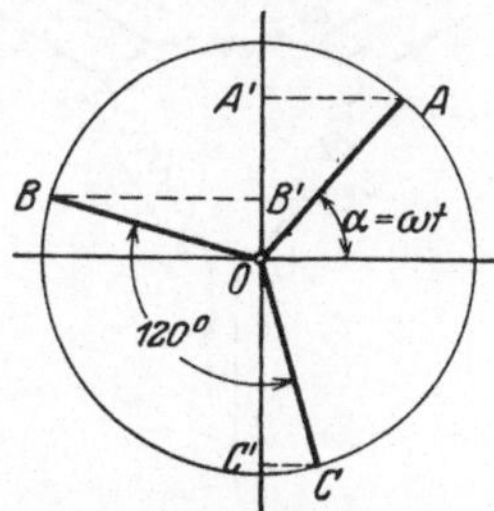

Abb. 66. Drehstrom-Vektor-Diagramm.

$\overline{OA'} + \overline{OB'} + \overline{OC'} = 0$, wo die Zeitwerte über der Abszisse als positive Werte, die unterhalb derselben als negative Werte einzusetzen sind. Bedeuten also $\overline{OA}$, $\overline{OB}$, $\overline{OC}$ elektromotorische Kräfte, so sagt die obige Gleichung:

Die Summe der elektromotorischen Kräfte ist in jedem Augenblick gleich Null. Daß die Maximalwerte $\overline{OA}$, $\overline{OB}$, $\overline{OC}$ gleich groß werden, erreicht man in den Maschinen durch die gleiche Windungszahl in jeder Phase. Nun können $\overline{OA}$, $\overline{OB}$, $\overline{OC}$ auch Stromvektoren sein, für die dann die Gleichung $J_1 + J_2 + J_3 = 0$ gilt. Diese Gleichung ist aber nur richtig, wenn $\overline{OA} = \overline{OB} = \overline{OC}$ ist, was für die Ströme nur bei gleicher Belastung der drei Phasen gilt. Die Elektrizitätswerke sorgen dafür, daß die Gleichheit der Belastung für die maximale Belastung gewährleistet ist. In Abb. 67 sind die drei

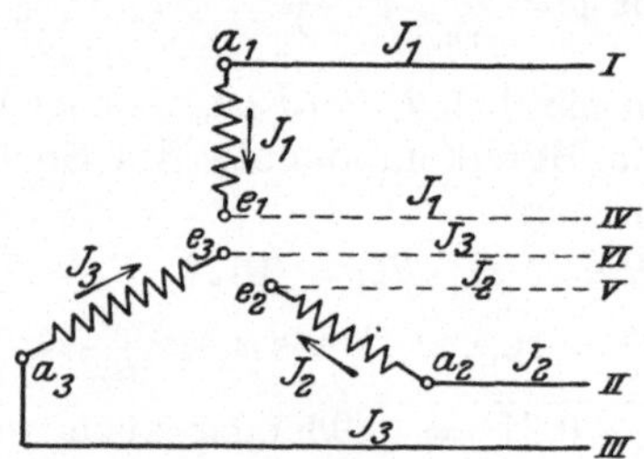

Abb. 67.
Erläuterung zum Drehstromgenerator (Stern).

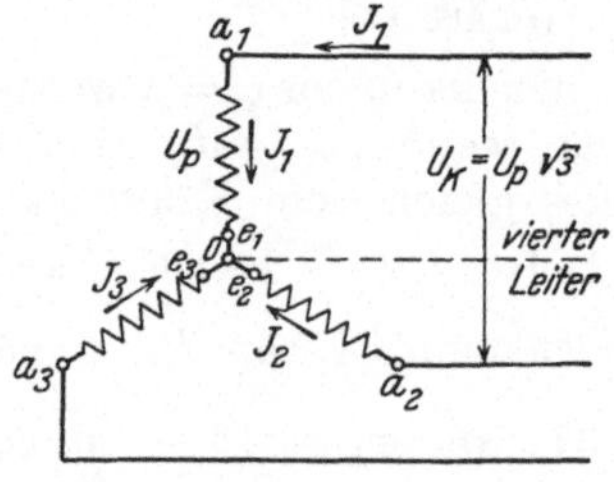

Abb. 68.
Schaltung des Drehstromgenerators (Stern).

Wicklungen des Generators als Zickzacklinien gezeichnet, und von jeder Wicklung gehen, wie gewöhnlich, zwei Leitungen ab, so daß drei Stromkreise mit im ganzen sechs Leitungen vorhanden sind. Zwischen je zwei zusammengehörigen Leitungen liegen dann die Lampen und andere Stromverbraucher. Ein derartiges System hätte aber dem einphasigen Wechselstrom gegenüber keine Vorteile. Man kann aber anstatt der sechs Leitungen mit drei Leitungen auskommen, wenn man die drei zu den Punkten e_1, e_2, e_3 führenden Leitungen einfach wegläßt, aber die Enden e_1, e_2, e_3 miteinander verbindet wie Abb. 68 angibt. Die drei Ströme,

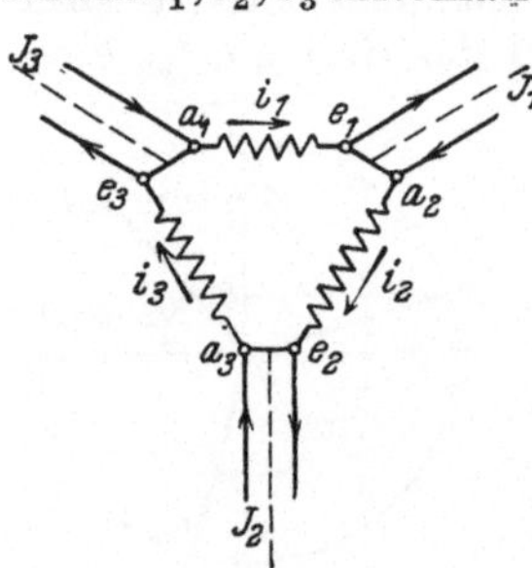

Abb. 69. Erläuterung zum Drehstromgenerator (Dreieck).

die in den weggelassenen Leitungen fließen würden, haben als Summe in jedem Augenblick den Wert Null. Die Leitungen sind also überflüssig. Sind die drei Phasen ungleich belastet, so muß jedoch eine vierte Leitung (in Abb. 68 punktiert) bleiben, in der dann der Strom $J_4 = J_1 + J_2 + J_3$ fließt, der aber nicht Null ist. Die Lampen werden zwischen diese Leitung und je einen Außenleiter, die Motoren nur an die Außenleiter angeschlossen, wie Abb. 256 zeigt.

In Abb. 69 sind nochmals die Wicklungen mit sechs Leitungen gezeichnet. In den Wicklungen und Leitungen fließen, wie angedeutet, die augenblicklichen Ströme i_1, i_2, i_3. Da die in den Wicklungen erzeugten elektromotorischen Kräfte in jedem Augenblick die Summe Null ergeben, ist es erlaubt, die Wicklungsenden e_1 mit a_2, e_2 mit a_3 und e_3 mit a_1 zu verbinden, dann aber darf man auch die Leitungen, die von e_1 und a_2 ausgehen, zu einer zusammenlegen, in der dann die algebraische Summe der Ströme i_1 und i_2 fließt. Bezeichnet J_1 den Strom in der zusammengelegten Leitung (in der Abb. 69 punktiert gezeichnet), so ist $J_1 = i_1 - i_2$, in gleicher Weise $J_2 = i_2 - i_3$ und $J_3 = i_3 - i_1$. Was für die Zeitwerte algebraisch ausgerechnet werden soll, muß für effektive Werte geometrisch ausgerechnet werden.

Die Schaltung nach Abb. 68 nennt man Sternschaltung, die nach Abb. 69 Dreieckschaltung. — Es sei in Abb. 68 die effektive Spannung einer Phase U_p, d. i. die Spannung, die man mit einem Voltmeter zwischen a_1 und e_1 mißt, U_k die Spannung zwischen zwei Leitungen, also die Spannung zwischen a_1 und a_2, so geht aus den Strompfeilen hervor, daß U_k die geometrische Differenz der beiden Spannungen zwischen $a_1 e_1$ und $a_2 e_2$ ist. Die drei Spannungen U_p sind in den drei Phasen gleichgroß, aber im Diagramm bilden sie Winkel von 120° miteinander. In Abb. 70 sind diese Spannungen dargestellt durch die Linien $\overline{AO}$, $\overline{BO}$ und $\overline{CO}$. Würde man $\overline{AO}$ und $\overline{BO}$ ad-

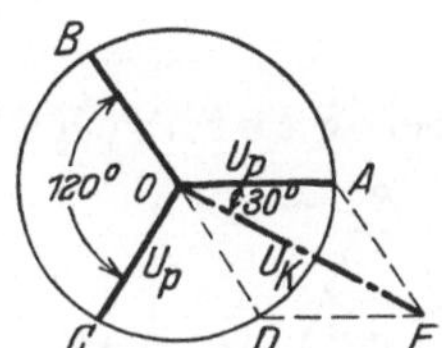

Abb. 70. Ermittlung der Klemmenspannung eines Drehstromgenerators.

dieren sollen, so müßte man $\overline{AO}$ und $\overline{BO}$ zu einem Parallelogramm zusammensetzen, dessen Diagonale die Summe wäre. Wir sollen aber die Differenz aus $\overline{AO}$ und $\overline{BO}$ bilden, was einfach dadurch geschieht, daß man $\overline{BO}$ über O um sich selbst nach rückwärts verlängert und die Rückwärtsverlängerung $\overline{OD}$ zu $\overline{AO}$ addiert. Die Diagonale $\overline{OF}$ ist dann die gesuchte Spannung U_k. Da das ⧈ $OAFD$ ein Rhombus ist, in welchem bekanntlich die Diagonalen senkrecht aufeinander stehen und den Winkel halbieren, aus dem sie kommen, so ist $\dfrac{U_k}{2} = U_p \cos 30° = U_p \dfrac{1}{2} \sqrt{3}$ oder

$$U_k = U_p \sqrt{3} \text{ Volt.} \tag{26}$$

Der Strom in der Wicklung einer Phase ist derselbe wie der Strom in der Leitung, der mit einem Amperemeter gemessen werden kann. Wie erwähnt, werden die Lampen zwischen einen Außenleiter und den vierten Leiter geschaltet. Die Lampen brennen also mit der Spannung $U_p = U_k : \sqrt{3} (\sqrt{3} = 1,73)$.

23. Beispiel: Die Spannung zwischen zwei Leitungen beträgt $U_k = 380$ V, wie groß ist demnach die Phasenspannung, an welche die Lampen angeschlossen werden? $U_p = U_k : \sqrt{3} = 380 : \sqrt{3} = 220$ Volt.

24. Beispiel: Die Lampenspannung in einer Drehstromanlage ist 127 V. Für welche Spannung müssen dann die Motoren in dieser Anlage gewickelt sein? $U_k = U_p \sqrt{3} = 127 \cdot \sqrt{3} = 220$ Volt.

Sind die Wicklungen in Dreieckschaltung verbunden gemäß Abb. 71, so fließt in jeder Phase der Strom J_p (effektiver Wert), in der

Leitung dagegen der Strom J, der die geometrische Differenz zweier Phasenströme J_p ist. Sind also in Abb. 72 $\overline{AO}$, $\overline{BO}$, $\overline{CO}$ die drei Phasenströme J_p, so ist $\overline{OF}$ der Leitungsstrom J. Man findet durch Rechnung

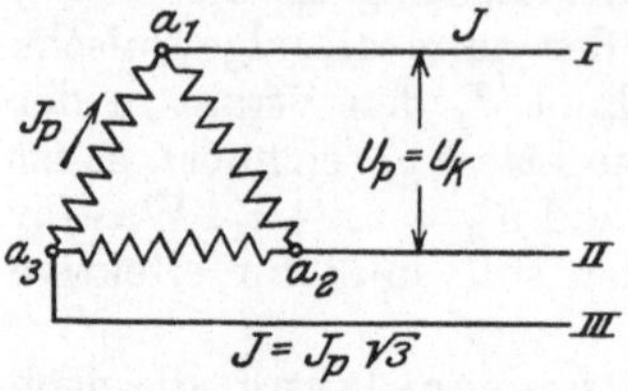

$$J = J_p \sqrt{3} \text{ Ampere} \qquad (27)$$

oder umgekehrt $J_p = J : \sqrt{3}$. — Die Spannung zwischen zwei Leitungen sei wieder U_k, dann erkennt man aus Abb. 71, daß $U_k = U_p$ ist.

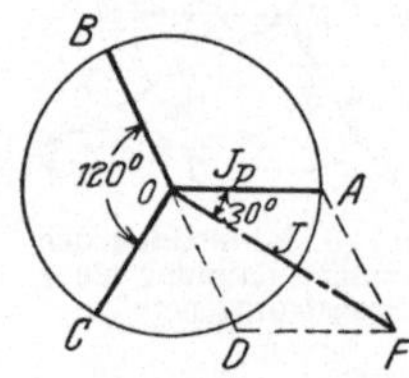

Abb. 71. Strom- und Spannungsverhältnisse bei Dreieckschaltung.

Die Leistung in einer Phase ist $U_p J_p \cos\varphi$, wo φ der Phasenverschiebungswinkel zwischen U_p und J_p ist. Sind alle drei Phasen gleich belastet, so ist die Drehstromleistung

$$N = 3\, U_p J_p \cos\varphi \text{ Watt.} \qquad (28)$$

Bei Sternschaltung ist $U_p = U_k : \sqrt{3}$ und $J_p = J$, somit

$$N = 3 \cdot \frac{U_k}{\sqrt{3}} J \cos\varphi$$

$$N = \sqrt{3}\, U_k J \cos\varphi \text{ Watt.} \qquad (28\,\text{a})$$

Dieselbe Formel erhält man auch bei Dreieckschaltung nach Abb. 71, nur hat man hier $U_p = U_k$ und $J_p = J : \sqrt{3}$ in Formel 28 einzusetzen.

Abb. 72.
Ermittlung des Leitungsstromes bei $\varDelta$-Schaltung.

Die Messung der Leistung geschieht nach zwei verschiedenen Meßmethoden, nämlich entweder mit 3 Wattmetern oder mit 2 Wattmetern.

Ist die zu messende Leistung in Stern geschaltet und der Sternpunkt zugänglich, was bei ausgeführter vierter Leitung immer der Fall ist, so mißt man mit je einem Wattmeter die Leistung einer Phase. Die Leistung des Drehstromes ist dann nach Abb. 73 die Summe der Leistungsangaben der drei Wattmeter. Darf man annehmen, wie dies z. B. bei Motoren sehr angenähert der Fall ist, daß die Belastung in allen drei Phasen die gleiche ist, so genügt zur Bestimmung der vom Motor aufgenommenen Leistung ein Wattmeter, dessen Angabe dann mit 3 zu multiplizieren ist.

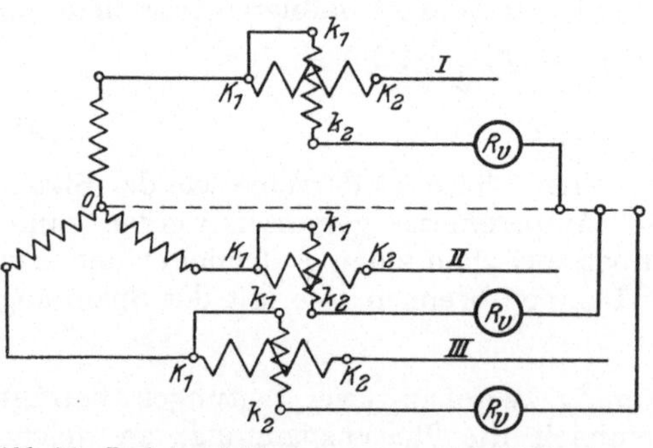

Abb. 73. Drehstromleistungsmessung mit 3 Wattmetern.

Die Messung mit zwei Wattmetern setzt voraus, daß kein vierter Leiter vorhanden ist, und wird die Schaltung nach Abb. 74 ausgeführt. Ist hierbei die Phasenverschiebung zwischen Spannungs- und Stromvektor einer Phase kleiner als 60°, so ist die Drehstromleistung bestimmt durch die Summe der beiden Wattmeterangaben, was z. B. bei induktionsfreier

Belastung der Fall ist. Ist jedoch die Phasenverschiebung größer als 60°, so schlägt das eine Wattmeter verkehrt aus, und dann ist die Diffe-

renz der beiden Wattmeterangaben die gemessene Leistung. (Um das verkehrt aus-
schlagende Wattmeter ab-
lesen zu können, muß man
entweder die Leitungen zu
den Klemmen $k_1 k_2$ oder die
zu den Klemmen $K_1 K_2$ führenden miteinander vertauschen.)

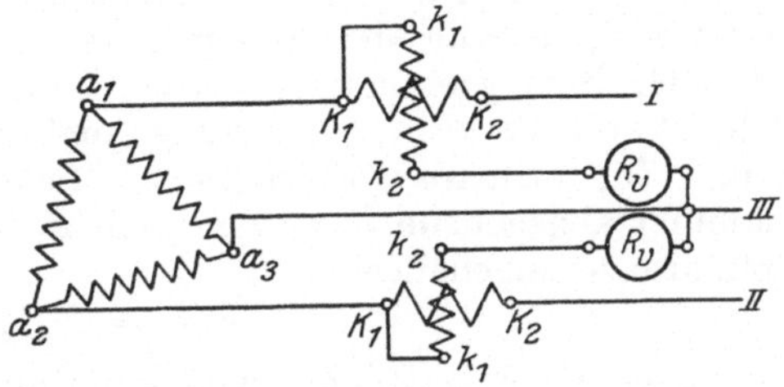

Abb. 74. Drehstromleistungsmessung mit 2 Wattmetern.

Transformatorprinzip.

Eine der besten Eigenschaften des Wechselstromes, der er seine große Verbreitung verdankt, ist seine leichte Transformierbarkeit. In den Wechselstrommaschinen der Überlandzentralen erzeugt man eine hohe Spannung, die durch verhältnismäßig dünne Leitungen in die Ferne geleitet werden kann, um dort in Apparaten, Transformatoren genannt, in eine niedrige, für den Verbraucher passende Spannung, verwandelt zu werden. Die Grundform eines solchen Transformators ist in Abb. 75 dargestellt. Auf einen aus Blechen zusammengesetzten Eisenkern sind die beiden Drahtspulen S_1 und S_2 gewickelt. Die Spule S_1, die primäre, ist mit der Wechselstromquelle, die andere Spule S_2, die sekundäre, mit den Lampen des Verbrauchers verbunden. Durch den Strom, der in der Spule S_1 fließt, entstehen Induktionslinien, deren Zahl, da es ja Wechselstrom ist, sich fortwährend ändert, und die den Eisenkern in der punktiert angedeuteten Richtung durchlaufen. Sie erzeugen nach dem auf S. 28 ausgesprochenen Gesetz 2, sowohl in den Windungen der Spule S_1, als auch in denen der Spule S_2 elektromotorische Kräfte, und zwar gleich große in jeder einzelnen Windung. Besitzt die Spule S_1 z. B. 2600 Windungen und beträgt

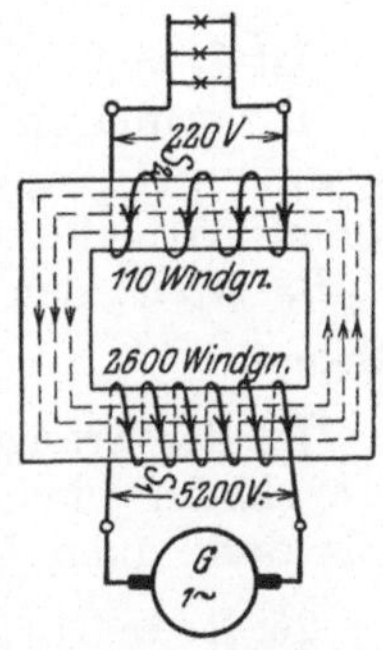

Abb. 75. Prinzip des Transformators.

die Spannung der Wechselstrommaschine 5200 V, so ist die in einer Windung erzeugte EMK die sogenannte Windungsspannung 5200 : 2600 = 2 V. Dieselbe EMK entsteht in jeder Windung der Spule S_2. Besitzt diese beispielsweise 110 Windungen, so ist die in dieser Spule erzeugte EMK = 110 · 2 = 220 V; wir haben also die ursprüngliche Maschinenspannung 5200 V umgewandelt in die brauchbare Lampenspannung von 220 V.

Bezeichnen wir allgemein die primäre Windungszahl mit w_1, die sekundäre mit w_2, die zugehörigen elektromotorischen Kräfte mit E_1 und E_2, so ist $E_1 : w_1$ die primäre Windungsspannung und $E_2 : w_2$ die sekundäre; beide müssen einander gleich sein. Also gilt die Gleichung $E_1 : w_1 = E_2 : w_2$ oder auch

$$E_1 : E_2 = w_1 : w_2 \tag{29}$$

d. h. die elektromotorischen Kräfte verhalten sich wie die zugehörigen Windungszahlen.

Es ist wohl jedermann einleuchtend, daß die Leistung, die in die primäre Spule von der Stromquelle hineingeschickt wird, auch nur sekundär herausgenommen werden kann, was nicht einmal ganz der Fall ist, da die primäre Leistung auch noch geringe Verluste decken muß. Die primäre aufgenommene Scheinleistung ist $E_1 J_1$ VA, die sekundär abgegebene $E_2 J_2$ VA, wenn J_1 und J_2 die zugehörigen Ströme sind, also ist angenähert:

$$E_1 J_1 = E_2 J_2 \tag{30}$$

oder auch $E_1 : E_2 = J_2 : J_1$. Nun kann man nach Gl. 29 anstatt $E_1 : E_2$ setzen $w_1 : w_2$, also wird $w_1 : w_2 = J_2 : J_1$ oder als Produktengleichung geschrieben

$$J_1 w_1 = J_2 w_2, \tag{31}$$

d. h. die Amperewindungszahlen, primär und sekundär, sind angenähert einander gleich.

Wird dem Transformator sekundär der Strom J_2 entnommen, so geht in dem Widerstande R_2 der sekundären Windungen die Spannung $J_2 R_2$ verloren, es ist infolgedessen die sekundäre Spannung U_2 kleiner als die sekundäre elektromotorische Kraft E_2, und zwar um diesen Spannungsverlust, d. h. es gilt die Gleichung

$$U_2 = E_2 - J_2 R_2 \text{ Volt.} \tag{32}$$

Ist $J_2 = 0$, d. h. der Transformator unbelastet, so ist $U_2 = E_2$.

Die primären Windungen sind an die Stromquelle mit der Klemmenspannung U_1 angeschlossen, dann muß diese Spannung größer sein als die primäre elektromotorische Gegenkraft E_1 um den Spannungsverlust $J_1 R_1$, wo R_1 den Widerstand der primären Windungen bezeichnet, es ist also

$$U_1 = E_1 + J_1 R_1 \text{ Volt*.} \tag{32a}$$

Ist der Transformator sekundär unbelastet ($J_2 = 0$), so ist auch J_1 sehr klein, und es gilt sehr angenähert $U_1 = E_1$. Die Gleichung 29 gilt dann auch für die Spannungen.

25. Beispiel: Ein Transformator ist an 10000 V angeschlossen und besitzt die primäre Spule S_1 2000 Windungen. Wieviel Windungen muß die sekundäre Spule S_2 erhalten, wenn die Klemmenspannung bei Leerlauf 220 V betragen soll? Aus Gl. 29 $U_1 : U_2 = w_1 : w_2$ folgt $w_2 = \dfrac{U_2}{U_1} \cdot w_1 = (220 : 10\,000) \cdot 2000 = 44$ Windungen.

26. Beispiel: Wie groß wird bei Belastung der sekundäre Strom J_2, wenn der primäre $J_1 = 10$ A beträgt? Aus Gl. 30 $J_1 w_1 = J_2 w_2$ folgt $J_2 = J_1 \dfrac{w_1}{w_2} = 10 \dfrac{2000}{44} = 455$ A; oder auch aus $U_1 J_1 = U_2 J_2$ folgt $J_2 = U_1 J_1 : U_2 = (10\,000 \cdot 10) : 220 = 445$ A.

27. Beispiel: Ein Transformator besitzt primär $w_1 = 8000$, sekundär $w_2 = 80$ Windungen. Er wird primär an einen Generator

---

* Formel 32 und 32a gelten bei voller und induktionsfreier Belastung sehr angenähert, eigentlich hätte man geometrisch addieren müssen.

angeschlossen und die sekundäre Spannung mit einem Voltmeter zu 70 V bestimmt. Wie groß ist die primäre Spannung? — Da das Voltmeter nur wenig Strom verbraucht, so ist $J_2 \approx 0$, d. h. $U_2 = E_2$ und $U_1 = E_1$. In diesem Falle heißt die Gl. 29 $U_1 : U_2 = w_1 : w_2$, woraus $U_1 = U_2 (w_1 : w_2) = 70 \cdot (8000 : 80) = 7000$ V folgt.

(Einen derartigen Transformator zur Spannungsmessung nennt man Spannungswandler. Abb. 76 stellt die Schaltung dar.)

28. Beispiel: Um den Strom J_1 in einer Hochspannungsleitung nicht mit einem in die Leitung eingeschalteten Amperemeter messen zu müssen, schaltet man in die Leitung die primäre Wicklung eines kleinen Trans-

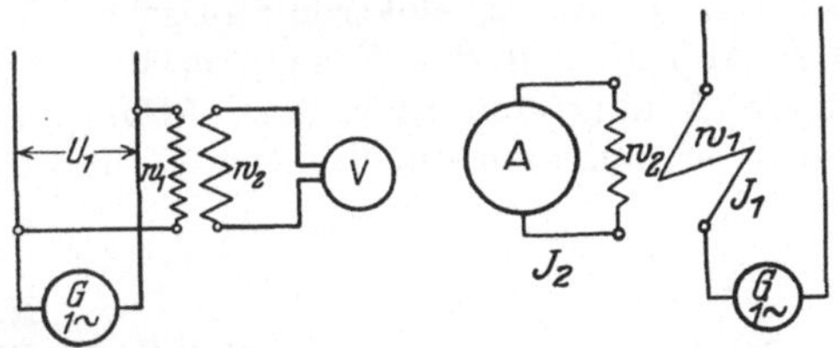

Abb. 76. Spannungswandler.   Abb. 77. Stromwandler.

formators, der in diesem Falle Stromwandler genannt wird, und mißt den Strom J_2 in den sekundären durch ein Amperemeter kurz geschlossenen Windungen. Kennen muß man die primäre und sekundäre Windungszahl oder ihr Verhältnis. Die Schaltung zeigt Abb. 77. Es sei $w_1 = 10$, $w_2 = 50$ Windungen, $J_2 = 4,5$ A. Aus $J_1 w_1 = J_2 w_2$ folgt:

$$J_1 = J_2 \frac{w_2}{w_1} = 4,5 \frac{50}{10} = 22,5 \text{ A}.$$

29. Beispiel: Ein Transformator ist bei einer Leerlaufuntersuchung an 125 V angeschlossen, und man mißt bei Leerlauf sekundär 46,5 V Spannung. Die Widerstände der primären und sekundären Wicklung sind $R_1 = 0,53\,\Omega$, $R_2 = 0,13\,\Omega$. Man schließt sekundär Glühlampen an, die bei 45 V Spannung 600 Watt gebrauchen.

Berechne: a) das Übersetzungsverhältnis (so nennt man den Quotienten $u = w_1 : w_2$), b) die sekundären und primären Ströme bei Belastung, c) die elektromotorischen Kräfte, d) die primäre Klemmenspannung.

Lösungen. a) Bei Leerlauf ist $U_1 = E_1$ und $U_2 = E_2$, also ist $U_1 : U_2 = w_1 : w_2$, oder wenn man das Übersetzungsverhältnis mit u bezeichnet: $u = (w_1 : w_2) = U_1 : U_2 = 125 : 46,5 = 2,7$.

b) Die sekundäre Belastung ist $N_2 = U_2 J_2 = 600$ W, also ist, da bei Belastung $U_2 = 45$ V ist, $J_2 = 600 : 45 = 13,3$ A. — Und aus $J_1 w_1 = J_2 w_2$ folgt $J_1 = J_2 \frac{w_2}{w_1} = J_2 : u = 13,3 : 2,7 = 4,94$ A.

c) Die elektromotorischen Kräfte ergeben sich: $E_2 = U_2 + J_2 R_2 = 45 + 13,3 \cdot 0,13 = 46,73$ V, aus $E_1 : E_2 = w_1 : w_2$ oder $E_1 : E_2 = u$ folgt $E_1 = u E_2 = 2,7 \cdot 46,73 = 126$ V.

d) $U_1 = E_1 + J_1 R_1 = 126 + 4,94 \cdot 0,53 = 128,62$ V.

Über den Bau der Transformatoren wird noch im XIII. Kapitel zu sprechen sein.

VI. Die Erzeugungsarten des elektrischen Stromes.

Auf den Seiten 27—28 waren die Gesetze aufgestellt worden, nach welchen in Leitern elektromotorische Kräfte entstanden, wenn sie von Feldlinien (Induktionslinien) geschnitten wurden. Nach diesem Prinzip, das im Jahre 1831 von Faraday entdeckt wurde, werden unsere Maschinen, in denen elektromotorische Kräfte erzeugt werden, gebaut. Die Abb. 78 soll das Prinzip erläutern. a—b ist eine Drahtschleife, deren Anfang und Ende nach Abb. 78 zu je einem Schleifringe geführt ist, auf dem die Bürsten B_1 und B_2 aufliegen. Wird der Draht gedreht, so erhalten wir in dem Stück a desselben unter dem Nordpol n des Magneten eine EMK in der Pfeilrichtung, wenn die Drehung wie der Pfeil am Schleifring erfolgt. Für den Fall, daß das Feld feststeht und der Leiter bewegt wird, ergibt sich die Richtung der EMK aus der Handregel S. 28. In dem Stück b vor dem Südpol s des Magnets entsteht eine EMK von umgekehrter Richtung wie in a, weil dort die Feldlinien anders verlaufen. Die elektromotorischen Kräfte in den Stücken a und b der Drahtschleife sind aber so hintereinander geschaltet, daß sie sich addieren und gemeinsam durch die äußere Leitung zwischen den Schleifbürsten $B_1\,B_2$ einen Strom von der Richtung 1 hindurchtreiben. Wird der Drahtbügel weiter gedreht, so gelangen a und b in die Mitte zwischen beide Pole des Magnets, dann kann keine EMK in ihnen entstehen, da ja keine Induktionslinien geschnitten werden. Bei noch weiterer Drehung aber kommt a vor den Südpol und b vor den Nordpol, so daß jetzt in a und b die elektromotorischen Kräfte umgekehrt entstehen, in a so wie vorher in b und in b so wie vorher in a. Da nun der Draht a stets mit der Bürste B_1 verbunden ist und der Draht b mit der Bürste B_2, so entsteht bei umgekehrter Richtung der Induktion in der Schleife, auch in der äußeren Leitung ein umgekehrter Strom wie vorher, also von der Richtung 2. Man erhält daher aus der Vorrichtung in Abb. 78 einen Wechselstrom, der seine Richtung zweimal wechselt, wenn die Schleife einmal herumgedreht wird.

Wie schon früher gesagt wurde, muß man bei Wechselstrom wenigstens 80 Wechsel in der Sekunde anwenden, wenn das Licht nicht zittern soll. Für 80 Wechsel muß man demnach die Drahtschleife 40mal herumdrehen. Da man die Umlaufszahl von Maschinen immer auf eine Minute bezieht, ergibt sich für diesen Fall eine Umdrehungszahl von $40 \cdot 60 = 2400$ in der Minute. Für normale Maschinen ist

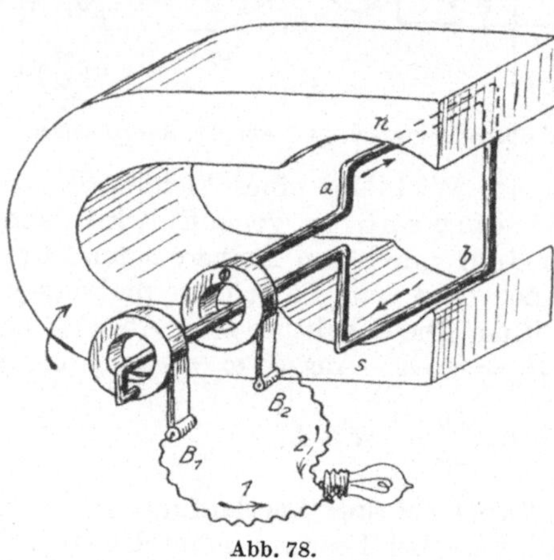

Abb. 78.
Erzeugung von Wechselstrom in einer Drahtschleife.

diese Umlaufszahl etwas hoch; soll sie kleiner bleiben, dann muß man mehr Pole anwenden, denn jedesmal wenn die Drahtschleife vor einen anderen Pol kommt, wechselt in ihr die Richtung der EMK. Bei 4 Polen erhält man für eine Umdrehung 4 Wechsel, so daß dann für 80 Wechsel eine minutliche Umlaufszahl von 1200 erforderlich wird. Je größer eine Maschine ist, um so langsamer läßt man sie im allgemeinen umlaufen, und nach dem eben Gesagten muß sie also um so mehr Pole erhalten, je größer sie ist. Es werden Wechselstrommaschinen mit 50 Polen ausgeführt, unter Umständen noch mehr. Eine solche Maschine erzeugt also bei einer Umdrehung 50 Wechsel des Stromes. Zu 80 Stromwechseln in der Sekunde gehören dann $\frac{80}{50} = 1{,}6$ sekundliche Umdrehungen und $1{,}6 \cdot 60 = 96$ Umdrehungen in der Minute. Durch eine Formel dargestellt ist der Zusammenhang zwischen der Frequenz f, der Drehzahl n pro Minute und der Polpaarzahl p

$$\frac{n\,p}{60} = f. \tag{33}$$

Über die praktische Ausführung der Wechselstrommaschinen soll im Abschnitt IX gesprochen werden.

Will man aus der Vorrichtung in Abb. 78 Gleichstrom erhalten, so muß man einen sogenannten Kollektor oder besser gesagt Stromwender (Kommutator) anwenden. Dieser besteht nach Abb. 79 aus zwei Lamellen l_1 und l_2, und zwar ist der Draht a mit l_1, der Draht b mit l_2 verbunden.

Diese Lamellen, die voneinander isoliert sind, bewirken, daß in der äußeren Leitung zwischen den Bürsten B_1 und B_2 bei einer Umdrehung des Drahtbügels zwei Ströme von gleicher Richtung fließen, obgleich in der Drahtschleife selbst, genau wie bei der Vorrichtung in Abb. 78, der Strom zweimal wechselt. So wie die Schleife in Abb. 79 gezeichnet

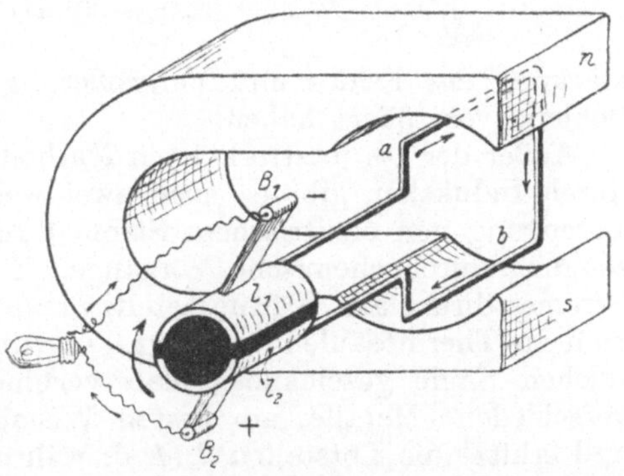

Abb. 79.
Erzeugung von Gleichstrom in einer Drahtschleife.

ist, fließt der Strom in der äußeren Leitung von B_2 nach B_1. Dreht sich der Bügel, so daß die Teile a und b in die Mitte zwischen die Pole des Magneten gelangen, dann entsteht, wie wir schon bei Abb. 78 gesehen haben, keine EMK in ihnen, und dreht man in gleichem Sinne weiter, so tauschen die Stücke a und b ihre Pole, und die EMK wird umgekehrt. Da aber jetzt auch die Bürste B_1 auf l_2 aufliegt und B_2 auf l_1, so fließt in der äußeren Leitung wieder ein Strom von derselben Richtung wie vorher.

Bei wirklichen elektrischen Maschinen besitzt der Stromwender eine große Zahl, wenigstens 20 Lamellen, und der Anker eine große Zahl Drähte. Hierdurch wird erreicht, daß der Strom für eine Umdrehung nicht aus zwei Stößen von gleicher Richtung besteht, sondern daß die Schwankungen gar nicht mehr bemerkt werden, und ein gleichmäßiger Strom von fortwährend derselben Richtung entsteht, solange die Maschine läuft. Genaueres über die wirkliche Ausführung der Gleichstrommaschinen soll dann im Abschnitt VIII gesagt werden.

Man kann nun durch einen Versuch mit einer solchen Maschine beobachten, daß der Strom, welchen man erhält, zunimmt, wenn man das magnetische Feld verstärkt, wozu man bei einem Elektromagneten nur den Strom in seinen Drahtwindungen zu verstärken braucht. Ferner erhält man ebenfalls eine Zunahme des Stromes durch schnelleres Drehen der Schleife. Da der Strom immer durch eine elektromotorische Kraft hervorgerufen wird, so muß man durch die beiden Mittel, Ver-

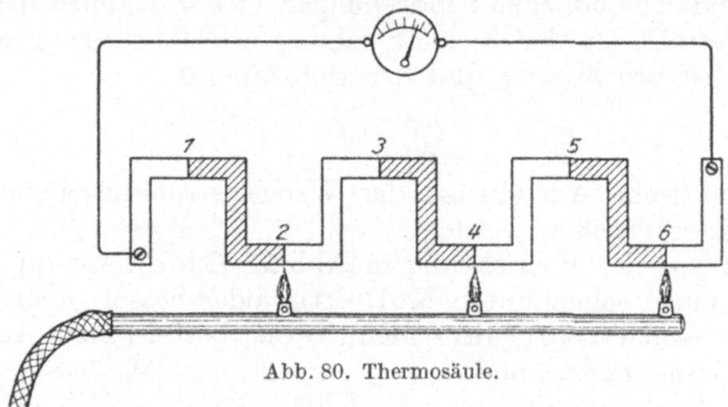

Abb. 80. Thermosäule.

stärkung des Feldes und Vergrößerung der Drehzahl, die EMK der Schleife vergrößert haben.

Außer der bis jetzt erklärten Methode der Erzeugung von Strömen durch Induktion, gibt es noch zwei weitere Methoden, und zwar die Erzeugung von elektrischem Strom direkt aus Wärme und seine Erzeugung durch chemische Vorgänge. Zur Erzeugung des elektrischen Stromes direkt aus Wärme benutzt man die Thermo-Elemente, die man zu Thermosäulen vereinigt. In Abb. 80 ist die Grundform einer solchen Säule gezeichnet. Man verbindet immer abwechselnd zwei verschiedene Metalle, am besten Wismut und Antimon, miteinander und erhitzt die Lötstellen 2, 4, 6, während die Lötstellen 1, 3, 5 kalt bleiben. Je größer der Temperaturunterschied zwischen den heißen und kalten Lötstellen ist, um so stärker wird der in der äußeren Verbindungsleitung fließende Strom.

Leider lassen sich aber diese Thermosäulen für praktische Zwecke nicht anwenden, denn ein Element gibt, auch bei starker Erhitzung, nur eine sehr geringe EMK. Man muß daher in einer Säule viele Elemente hintereinander schalten, um eine genügende Spannung zu erhalten, aber dadurch wird der Widerstand der Säule sehr groß, so daß ein beträchtlicher Teil der EMK allein dazu verbraucht wird, den Strom nur durch die Säule zu treiben und bleibt daher für die äußere Leitung mit dem Nutzwiderstand nicht mehr viel übrig. Wohl aber benutzt man die Thermoelemente vielfach für die Anfertigung von Temperaturmeßgeräten.

Besser geeignet zur Erzeugung eines Gleichstromes sind die galvanischen Elemente. Sie werden zwar gegenüber den Maschinen nur in geringem Maße, hauptsächlich in der Schwachstromtechnik, angewendet. In den galvanischen Elementen geht die Stromerzeugung als Folge von chemischen Vorgängen vor sich, und zum besseren Verständnis der chemischen Vorgänge mögen zunächst zwei Versuche beschrieben werden.

Leitet man einen elektrischen Gleichstrom durch Wasser, welches durch einen geringen Säurezusatz leitend gemacht ist, weil chemisch reines Wasser überhaupt nicht leitet, so wird es in seine chemischen Bestandteile, die beiden Gase Wasserstoff und Sauerstoff, zersetzt. Es wird dabei der Wasserstoff stets an der Stelle abgeschieden, an welcher der Strom die Flüssigkeit wieder verläßt. Ebenso wird aus Salzlösungen stets durch den Strom das betreffende Metall des Salzes an der Stelle ausgeschieden, an welcher der Strom die Lösung wieder verläßt. Hierauf beruht das galvanische Verkupfern, Versilbern, Vernickeln u. dgl. von Metallen. Um den Vorgang verständlicher zu machen, sollen zwei bestimmte Fälle genau besprochen werden. In Abb. 81 sind die beiden mit H und O bezeichneten Glasrohre des Gefäßes S zunächst bis oben hin mit verdünnter Schwefelsäure, d. i. einer Verbindung,

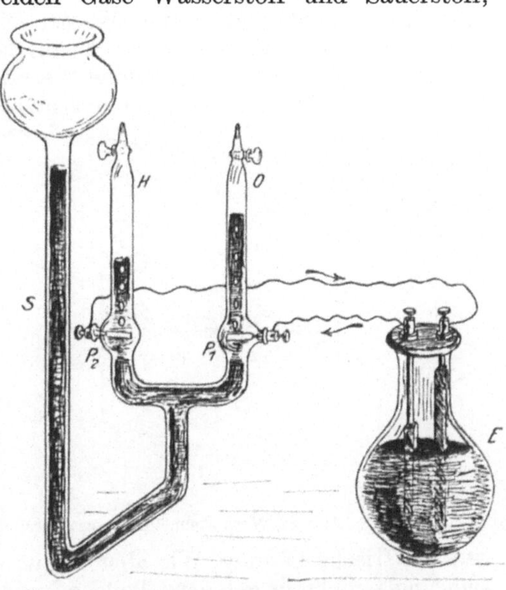

Abb. 81. Zersetzung von verdünnter Schwefelsäure durch den elektrischen Strom.

die aus 2 Teilen Wasserstoff und einem sog. Säurerest (Schwefel und Sauerstoff) besteht, gefüllt. Leitet man nun aus der Stromquelle E von der Klemme $+$ aus einen Strom durch einen Draht zur Platinplatte P_1, so tritt dieser von hier aus in die Säure ein und gelangt zur Platinplatte P_2, von wo ein Draht nach der Klemme $-$ zur Stromquelle zurückführt. Sogleich nach dem Einschalten des Stromes bemerkt man, daß sich an beiden Platten P_1 und P_2 Gasblasen bilden, welche in den Rohren H und O aufsteigen und bei verschlossenen Hähnen aufgefangen werden, während die Flüssigkeit in den Rohren immer tiefer heruntergedrückt wird, so daß sie in dem Rohr S aufsteigt. In dem Rohr O sammelt sich stets nur halb soviel Gas als im Rohr H.

Untersucht man die Gase, so findet man im Rohr H Wasserstoff und im Rohr O Sauerstoff. Es bildet sich also, wie schon gesagt wurde, der Wasserstoff an der Stelle, an welcher der Strom die Flüssigkeit wieder verläßt, nämlich an der Platte P_2.

Ehe die Erklärung dafür gegeben wird, möge ein zweiter Versuch beschrieben werden. Das Gefäß G in Abb. 82 sei gefüllt mit einer Kupfervitriollösung. E ist die Stromquelle, aus welcher der Strom bei der Platte P_1 in die Flüssigkeit eintritt, dann diese durchfließt und an der Platte P_2 wieder verläßt, um zur Stromquelle zurückzukehren. Nach einiger Zeit bemerkt man dann auf der Platte P_2 einen Kupferniederschlag, der aus der Lösung ausgeschieden ist.

Die Erklärung für diese chemischen Wirkungen des elektrischen Stromes ist folgende: Der Versuch der scheinbaren Wasserzersetzung in Abb. 81 gelingt nur dann, wenn dem Wasser Schwefelsäure hinzugefügt wird, denn reines Wasser leitet den Strom nicht. Durch den Säurezusatz zerfallen eine Anzahl Schwefelsäuremoleküle in sog. „Ionen", d. h. elektrisch geladene Wasserstoff- und Säurerestmoleküle. Die Wasserstoffionen besitzen eine positive, die Säurerestionen eine nega-

Abb. 82. Vernickeln, Verkupfern durch den elektrischen Strom.

tive elektrische Ladung. Wie aber bereits auf S. 1 gezeigt wurde, ziehen sich ungleichnamig geladene Teilchen an, gleichnamig geladene stoßen sich ab. Die positiv geladenen Wasserstoffionen (auch Kationen genannt) werden von der negativen Elektrode (der Kathode) angezogen, die Säurerestionen (Anionen) dagegen von der positiven Elektrode (der Anode). Sie beginnen zu wandern (daher der Name Ion d. h. Wanderer). An den Elektroden geben sie ihre elektrische Ladung ab und verwandeln sich hierdurch in gewöhnliche Wasserstoff- bzw. Säurerestmoleküle. Die Wasserstoffmoleküle können mit der Platinelektrode P_2 keine Verbindung eingehen, steigen deshalb als Gasblasen in H auf. Der Säurerest (SO_4) an der Anode P_1 kann mit dem Platin ebenfalls keine Verbindung eingehen, wohl aber mit dem Wasser, mit dem er sich zu neuer Schwefelsäure verbindet, während hierdurch Sauerstoff frei wird, der in dem Rohre O aufsteigt. Es ist also nicht das Wasser zersetzt worden, sondern die Schwefelsäure, die sich aber wieder in gleicher Menge gebildet hat, während die Wassermenge abnimmt.

Ähnlich ist auch der Vorgang bei der Ausscheidung von Kupfer aus Kupfervitriol. Kupfervitriol ist ein Kupfersalz und besteht aus einem Teil Kupfer und dem schon erwähnten Säurerest (SO_4). Es ist in Wasser löslich, wobei eine Anzahl Moleküle in Ionen zerfallen. Schickt man daher einen Strom, wie in Abb. 82, durch die wäßrige Lösung, so wandern die positiv geladenen Kupferionen zur Kathode P_2, geben dort ihre elektrische Ladung ab, wobei sich das Kupfer auf der Platte niederschlägt. Die negativ geladene Restgruppe (SO_4) wandert zur Anode P_1 und verbindet sich dort wieder mit dem Metall derselben, wodurch sie verzehrt wird. Ist die Platte P_1 nicht aus demselben Metall wie diejenige, welches aus der Flüssigkeit ausgeschieden wird, hier also Kupfer, so ändert sich allmählich die Flüssigkeit. Will man nun dauernd mit einer Flüssigkeit verkupfern, so nimmt man auch die Platte P_1 aus Kupfer, beim Vernickeln nimmt man die Anode aus Nickel, beim Versilbern aus Silber.

Diese Versuche zeigen, daß die Leitung des elektrischen Stromes in Flüssigkeiten ganz anders verläuft als in festen Leitern. In den flüssigen Leitern findet stets eine stoffliche Veränderung der Elektrolyten, so nennt man die leitende Flüssigkeit, statt, während bei den festen Leitern eine stoffliche Veränderung nicht eintritt. Eine Flüssigkeit kann also den Strom nur dann leiten, wenn in ihr positive und negative Ionen vorhanden sind, die dann zu den Elektroden getrieben werden. Woher kommen nun diese Ionen? Nehmen wir als Beispiel die Zersetzung des Kupfervitriols. Dasselbe besteht aus Cu (Kupfer) und SO_4 (Säurerest). Die beiden Bestandteile haben entgegengesetzte elektrische Ladungen, die sich also anziehen, wobei die anziehende Kraft nach dem Coulombschen Gesetz umgekehrt proportional mit der Dielektrizitätskonstanten wächst, d. h. die Konstante steht im Nenner des Ausdruckes, der die anziehende Kraft ergibt.

In Luft hat die Anziehung von Cu und SO_4 einen bestimmten Wert. Löst man nun die festen Kupfervitriolkristalle in Wasser auf, so sinkt die anziehende Kraft auf den 81. Teil (81 ist die Dielektrizitätskonstante des Wassers). Diese Kraft ist für viele Moleküle nicht mehr ausreichend, um sie zusammenzuhalten, und diese zerfallen in Ionen, wobei das Metall immer positiv geladen, der Säurerest negativ geladen erscheint. Die Ionen werden also schon beim Auflösen des Salzes in Wasser erzeugt. Ebenso entstehen die Ionen der Schwefelsäure beim Verdünnen der Säure durch Wasser.

Mit Hilfe der Ionen lassen sich auch die Vorgänge in galvanischen Elementen erklären.

Die galvanischen Elemente, die schon in der Einleitung erwähnt wurden, bestehen in der Grundform aus einer Salzlösung oder einer anderen leitenden Flüssigkeit, in welche zwei Platten aus verschiedenen Metallen hineingehängt sind. Um das Zustandekommen eines elektrischen Stromes zu erklären, benutzen wir am besten ein Beispiel, und zwar das Voltasche Element, welches schon in Abb. 2 gezeichnet ist. Es besteht aus verdünnter Schwefelsäure, in welche eine Kupferplatte Cu und eine Zinkplatte Zn hineingehängt sind. Die Schwefelsäure besteht nach ihrer chemischen Zusammensetzung aus zwei Teilen Wasserstoff und dem Säurerest (SO_4). Sie enthält Ionen, die durch die Verdünnung mit Wasser entstanden. Die positiv geladenen Ionen sind die Wasserstoffmoleküle, die negativ geladenen bilden den Säurerest. Die Wasserstoffionen wandern zur Kupferplatte, wo sie ihre elektrische Ladung abgeben, die in die äußere Leitung gedrängt wird. Verbindet man also die Kupfer- und Zinkplatte außen durch einen Draht, so entsteht in diesem geschlossenen Kreis ein Wandern von Ionen, also ein Strom. Durch die positiven Ladungen wird immer neuer Wasserstoff an die Kupferplatte befördert, während die negativen Säurerestionen umgekehrt nach dem Zink hin wandern und dort sich sogleich mit dem Zink zu Zinkvitriol verbinden, so daß man, wie bei allen galvanischen Elementen, das Zink, welches dadurch verbraucht wird, von Zeit zu Zeit erneuern muß.

Ein Fehler des Volta-Elements besteht darin, daß sich bei längerer Stromabnahme allmählich die Kupferplatte immer stärker mit Wasserstoffbläschen bedeckt. Dadurch wird der Strom geschwächt, weil zwischen dem Wasserstoff und dem Kupfer eine neue elektromotorische Kraft entsteht, die man EMK der Polarisation nennt, und die entgegengesetzt gerichtet ist, wie die EMK des Elementes.

Die Wirkung der Polarisation kann man an einem Versuch nach Abb. 83 erkennen, der außerdem grundlegend für die Akkumulatoren ist. Man benutzt ein Gefäß mit verdünnter Schwefelsäure, in welches die beiden Bleiplatten P_1 und P_2 hineingehängt sind. Aus dieser Vorrichtung kann man, weil beide Platten aus gleichem Metall bestehen, keinen Strom erhalten, wie man durch einen Versuch leicht erkennen kann. Stellt man aber die Schaltung her, welche in Abb. 83 gezeichnet ist, so fließt aus der Stromquelle ein Strom von $+$ durch den Kontakt *1* des

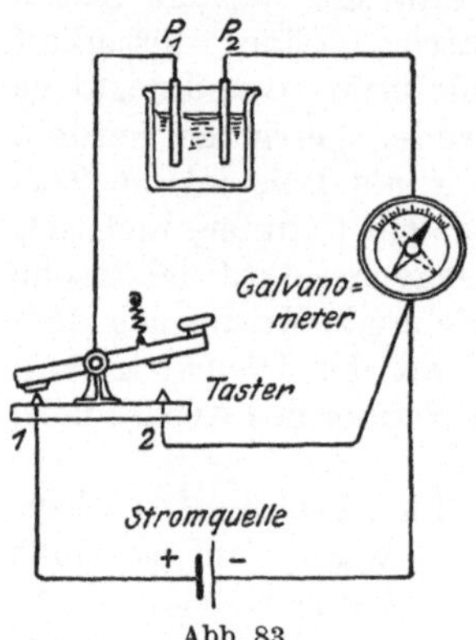

Abb. 83.
Versuch über Polarisation.

Tasters nach der Platte P_1, dann durch die Schwefelsäure, welche in der vorhin beim Volta-Element angegebenen Weise chemisch zersetzt wird, so daß sich auf der Platte P_2 Wasserstoff absetzt, worauf der Strom von P_2 durch das Galvanometer zum negativen Pol der Stromquelle zurückfließt. Das Galvanometer zeigt durch einen Ausschlag diesen Strom an. Hat man eine Zeit lang auf diese Weise den Strom durch die Schwefelsäure hindurch geleitet, so drückt man auf den Taster, wodurch der Kontakt bei *1* unterbrochen und somit die Stromquelle ausgeschaltet wird, während die Polarisationszelle mit den Bleiplatten, dem Galvanometer und dem auf *2* niedergedrückten Taster hintereinander geschaltet sind. Sobald der Taster bei *2* Kontakt macht, schlägt das Galvanometer nach der entgegengesetzten Seite wie vorher aus, folglich fließt jetzt ein Strom in umgekehrter Richtung durch das Galvanometer, und da die Stromquelle ausgeschaltet ist, rührt dieser Strom von der Polarisationszelle her, die also durch den Strom aus der Stromquelle geladen worden ist und nun wie ein Akkumulator[1] entladen wird.

[1] Die Polarisationszelle besitzt eine elektromotorische Kraft, die der der

Allerdings ist eine solche Zelle in der beschriebenen Ausführung sehr unzweckmäßig, denn durch einfaches Schütteln verliert sie schon einen großen Teil ihrer Ladung, weil die chemischen Veränderungen, die der Ladestrom auf den Platten hervorgerufen hat, nur ganz oberflächlich erfolgten und die Zersetzungsprodukte, namentlich der Wasserstoff beim Schütteln der Platten einfach entweichen.

Will man nun ein galvanisches Element herstellen, dem man dauernd Strom entnehmen kann, ohne daß eine Polarisation auftritt, so muß man einfach verhindern, daß sich Wasserstoff an der einen Platte des Elementes absetzen kann. Dies geschieht dadurch, daß man die positive Elektrode des Elementes mit einer Substanz umgibt, welche sich sehr leicht chemisch mit dem Wasserstoff verbindet. Eine solche Substanz nennt man Depolarisator. Bei den Leclanché-Elementen, welche am häufigsten in Schwachstromanlagen verwendet werden, sind die beiden Elektroden Zink und Kohle. Die Kohle wird durch Pressen von Retortenniederschlägen bei der Gasfabrikation und anderen Zusätzen künstlich hergestellt und ist mit dem Zink zusammen in einem Glasgefäß mit Salmiaklösung untergebracht. Damit nun der bei Stromentnahme aus der Salmiaklösung ausgeschiedene Wasserstoff sich nicht an der Kohle absetzt, ist sie mit einem Depolarisator umgeben, der aus Braunstein besteht. Dieser verbindet sich sehr leicht chemisch mit dem Wasserstoff und wird entweder in Form von gepreßten Briketts an die Kohle angebunden, oder diese steckt in einem Leinenbeutel, welcher den Braunstein in kleinen Stückchen enthält. Die letztere Form nennt man Beutel-Element. Entnimmt man einen nicht zu starken Strom einem solchen Element, so kann der Braunstein den ausgeschiedenen Wasserstoff chemisch binden, und die Schwächung des Stromes durch Polarisation ist verhindert.

Es gibt noch eine ganze Reihe von Elementen, die hier zu besprechen überflüssig ist, da sie wohl heute selten verwendet werden, wohl aber möchten dem Trockenelement noch einige Worte gewidmet werden.

Für transportable Zwecke, wie Anodenbatterien für Radio, Taschenlampen usw., wird der Elektrolyt durch Hinzufügen von porösen Stoffen, wie Glaswolle, Sägespänen, Kieselgur, Zellulose, Hausenblase entweder aufgesaugt, oder in eine breiige Masse verwandelt. Die meisten Trockenelemente sind nach dem besprochenen Leclanché-Element aufgebaut. Der Zinkzylinder wird als Behälter ausgeführt, in dem die positive Kohle steht, der Elektrolyt ist eingepreßt, und oben ist das Zinkgefäß mit einer Pechmasse vergossen. Die Abb. 84 zeigt ein Trockenelement teilweise im Schnitt.

Zu den galvanischen Elementen kann man auch die Akkumula-

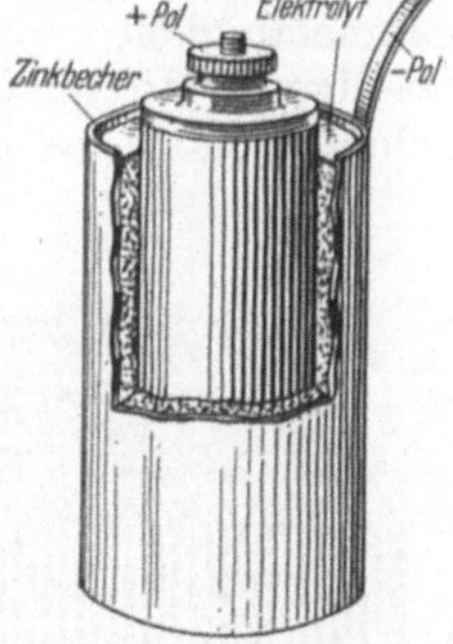

Abb. 84. Trockenelement.

toren rechnen, deren Wirkung ebenfalls auf chemischen Vorgängen beruht.

Während jedoch bei den bisher besprochenen Elementen bei Erschöpfung der zur Stromerzeugung erforderlichen Stoffe diese wieder erneuert werden mußten, können die Akkumulatoren durch Anschließen an eine Stromquelle wieder gebrauchsfähig gemacht werden. Sie werden im Gegensatz zu den galvanischen Elementen nicht primäre, sondern sekundäre Elemente genannt. Das Prinzip des Akkumulators ist durch die in Abb. 83 dargestellte Polarisationszelle erklärt. Ladet und entladet man diese Zelle wiederholt, so bilden sich die beiden Bleiplatten chemisch um; nach der Ladung wird die Platte P_1 im Bleisuperoxyd, die Platte P_2 in reines Blei verwandelt sein. Bei der Entladung dagegen bilden sich dann beide zu schwefelsaurem Blei um. Um möglichst viel Material zu dieser Umformung heranziehen zu können, und damit die Aufnahmefähigkeit, auch Kapazität genannt, zu erhöhen, werden nicht glatte Bleiplatten, sondern Gitterplatten (Abb. 85) benutzt, in deren Öffnungen man die Füllmasse direkt einstreicht.

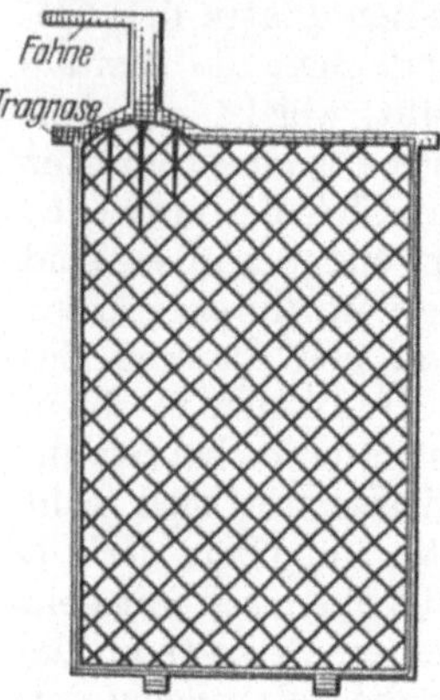

Abb. 85. Gitterplatte.

Diese Masse besteht bei den fertigen positiven Platten aus Bleisuperoxyd, bei den negativen Platten aus schwammigem Blei. Bei stationären Anlagen, d. h. überall da, wo die Akkumulatoren stets an ihrem Platze verbleiben, kommt es auf das Gewicht nicht so sehr an, wohl aber auf eine recht große Aufnahmefähigkeit, weshalb die Hagener Akkumulatorenfabrik für die positive Platte eine Großoberflächenplatte gemäß Abb. 86 herausgebracht hat; das ist eine Bleiplatte mit vielen feinen Nuten.

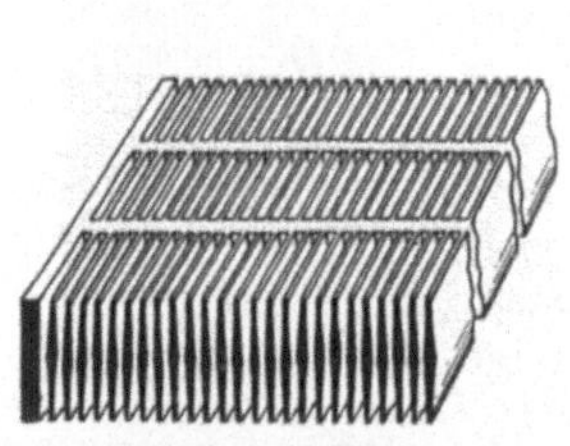

Abb. 86. Abschnitt einer positiven
Großoberflächenplatte.

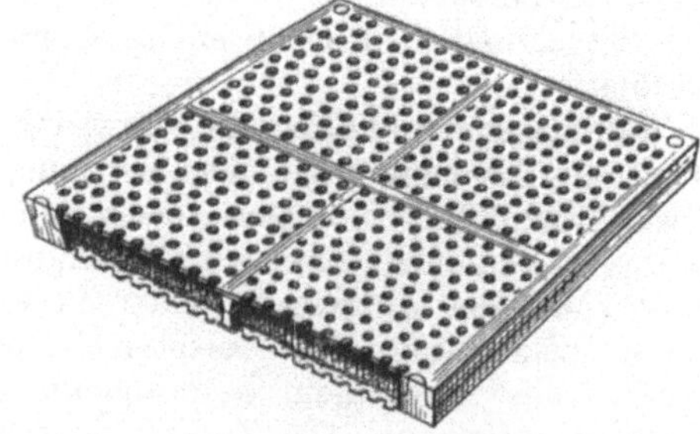

Abb. 87. Negative Kastenplatte.

Für transportable Zwecke, wie für Handlampen, Autos, Radioanlagen, soll natürlich das Gewicht möglichst klein sein, weshalb die Gitterplatte mit möglichst großen Maschen gebaut wird, wodurch viel aktive Masse aufgebracht werden kann, und heißen diese Platten vielfach auch Masseplatten.

Um bei den negativen Platten ein Herausfallen des schwammigen

Bleies zu verhindern, werden oft **Kastenplatten** (Abb. 87) benutzt, die aus zwei zusammengelegten großfeldrigen Gittern aus Hartblei bestehen und nach außen durch ein angeschmolzenes, perforiertes Weichbleiblech verschlossen werden. Zwischen diesen beiden Plattenhälften liegt der Massekuchen eingebettet, und werden beide Hälften durch Bleinieten fest miteinander verbunden. Sie werden sowohl für stationäre als auch für transportable Elemente verwendet.

Ein weiteres Mittel zur Vergrößerung der Kapazität ist die Verwendung mehrerer parallel geschalteter Platten. In Abb. 88 ist eine Zelle eines Akkumulators, auch **Element** genannt, dargestellt. Es sind zwei positive Platten P_1, welche wegen der Farbe des Bleisuperoxyds braun aussehen, und drei Bleischwammplatten P_2 vorhanden, die in der dargestellten Weise verbunden sind. Die Anzahl der negativen Platten ist also stets um eins größer als die der positiven Platten. Die Platten dürfen nicht bis auf den Boden des Gefäßes stoßen, weil sonst durch herausfallende Füllmasse Kurzschluß zwischen den Platten entstehen würde. Sie hängen deshalb mit ihren Nasen am Gefäßrande. Voneinander sind sie durch zwischengesetzte Glasstäbe oder auch Holzbrettchen getrennt. Bei kleineren Akkumulatoren bestehen die Gefäße aus Glas, Zelluloid, Hartgummi, größere haben Holz-

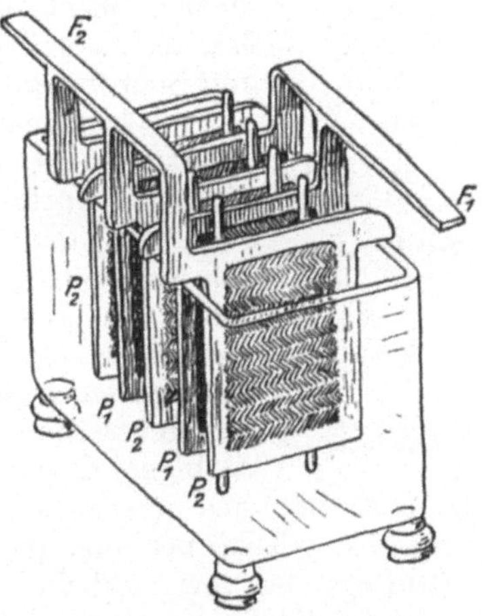

Abb. 88. Akkumulator-Zelle.

kästen, welche innen mit Blei ausgekleidet sind. Jede frisch geladene Zelle hat 2 V. Die Stromstärke richtet sich nach der Größe der Plattenoberflächen in einer Zelle und soll bei stationären Batterien pro dm^2 wirksamer positiver Plattenoberfläche 1 A nicht überschreiten. Bei der Entladung der Zelle bildet sich die verdünnte Schwefelsäure zum Teil in Wasser um, und beide Plattenarten bilden sich um zu schwefelsaurem Blei. Dabei sinkt die Spannung der Zellen allmählich bis auf 1,85 V. Weiter darf man nicht entladen, weil sich dann ebenso wie auch bei zu starker Stromentnahme, z. B. Kurzschluß, die Platten verbiegen können, wobei Füllmasse aus dem Gitterwerk fällt und die Platten sich berühren würden. Bei der Ladung wird die Füllmasse der positiven Platten durch die vom Ladestrom bewirkte Zersetzung der Schwefelsäure wieder in Bleisuperoxyd verwandelt, wobei gleichzeitig Schwefelsäure entsteht, während die Füllmasse der negativen Platten wieder zu Bleischwamm wird. Dabei steigt die Spannung jeder Zelle bis auf 2,5 V an. Bei dieser Spannung beginnen in der Flüssigkeit Gasblasen aufzusteigen, ein Beweis dafür, daß die Oberfläche der Platten schon sehr stark umgewandelt ist und die Zersetzungsprodukte der Schwefelsäure nicht mehr chemisch aufnehmen kann. Die Gasbildung wird bei weiterer Ladung immer stärker, die Zelle kocht, wie man den Vorgang, der am Ende der Ladung eintritt, bezeichnet, und eine weitere Ladung hat nun keinen Zweck mehr, weil die Zersetzungsprodukte von der Plattenoberfläche nicht mehr aufgenommen werden können. Der Ladungszustand einer Zelle kann mit dem Voltmeter bestimmt werden, weil ja die frisch geladene Zelle 2 V hat und ihre Spannung gegen Ende der Entladung bis auf 1,85 V sinken darf. Da sich aber bei der Entladung Wasser bildet und bei der Ladung Schwefelsäure, so kann man auch mit einem Aräometer den Zustand der Zellen erkennen. Ein Aräometer ist ein Glaskörper nach Abb. 89, der oben bei R röhrenförmig und hohl ist, unten bei G aber massiv oder auch hohl und dann mit Schrot gefüllt. Es wird deshalb in der gezeichneten Lage schwimmen. In seiner hohlen Röhre ist eine Skala untergebracht, auf der zwei Stellen besonders bezeichnet sind, die Marke a entspricht der Ladung des Akkumulators und die Marke b der Entladung. Da nämlich Schwefelsäure schwerer als Wasser ist, taucht das Aräometer bei einer geladenen Zelle weniger tief in die Flüssigkeit ein als bei einer entladenen. Bei transportablen Elementen in Glasgefäßen, wie sie für Radiozwecke verwendet werden, schwimmt ein kleiner Glaskörper aus opalfarbigem Glas an der Zellenoberfläche, ist dagegen durch die Entladung des spezifischen Gewichts der Säure geringer geworden, so sinkt der Glaskörper und liegt auf den Bleirändern der Platten auf.

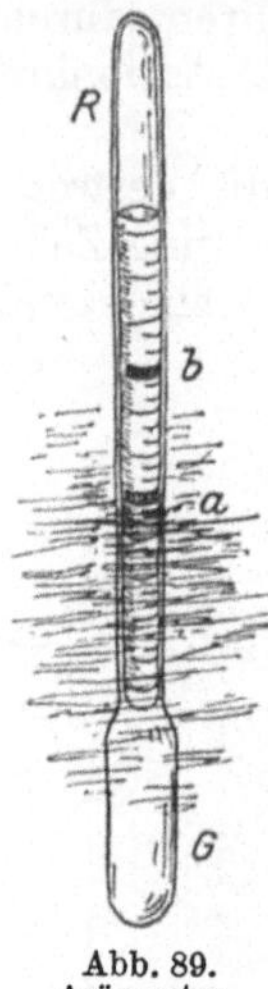

Abb. 89.
Aräometer.

Infolge der veränderlichen Spannung der Zellen sind in Zentralen, in denen die Spannung wegen der angeschlossenen Lampen konstant gehalten werden muß, Zellenschalter nötig, die erst später beschrieben werden sollen. Für große Zentralen benutzt man Batterien, die aus einer großen Anzahl Zellen bestehen. Da die Zelle gegen Ende der Entladung 1,85 V hat, so sind z. B. für 220 Volt 220 : 1,85 = 119 Zellen erforderlich. Die einzelnen Zellen werden mit Hilfe der in Abb. 85 u. 88 angegebenen Bleifahnen hintereinander geschaltet, indem die Fahne F_1 der positiven Platten mit

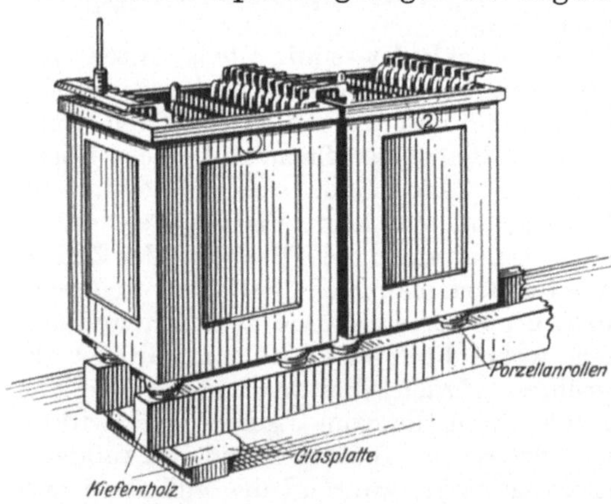

Abb. 90. Aufstellung zweier Zellen.

der Fahne F_2 der nebenanstehenden Zelle verlötet wird, wobei sich die elektromotorischen Kräfte addieren. Abb. 90 zeigt nicht nur dieses Zusammenlöten, sondern auch gleichzeitig das Aufstellen auf den isolierten Gestellen.

Seit 1903 ist noch ein anderer Akkumulator, der **Edison-Akku-
mulator**, neben dem Bleiakkumulator aufgetaucht. Trotz mehrerer
Vorzüge hat er diesen bis jetzt noch nicht verdrängen können, obwohl er einen festeren mechani-
schen Aufbau besitzt und unempfindlich gegen Erschütterungen und
Stöße sein soll. Auch verträgt er
stoßweise Überlastung. Der Edi-
son-Akkumulator wird in folgender Weise ausgeführt: Das Gefäß,
auch Trog genannt, wie auch die
Träger für die Füllmasse der Platten sind aus stark vernickeltem
Eisenblech hergestellt. Isoliermittel für die Elektroden ist Hartgummi, und die Füllflüssigkeit (der
Elektrolyt) ist 21 % reine Kali-
lauge. Die Nähte des Troges sind
geschweißt, und auch der Deckel
wird nach dem Einbau der Platten

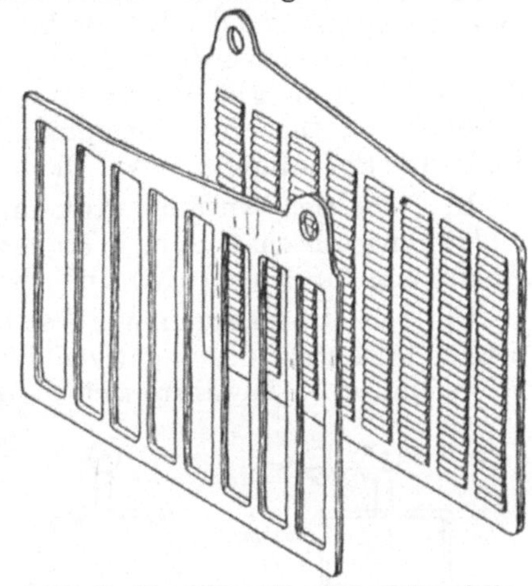

Abb. 91. Ungefüllte und gefüllte Edisonplatte.

mit dem Trog verschweißt und be-
sitzt ein Ventil zum Nachfüllen von Flüssigkeit und zum Herauslassen
auftretender Gase. Die aktive oder wirksame Masse der positiven Platten ist im wesentlichen Nickeloxyd, während bei den negativen Platten
eine Mischung von Eisen- und Quecksilber-
oxyd oder Eisenkadmium verwendet wird.
Abb. 91 zeigt die Form der eisernen Träger
oder Rahmen. Die aktive Masse wird in
dünne Stahlblechtaschen eingefüllt, welche
mit vielen feinen Löchern versehen sind,
so daß die Masse nicht herausfallen kann,
aber die Füllflüssigkeit ungehinderten Zu-
tritt zu der Masse hat. Die Taschen sind
der größeren Festigkeit wegen gewellt ausgeführt. Die Füllmasse wird in sie hydrau-
lisch eingepreßt, und dann werden die
Taschen unter sehr großem Druck in die
Rahmen eingesetzt. In Abb. 92 ist ein
Plattensatz für eine Zelle dargestellt. Im
Gegensatz zum Bleiakkumulator wechseln
immer zwei positive Platten mit einer negativen ab. Die einzelnen Platten werden
durch vierkantige Hartgummistäbchen, die
in die Rillen zwischen den Taschen ein-
geschoben werden, voneinander entfernt

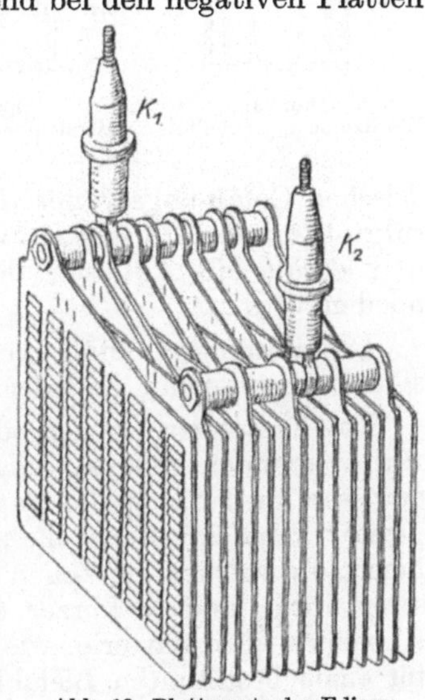

Abb. 92. Plattensatz des Edison-
Akkumulators.

gehalten. Der sehr zweckmäßige mechanische Zusammenbau der
Platten ermöglicht, daß der lichte Abstand von Tasche zu Tasche
nur 1 mm beträgt. Jeder Plattensatz besitzt, wie Abb. 92 zeigt, zwei

die Platten überragende Polbolzen, welche zur Stromleitung dienen. Sie werden mit Stopfbüchsen und Weichgummiringen gegen den Trogdeckel abgedichtet und sind oben konisch ausgeführt, damit eine gute Verbindung zwischen ihnen und den Kabelschuhen der vernickelten Kupferbügel erzielt wird, mit denen die einzelnen Zellen hintereinander geschaltet werden. Die Spannung einer Edisonzelle ist niedriger als die einer Bleiakkumulatorzelle. Die Entladespannung beträgt im Mittel 1,23 V und gegen Ende der Entladung 1,15 V. Die höchste Ladespannung beträgt 1,8 V.

In Österreich wird der Akkumulator von der „Nife" Stahlakkumulatorengesellschaft G. m. b. H. hergestellt. Der Name „Nife" ist die Abkürzung für Nickel (Ni) und Eisen (Fe).

Um beim Bleiakkumulator eine höhere Spannung zu erzielen, wurde bereits 1884 statt der negativen Platte aus Blei, eine solche aus Zink verwendet, doch bewährte sich dieser Akkumulator nicht, da auch bei Nichtgebrauch das nicht völlig chemisch reine Zink aufgelöst, und somit die Batterie entladen wurde.

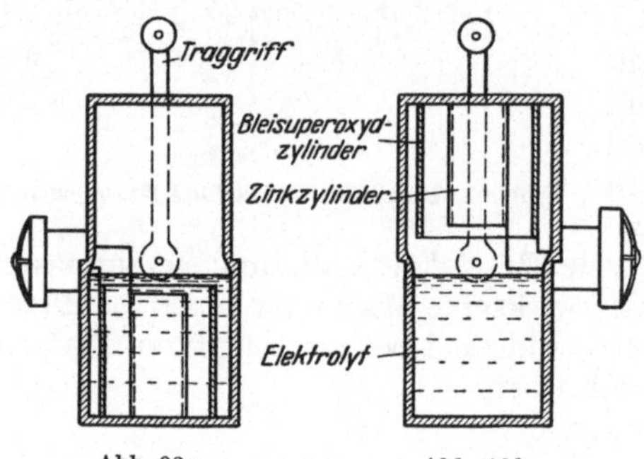

Abb. 93a.
Eltralampe eingeschaltet.

Abb. 93b.
Eltralampe ausgeschaltet.

Neuerdings wird jedoch dieser Akkumulator bei der sog. schalterlosen Traglampe verwendet, wie sie z. B. von der Ziegenberg A.-G. unter dem Namen Eltra - Sicherheitslampe hergestellt wird (Abb. 93a u. b).

Die Elektroden sind leicht austauschbar in einem zylindrischen Gefäß angeordnet. In Ruhestellung befinden sie sich außer Berührung mit der Flüssigkeit, wodurch natürlich kein Strom fließen kann und damit ein Auflösen des Zinkes auch bei Nichtgebrauch vermieden wird.

Dreht man das Gefäß um 180°, so sind beide Elektroden in die Flüssigkeit eingetaucht, und der Strom kann zur Lampe fließen.

Das Fassungsvermögen oder die Kapazität einer Batterie wird in Amperestunden gemessen und gibt an, wieviel Ampere während einer gewissen Entladezeit die Batterie zu liefern vermag; doch ist die Kapazität keine konstante Zahl; denn sie hängt von der Zeitdauer ab, innerhalb welcher die Zellen entladen werden. Je größer die Entladestromstärke und je kürzer die Entladezeit ist, desto kleiner ist die Kapazität der Batterie, wie dies die nachfolgende Zusammenstellung für einen bestimmten Bleiakkumulator (Type C) angibt:

Entladezeit in Stunden (h) . . .	3	5	7	10
Entlade-Stromstärke in A . . .	7,5	5,4	4,5	3,6
Kapazität in Amperestunden(Ah) .	22,5	27,5	31	36

Infolge von Verlusten, die bei der Ladung und Entladung eines Akkumulators entstehen, muß beim Laden eine größere Anzahl von Amperestunden aufgewendet werden, wie man beim Entladen wiedergewinnt. Man spricht daher von einem Wirkungsgrad in Amperestunden und versteht hierunter das Verhältnis der Amperestunden, welche einem vollgeladenen Akkumulator bei voller Entladung entnommen wird, zu der Amperestundenzahl, die erforderlich ist, ihn wieder in den anfänglichen Ladezustand zurückzuführen. Dieser Wirkungsgrad liegt zwischen 90—92%. Nicht so hoch ist der Wirkungsgrad, wenn man die Arbeit der Batterie in Betracht zieht, also das Verhältnis der einem Akkumulator bei voller Entladung entnommenen Energiemenge (in Wattstunden) zu der für seine vollständige Wiederaufladung erforderlichen Energiemenge. Dieser Wert ist im wesentlichen abhängig von der Stärke der Entladung und Ladung und beträgt für die meisten Batterien 75% bei mindestens dreistündiger und 70% bei einstündiger Entladung.

VII. Elektrische Meßinstrumente.

Die elektrischen Meßinstrumente dienen zum Messen der elektrischen Größen, Stromstärke, Spannung und Leistung, und außerdem sind auch noch Instrumente zum Bestimmen der Wechselzahl, sowie die Zähler zum Messen der verbrauchten elektrischen Arbeit in Anwendung. Die genannten Instrumente, mit Ausnahme der Zähler, sind sämtlich in einer elektrischen Zentrale für den Maschinisten zur Bedienung der Maschinen notwendig. Außerdem werden aber auch Meßinstrumente für genaue Untersuchungen und Messungen bei Abnahmeversuchen und Maschinenprüfungen gebraucht. Für solche zuletzt genannte, genauere Messungen benutzt man im allgemeinen sog. Präzisionsinstrumente, von denen die Drehspulinstrumente für Gleichstrommessungen die bekanntesten sind.

Es war schon früher der gegenseitige Einfluß von Strom und Magnetnadel erklärt, indem gezeigt wurde, daß der Strom einen beweglich aufgehängten Magnet aus seiner gewöhnlichen Richtung ablenkt. Um diese Erscheinung für ein brauchbares Meßinstrument verwerten zu können, muß man das Prinzip umkehren, indem man den Magnet, der dann nicht mehr eine kleine Nadel, sondern ein starker Hufeisenmagnet ist, unbeweglich anordnet und dem Draht, in dem der Strom fließt, die Möglichkeit gibt, sich zu drehen. Dieses Prinzip ist zuerst für die transatlantische Telegraphie im sog. Syphonrekorder von

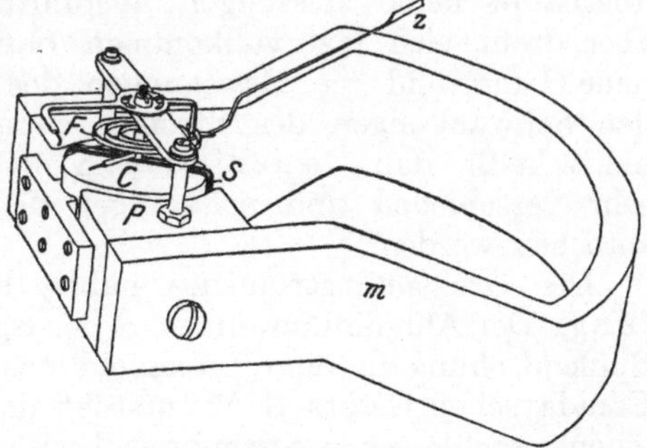

Abb. 94. Drehspulinstrument von Weston.

Sir W. Thomson, geadelt Lord Kelvin, angewendet worden. Für Meßinstrumente, und zwar bei Spiegelgalvanometern, hat es zuerst Deprez d'Arsonval und für technische Präzisionsinstrumente Weston benutzt, dessen Instrumente zuerst auf der elektrotechnischen

Ausstellung in Frankfurt a. M. 1890 ausgestellt waren. In Abb. 94 ist
m der Stahlmagnet, welcher angeschraubte, weiche Schmiedeisenpol-
schuhe P besitzt, zwischen deren zylindrischer Bohrung ein ebenfalls
aus weichem Schmiedeisen hergestellter Zylinder C befestigt ist. Der
Zylinder wird umfaßt von einer kleinen sehr leichten Spule S, die in
Abb. 95 besonders gezeich-
net ist. Durch diese Drehspule leitet man den zu
messenden Strom, der durch
die zwei Spiralfedern F zu-
und abgeleitet wird. Diese
Federn halten außerdem die
Spule und den mit ihr verbundenen Zeiger in der
Nullage, und wenn ein Strom in der Spule fließt
und diese sich dreht, so werden sie gespannt und
leisten den erforderlichen Widerstand, so daß die
Drehung der Spule genau der Stärke des Stromes
entspricht. Der Draht der Spule ist auf einen
Aluminiumrahmen R gewickelt, welcher auch zur
Dämpfung der Spulenbewegung dient. Jedes
brauchbare Instrument muß gedämpft sein, sonst
erfolgen die Ausschläge nicht sofort dem Strom entsprechend, sondern
zuerst zu weit, und dann schwingt der Zeiger erst noch verschiedene
Male hin und her, bis er endlich nach immer kleiner werdenden Schwingungen still steht. Ändert sich der Strom, so muß der Zeiger eine
andere Stelle einnehmen, und dies geschieht ebenfalls wieder unter
unnötigen Schwingungen, und in solchen Betrieben, wo die Belastung
stark schwankend ist, z. B. in einer Bahnzentrale oder beim elektrischen
Antrieb von Walzwerken, weiß man nicht, ob die Schwingungen des
Zeigers seine eigenen Pendelschwingungen oder die Stromschwankungen
sind, und man könnte deshalb mit einem ungedämpften Instrument
überhaupt keine Messungen ausführen. Ein gedämpftes Instrument
aber dreht sich fast vollkommen ohne Schwingungen sofort in die
neue Lage, und die Bewegungen des Zeigers erfolgen daher genau
den Schwankungen des Stromes entsprechend! Ein solches Instrument heißt dann aperiodisch. Die Mittel zur Dämpfung sind
sehr verschieden und sollen bei den einzelnen Instrumenten besprochen werden.

Die Drehspulinstrumente haben elektromagnetische Dämpfung. Der Aluminiumrahmen R der Spule in Abb. 95 schwingt bei der
Spulendrehung in dem Linienfeld des Stahlmagnets, und nach dem
Faradayschen Gesetz S. 57 entsteht dabei in ihm eine EMK. Da er
einen geschlossenen Stromkreis besitzt, so entsteht auch ein Strom.
Dieser Strom in dem Rahmen verbraucht Arbeit, denn nach den Be-
ziehungen in Abschnitt III, S. 15, wird elektrische Energie aus mechanischer erzeugt. Bei dem Drehspulinstrument wird die zur Stromerzeugung in dem Dämpfungsrahmen nötige mechanische Energie von
der überschüssigen Bewegungsenergie der Spule genommen, welche

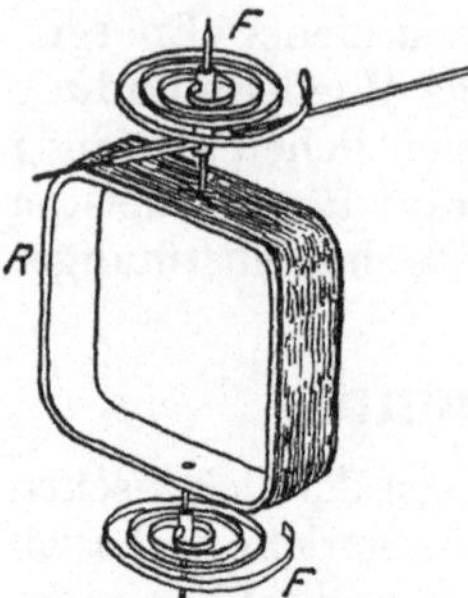

Abb. 95. Drehspule vom
Westongalvanometer.

diese durch den Meßstrom erhält und sonst die Pendelschwingungen veranlassen würde.

Das Äußere eines Weston-Instrumentes zeigt Abb. 96, und zwar ein Voltmeter, mit dem man beim Anschluß an die Klemmen + und 15 bis 15 V und bei + und 150 bis 150 V messen kann. Diese Vorwiderstände können auch in separaten Kästen untergebracht sein. S' ist ein Spiegel, den alle diese Präzisionsinstrumente haben, damit man die Zeigerstellung genau ablesen kann. Zu diesem Zweck ist auch die Zeigerspitze flach und hochkant ge-

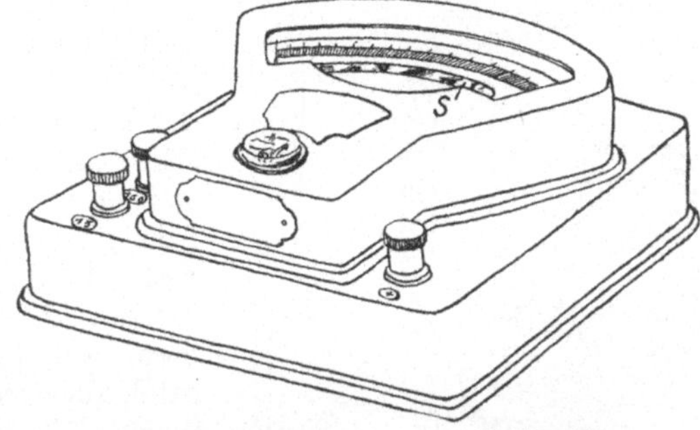

Abb. 96. Weston-Voltmeter mit 2 Meßbereichen.

stellt. (Man muß mit einem Auge so auf den Zeiger schauen, daß Zeiger und Spiegelbild sich decken.)

Aus der Beschreibung geht hervor, daß die Drehspule möglichst klein und leicht sein muß. Es darf also durch den Draht der Spule, der sehr fein ist, nur ein ganz schwacher Strom fließen. Die starken Maschinenströme der Technik lassen sich aber trotzdem mit den Drehspulinstrumenten messen, indem man Meßwiderstände benutzt. In Abb. 97a ist ein Meßwiderstand von Siemens & Halske gezeichnet,

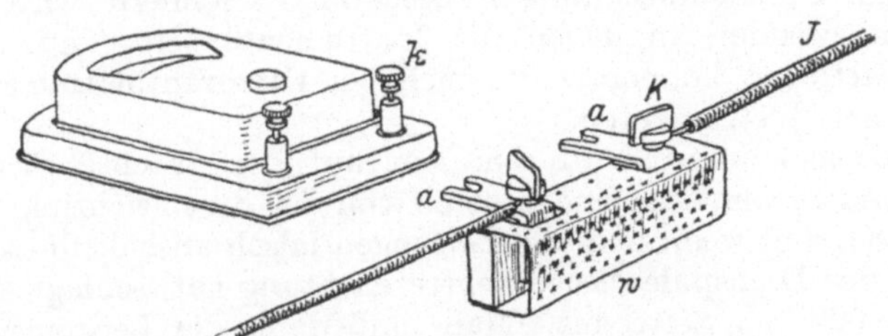

Abb. 97a. Drehspulinstrument mit Nebenwiderstand.

die ebenfalls, wie auch noch verschiedene andere Firmen, Drehspulinstrumente bauen. Der Meßwiderstand w wird mit den Klemmen K in die Leitung geschaltet, deren Strom J gemessen werden soll. In die Aussparungen der Kupferbügel a schiebt man dann, wenn die Messung ausgeführt werden soll, das Instrument mit den Klemmen k ein. Dann ist eine Stromverzweigung hergestellt, in welcher sich der in der Leitung fließende Strom J verzweigt. Der größte Teil fließt durch den Meßwiderstand und ein ganz schwacher Bruchteil J_g des zu messenden Stromes fließt durch das Instrument. Die Meßwiderstände, deren Widerstand nur sehr klein sein darf, damit ihr Einschalten den Strom J in der Leitung nicht beeinflußt, sind immer so ausgeführt, daß der Strom J entweder 10 mal oder 100 mal oder 1000 mal auch 50 mal, 500 mal usw. stärker ist als der Strom J_g im Instrument, damit man ohne lange Rechnereien die Messungen ausführen kann.

Auch für die Weston-Instrumente werden natürlich Meßwiderstände ausgeführt.

Für solche Instrumente, die für Schalttafeln in Maschinenanlagen bestimmt sind, sehen die Meßwiderstände der Weston-Instrumente so aus wie in Abb. 97b. Die Drehspulinstrumente werden auch für Schalttafeln ausgeführt, nur sind sie dann einfacher und daher billiger als die Präzisionsinstrumente. In Abb. 97b hängt das Instrument auf der Vorderseite der Schalttafel, auf deren Rückseite die Leitungen meist als blanke Schienen verlegt sind. In die zu messende Leitung J wird der Meßwiderstand w, der aus zwei Messingklötzen mit Anschlußbolzen für die Starkstromleitung besteht und durch die abgeglichenen Bleche w dargestellt wird, eingeschaltet. Von den Messingklötzen führen zwei Verbindungsdrähte d zum Instrument.

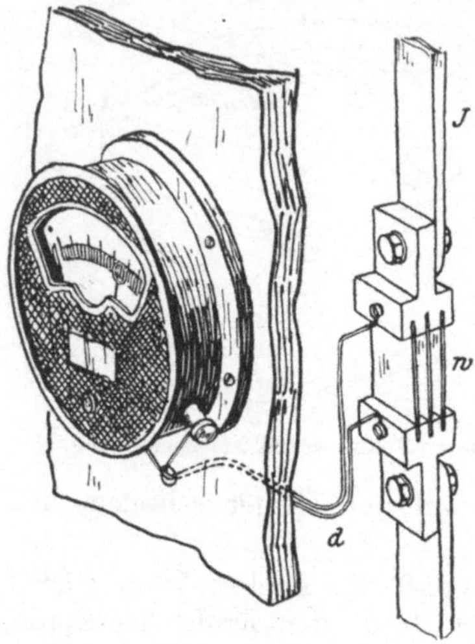

Abb. 97b. Weston-Schalttafel-Instrument mit Shunt.

Die Verwendung eines Meßwiderstandes ist aber nicht auf Präzisions- und Drehspulinstrumente beschränkt, sondern wird in allen Fällen angewendet, in denen die Instrumente selbst nur schwache Ströme vertragen können, z. B. auch bei Hitzdrahtinstrumenten und dynamischen Instrumenten.

Die Drehspulinstrumente beruhen auf der Wechselwirkung von Magnet und Strom. Sie sind deshalb von der Stromrichtung abhängig (polarisiert), und wenn man die Leitungen falsch anschließt, so daß der Strom in der Drehspule die verkehrte Richtung hat, schlägt der Zeiger nach der falschen Seite aus. Man muß dann die Leitungen an den Klemmen vertauschen. Es folgt aber hieraus auch, daß man nur Gleichstrom mit den Drehspulinstrumenten messen kann, bei Wechselstrom steht die Drehspule, wie schon für die Magnetnadel auf S. 4 gezeigt wurde, einfach still.

Man kann aber elektromagnetische Instrumente auch für Wechselstrom brauchbar machen, nur darf man dann nicht Strom und Magnet aufeinander einwirken lassen, sondern Strom und weiches Eisen. Instrumente dieser Art heißen Weicheiseninstrumente. Sie beruhen auf dem Umstand, daß eine vom Strom durchflossene, feststehende Spule einen Kern aus weichem Eisen einzieht. Da dieses Einziehen unabhängig von der Stromrichtung ist, so sind die Weicheiseninstrumente für Gleichstrom und Wechselstrom verwendbar. Für Wechselstrom müssen sie aber eine andere Teilung auf der Skala erhalten, die von der Frequenz abhängt. In Abb. 98 ist ein älteres Weicheiseninstrument von Hartmann & Braun, Frankfurt a. M., dargestellt. Der Eisenkern E, welcher bei allen diesen Instrumenten möglichst klein und leicht sein soll, ist aus einem besonders ausgeschnittenen Blech aufgerollt und drückt unten bei a auf einen Winkelhebel, an dessen anderem Arm bei b eine Spiralfeder f angreift. Wenn die Spule S den Kern E einzieht, so wird der Winkelhebel bei a niedergedrückt und die Feder durch den Arm b gespannt. Der Zeiger, der an der Drehachse des Winkelhebels befestigt ist, macht dann einen Ausschlag. Wird ausgeschaltet, so hebt die Feder f dadurch, daß sie sich entspannt, den Eisenkern aus der Spule heraus und dreht den Zeiger wieder auf den Nullpunkt der Teilung.

Die früheren Weicheiseninstrumente hatten meist noch keine

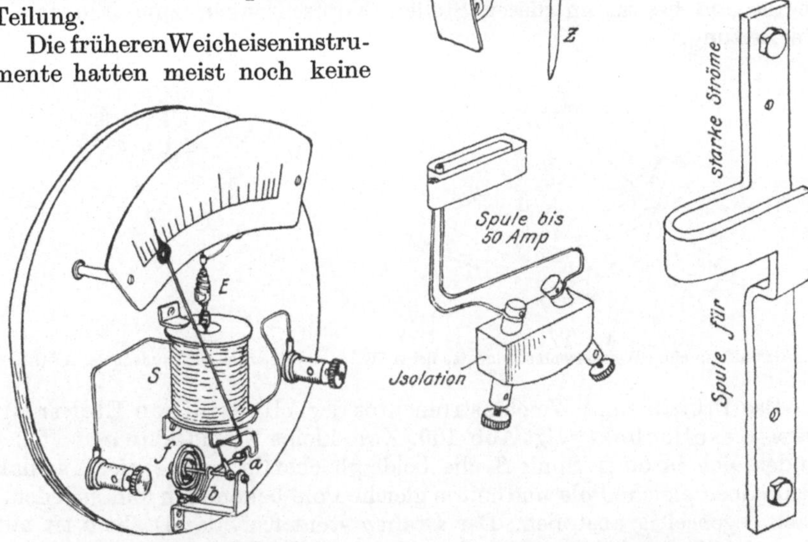

<table>
<tr><td>Abb. 98. Weicheiseninstrument
Hartmann & Braun.</td><td>Abb. 99. Weicheiseninstrument
von Siemens & Halske.</td></tr>
</table>

Dämpfung. Auch wurden sie durch starke Ströme, die in ihrer Nähe vorbeiflossen, beeinflußt. Man mußte deshalb bei den Schalttafeln die Leitungen auf der Rückseite so führen, daß sie nicht direkt hinter den Instrumenten vorbeigingen. Neuere Instrumente haben diese Nachteile nicht mehr.

In Abb. 99 ist ein Weicheiseninstrument von Siemens & Halske gezeichnet. Die Spule S, die ganz flach gewickelt ist, wirkt anziehend auf das Eisenblech E, welches an der wagrechten Achse, an der auch der Zeiger sitzt, drehbar ist. Die Dämpfung ist eine Luftdämpfung und besteht aus einer Aluminiumscheibe, die in einem kreisförmig gebogenen Zylinder C schwingt, von dem in Abb. 99 die obere Hälfte abgenommen ist. Der Zylinder ist unten geschlossen und die Scheibe hat nur ganz wenig Spiel zwischen den Wandungen des Zylinders. Der Schutz gegen den Einfluß von fremden Strömen besteht in einem Eisenblech A, welches die Rückwand des Instrumentes zum größten Teil bedeckt, und einem daran angeschraubten Seitenblech R, von dem ein Streifen B vorn über die Spule S geht, so daß diese fast vollkommen von Eisenblech umgeben ist. Die Wirkung dieses Schutzes ist so vorzüglich, daß nach Versuchen von Siemens & Halske 10000 A unmittelbar hinter dem Instrument vorbeigeleitet werden konnten, ohne daß ein Einfluß bemerkbar wurde. In Abb. 99 sind noch zwei Spulen für Amperemeter nach dieser Art zum Messen von stärkeren Strömen angegeben. Die Spule bis 50 A besteht aus einem Kupferband mit mehreren Windungen, während die Spule für noch stärkere Ströme einfach aus Flachkupfer hergestellt ist, welches nur eine Windung macht, denn je stärker der Strom ist, um so kleinere Windungszahl ist notwendig. Die Spule für starke Ströme ragt oben und unten aus dem Gehäuse des Instrumentes heraus und besitzt an diesen Stellen Kopfschrauben zum Einbau in die Leitung.

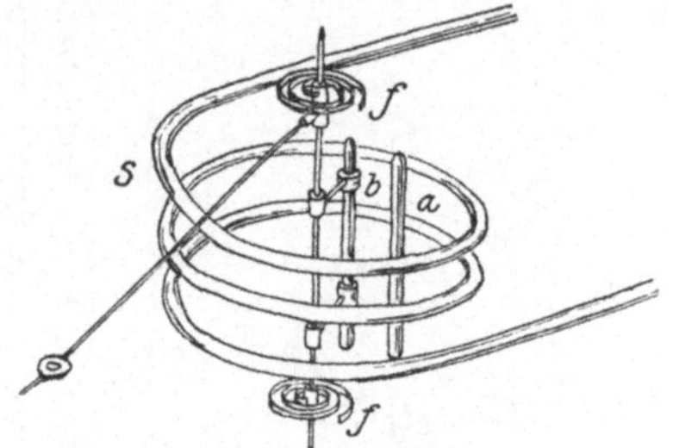

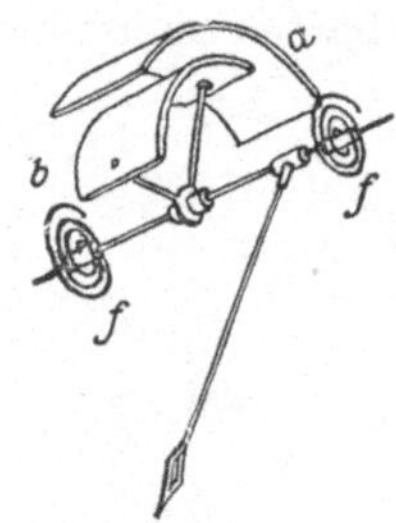

<table>
<tr><td align="center">Abb. 100.
Grundform eines Weicheiseninstrumentes der AEG.</td><td align="center">Abb. 101.
Weicheiseninstrument der AEG.</td></tr>
</table>

Das Prinzip eines Weichinstrumentes der Allgemeinen Elektrizitäts-Gesellschaft zeigt Abb. 100. Zwei kleine Eisendrähte a und b befinden sich in einer Spule S, die beide gleichartig magnetisiert, so daß beide oben gleiche Pole und unten gleiche Pole bekommen und sich demnach gegenseitig abstoßen. Der Draht a steht fest, der Draht b ist mit einer drehbaren Achse verbunden. Er wird sich daher von a wegdrehen, so daß der Zeiger einen Ausschlag macht. Die Spiralfedern f liefern den Widerstand gegen die Verdrehung. Ein Instrument in dieser Art würde aber eine sehr ungleichförmige Teilung erhalten, deshalb ist die Ausführung etwas anders. Anstatt der Drähte sind gebogene Bleche nach Abb. 101 verwendet, die sich dann ebenso abstoßen, wenn das bewegliche Blech b in der Nullage nur teilweise unter dem festen Blech a steht. Das Instrument selbst ist nach Abb. 102 ausgeführt. S ist die Spule, in deren Innerem die Bleche aus Abb. 101 liegen. Die Dämpfung ist eine Luftdämpfung, ähnlich wie in Abb. 99, indem auch hier ein gebogener Blechzylinder C verwendet wird, dessen Deckel in der Abbildung entfernt ist.

Die Weicheiseninstrumente sind hauptsächlich Schalttafelinstrumente. Sie zeigen nicht so genau wie die Präzisionsinstrumente, sind aber billiger als diese aber für Schalttafeln genügend genau anzeigend.

Für Schalttafeln in Wechselstromanlagen benutzt man auch sehr häufig die **Hitzdrahtinstrumente**. Sie beruhen auf der Wärmewirkung des Stromes und können aus diesem Grunde für Gleich- und Wechselstrom ohne weiteres gebraucht werden. In der Abb. 103 ist ein Hitzdrahtinstrument von **Hartmann & Braun** dargestellt. Der Hitzdraht ist ein feiner Draht a aus einer Platin-Iridiumlegierung, der auf einer Platte P_1 und mit dem anderen Ende auf einer zweiten Platte P_2 befestigt ist, wodurch die Einflüsse der Lufttemperatur aufgehoben werden. Der Hitzdraht ist mit den Klemmen so verbunden, daß der Strom durch ihn hindurchfließt. Dadurch wird er warm und vergrößert seine Länge. Infolgedessen streckt sich dementsprechend die Spannfeder F, welche durch die Spanndrähte c und b mit dem Hitzdraht verbunden ist und diesen immer straff spannt. Da der Spanndraht c aus zwei Teilen

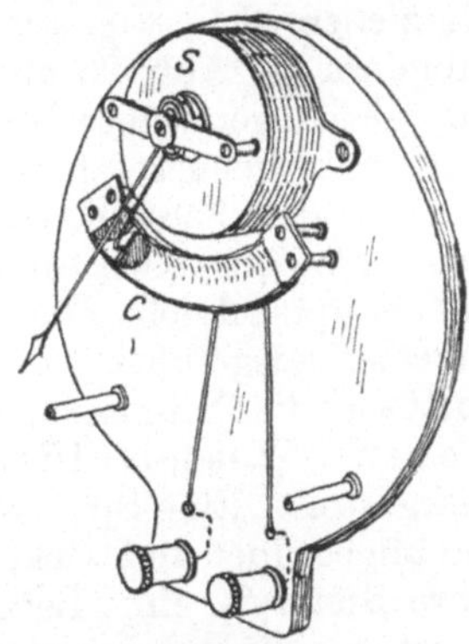

Abb. 102.
Weicheiseninstrument der AEG.

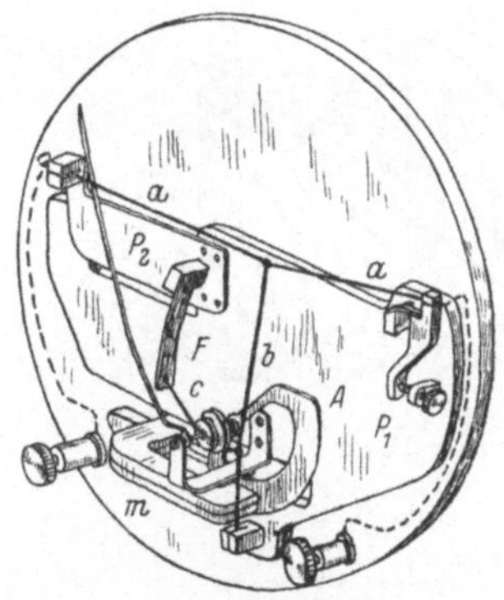

Abb. 103.
Hitzdrahtinstrument von Hartmann & Braun.

besteht, die jeder über eine kleine Rolle an der Zeigerachse geschlungen sind, wird der Zeiger gedreht, sobald die Feder F sich streckt. Schaltet man das Instrument aus, so wird der Draht bei seiner kleinen Masse fast im Augenblick wieder kalt, verkürzt sich und dreht den Zeiger, während die Feder wieder stärker gespannt wird, auf Null zurück. Die Hitzdrahtinstrumente vertragen nur wenig Strom. Die Amperemeter erhalten daher einen Meßwiderstand parallel zum Hitzdraht, die Voltmeter einen besonderen Vorschaltwiderstand in Hintereinanderschaltung mit dem Hitzdraht. Obgleich die Instrumente ihrer Natur nach schon etwas träge sind, erhalten sie noch eine Dämpfung. Diese ist elektromagnetisch und besteht aus einer Aluminiumscheibe A, die sich zwischen den Polen eines kleinen Stahlmagnetes m hindurchdreht. Die neuen Instrumente mit Platin-Iridiumdraht sind von den Schwankungen der Lufttemperatur unbeeinflußt, weshalb bei ihnen die Platten P_1 und P_2 in Wegfall kommen können. Früher wurde ein Hitzdraht aus Platin-Silber benutzt, dessen Temperatur nicht so hoch werden durfte wie bei Platin-Iridium. Es hatte deshalb die Temperatur der Luft einen merkbaren Einfluß auf die Drahtlänge und man mußte unter Umständen durch Änderung der Drahtspannung erst den Zeiger vor der Messung auf Null stellen. Heute ist dieser Nachteil beseitigt. Die Hitzdrahtinstrumente sind vollkommen unempfindlich gegen Beeinflussung durch fremde Ströme. Durch eine eingebaute Sicherung wird der Hitzdraht vor einem Verbrennen bewahrt.

Die dynamischen Instrumente haben mit den Hitzdrahtinstrumenten das gemein, daß sie auch für Gleich- und Wechselstrom ohne Unterschied anwendbar sind, aber da für Gleichstrom die vorzüglichen Drehspulinstrumente vorhanden sind, werden sie fast nur bei Wechselstrom benutzt, aber dort für genauere Messungen. Auch die schon im V. Abschnitt (vgl. Abb. 47) erwähnten Wirkleistungsmesser, mit Wattmeter bezeichnet, sind dynamische Instrumente. Das Prinzip, welches zur Anwendung kommt, ist der Einfluß von stromdurchflossenen Drähten aufeinander. Es ziehen sich, wie aus den Feldlinienbildern in Abb. 26 und 27 hervorgeht, gleich gerichtete Ströme an, während entgegengesetzt gerichtete Ströme sich abstoßen. Die Instrumente werden als Voltmeter, Amperemeter und hauptsächlich aber als Leistungsmesser ausgeführt.

In Abb. 104 ist die Grundform eines dynamischen Weston - Instrumentes dargestellt. Eine Spule S_1 ist feststehend angeordnet und wirkt auf die drehbare Spule S_2 ein. Letztere ist möglichst klein und leicht und wird durch Spiralfedern in der Nulllage gehalten. Die Schaltung der Spulen ist so, daß die gleichzeitigen Ströme in ihnen die Pfeilrichtungen haben, also die Spulenseiten 1 stoßen die Spulenseiten 2 ab, weil in ihnen entgegengesetzt gerichtete Ströme fließen, und die unteren Seiten der Drähte von S_1 wirken dann anziehend auf die Spulenseiten 2. Ob in den Spulen Gleichstrom oder Wechselstrom ist, bleibt ohne Einfluß, denn bei Wechselstrom wechselt er ja immer gleichzeitig in beiden Spulen, so daß die drehende Wirkung dieselbe bleibt. In der Ausführung des Instrumentes als Voltmeter besteht die Spule S_1 aus demselben dünnen Draht wie die Spule S_2, und beide Spulen sind hintereinander geschaltet.

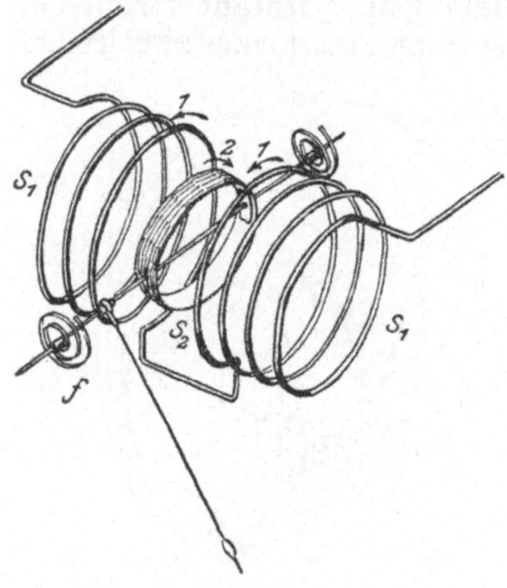

Abb. 104. Dynamisches Weston-Voltmeter.

Die Ausführung des Instrumentes als Wattmeter geschieht in der Weise, daß die Spule S_1 als Stromspule geschaltet wird (vgl. Abb. 47 S. 38) und die Spule S_2 als Spannungsspule. Es wirken dann zwei Ströme aufeinander ein, in der Stromspule der Strom J und in der Spannungsspule ein Strom i, welcher in bestimmtem Verhältnis zur Spannung U_k steht. (Weiteres siehe S. 38.)

In Abb. 105 sind einige Teile eines Weston-Wattmeters angegeben. S_1 sind die beiden festen oder Stromspulen, innerhalb deren die bewegliche Spannungsspule S_2 liegt. An ihrer Drehachse sind Zeiger, Spiralfedern und Dämpfungsflügel. Die Dämpfungsflügel A sind aus ganz dünnem Aluminium gedrückt und zur Versteifung mit kleinen Rippen versehen. Sie schwingen in den beiden Dämpfungskammern im Boden des Spulenträgers. Die Dämpfungskammern werden mit Deckeln ver-schlossen, die nicht gezeichnet sind. Der Spulenträger dient zum Festhalten der Spulen S_1 und besitzt unten das eine Lager für die Achse der Drehspule, während das obere Lager an einem Querstück angebracht ist, welches die beiden Zapfen B und C verbindet.

Siemens & Halske führen die Spulen ihres Wattmeters rechteckig aus, wie Abb. 106 zeigt. Es ist Luft-

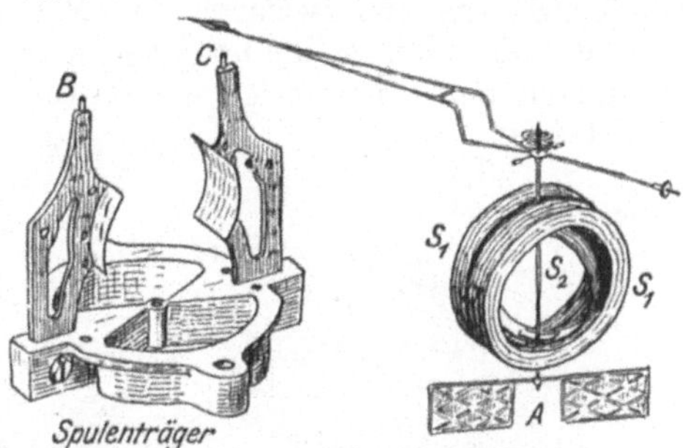

Abb. 105. Teile eines Leistungsmessers.

dämpfung vorhanden (s. Abb. 99), und für stärkere Ströme wird die feste Spule S_1 aus Kupferblechstreifen aufgebaut, die durch Japanpapier voneinander isoliert sind. Für schwächere Ströme werden Drahtwindungen benutzt.

Die bisher besprochenen Wattmeter sind ohne Eisen ausgeführt. Die Verwendung von Eisen bewirkt, daß die Felder der Spulen kräftiger werden und die Instrumente weniger Windungen auf den Spulen nötig haben. Durch das Eisen kommen aber leicht Fehlerquellen in das Instrument, denn die Magnetisierung des Eisens ist nicht immer dem Strom entsprechend und namentlich bei zu- und abnehmendem Strom verschieden. Auch entstehen im Eisen durch das Wechselfeld elektromotorische Kräfte, und trotz der natürlich aus diesem Grunde not-

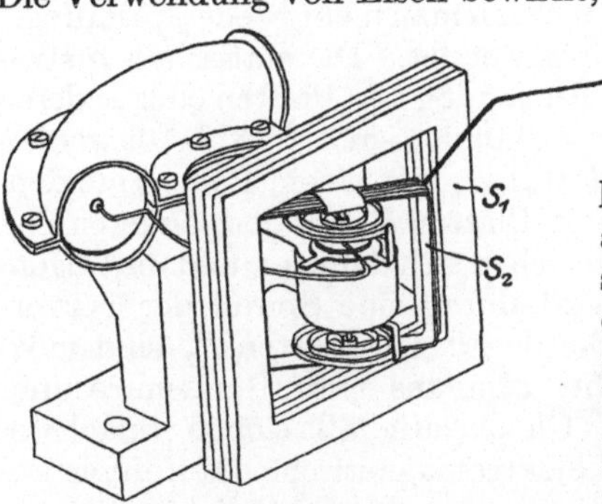

Abb. 106.
Wirkleistungsmesser von Siemens & Halske.

wendigen Herstellung des Eisenkörpers aus voneinander isolierten Blechen, bilden sich Wirbelströme in ihm, welche rückwirkend auf den Strom in den Spulen den Ausschlag des Wattmeters beeinflussen.

Die Allgemeine Elektrizitäts-Gesellschaft führt trotzdem Wattmeter mit Eisen aus und nennt sie „ferrodynamische" Instrumente (ferrum = Eisen). Die unangenehmen Begleiterscheinungen wurden durch eine richtige Bemessung des Verhältnisses zwischen den Felderregenden Amperewindungen für den Eisenweg und den Luftspalt umgangen.

Der Eisenkörper E in Abb. 107 besteht aus Blech, umschließt aber nur außen die Spulen, es ist also, da das Innere der Spule frei von Eisen ist, nur in einem Teile des Feldes Eisen vorhanden. Die beiden feststehenden

Spulen S_1 sind ebenso wie die innerhalb derselben liegende Drehspule, die durch Spiralfedern in der Nullage gehalten wird, rechteckig. Die Dämpfung ist elektromagnetisch und besteht aus einer Aluminiumscheibe A, die sich zwischen den Polen von Stahlmagneten m dreht.

Die Abb. 108 zeigt die neueste Ausführungsform der AEG für Schalttafelinstrumente, bei welcher das Blechpaket in runder Form angeordnet ist.

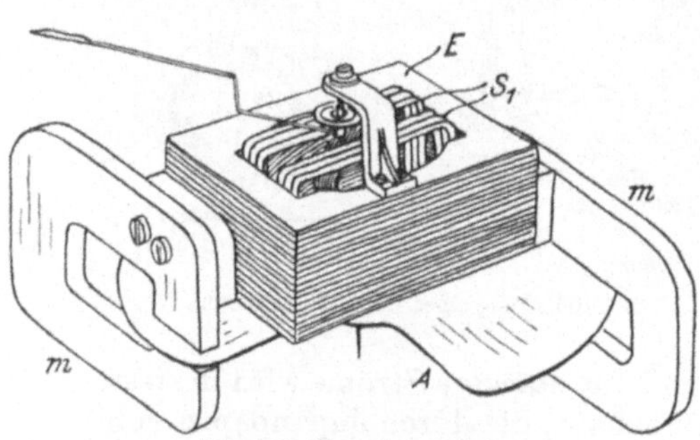

Abb. 107. Ferrodynamischer
Wirkleistungsmesser der AEG.

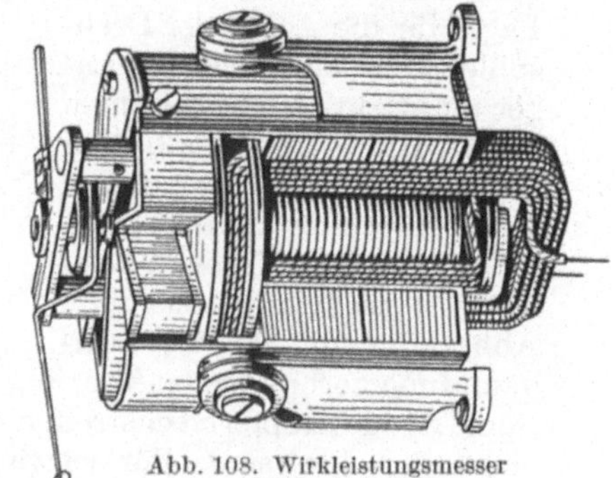

Abb. 108. Wirkleistungsmesser
der AEG in Tubusform.

Zur Messung der Spannung in Hochspannungsanlagen benutzt man häufig die statischen Instrumente, wenn man nicht Niederspannungsinstrumente mit Spannungswandlern anwendet. Die statischen Instrumente beruhen auf der gegenseitigen Anziehung von Platten oder anderen Körpern, die mit verschiedenen Polen verbunden sind. In Abb. 109 werden

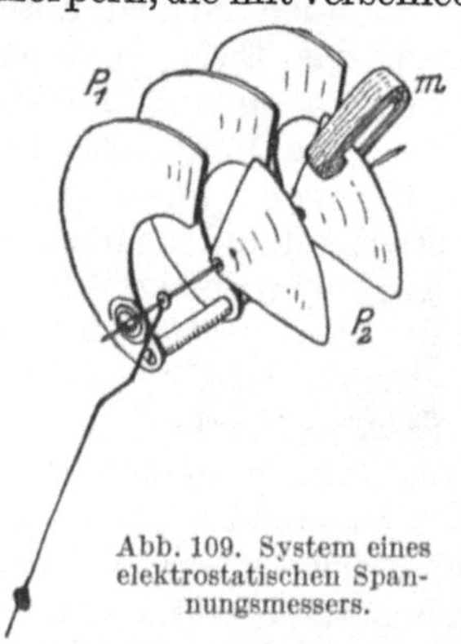

Abb. 109. System eines
elektrostatischen Span-
nungsmessers.

z. B. die Platten P_1 mit einem Pol verbunden, die drehbaren Platten P_2 mit dem anderen Pol. Die Platten ziehen sich dann an, und die Gegenwirkung wird durch eine Spiralfeder hervorgerufen. Die drehbaren Platten P_2 sind möglichst leicht, also aus ganz dünnem Aluminiumblech. Gleichzeitig läßt sich in einfachster Weise die elektromagnetische Dämpfung anwenden, indem eine der beweglichen Platten von einem Stahlmagnet m umfaßt wird. Derartige Instrumente wie in Abb. 109 werden von verschiedenen Firmen ausgeführt. Die Instrumente müssen um so mehr Platten haben, je niedriger die Spannung ist und sind deshalb für Niederspannung schlecht ausführbar. Es sind die einzigen Voltmeter, die nicht auf der Wirkung des elektrischen Stromes beruhen. Sie sind aber für Gleich- und Wechselstrom gleich gut zu verwenden.

Nur für Wechselstrom brauchbar sind die Ferraris-Instrumente. Die Grundform, auf denen sie beruhen, zeigt Abb. 110. Läßt man einen Wechselstrommagnet mit dem Eisenblechkörper E und der Spule S, dessen beide Pole zur Hälfte durch die beiden Kupferscheiben B abgedeckt sind, auf eine drehbare Metallscheibe A einwirken, so dreht sich die

Scheibe, weil in ihr und in den Abdeckplatten B durch das Wechselfeld Ströme induziert werden, die aufeinander einwirken. Die Ausführung eines Instrumentes in dieser Art
zeigt Abb. 111. Der Wechselfeldmagnet
besitzt hierbei einen Kurzschlußring K
anstatt der Abdeckscheiben. A ist die

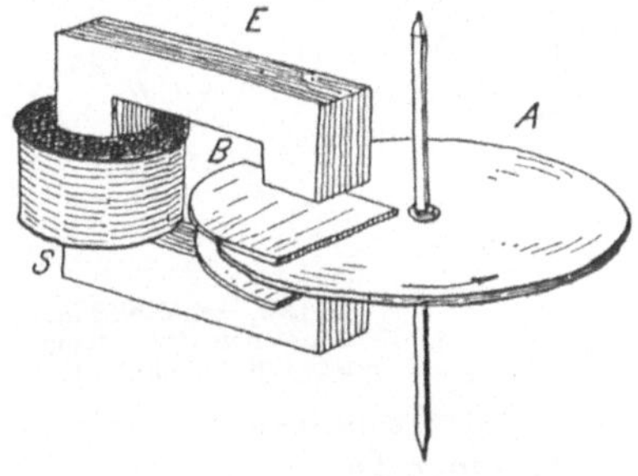

Abb. 110. Ferraris-Prinzip.

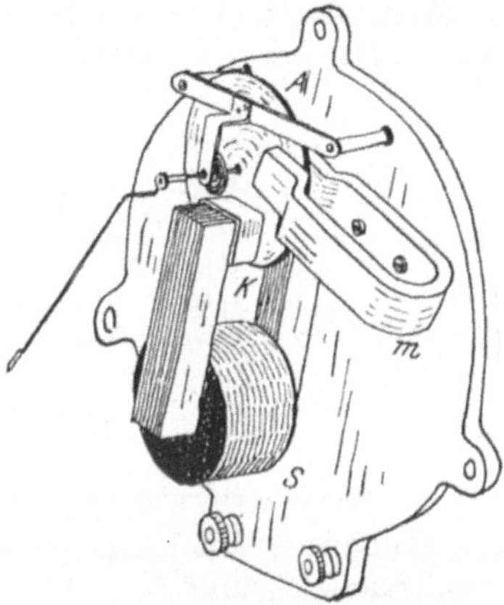

Abb. 111. Ferraris-Instrument.

Drehscheibe, welche durch eine Spiralfeder in der Nullage gehalten
wird. Die Dämpfung ist elektromagnetisch und wird durch dieselbe
Scheibe A und den Stahlmagneten m bewirkt. Die Spule S, durch die
der zu messende Strom fließt, wird sowohl für Amperemeter als auch
für Voltmeter gewickelt.

Mit Ausnahme der statischen Instrumente, welche für direkte Hochspannung geeignet sind, schließt man in Hochspannungsanlagen die
Instrumente nicht direkt, sondern an Meßtransformatoren an, wie

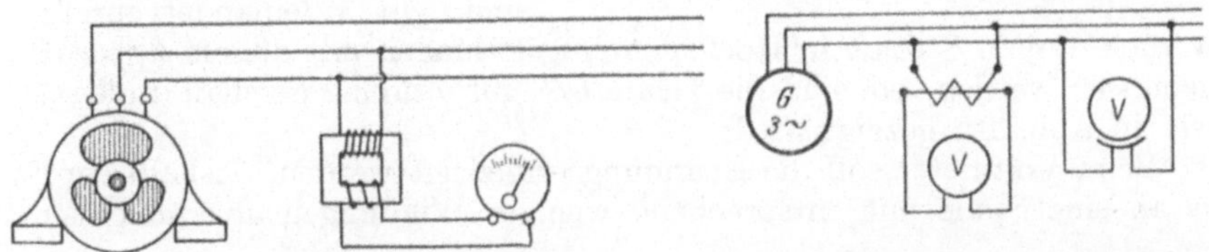

Abb. 112a.
Spannungswandler.

Abb. 112b. Schaltbild und Schaltzeichen für
Voltmeter mit Spannungswandler.

Abb. 112a zeigt. Die Voltmeter erhalten dabei kleine Transformatoren
zum Herabsetzen der Spannung, Spannungswandler genannt, und
sind dann Niederspannungsinstrumente. Ihre Meßtransformatoren sind,
abgesehen von besonderen Kleinigkeiten, wie die normalen Transformatoren ausgeführt. An dieselben Transformatoren werden auch die
Spannungsspulen der Wattmeter angeschlossen (Abb. 116).

Die Meßtransformatoren oder Stromwandler für Amperemeter
(Abb. 113a) besitzen primär vielfach nur eine Windung, indem einfach eine
Kupferschiene S_1 durch den Eisenblechkörper E geführt ist, an deren
Schrauben K die Hochspannungsleitung angeschlossen wird, während an
die Spule S_2 die Amperemeter und die Stromspulen der Wattmeter ange-
schlossen werden, wie aus Abb. 116 zu ersehen ist. Abb. 112b und 113b

zeigen die bildliche Darstellung, die in großen Schaltplänen für Strom-
und Spannungsmesser mit Meßwandlern verwendet werden sollen.

Beim Anleger von Dietze, der von Hartmann & Braun, Frankfurt a. M., hergestellt wird, ist die stromdurchflossene Leitung selbst

Abb. 113a. Stromwandler für Amperemeter.

Abb. 113b. Schaltbild und
Schaltzeichen für Strom-
messer mit Stromwandler.

die primäre Wickelung. Das Eisen des Transformators besteht aus
zwei Teilen, E_1 und E_2 (Abb. 114), die durch einen Druck auf die Griffe
GG sich voneinander entfernen und bei Z eine so große Öffnung frei-
lassen, daß durch sie die Leitung S_1, in der der zu messende Strom fließt,

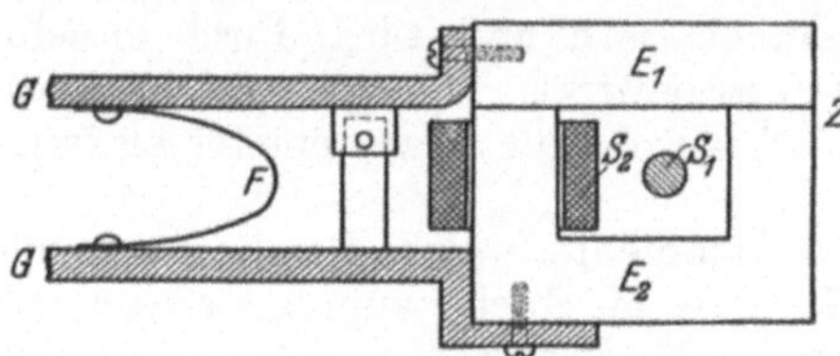

Abb. 114. Prinzip des Anlegers von Dietze.

eingeführt werden kann. Die
sekundäre, aus vielen Windungen bestehende Wickelung
S_2 wird mit dem Amperemeter
verbunden. Die Feder F sorgt
dafür, daß die beiden Eisen-
teile E_1 und E_2, die natürlich
aus Blechen zusammengesetzt
sind, gut aufeinandergepreßt

werden. Sollen Ströme in Hochspannungsleitungen mit diesem Apparat
gemessen werden, so sind die Griffe GG gut durch Porzellan isoliert,
wie in Abb. 115 gezeigt wird.

Beim Voltmeter soll die Spannung erniedrigt werden, deshalb wird
es an eine Spule mit entsprechend weniger Windungen angeschlossen

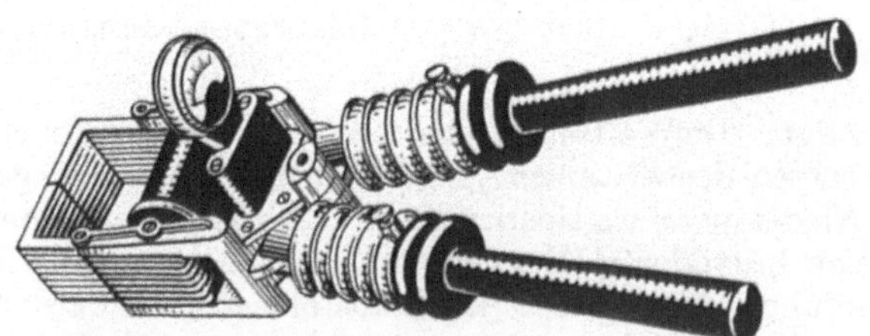

Abb. 115. Anleger von Dietze für Hochspannungsanlagen mit Amperemeter.

als diejenige Spule besitzt, an die die Hochspannungsleitung gelegt wird.
Beim Amperemeter soll der Strom erniedrigt werden, wenn ein Instrument für schwächere Ströme verwendet wird, wie dies ja für die
meisten Instrumente mit Drehspulen und Spiralfedern und für die Hitzdrahtinstrumente der Fall ist. Außerdem soll auch die Hochspannung

nicht ins Instrument geleitet werden. Man schließt daher die Amperemeter an die Spule des Meßtransformators mit vielen Windungen an, in ihr entsteht dann ein entsprechend schwächerer Strom als in der Hochspannungsschiene S_1 der Abb. 113 a. In Abb. 116 sind die notwendigen Instrumente Voltmeter, Amperemeter und Wattmeter einer Hochspannungsanlage zusammengestellt. Die sämtlichen Instrumente sind mit den Meßtransformatoren zusammen geeicht und zeigen deshalb nicht die Werte der in ihnen wirksamen Größen, sondern direkt die Hochspannungswerte.

In Wechselstromanlagen und bei Messungen sind nun außer Volt,-Ampere- und Wattmeter noch zuweilen Instrumente nötig, um die Wechselzahl, d. i. die doppelte Periodenzahl, des Stromes zu messen. Die Apparate nennt man gewöhnlich Frequenzmesser. Es gibt hierfür mehrere Systeme. Die einfachsten sind wohl die nach Abb. 117. Der zu untersuchende Wechselstrom wird durch eine

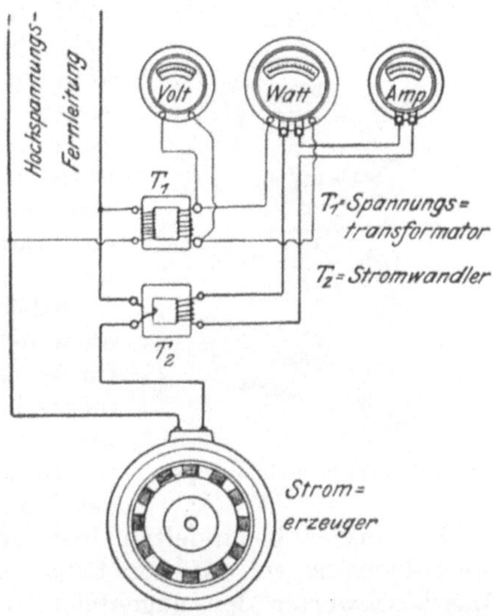

Abb. 116. Schaltung von Strom-Spannungs- und Leistungsmessern in Hochspannungsanlagen.

Spule S geleitet, die einen Eisenblechkörper E umfaßt. Vor den Polen dieses Eisenkörpers sind eine Anzahl Stahlzungen Z eingespannt, so daß sie mit dem einen Ende frei schwingen können. Die Stahlfedern sind verschieden lang, und das Wechselfeld des Eisenkörpers versetzt sie in

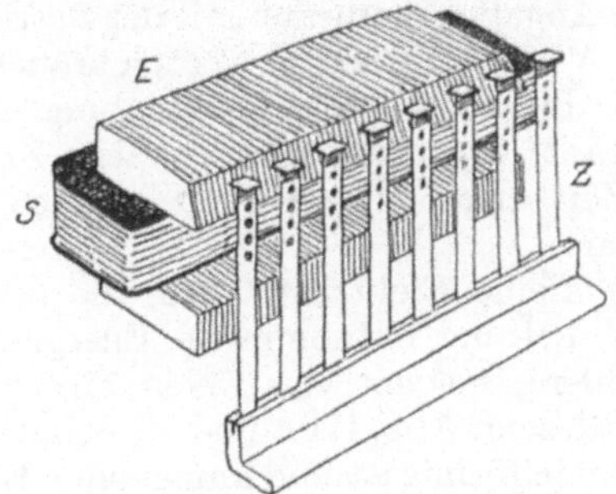

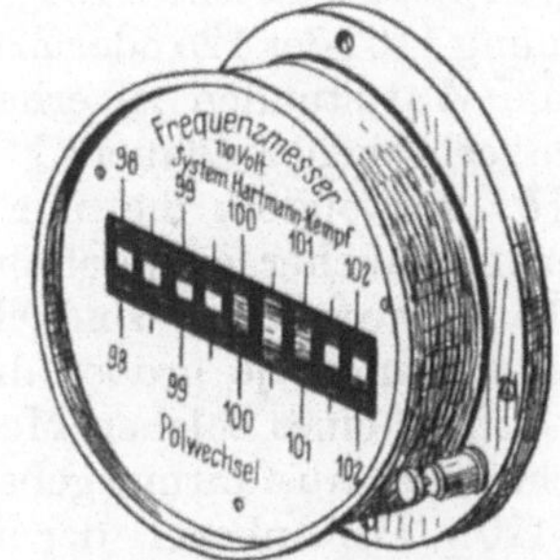

Abb. 117. Zungensystem beim Frequenzmesser.

Abb. 118. Ansicht eines Frequenzmessers nach Hartmann & Braun.

Schwingungen. Diese Schwingungen sind aber nur dann deutlich sichtbar, wenn die Wechsel mit der eigenen Schwingungszahl der Feder übereinstimmen, und diese ist von der freien Länge der Zunge abhängig. Man kann daher bei dem ausgeführten Apparat in Abb. 118 deutlich erkennen, daß die Wechselzahl, d. i. die doppelte Frequenz, des Stromes 100,5 beträgt, weil die Zunge bei 100,5 am stärksten schwingt. Die benachbarten schwingen auch mit, aber nicht so stark. Damit man die Schwingungen gut erkennen kann, besitzen die Zungen oben kleine weiße Köpfe, und der Apparat ist innen schwarz gefärbt.

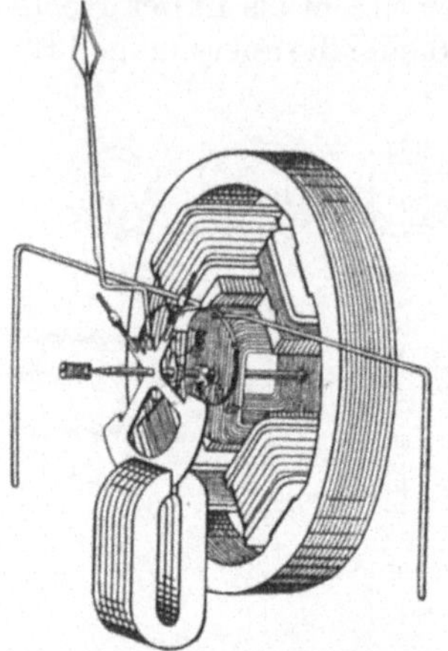

Abb. 119. Leistungsfaktormesser.

Aber auch die Phasenverschiebung soll vielfach in den Elektrizitätswerken am Schaltbrett ohne weiteres abgelesen werden können, und hierzu werden meist die Phasenmesser nach Abb. 119 benutzt. Zwei starr miteinander verbundene Spulen, die unter einem bestimmten Winkel gekreuzt sind, wirken auf eine bewegliche Drehspule ein. Dabei wird durch bestimmte Maßnahmen erreicht, daß in den gekreuzten Spulen die Ströme eine Phasenverschiebung gegeneinander erhalten. Die Skala wird direkt für Werte von „cos φ" geeicht. Die Instrumente ähneln im Aufbau den elektrodynamischen Leistungsmessern und werden auch wie diese nach der „eisenlosen" oder „eisengeschlossenen" Art gebaut.

Die bisher behandelten Instrumente sind hauptsächlich nur für Maschinenanlagen auf der Schalttafel erforderlich und zeigen dem Maschinenwärter den augenblicklichen Stand von Strom und Spannung an.

Eine andere große Gruppe von Meßinstrumenten muß bei den Verbrauchern elektrischer Arbeit aufgehängt werden, das sind die Zähler. Sie zeigen die verbrauchte elektrische Arbeit, also Wattstunden bzw. Kilowattstunden an. Weil aber in den Elektrizitätswerken immer die Spannung in gleicher Höhe gehalten werden muß, genügen auch Amperestundenzähler, deren Angaben dann nur mit der Betriebsspannung 110 oder 125 oder 220 usw. V multipliziert zu werden brauchen, um die Wattstunden zu erhalten. Ist aber auch die Leistung eines Stromverbrauchers dauernd konstant, so kann man einfache Zeitzähler verwenden, die nur die Zeit angeben, während welcher der Stromverbraucher eingeschaltet war.

Die Motorzähler sind einfach kleine Elektromotoren, die um so schneller laufen, je größer die der Leitung entnommene Energie ist. Das Prinzip eines solchen Motorzählers, welcher von vielen Firmen in verschiedener Ausführung gebaut wird, zeigt Abb. 120a und die Schaltung Abb. 120b. Der Anker A, der meist kugelförmig ist und immer ohne Eisen sein muß, ist mit einer Hilfswicklung H, die einstellbar ist, und zum Aufheben der Leerlaufsarbeit des Zählers dient, damit diese nicht mitgezählt wird, hintereinander an die Spannung geschaltet. Außerdem wird durch die Hilfswicklung H der Zähler auf richtigen Gang eingestellt. Ein Vorschaltwiderstand R ist wie beim Voltmeter vorhanden. Man legt den Anker gewöhnlich an die Spannung, weil dann die Bürsten b und der Stromwender, auf dem sie schleifen, wegen des schwachen Stromes klein ausfallen und dann wenig Reibung verursachen. Damit

Stromwender und Bürsten gut leitend sind und möglichst sauber bleiben, stellt man sie fast immer aus Silber her. S_1 und S_2 sind die feststehenden Stromspulen, von denen mitunter auch nur eine vorhanden ist. Sie werden nach Abb. 120b vom Lampenstrom durchflossen; der Zähler ist daher ein Wattstundenzähler. Die Übertragung der Ankerdrehung auf das Zählwerk geschieht durch Schnecke und Schneckenrad. Damit der Anker immer eine Geschwindigkeit besitzt, die in bestimmtem

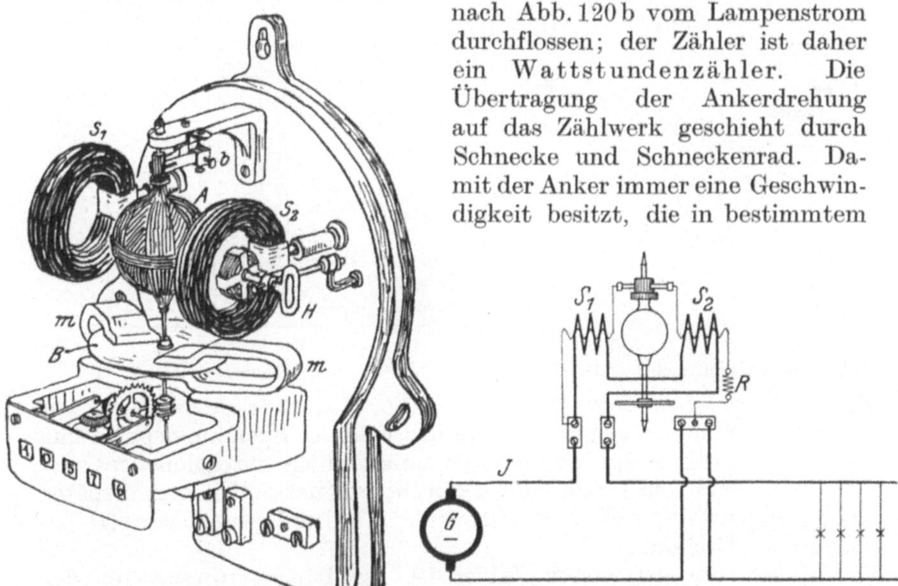

Abb. 120a. Motorzähler für Gleichstrom.   Abb.120b. Schaltung eines Motorzählers für Gleichstrom.

Verhältnis zu den hindurch geleiteten Watt steht, muß die auf ihn übertragene Drehung abgebremst werden. Diese Bremsung geschieht durch eine Kupferscheibe B, die sich zwischen den Stahlmagneten m hindurchdreht, so daß in ihr Ströme induziert werden, die auf Kosten der Drehung des Ankers entstehen. Dieser kann deshalb erst schneller laufen, wenn ein größeres Drehmoment auf ihn übertragen wird, also wenn eine stärkere Leistung durch ihn hindurchgeht. Außerdem bewirkt die Bremsscheibe B auch, daß der Anker fast augenblicklich steht, wenn die Energieentnahme aus der Leitung aufhört.

Für Wechselstrommotorzähler sind keine Anker mit Stromwendern und Bürsten erforderlich. Diese Zähler beruhen gewöhnlich auf dem Ferrarisprinzip (vgl. Abb. 110) und heißen dann auch Induktionszähler. In Abb. 121a ist ein Induktionszähler von Aron dargestellt. Es ist ein Wattstundenzähler. S_2 sind die Spannungsspulen, S_1 die Stromspule. Unter der Einwirkung der durch diese Spulen erzeugten Felder entstehen in der Kupferscheibe A Ströme, durch deren Rückwirkung auf die Feldlinien sich die Scheibe dreht. Dieselbe Induktionsscheibe dient auch gleich als Bremsscheibe, indem sie vor den Polen eines Stahlmagnets m vorbeigedreht wird. Damit das Feld des Stahlmagnets m keinen Einfluß auf das Wechselfeld des Eisenblechkörpers E hat, ist ein Eisenblechschirm vor den Bremsmagnet gesetzt. B und C sind eiserne Schlußstücke für die Magnete. Die Schaltung des

Aron-Induktionszählers geht aus Abb. 121b hervor. Die Spannungsspulen S_2 sind mit einem Vorschaltwiderstand und einer regelbaren Drosselspule D hintereinander geschaltet. Mit der Drosselspule wird

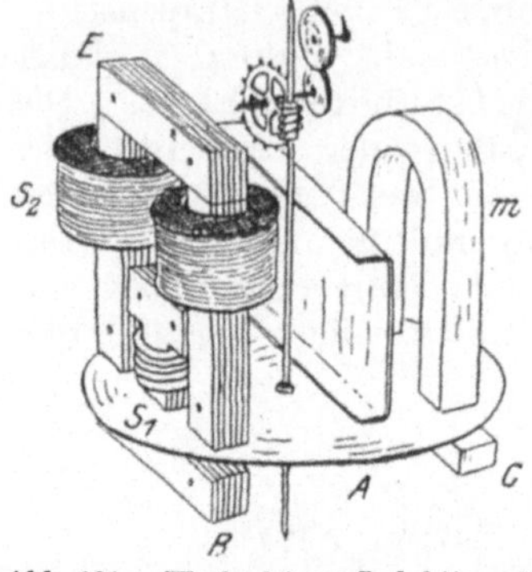

Abb. 121a. Wechselstrom-Induktionszähler.

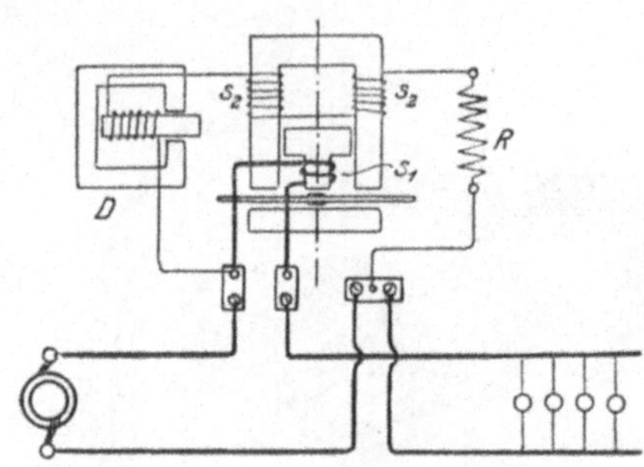

Abb. 121b. Schaltschema hierzu.

durch Verschieben ihres Eisenkernes die Phasenverschiebung in den Spannungsspulen so eingestellt, daß das Feld der Spannungsspulen mit dem Feld der Stromspule zusammen ein allerdings unregelmäßiges sich drehendes Feld, ein Drehfeld ergibt, dessen Zustandekommen später noch genauer (vgl. Abb. 215) erklärt wird. Dieses Drehfeld versetzt die Scheibe in Drehung.

Ähnlich wie der vorige Zähler ist der Induktionszähler der Isaria-Werke, München, aufgebaut.

Für Dreiphasenstrom wendet man die Zwei-Wattmetermethode (Abb. 74) an. In Abb. 122 ist ein aus zwei gekuppelten Einphasenzählern bestehender Induktionszähler der Isaria-Werke, München, dargestellt, dessen Wirkungsweise nach dem vorhin Gesagten verständlich ist.

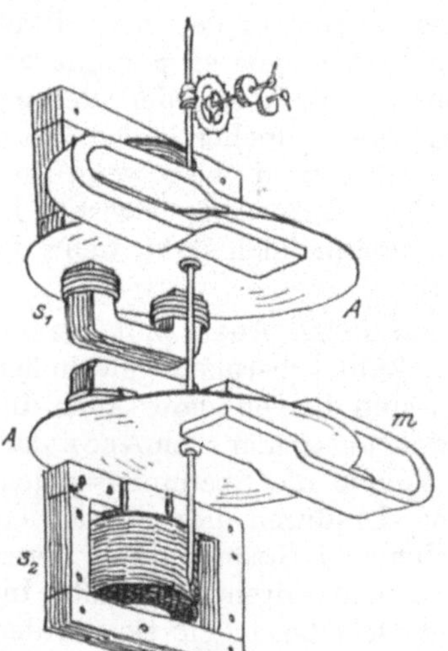

Abb. 122. Dreiphasenzähler der Isaria-Werke.

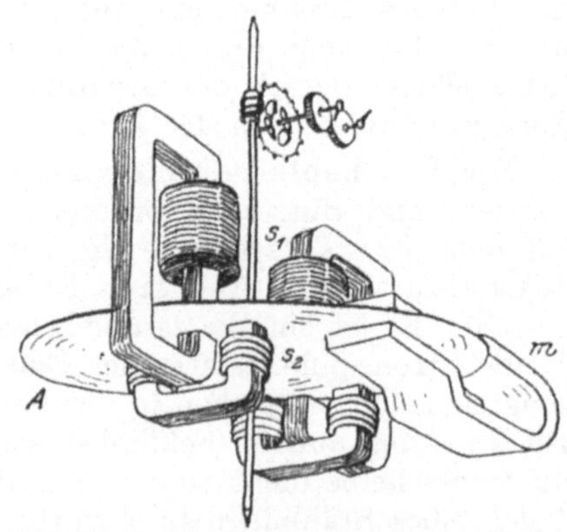

Abb. 123. Dreiphasenzähler der Bergmann-Werke.

Man kann aber auch die Spannungs- und Stromspulen anstatt sie auf zwei gekuppelte Scheiben gleich auf eine Scheibe wirken lassen, wie dies an einem Zähler der Bergmann-Werke in Abb. 123 und der zugehörigen Schaltung in Abb. 124 gezeigt ist, denn es ist für die Wirkung gleichgültig, ob man zwei besondere Scheiben auf eine Achse setzt oder gleich eine Scheibe verwendet.

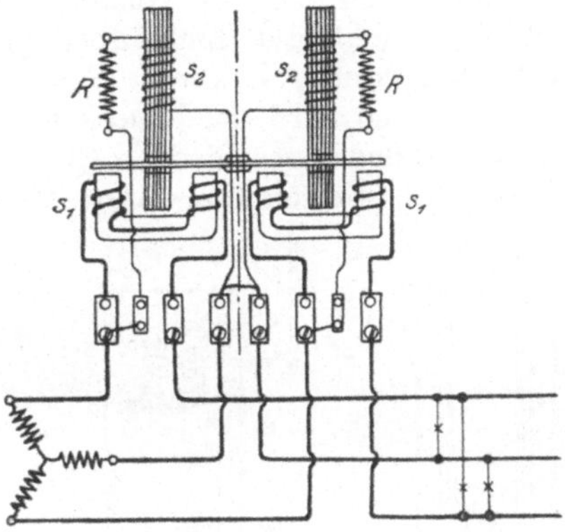

Wattstundenzähler mit umlaufender Bremsscheibe lassen sich auch zur Leistungsmessung verwenden. Man hat nur nötig, die Anzahl der Umdrehungen u der Bremsscheibe während der mit einer Uhr (Stoppuhr) genau bestimmten Zeit t in Sekunden zu messen. Die Leistung N ausgedrückt in Watt folgt dann aus der Formel

$$N = \frac{1000 \cdot 3600}{U} \cdot \frac{u}{t} \quad \text{Watt,} \quad (34)$$

Abb. 124. Schaltung zum dreiphasigen Bergmann-Zähler.

wo U die auf jedem Zähler angegebene Anzahl von Umdrehungen pro Kilowattstunde bezeichnet.

30. Beispiel: Ist $U = 4800$ und zählt man $u = 10$ Umdrehungen, für die die Stoppuhr 75 Sekunden angibt, also $t = 75$ ist, so wird:

$$N = \frac{1000 \cdot 3600}{4800} \cdot \frac{10}{75} = 100 \text{ Watt.}$$

31. Beispiel: Für einen anderen Zähler ist $U = 360$, $u = 10$ und $t = 5$ sek., so wird die Leistung in kW

$$\frac{N}{1000} = \frac{3600}{360} \cdot \frac{10}{5} = 20 \text{ kW.}$$

Die Herleitung der Formel 34 ist folgende: Ist N die Leistung in Watt, so ist die Arbeit in t Sekunden: Nt Wsek oder $\frac{Nt}{3600}$ Wh, somit ist $\frac{N}{1000} \cdot \frac{t}{3600}$ die Arbeit in Kilowattstunden. Sie ist aber auch der Ausdruck $\frac{u}{U}$ also erhält man die Gleichung

$$\frac{N}{1000} \cdot \frac{t}{3600} = \frac{u}{U} \quad \text{Kilowattstunden,}$$

somit

$$N = \frac{1000 \cdot 3600}{U} \cdot \frac{u}{t} \quad \text{Watt.}$$

Beachte: $\frac{N}{1000}$ ist die Leistung in kW.

Als letzter Zähler möge noch, ein allerdings nur für Gleichstrom geeigneter, der Stia-Zähler, hergestellt von der Firma Schott & Gen., Glaswerke in Jena, beschrieben werden. Er beruht auf der chemischen Wirkung des Gleichstromes, die auf den Seiten 51—61 behandelt wurde, und besteht im wesentlichen aus einem geschlossenen Glasgefäß (s. Abb. 125a), das in dem ringförmigen Teil A mit Quecksilber gefüllt ist. Das Quecksilber dient als Anode, während ein Plättchen K aus

Iridiumblech die Kathode bildet. Das Iridium verbindet sich in keiner
Weise mit dem Quecksilber. Das ganze Glasgefäß ist angefüllt mit
einem Elektrolyten, der aus einer wässerigen Lösung von Queck-
silberjodid und Jodkalium besteht. B bildet einen Ring aus Glasstäben,
die so eng aneinanderstehen, daß wohl der Elektrolyt, nicht aber das
Quecksilber zwischen den einzelnen Stäben hindurch kann. Schickt
man nun einen Gleichstrom von A nach K, so wird das Quecksilber
bei A aufgelöst, der Elektrolyt zersetzt, wobei das abgeschiedene Quecksilber zur Kathode K wandert. Da diese aber, wie schon erwähnt, kein

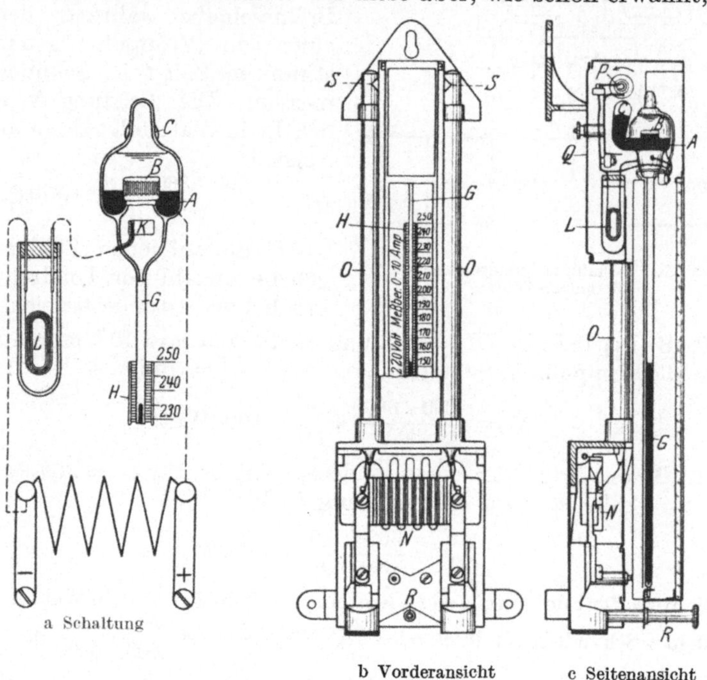

a Schaltung   b Vorderansicht   c Seitenansicht

Abb. 125. Stia-Zähler.

Quecksilber annimmt, fällt es in kleinen Tröpfchen in das darunter
befindliche Rohr G, wo es sich sammelt, und seine Menge, die der
Stromstärke proportional ist, an der Skala H abgelesen werden kann.
Die Skala gestattet Amperestunden und bei Zugrundelegung einer konstanten Spannung Kilowattstunden abzulesen. Das an der Anode ge-
löste Quecksilber verbindet sich sofort wieder mit dem Elektrolyten,
so daß dieser dauernd unverändert bleibt. Die Wirkung des Stromes
besteht also in einer Wanderung des Quecksilbers von A nach G. Es
behält dabei trotzdem in A die gleiche Höhe, da das herabgefallene
Quecksilber aus dem Glasansatz C, wie die Abb.125 c zeigt, ersetzt wird.
Ist das Rohr G mit Quecksilber gefüllt, so wird das ganze Gefäß um-
gekippt, wobei das Quecksilber durch B nach A bzw. C läuft. Der Strom,
der durch das Gefäß fließt, ist nur ein sehr schwacher, da der größte
Teil des zu messenden Stromes durch einen Nebenschluß N geht. L ist

ein Vorschaltwiderstand. Der Zähler wird in mehreren Typen angefertigt. Die 10-Ampere-Type ist in den Abb. 125 b u. c von vorn und der Seite gesehen abgebildet, jedoch ist im unteren Teile das Schutzblech abgenommen, so daß hierdurch der Nebenschluß N und der Vorschaltwiderstand L sichtbar werden. Die Drehung des Glasgefäßes erfolgt um die Achse SS; die Schraube R gestattet, das Gefäß unter Verschluß zu legen, um das unbefugte Kippen zu verhindern. Der Nebenschluß N ist so gewählt, daß bei größter Stromstärke der Spannungsverlust 0,86 V beträgt. Der elektrische Widerstand der Zelle liegt zwischen 1,5—3,5 Ω. Der Vorschaltwiderstand L ist so bestimmt, daß durch die Zelle maximal 0,05 A fließen. Als Vorteil der elektrolytischen Zähler kann u. a. erwähnt werden, daß sie jede Stromstärke, also damit jede Belastung, die größte wie die kleinste, richtig anzeigen, was man von den Motorzählern nicht behaupten kann.

VIII. Stromerzeuger (Generatoren) für Gleichstrom.

Im vierten Abschnitt war schon gezeigt worden, wie man durch Bewegen eines Leiters in einem magnetischen Felde in dem Leiter elektromotorische Kräfte erzeugt. Wendet man eine gewöhnliche Drahtschleife an, deren Enden mit Schleifringen verbunden sind (Abb. 78), so erhält man einen Wechselstrom, dessen Wechselzahl von der Zahl der Magnetpole und der Umdrehungszahl der Drahtschleife abhängt. Will man Gleichstrom erhalten, dann muß man einen Stromwender, auch Kommutator oder Kollektor genannt, anwenden, der bei Abb. 79 erklärt wurde. Dort wurde dabei erläutert, daß die erzeugte EMK um so größer wird, je größer die Geschwindigkeit des bewegten Leiters und je stärker das magnetische Feld ist. Hieraus folgt, daß man elektrische Maschinen oder Dynamos mit möglichst starken Magneten, also Elektromagneten ausführt und sie möglichst schnell laufen läßt, um kleine, billige Maschinen zu erhalten. Da man Elektromagnete verwendet, muß

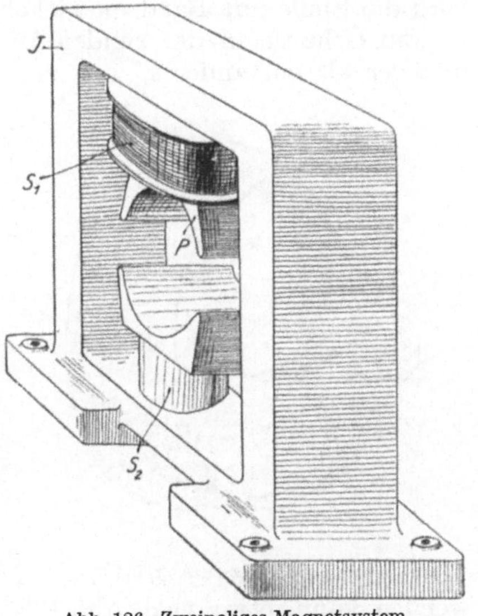

Abb. 126. Zweipoliges Magnetsystem (Manchestertype).

man weiches Eisen verwenden. Für die Magnete benutzt man gewöhnlich weichen Stahlguß und weiches Flußeisen, auch Schmiedeeisen, seltener weiches Gußeisen. Man unterscheidet zweipolige und mehrpolige Magnetsysteme. Ein zweipoliges Magnetsystem älterer Ausführung zeigt Abb. 126. Die einzelnen Teile desselben sind das Joch oder der Umschluß J, auch Gehäuse genannt, an welchem die hier mit rundem Querschnitt versehenen Schenkel S_2 angegossen oder auch angeschraubt sein können. Letzteres ist nötig, wenn sie mit den Polschuhen aus einem Stück bestehen, damit man die Wicklung S_1 der Feldspule aufbringen kann. Gewöhnlich sind die Feldspulen, von denen nur eine gezeichnet ist, auf den Schenkeln angeordnet.

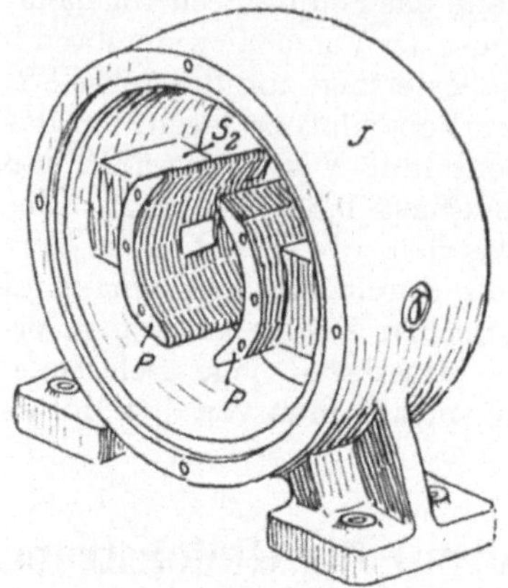

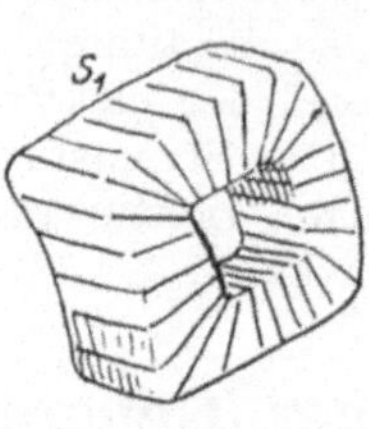

Ein neueres zweipoliges Magnetsystem zeigt Abb. 127. Die einzelnen Teile sind ebenso bezeichnet wie in Abb. 126. Die Schenkel S_2 sind hier vierkantig und besitzen besondere aus Eisenblech hergestellte Polschuhe P.

Abb. 127 a.
Rundes zweipoliges Magnetsystem

Abb. 127 b.
Feldspule zu Abb. 127 a.

Die Spulen S_1 für die Schenkel werden auf einer rechteckigen Form gewickelt und dann in der angedeuteten Weise rund gebogen. Darauf wird die Spule mit Band umwickelt und lackiert.

Ein Gehäuse in der runden Ausführung nach Abb. 127 ist zweckmäßiger als ein anderes, weil man dann ein rundes Lagerschild ver-

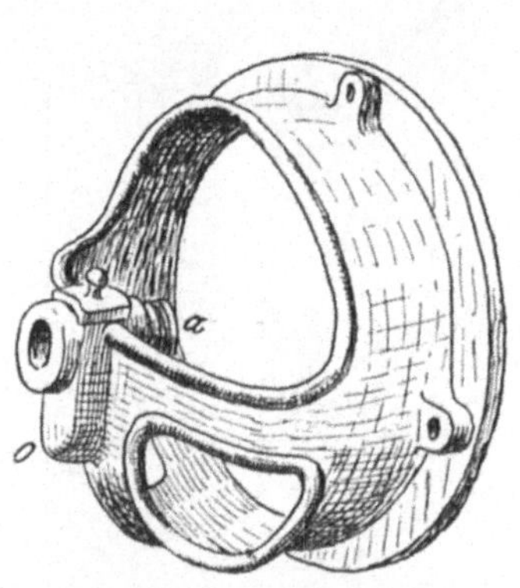

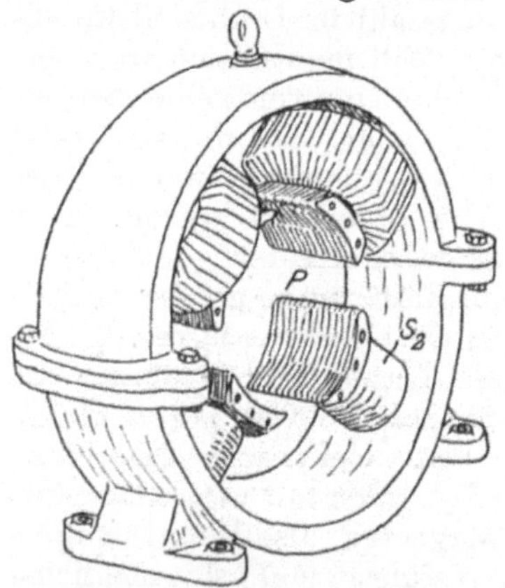

Abb. 128. Lager zu Abb. 127 a.

Abb. 129. Vierpoliges Magnetsystem.

wenden kann, etwa nach Abb. 128, welches aber unabhängig von der Stellung des Motors, immer so an das Magnetsystem angeschraubt werden kann, daß der Ölbehälter O des Ringschmierlagers nach unten steht, während der Motor mit dem Fuß des Gehäuses auf dem Fußboden, an der Wand oder an der Decke befestigt werden kann. a ist ein Ansatz, auf den die Bürstenbrücke (Abb. 146) aufgesetzt wird.

Ein vierpoliges Magnetsystem mit runden Polen S_2 und angeschraubten Blechpolschuhen P zeigt Abb. 129. Es besteht aus zwei zusammengeschraubten Hälften und kann aber dann kein Lager mehr nach Abb. 128 erhalten.

Zwischen den Polen P der Magnete dreht sich der Anker. Das äußere Bild eines kleineren Ankers zeigt Abb. 130, während in Abb. 131 ein Anker für eine mehrpolige (etwa vier bis sechs Pole) Maschine abgebildet ist, an den aber der Kommutator, der bei dem kleineren Anker

Abb. 130. Kleiner Gleichstrom-Anker.

mit K bezeichnet ist, noch nicht angeschlossen wurde. Die Anker der elektrischen Maschinen sind heute allgemein nur noch Trommelanker mit Nuten am Umfang, in denen die Drahtwicklung liegt. Der Ankerkörper ist aus einzelnen Schmiedeeisenblechen von 0,5 mm Dicke aufgebaut, vgl. Abb. 132.

Die Nuten werden in diese Bleche entweder vor dem Zusammenbau

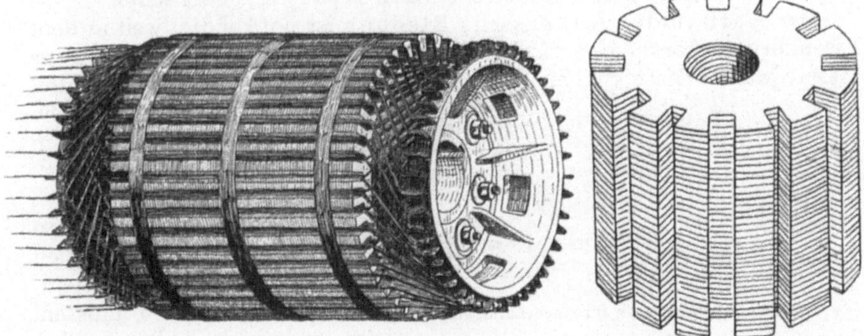

Abb. 131. Gleichstrom-Anker einer mehrpoligen Maschine.　Abb. 132. Schema eines Nuten-Ankers

eingestanzt. In Abb. 132 ist der Zusammenbau eines Ankerkörpers dargestellt. Die Bleche, in welche die Nuten und die Löcher für die Schrauben S eingestanzt sind, werden auf ein gußeisernes Ankergehäuse G zusammengebaut und durch Schrauben S, auf deren oberes Ende ein Preßring aus Gußeisen kommt, zusammengehalten. In Abb. 133 ist der Preßring mit den Muttern der Schrauben zu erkennen. Er besitzt dort gleich einen Wicklungsträger, auf dem die Köpfe der Drahtwicklung des Ankers liegen.

Weil die Maschinen im Betriebe stets warm werden, lüftet man gewöhnlich die Anker. Dies ist aber nur möglich, wenn die Bleche, nicht wie bei kleinen Ankern, dicht auf der Welle aufsitzen, sondern auf einem Gehäuse nach Abb. 133.   Es werden dann Luftspalte zwischen den Blechen angebracht, wie deren einer in Abb. 133 schon vorhanden ist. Man legt zu diesem Zweck besondere Abstands- bleche oder auch Messingstücke zwischen die Eisenbleche, damit ein Luftspalt entsteht. In Abb. 134 ist ein gestanztes Abstandsblech gezeichnet. Die Zähne Z werden nach dem Ausstanzen umgebogen wie bei Z_1 zu sehen ist und liegen zwischen den Zähnen der Bleche. Außerdem sind noch die Schraubenlöcher l und Spalten a und b eingestanzt. Die Blechstücke an den Spalten biegt man abwechselnd nach links und rechts heraus. Sie wahren

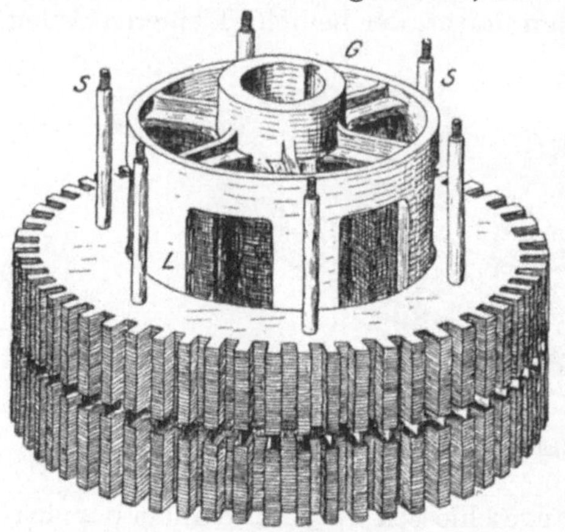

Abb. 133. Zusammensetzung eines Ankers mit Lüftung.

den Abstand der Ankerbleche im Innern des Ankers. Damit die Luft durch die Luftspalte hindurchstreichen kann, muß das Gehäuse mit den nötigen Öffnungen versehen sein. In Abb. 133 sind zu dem Zweck die Löcher L zwischen den Speichen des Gehäuses angebracht.

Der Aufbau des Ankers aus Blechen ist notwendig, weil in dem Eisenkörper starke elektrische Ströme entstehen würden, wenn er massiv wäre. Diese Ströme, die sogenannten Wirbelströme, werden durch die Unterteilung in Bleche zum größten Teil vermieden. Vollständig lassen sie sich allerdings nicht vermeiden.

Man benutzt zum Aufbau des Ankerkörpers gewöhnlich 0,5 mm starke Bleche, die voneinander isoliert sein müssen.

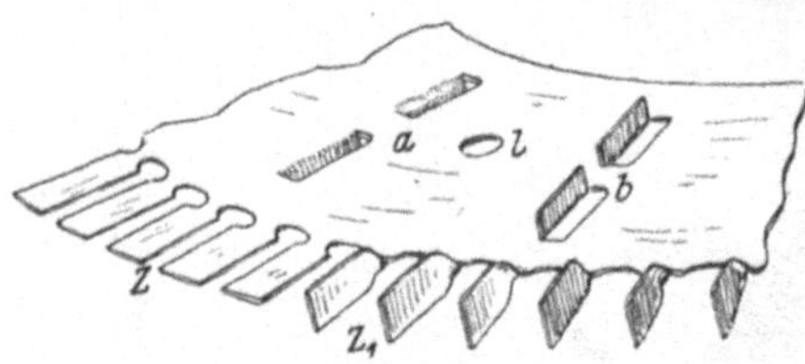

Abb. 134. Abstandsblech für einen Luftspalt.

Dies geschieht dadurch, daß die Bleche mit besonderen Maschinen vor dem Stanzen auf einer Seite lackiert oder mit Seidenpapier beklebt werden.

Wenn man einer elektrischen Maschine elektrische Arbeit entnehmen will, dann müssen wir ihr eine entsprechende mechanische Arbeit durch eine Dampfmaschine, Verbrennungskraftmaschine oder Wasserkraftmaschine zuführen. Da auch die Wirbelströme Arbeit verbrauchen, so geht ein Teil der zugeführten mechanischen Arbeit zur Erzeugung der Wirbelströme verloren, und man erhält entsprechend weniger nutzbare Arbeit aus der Maschine. Die Wirbelströme sind ein Verlust und deshalb möglichst klein zu halten. Sie heißen Wirbelstromverluste und werden mit N_W bezeichnet. Ein weiterer Verlust in jeder elektrischen Maschine ist der **Ummagnetisierungs-** oder **Hysteresis-Verlust** mit N_H bezeichnet. Er tritt ebenfalls im Eisen des Ankers auf und rührt daher, daß die Moleküle des Eisens, unter der anziehenden Wirkung der Feldmagnete, bei der Drehung des Ankers fortwährend ihre Lage ändern müssen.

In Abb. 135 ist der Vorgang der Ummagnetisierung des Ankereisens schematisch gezeichnet. Betrachtet man ein einzelnes Ankermolekül, so muß dasselbe vor dem Nordpol N die Stellung *1* einnehmen. Dreht sich der Anker, so nimmt das Molekül nacheinander die Lagen *2*, *3* usw. an. Diese fortwährende Lagenänderung müssen sämtliche Moleküle im Eisen ausführen, und hierbei reiben sie sich aneinander. Diese Reibung verlangt wieder einen Teil der zugeführten mechanischen Arbeit zur Überwindung, ist also ein weiterer Verlust.

Man könnte nun einwenden, warum man denn überhaupt den Kern des Ankers aus Eisen herstellt, wo doch in diesem Eisen Verluste auftreten. Man

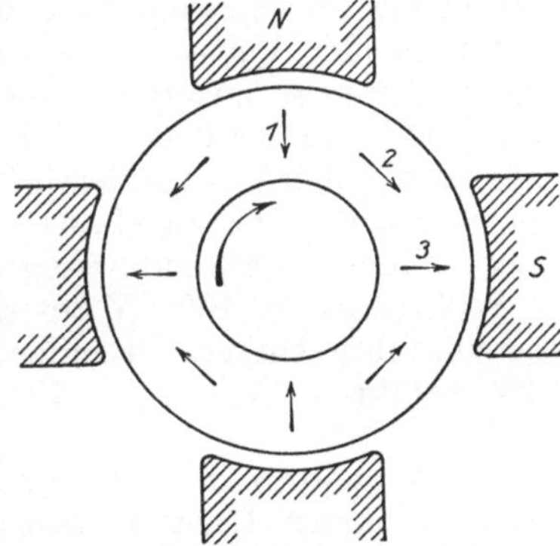
Abb. 135. Ummagnetisierung des Ankers.

erhält aber durch die Anwendung des Eisens ein viel stärkeres Magnetfeld in der Maschine, und außerdem wird auch die Form des Magnetfeldes durch das Ankereisen in eine für die Induktion der Ankerdrähte sehr günstige gebracht, wie schon aus der Feldlinienverteilung in Abb. 23 hervorgeht, in welcher zwischen den Magnetpolen sich ebenfalls ein schmiedeeiserner Zylinder befindet, ähnlich dem Ankerkern einer elektrischen Maschine.

Die genannten Verluste, Wirbelströme und Ummagnetisierung treten aber nicht nur im Ankereisen auf, sondern wegen der Nuten des Ankers auch in geringerem Maße in den Polschuhen; aus diesem Grunde stellt man gewöhnlich auch die Polschuhe aus Eisenblech her.

Weil diese beiden genannten Verluste im Eisen der Maschine auftreten, heißen sie kurz „**Eisenverluste**" und werden mit N_{Fe} (Fe = ferrum = Eisen), also $N_W + N_H = N_{Fe}$ bezeichnet.

Ein dritter Verlust ist die **Reibung** der sich drehenden Teile, besonders also der Zapfen der Welle in den Lagern, ferner die Reibung zwischen Kommutator und Bürsten und bei schnellaufenden Maschinen die Reibung der Wicklung an der Luft. Er wird **Reibungsverlust** genannt, abgekürzt N_R. Diese 3 Verluste $N_W + N_H + N_R = N_0$ sind die sogenannten **Leerverluste** einer jeden elektrischen Maschine.

Aber auch in der Ankerwicklung selbst tritt ein Verlust durch Stromwärme auf, der mit der dem Anker entnommenen Stromstärke, also der Belastung, wächst und daher mit **Lastverlust** N_{aw} bezeichnet wird.

Ebenso treten in der Magnetwicklung Verluste durch den Widerstand der Magnetspulen auf, und werden diese Verluste mit **Stromwärme-**

verluste in der Magnetwicklung oder Erregerwicklung oftmals auch mit Erregerverluste bezeichnet. Je nach der Schaltung der Magnetwicklung zur Ankerwicklung wird die Bezeichnung N_h oder N_n gebraucht. (N_h bei Hauptstrom- oder N_n bei Nebenschlußmaschinen siehe später.)

Alle diese Verluste erwärmen die Maschine, und da die Temperaturerhöhung eine gewisse Anzahl Wärmegrade nicht übersteigen darf, führt man, wie schon bei Abb. 133 gezeigt wurde, die Anker gerne mit Lüftungsspalten aus, desgleichen auch die Magnetspulen.

Infolge der Verluste werden in einer elektrischen Maschine nicht 1000 W für jedes zugeführte Kilowatt erzeugt, sondern weniger. Allerdings sind die Verluste bei elektrischen Maschinen verhältnismäßig klein im Vergleich mit anderen Maschinen, denn bei kleineren Maschinen gehen etwa 20% der zugeführten Leistung verloren, bei größeren Generatoren noch bedeutend weniger.

Will man z. B. 1000 W aus einer elektrischen Maschine herausholen, so müßte ihre Antriebsmaschine, wenn keine Verluste vorhanden wären, 1 kW zuführen. Gehen aber 20% verloren, so müssen 1,25 kW zugeführt werden.

Das Verhältnis der abgegebenen Leistung einer jeden Maschine zu der zugeführten Leistung nennt man Wirkungsgrad, der in Prozenten angegeben wird:

$$\text{Wirkungsgrad} = \eta = \frac{\text{abgegebene Leistung}}{\text{zugeführte Leistung}} \cdot 100 \qquad (35)$$

32. Beispiel: Liefert eine Dampfmaschine 147,2 kW an eine elektrische Maschine und liefert diese dafür eine elektrische Leistung von 667 A bei 220 V, dann sind dies $667 \cdot 220 = 132\,400$ W oder 132,4 kW und damit

$$\eta = \frac{132,4}{147,2} \cdot 100 = 89\% \,.$$

Der Wirkungsgrad ist maßgebend für die gute Ausführung einer Maschine; man muß ihn daher bei Abnahmeversuchen häufig bestimmen, um festzustellen, ob die Firma, welche die Maschine lieferte, dieselbe den gestellten Bedingungen entsprechend ausgeführt hat[1].

Einige Beispiele mögen die Anwendung des Wirkungsgrades noch erläutern:

33. Beispiel: Eine Dynamo soll 80 A bei 125 V liefern. Nach dem Katalog einer Firma für elektrische Maschinen ist der Wirkungsgrad einer solchen Maschine angegeben mit 88%. Wieviel PS muß ein Dieselmotor zum Antrieb der Maschine besitzen?

Die abgegebene Leistung der Dynamo beträgt $80 \cdot 125 = 10\,000$ W. Dies sind

$$10\,000 : 735 = 13,6 \text{ PS ohne Verluste.}$$

---

[1] Genaueres über die Bestimmung des Wirkungsgrades, sowie überhaupt über Maschinenmessungen enthält das Buch: „Messungen an elektrischen Maschinen" von R. Krause, 5. von Dipl.-Ing. Jahn gänzlich umgearbeitete Aufl., Verlag von Julius Springer, Berlin.

Nun ist der Wirkungsgrad $\eta = \dfrac{\text{abgegebene Leistung}}{\text{zugeführte Leistung}} \cdot 100$, daher

zugeführte Leistung $= \dfrac{\text{abgegebene Leistung}}{\text{Wirkungsgrad}} \cdot 100 = \dfrac{13,6 \cdot 100}{88} = 15,5 \text{ PS}$,

welche Leistung der Dieselmotor an die Riemenscheibe der Dynamo abgeben muß.

34. Beispiel. Eine Dampfmaschine liefert 300 PS. Sie ist mit einer Dynamo gekuppelt, welche 500 V und 400 A gibt, wie groß ist ihr Wirkungsgrad?

Die abgegebene Leistung in Pferdestärken ist $\dfrac{500 \cdot 400}{735} = 272 \text{ PS}$, folglich:

$$\eta = \frac{272}{300} \cdot 100 = 90,6\,\%.$$

35. Beispiel: Eine Dynamo hat einen Wirkungsgrad von 90 % und erhält durch eine Turbine 35 PS zugeführt. Welche Stromstärke liefert sie bei 150 V?

Abgegebene Leistung = zugeführte Leistung $\times$ Wirkungsgrad = $35 \cdot \dfrac{90}{100} = 31,5 \text{ PS}$, dies sind $31,5 \cdot 735 = 23\,200 \text{ W}$, und bei 150 V wird der Strom:

$$J = 23\,200 : 150 = 154 \text{ A}.$$

Wir wollen uns nun zunächst mit dem Anker der elektrischen Gleichstrommaschinen etwas genauer befassen. Die Drähte des Ankers liegen, wie schon gesagt wurde, in den Nuten. Die Zahl der Nuten und Drähte ist in Wirklichkeit so groß, daß man eine übersichtliche Zeichnung einer Wicklung schwer machen kann. Um aber dem Leser einen Begriff von dem Verlauf der Drähte auf dem Anker zu geben, ist in Abb. 136 eine möglichst vereinfachte Trommelankerwicklung dargestellt, bei welcher nur 12 Nuten angenommen sind und der Kommutator K aus 6 Lamellen besteht. Man erkennt schon an der Abbildung,

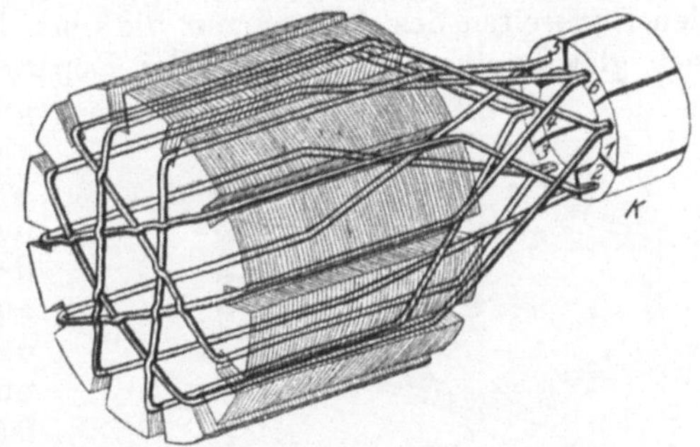

Abb. 136. Schema einer Trommel-Ankerwicklung.

daß die Wicklung eines Ankers in ganz bestimmter, gesetzmäßiger Weise ausgeführt werden muß, die sich, wie am ausführlichsten zuerst Prof. Arnold getan hat, auch in mathematische Form bringen läßt. Diese Theorie der Ankerwicklungen ist ein großes Gebiet für sich und würde unmöglich in den Umfang dieses Buches hineinpassen. Es soll deshalb nur auf die äußeren Ausführungsformen der Wicklungen etwas näher eingegangen werden. Man muß unterscheiden zwischen Handwicklung und Formspulenwicklung.

In beiden Fällen besteht die Wicklung aus Drähten, die im ersten Fall gleich auf den Anker aufgewickelt werden, im zweiten Fall, früher auf Holzschablonen, heute auf Scheren, vor dem Einlegen des Ankers zu einzelnen Spulen gewickelt werden. Außerdem kommt bei größeren Ankern und stärkeren Strömen die Stabwicklung vor, bei der die Drähte durch Stäbe von größerem Querschnitt ersetzt sind. Handwicklung wird höchstens noch für kleine zweipolige Anker ausgeführt und auch

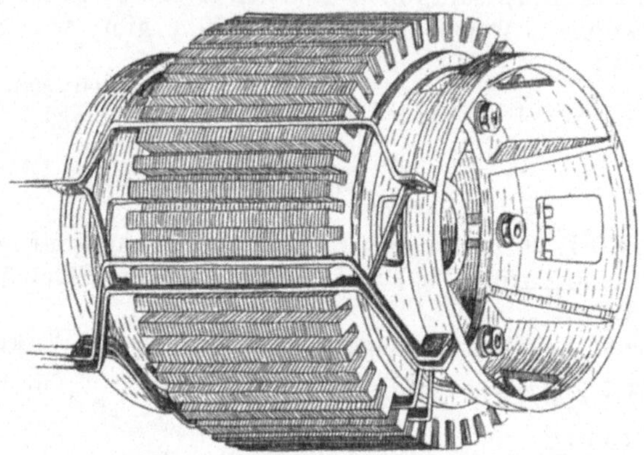

Abb. 137. Einlegen von Formspulen.

dort selten, sonst sind Drahtwicklungen nur noch Formspulen- oder, was dasselbe ist, Schablonenwicklungen. Der Unterschied zwischen beiden Wicklungsarten ergibt sich aus den Abb. 130 u. 131. Bei der Handwicklung in Abb. 130 erhält man stets ein Drahtknäuel auf den Stirnseiten des Ankers, nur die oben liegenden Windungen lassen sich gleichmäßiger anordnen. Bei Reparaturen muß man, unter ungünstigen Umständen, sehr viel vom Anker abwickeln, während die Formspulenwicklung sehr leicht repariert werden kann, denn sie besteht aus lauter gleichen Spulen, deren Einlegen in die Ankernuten aus Abb. 137 zu ersehen ist. Eine einzelne Spule zeigt Abb. 138. Aus der Form dieser Spulen ersieht man weiter, daß

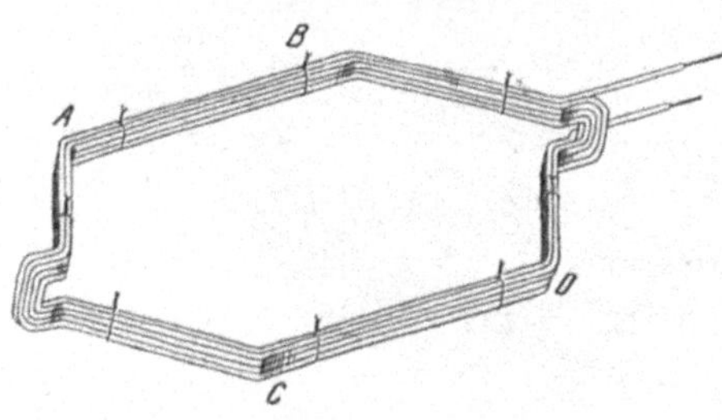

Abb. 138. Formspule.

ein Anker mit Formspulenwicklung besser gekühlt ist als bei Handwicklung, weil die einzelnen Spulen weniger dicht liegen. Die Form der Spulen 137 u. 138 ergibt die sogenannte Mantelwicklung[1].

Sie ist die heute fast allgemein übliche, weil sich die Spulen dazu auf einfachen für mehrere Maschinen einstellbaren Metallscheren

---

[1] Vgl. Richter, Ankerwicklungen für Gleich- und Wechselstrommaschinen. Berlin: Julius Springer 1920.

wickeln lassen, während früher die Spulen auf teueren Holzschablonen gewickelt wurden, von denen für jede Maschine eine eigens passende

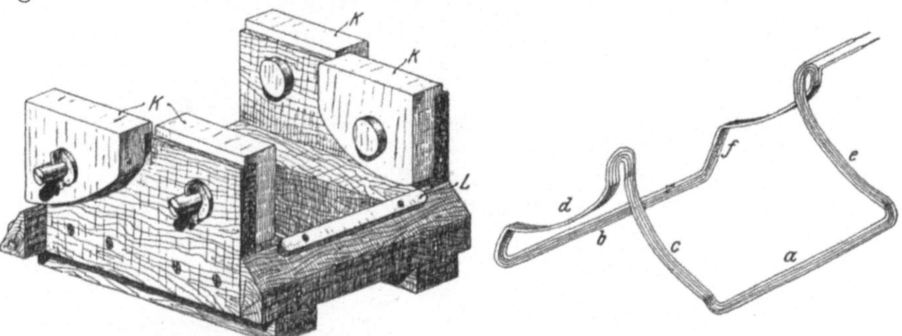

Abb. 139. Holzschablone für Formspule.   Abb. 140. Formspule mit Schablone gewickelt.

angefertigt werden mußte. Zum Vergleich zeigt Abb. 139 eine ältere Holzschablone, bei welcher sich durch Auflegen des Drahtes und Umwinden um die Leisten L und die gebogenen Seiten der Klötze K eine Spule nach Abb. 140 ergibt, welche dann mit den Seiten a und b in die Nuten des Ankers gelegt wird, während die gebogenen Seiten $c\,d$ und $e\,f$ auf den Stirnseiten des Ankers liegen, wie Abb. 141 bei einem teilweise bewickelten Anker zeigt. Zum Unterschied von der schon als Mantelwickelung bezeichneten in Abb. 131 und 137 nennt man eine Wicklung nach Abb. 141 Stirnwicklung.

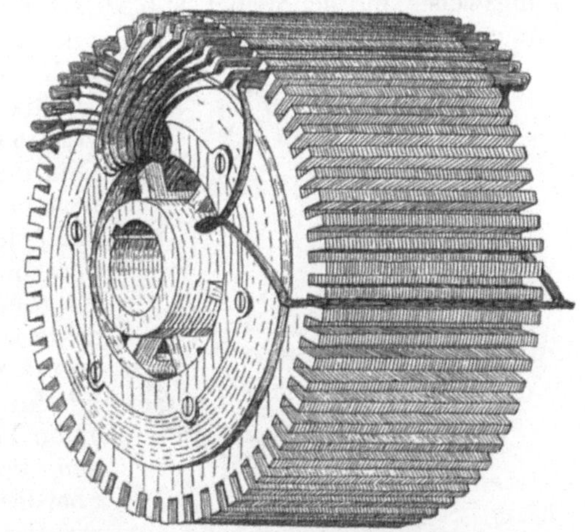

Abb. 141. Anker mit Formspulen-Stirnwicklung.

Für größere Anker mit nicht zu hoher Spannung kommt auch häufig Stabwicklung vor. Hierbei liegen in einer Nut Stäbe aus Kupfer, welche nach Abb. 142 in Stirnwicklung oder nach Abb. 143 in Mantelwicklung verbunden sein können. Bei der Stabwicklung biegt man die Kupferstäbe vor dem Einlegen in den Anker und erhält dann ebenfalls eine sehr gut gelüftete

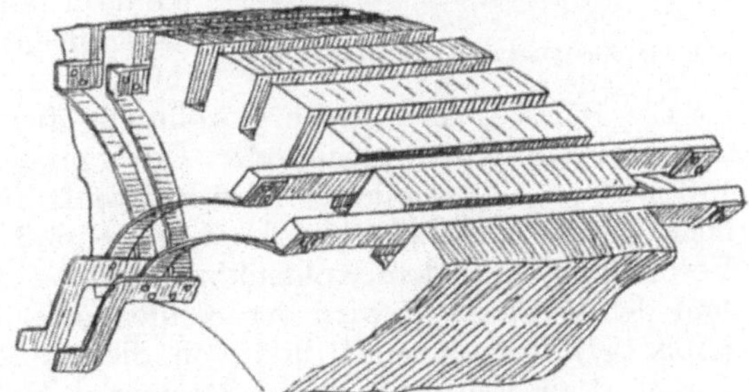

Abb. 142. Stäbe mit Stirnverbindungen.

Wicklung, welche das Vorbild für die Formspulenwicklung mit Drähten abgegeben hat.

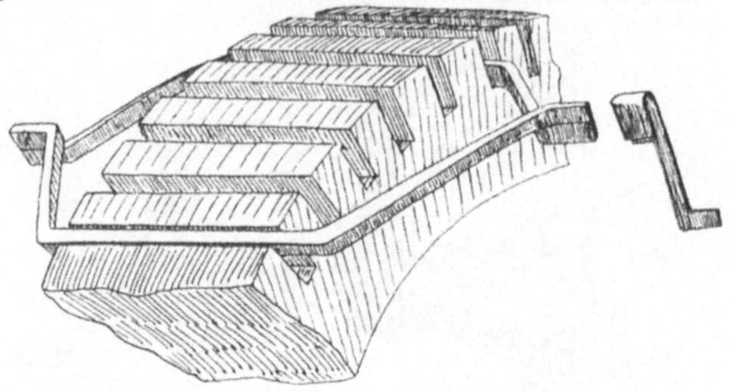

Abb. 143. Stäbe in Mantelwicklung.

Ein sehr wichtiger Teil jeder elektrischen Gleichstrommaschine ist der **Kommutator** oder **Stromwender.** Sein Zweck und seine Wirkungsweise sind schon bei Abb. 79 erklärt. In Wirklichkeit besteht er immer aus einer größeren Zahl von Kupferlamellen L, welche nach Abb. 144 auf der Kommutatorbüchse B sitzen. Die einzelnen Lamellen sind voneinander durch zwischengelegte Glimmer- oder Mikanitscheiben isoliert, deren Enden man gewöhnlich bei f herausragen läßt, weil in die dort befindlichen Fahnen der Lamellen die Verbindungen mit den Ankerdrähten eingelötet werden. Die Kommutatorbüchse ist ebenfalls außen mit Mikanit überzogen, welches noch einen Teil des hinteren an ihr sitzenden konisch ausgedrehten Ringes überdeckt. Auf die Vorderseite wird ein Preßring P gegen die Lamellen durch Schrauben befestigt. Er ist auch, soweit er die Lamellen berührt, mit Mikanit überzogen und konisch ausgedreht. Der Kommutator dreht sich unter den Bürsten hindurch.

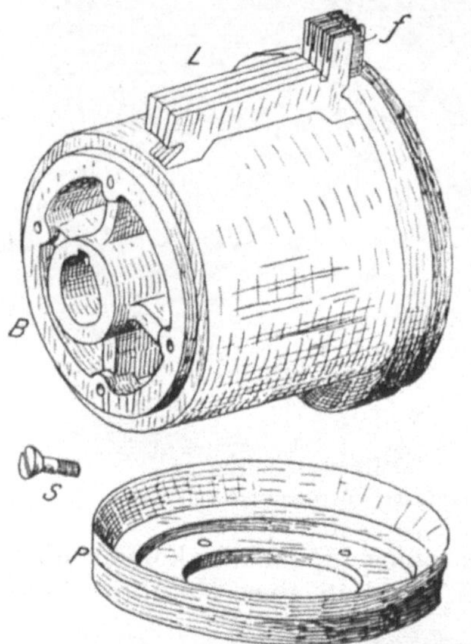

Abb. 144. Zusammenbau eines Kommutators.

Die Bürsten sind heute gewöhnlich aus Kohle, früher bestanden sie auch aus Kupferblech oder Drahtgewebe. In den Abb. 145 und 146 ist eine Kohlenbürste nebst Bürstenhalter dargestellt. Die eigentliche Kohle K ist oben verkupfert, so daß das Klemmstück C gute Verbindung mit dem Kohlenkopf erhält. Mit dem Klemmstück A und der Schraube S wird der Kohlenhalter auf dem Bürstenbolzen b (Abb. 147) festgeklemmt, und von diesem Stück führt ein biegsames Kabel B als Leitung für den Strom zur Kohle. Eine Feder f drückt vermittelst des Blechstückes D und des Armes d die Kohle auf den Kommutator. Will man eine Kohle auswechseln, wenn sie sich stark abgeschliffen hat, so faßt man bei e mit dem Finger an und klappt nach Abb. 146 das ganze Blechstück D hoch. Die Feder f hält es dann

in der aufgeklappten Lage fest, sobald es genügend weit bewegt wurde. Bei J ist der Kohlenhalter durch eine Isolationsplatte vor Überschlag von Lichtbögen zum Kommutator geschützt, was bei falscher Bürstenstellung eintreten kann.

Die Kohlenhalter werden von den Bürstenbolzen b getragen, die isoliert in der Bürstenbrücke sitzen. In Abb. 147 ist eine zweiarmige und eine vierarmige Bürstenbrücke gezeichnet. Bei der

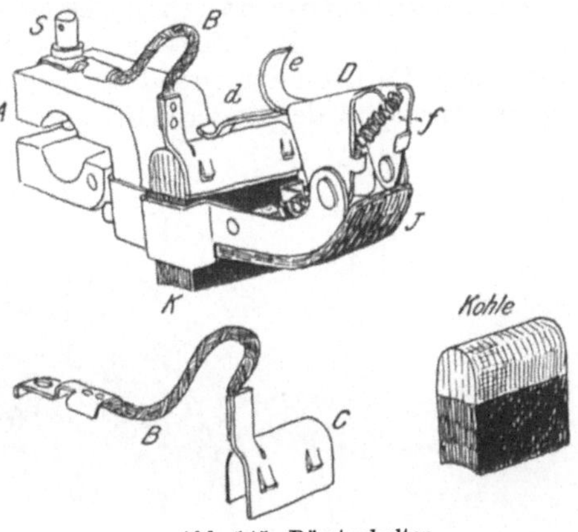
Abb. 145. Bürstenhalter.

vierarmigen werden die gleichpoligen gegenüberliegenden Bolzen elektrisch durch Kupferbügel verbunden, die aus blankem Kupfer gebogen, mit Band umwickelt und lackiert sind. Die Bürstenbrücken sitzen auf einem Ansatz des Lagers (a in Abb. 128) oder bei geteilten Lagern auf einem besonderen an das Lager geschraubten Ring, oder bei noch größeren

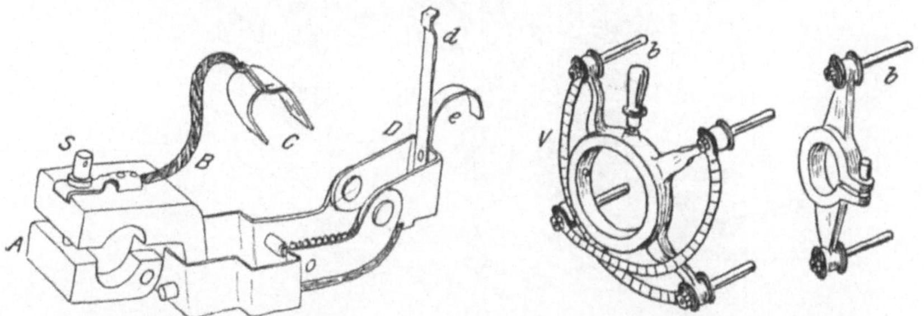
Abb. 146. Bürstenhalter der Abb. 145 hochgeklappt.   Abb. 147. Bürstenbrücken.

Maschinen (Abb. 148) wird für die Bürsten ein Gußring am Magnetsystem befestigt und der Bürstenträger mit Handrad gedreht, während kleinere Bürstenträger einfach einen Handgriff besitzen.

Zum Spannen des Riemens setzt man die Maschinen auf Spannschienen und spannt den Riemen durch Druckschrauben. Größere Maschinen werden häufig mit der Kraftmaschine direkt gekuppelt, wie dies vornehmlich bei den Dampfturbinen geschieht.

Nachdem bis jetzt die wesentlichsten äußeren Teile der elektrischen Maschinen vorgeführt sind, soll etwas näher auf ihre Wirkungsweise und Schaltung eingegangen werden. Die Schaltung bezieht sich immer auf die Verbindung des Ankers mit der Magnetwicklung. Da die

Magnete Elektromagnete sind, erhalten sie ihren Magnetisierungsstrom aus dem Anker, und man unterscheidet Hauptstrommaschinen, Nebenschlußmaschinen und Maschinen mit gemischter Schaltung, auch Doppelschluß- oder Compoundmaschinen genannt.

Die Hauptstrommaschine ist gekennzeichnet durch Abb.149a, wo eine ältere Form, die Hufeisenform gezeichnet ist, während in Abb.150 eine neuere Form entsprechend der früheren Abb.127a dargestellt ist, bei der der Anschluß des äußeren Stromkreises genau so erfolgt. Beide Ma-

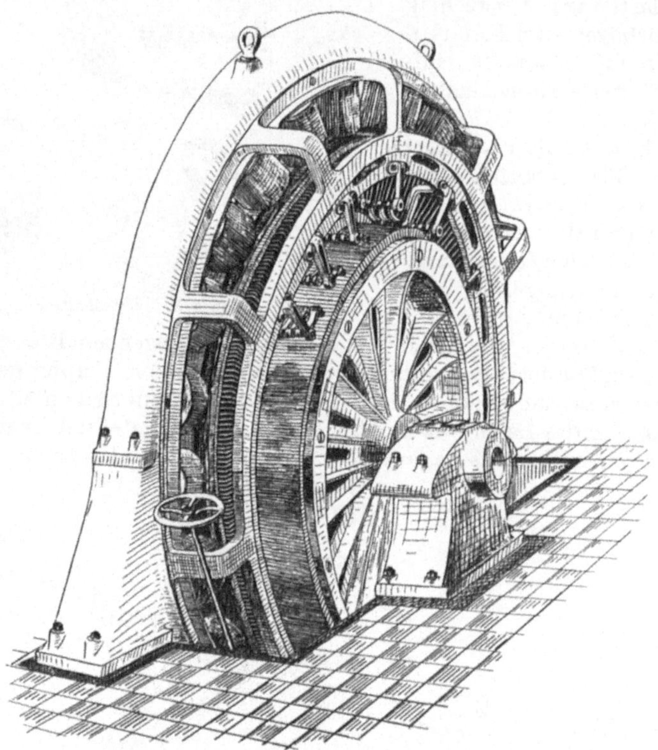

Abb. 148. Dynamo für direkte Kupplung.

schinen sind zweipolig, aus der letzten Abb.150 ergibt sich aber ohne weiteres auch die Schaltung einer mehrpoligen Hauptstrommaschine. Wenn eine solche Hauptstrommaschine in Betrieb gssetzt werden soll, dann muß zunächst der sie antreibende Kraftmotor anlaufen, und wenn die normale Umdrehungszahl erreicht ist, muß der äußere Stromkreis, der an die Klemmen $K_1 K_2$ angeschlossen ist, eingeschaltet werden. Nun wurde schon auf S. 19 erklärt, daß in dem Magnetsystem der Maschine von dem vorhergegangenen Betrieb der remanente Magnetismus zurückgeblieben ist, der zwar sehr schwach ist, aber trotzdem zum Selbsterregen der Maschine verwendet werden kann, wie zuerst Werner von Siemens erkannte. Es entsteht nämlich durch die Drehung des

Ankers vor den schwachen Magnetpolen eine entsprechend niedrige EMK in den Drähten der Ankerwicklung, und bei geschlossenem äußeren Stromkreis entsteht nach dem Ohmschen Gesetz ein entsprechender, schwacher Strom, welcher, wie aus den Abb.149 u. 150 zu ersehen ist, auch durch die Wicklung der Magnete mit hindurchgeht, folglich den schwachen Magnetismus verstärkt. Infolge dieser geringen Verstärkung des Magnetismus wird aber auch die in den Ankerdrähten induzierte EMK verstärkt, folglich der Strom stärker, dadurch weiter der Magnetismus stärker usf. Allerdings geht diese gegenseitige Verstärkung von EMK, Stromstärke und Magnetismus nicht etwa fortwährend weiter, sondern die Spannung erreicht eine Grenze, die abhängt vom Widerstand der Magnetwicklung und der Magnetisierbarkeit des Materials. Zum besse-

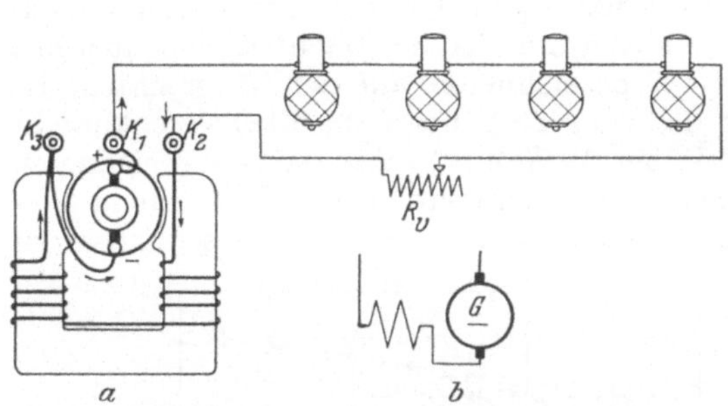

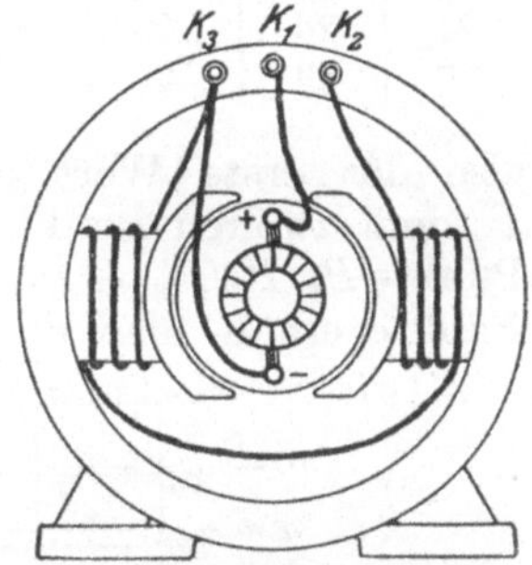

Abb. 149. a Hauptstrommaschine mit Bogenlampenstromkreis. b Hauptstrommaschine in DINdarstellung.

Abb. 150. Hauptstrommaschine mit rundem Gehäuse.

ren Verständnis des eben Gesagten muß zunächst auf die frühere Abb.17 S. 20 zurückgegriffen werden.

In Abb. 17 ist eine Versuchsanordnung gezeichnet, durch welche man in den Stand gesetzt wird, Eisen auf seine Magnetisierbarkeit zu untersuchen. Führt man einen solchen Versuch aus, so beobachtet man, daß der Magnet M, der aus dem zu untersuchenden Eisen gebogen ist, um so mehr Belastung P in der Wagschale an seinem Anker E festhält, je stärker der Strom ist. Aber nur für schwächere Ströme nimmt der Magnetismus, der ja gleichbedeutend mit der Tragkraft des Magnets ist, in demselben Verhältnis zu, wie der Strom J, der durch die Windungen des Magnets fließt. Für stärkere Ströme nimmt der Magnetismus allmählich immer weniger zu als der Strom, bis schließlich, bei ganz starken Strömen, eine Erhöhung des Magnetismus nicht mehr oder kaum noch merkbar erreicht wird. Bei einer elektrischen Maschine kann man sehr einfach die Magnetisierbarkeit durch Aufnahme der sogenannten Leerlaufcharakteristik feststellen. Hierbei wird die Maschine durch einen Riemen oder sonstwie in gewöhnlicher Weise angetrieben, so daß sie ihre normale Umlaufzahl macht. Zu den Magnetklemmen K_2, K_3 (Abb.149a und 150) wird aus einer Akkumulatorenbatterie ein fremder Strom J geleitet, und an die Ankerklemmen $K_1 K_3$ wird ein Voltmeter angeschlossen. Die Magnete sind durch den Akkumulatorenstrom erregt, und im Anker entsteht deshalb durch die Drehung eine EMK, welche in genauem Verhältnis zu dem Magnetismus steht. Da dem Anker Strom nicht entnommen wird, so ist die gemessene Spannung gleich der EMK E. Es möge nun das weitere an einem durchgeführten Versuch gezeigt werden. Eine derartige Messung soll die Werte der nachstehenden Tabelle ergeben haben, wobei unter J die Stromstärke in der Magnetwicklung und unter E die in der Ankerwicklung erregte, an den Klemmen $K_1 K_3$ gemessene Spannung verstanden ist.

Die gemessenen Werte aus der Tabelle werden als Kurve aufgetragen, indem man nach Abb. 151 eine senkrechte Linie in 11 Teile und eine wagerechte in 8 Teile einteilt. Auf der Senkrechten bedeutet 1 Teilstück jedesmal 10 V und auf der Wagrechten 1 Teilstück 10 A. Es entspricht dann Punkt P_1 dem mit 20 bezeichneten Teilstrich auf der Senkrechten und dem mit 5 bezeichneten auf der Wagrechten, ist also der erste Wert der Tabelle, 20 V bei 5 A. Ebenso entspricht P_2 dem zweiten Punkt 50 V bei 10 A usw., also die aufgezeichneten Punkte P_1, P_2, P_3 bis P_8 sind die Tabellenwerte. Durch Verbindung aller Punkte erhält man die Leerlaufcharakteristik. Diese Kurve ist

E Volt	J Amp.	E Volt	J Amp.
20	5•	90	40
50	10	94	50
74	20	98	60
85	30	100	70

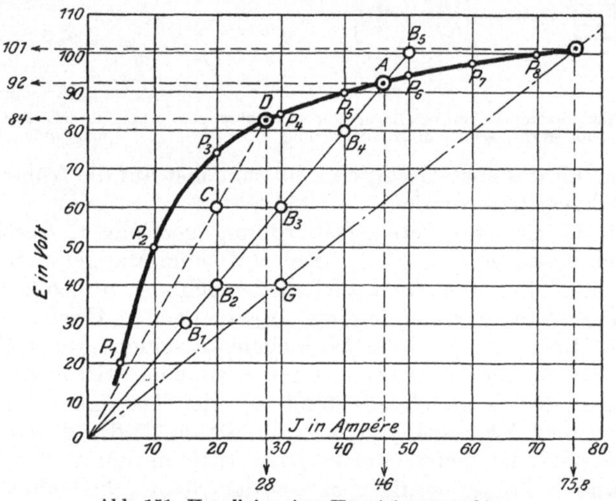

Abb. 151. Kennlinien einer Hauptstrommaschine.

natürlich für jede Maschine eine andere. Um mit Hilfe dieser Kurve erkennen zu können, wie hoch die Maschine sich selbst erregt, muß man noch den Widerstand des Stromkreises kennen. Der Widerstand des ganzen Stromkreises setzt sich bei der Hauptstrommaschine zusammen aus dem Widerstand des Ankers, dem Widerstand des äußeren Stromkreises und dem Widerstand der Magnetwicklung, denn in dieser Reihenfolge durchfließt der Strom nach Abb. 149 a die verschiedenen Widerstände.

Es sei der Ankerwiderstand 0,02 Ω, ebenfalls sei der Magnetwiderstand 0,02 Ω und der äußere Stromkreis möge 1,96 Ω haben. Dann ist der ganze Widerstand des Stromkreises $0,02 + 0,02 + 1,96 = 2\,\Omega$. Nach dem Ohmschen Gesetz (Formel 1) ist $J = E : R$.

Ist die EMK der Maschine z. B. $E = 60$ V, dann wird, weil $R = 2\,\Omega$ ist, die Stromstärke $J = 60 : 2 = 30$ A. Rechnen wir noch mehr Werte aus, so finden wir für

$E = 30$ V $\quad J = 30 : 2 = 15$ A $\quad\bigg|\quad$ $E = 80$ V $\quad J = 80 : 2 = 40$ A

$E = 40$ V $\quad J = 40 : 2 = 20$ A $\quad\bigg|\quad$ $E = 100$ V $\quad J = 100 : 2 = 50$ A

Tragen wir diese nach dem Ohmschen Gesetz zusammengehörigen Werte ebenfalls als Kurve in Abb. 151 auf, so erhalten wir durch Verbindung der entsprechenden Punkte B_1, B_2 bis B_5 eine gerade Linie. Verfolgen wir nun einmal genau den Vorgang bei der Selbsterregung unter der Voraussetzung, daß der Widerstand des ganzen Stromkreises $2\,\Omega$ beträgt. Der im Magnetgestell vorhandene schwache Magnetismus erzeuge zunächst eine EMK von $E = 20$ V, dann würde diese nach dem Ohmschen Gesetz einen Strom erzeugen von $J = E : R = 20 : 2 = 10$ A.

Nach der Leerlaufcharakteristik entsteht aber bei 10 A ein Magnetismus in den Magneten, durch den eine elektromotorische Kraft von 50 V im Anker erzeugt wird, denn zu 10 A gehört Punkt P_2, der 50 V entspricht. Bei 50 V und $2\,\Omega$ entstehen aber $J = 50 : 2 = 25$ A, und durch diesen Strom werden wieder 80 V im Anker erzeugt. Diese 80 V rufen aber im Anker einen Strom von $J = 80 : 2 = 40$ A im Stromkreis hervor, wodurch weiter 90 V (Punkt 5) im Anker entstehen usf., bis auf diese Weise allmählich Punkt A erreicht wird; dann hört die Steigerung auf, denn jetzt erzeugt der Strom 46 A in den Magneten ein Feld, durch welches im Anker eine EMK von $E = 92$ V induziert wird, und nach dem Ohmschen Gesetz entsteht durch 92 V bei $2\,\Omega$ auch ein Strom von $92 : 2 = 46$ A. Weiter kann also bei diesem Widerstand von $2\,\Omega$ im Stromkreis die EMK des Ankers nicht mehr steigen. Man kann aus Abb. 151 erkennen, daß, solange die Leerlaufcharakteristik höher liegt als die dem Ohmschen Gesetz für den betreffenden Stromkreis entsprechende gerade Linie aus den Punkten B_1, B_2, B_3 bis B_5, die durch den von dem Strom J erzeugten Magnetismus hervorgerufene EMK immer größer ist, als sie nach dem Ohmschen Gesetz sein muß; erst beim Schnittpunkt A genügt die EMK gleichzeitig dem Ohmschen Gesetz und der Leerlaufcharakteristik.

Untersuchen wir jetzt das Verhalten der Maschine bei einem anderen äußeren Widerstand, z. B. $2,96\,\Omega$, dann beträgt, da ja Anker- und Magnetwiderstand je $0,02\,\Omega$ sind, der gesamte Widerstand des Stromkreises jetzt $0,02 + 0,02 + 2,96 = 3\,\Omega$, und nach dem Ohmschen Gesetz erhalten wir z. B. für 60 V eine Stromstärke von $J = 60 : 3 = 20$ A.

Wollen wir nun die gerade Linie für $3\,\Omega$ Widerstand des Stromkreises aufzeichnen, so braucht man nur einen Punkt dazu, z. B. den Punkt C in der Abbildung, der 20 A und 60 V entspricht. Durch diesen Punkt und durch den Punkt O ist dann die gerade Linie bestimmt, auf welcher sämtliche nach dem Ohmschen Gesetz zusammengehörenden Werte von elektromotorischen Kräften und Strömen liegen für einen Stromkreiswiderstand von $3\,\Omega$. (Auch bei der Bestimmung der geraden

Linie B_1, B_2 bis B_5 war es nur nötig, einen Punkt, z. B. bei 60 V $J = 60:2 = 30$ A, also Punkt B_3 aufzuzeichnen und mit O zu verbinden; es wurden nur deshalb mehrere Punkte berechnet, um zu zeigen, daß alle auf einer geraden Linie liegen.)

Da nun die neue Linie OC für 3 Ω Widerstand die Leerlaufcharakteristik in Punkt D schneidet, so ergibt sich, daß jetzt, wo der Widerstand des Stromkreises höher ist, die Maschine sich nur noch bis zum Punkt D, also bis 84 V, erregen kann. Der Strom kann daher jetzt nicht stärker als $84 : 3 = 28$ A werden.

Wäre der gesamte Widerstand des Stromkreises nur noch 1,333 Ω, dann erhielte man z. B. für 40 V einen Strom von $J = 40 : 1,333 = 30$ A, dem entspricht Punkt G; zieht man nun die Linie OG, so erhält man durch deren Verlängerung den Schnittpunkt mit der Kurve. Jetzt erregt sich die Maschine bis 101 V und liefert dabei einen Strom von $J = 101 : 1,333 = 75,8$ A.

Man erkennt nun auch gleichzeitig das Verhalten der Hauptstrommaschine bei Änderung des Widerstandes im äußeren Stromkreise. Je kleiner der Widerstand wird, um so größer wird die EMK, und um so mehr Strom liefert die Hauptstrommaschine. Bei zunehmender Belastung oder Stromentnahme steigt auch die Spannung bei der Hauptstrommaschine.

Wie aber schon bei Abb. 151 bemerkt wurde, ist die dort gezeichnete Konstruktion nicht ganz richtig, und zwar deshalb nicht, weil die Leerlaufcharakteristik nur, wie schon der Name sagt, für die leer laufende

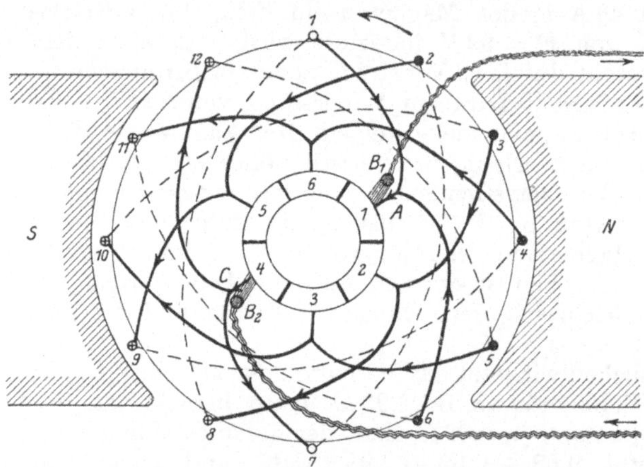

Abb. 152. Schema der Wicklung nach Abb. 136.

Maschine, also für stromlosen Anker gültig ist. Wenn aber eine elektrische Maschine im Betrieb ist, liefert der Anker Strom, und dadurch treten Erscheinungen auf, die man als Rückwirkung des Ankerstromes kurz Ankerrückwirkung bezeichnet. Um diese Rückwirkung zu untersuchen, soll zunächst die Lage der Bürsten auf dem Kommutator festgestellt werden. In Abb. 152 ist noch einmal schematisch der schon in Abb. 136 dargestellte Anker gezeichnet. Wenn die

Drehung im Sinne des Pfeiles über dem Anker erfolgt, dann entstehen nach der auf S. 28 angegebenen Handregel in den Drähten *2, 3, 4, 5, 6* elektromotorische Kräfte, die von hinten nach vorn gerichtet sind, während in den Drähten *8, 9, 10, 11, 12* elektromotorische Kräfte entstehen, die nach hinten zu gerichtet sind. Verfolgt man nun die dadurch in den Ankerdrähten entstehenden Ströme, so findet man, daß an dem Punkt *A* von Draht *8* aus durch den nicht induzierten Draht *1* hindurch und von Draht *6* aus die Ströme zusammenstoßen; legt man daher auf die Lamelle *1* eine Bürste B_1, dann fließen die bei *A* zusammenkommenden Ströme nach der Lamelle *1* und in die Bürste B_1 hinein und von dort weiter in die Leitung L_1. Durch die Leitung L_2 kehrt dann der Strom wieder zur Bürste B_2 zurück und dann durch Lamelle *4* zum Punkt *C*, wo er sich nach links und rechts hin in die Ankerdrähte verteilt. Man erkennt, daß Lamelle *1* mit Draht *1* und Lamelle *4* mit Draht *7* verbunden ist, also mit denjenigen beiden Drähten, die gerade in der Mitte zwischen den Polen liegen. Hieraus ergibt sich für jede Gleichstrommaschine, Generator oder Motor, für die Auflagestelle der Bürsten die Regel:

Man muß die Bürsten stets auf solche Kommutatorlamellen auflegen, die mit Drähten in der Mitte zwischen zwei Polen verbunden sind.

In Abb. 24 wurde schon gezeigt, daß ein stromdurchflossener Draht kreisförmig um ihn verlaufende Feldlinien besitzt. Folglich verlaufen, ähnlich wie in Abb. 27, die Induktionslinien des Ankerstromes so, wie die

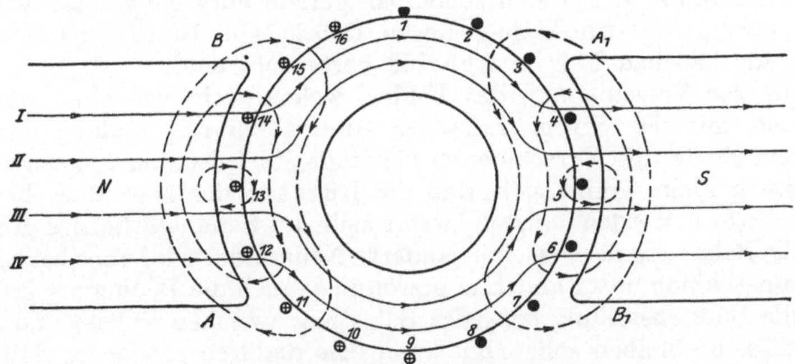

Abb. 153. Ankerfeld und Hauptfeld.

punktierten Linien in Abb. 153 angeben. Die Linien *I, II, III, IV,* sind der Verlauf der Feldlinien des Hauptfeldes, welches die Magnete der Maschine erzeugen, und man erkennt aus Abb. 153, daß die punktierten Ankerfeldlinien den Hauptfeldlinien *III* und *IV* an der Kante *A* des Poles *N* entgegengesetzt gerichtet sind, während an der Kante *B* des Poles *N* Ankerfeldlinien und Hauptfeldlinien gleiche Richtung haben. Beim Südpol sind die entsprechenden Kanten mit A_1 und B_1 bezeichnet. Es sind natürlich nur die Drähte *3, 4, 5, 6, 7,* und *11, 12, 13, 14, 15,* welche gerade vor den Polen liegen, imstande, ihre Feldlinien in der angegebenen Weise durch die Pole zu senden. Die Folge davon ist, daß an den Kanten A und A_1 das Feld geschwächt und an den Kanten B und B_1 verstärkt wird. Das Feld einer belasteten Maschine verläuft also nicht mehr in der Weise, wie schon in Abb. 23 gezeichnet ist, sondern wie in Abb. 154 angedeutet ist, so, daß an den Polkanten B und B_1 die Feldlinien dichter und an den Polkanten A und A_1 schwächer auftreten. Es ist gewissermaßen das Feld verschoben, und zwar ist es bei Stromerzeugern oder Generatoren immer in der Richtung verschoben, wie der Anker umläuft, bei Motoren aber, die bei derselben Ankerstrom- und Magnetfeldrichtung umgekehrt laufen, wie noch gezeigt werden soll, ist die Feldverschiebung entgegen dem Umlaufsinne. Daß das Feld

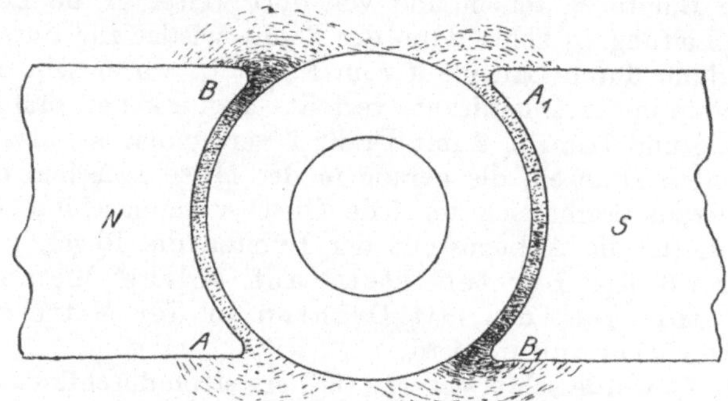

Abb. 154. Feld einer belasteten Maschine.

in den Abb. 153 u. 154 sich scheinbar gerade entgegengesetzt verhält, wie soeben gesagt wurde, liegt daran, daß in Abb. 153 die Pole N und S gegen die gleichen Pole in Abb. 152 vertauscht sind.

Aus der Verschiebung des Feldes, welche sich, wie ohne weiteres klar ist, mit der Stromstärke des Ankers derartig ändert, daß bei starkem Strom die Verschiebung ebenfalls stark ist und bei schwacher Belastung klein, ergibt sich, daß die Bürsten der Maschine ebenfalls verschoben werden müssen, wenn sich die Stromstärke des Ankers, also die Belastung der Maschine ändert. Neuerdings wird aber bei Gleichstrommaschinen unter anderem gewöhnlich auch die Bedingung gestellt, daß die Bürstenstellung bei jeder Belastung zwischen Vollast und Leerlauf dieselbe bleiben soll. Man kann dies dadurch erreichen, daß man das Ankerfeld möglichst klein hält, also wenig Drähte auf dem Anker anordnet, und außerdem kann man durch besondere Form der Polschuhe die Feldverteilung beeinflussen. Auch die später bei den Abb. 163—165 erklärten Wendepole und Kompensationswicklungen wirken in diesem Sinne.

Die Wirkung der stromdurchflossenen Ankerdrähte besteht aber nicht nur in einer Verschiebung des Feldes, sondern auch in einer Schwächung des Hauptfeldes. Diese Schwächung, die eigentliche Rückwirkung des Ankers, wird durch die zwischen den Polen liegenden Ankerdrähte hervorgerufen. Diese Drähte sind in Abb. 155 mit a, b, c und d, e, f bezeichnet, und von diesen Drähten rühren die mit Strich, Punkt ($—\cdot—$) bezeichneten Feldlinien her, welche den Hauptfeldlinien

I, II, III, IV direkt entgegen gerichtet sind. Es wird also das Feld durch die Drähte unter den Polen verschoben und durch die Drähte zwischen den Polen geschwächt, beides um so mehr, je stärker die Maschine belastet ist, je stärker also der Strom im Anker ist.

Wir wollen nun den Vorgang der Stromwendung betrachten, der das **Feuern** bedingt und deshalb bei allen Kommutatormaschinen von großer Wichtigkeit ist. In Abb. 156a, b, c sei dieselbe Spule (vgl. auch Abb. 138) in drei kurz aufeinander folgenden Stellungen gezeichnet. Der Leser denke sich die Spule über den Polen *N* und *S* nach rechts hin bewegt, dann entstehen in den Spu-

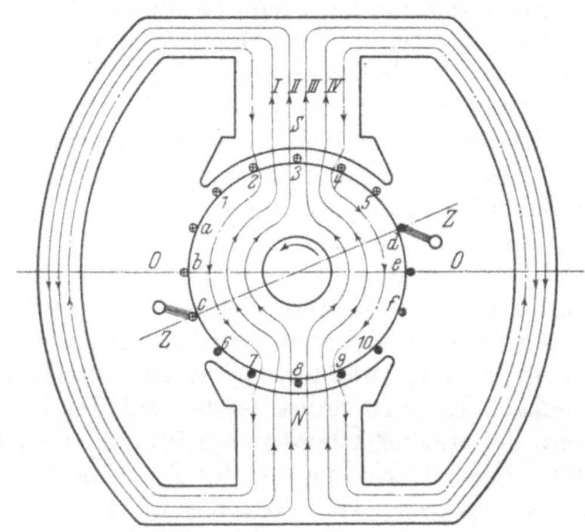

Abb. 155. Rückwirkende Ankerdrähte.

lenseiten *I* und *I'* unter dem Einfluß der Pole elektromotorische Kräfte, bzw. Ströme, die in den Abb. 156a und c durch Pfeile dargestellt sind (vgl. auch Handregel auf Seite 28). Wie man sieht, fließt

der Strom in den Seiten *I* und *I'* der Abb. 156a entgegengesetzt dem Strom in Abb. 156c. Die Stromwendung ist in der dazwischen gelegenen Zeit vollendet worden; die Bürste gelangte hierbei von Lamelle *A* nach *B*. Eine Änderung der Stromrichtung ist aber nur denkbar, wenn die Stromstärke in einem Augenblick den Wert Null erreicht, was in der Stellung der Abb. 156b der Fall ist. Der Strom hat also in unserer Spule abgenommen und mit ihm auch die durch

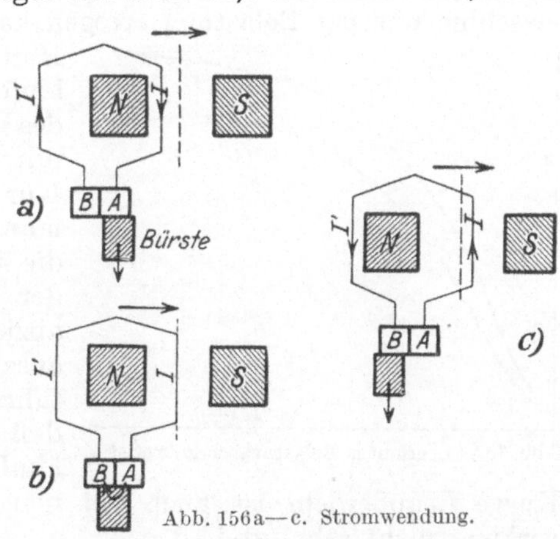

Abb. 156a—c. Stromwendung.

ihn hervorgerufene Feldlinienzahl, wodurch aber sofort eine EMK entstand, die ebenfalls der Pfeilrichtung in Abb. 156a entspricht. Die EMK der Selbstinduktion, auch Reaktanzspannung genannt, findet einen geschlossenen Stromkreis vor, da ja die Bürste während der betrachteten Zeit auf den beiden Lamellen *A* und *B* gleichzeitig aufliegt und erzeugt daselbst einen starken Strom, der die Bürstenkante, wenn sie nämlich nur noch wenig auf Lamelle *A* aufliegt, überlastet und zum Glühen bringt, was nicht ohne Brandstelle auf der Kommutatorlamelle abgeht.

Die Maschine feuert. Dies darf bei normaler Belastung nicht eintreten und kann dadurch vermieden werden, daß man die Stromwendung nicht dann vornimmt, wenn die Spulenseiten sich in der Mitte zwischen den beiden Polen befinden, also an einer feldlinienfreien Stelle, sondern weiter im Sinne der Drehung verschoben, in der Nähe der Pole. Dort ist nämlich schon ein Feld vorhanden, das in den Spulenseiten eine EMK hervorruft, die der EMK der Selbstinduktion entgegengerichtet ist. Sind die beiden elektromotorischen Kräfte gleich, was durch die Verschiebung der Bürsten erreicht wird, so kann ein Kurzschlußstrom überhaupt nicht entstehen, die Maschine läuft bei dieser Belastung funkenfrei.

Die durch den Pol zu erzeugende EMK hängt ab von der Feldlinienzahl vor dem Pol, und diese wird, wie wir aus Abb. 154 gesehen haben, durch die rückwirkende Kraft des Ankerstromes mit wachsender Stromstärke immer kleiner, während gleichzeitig die Reaktanzspannung wächst. Es wird daher, selbst bei der besten Maschine, nicht möglich sein, bei starker Überlastung funkenfreien Gang zu erzielen, wenn man nicht das zur Erzeugung der EMK erforderliche Feld durch besondere Pole, sog. Wendepole, die in der Mitte zwischen den Hauptpolen liegen, herstellt. Über diese wird noch in diesem Abschnitt Näheres mitgeteilt werden.

Wegen der oben beschriebenen Schwächung des Hauptfeldes durch den Ankerstrom ist die Ableitung in Abb. 151 nicht ganz richtig, denn sie ist ja bei Leerlauf aufgenommen, während sich die Hauptstrommaschine nur bei Belastung erregen kann. Man darf deshalb bei der Hauptstrommaschine nicht die Leerlaufcharakteristik zur Darstellung des Vorganges der Selbsterregung benutzen, sondern nach Abb. 157 eine Kurve *II*, welche man erhält, wenn man von der Leerlaufcharakteristik *I* die mit dem Strom *J* immer größer werdende Ankerrückwirkung abzieht. Wie diese Konstruktion auszuführen ist, würde hier zu weit führen. Man sieht aber aus Abb. 157, daß der Verlauf der Kurve *II* ähnlich ist wie derjenige der

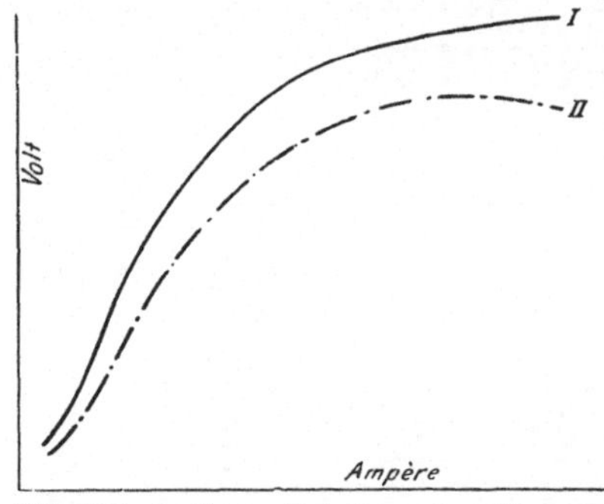

Abb. 157. Leerlauf u. Belastungscharakteristik.

Kurve *I*, außerdem ist auch bei neueren Maschinen die Ankerrückwirkung nicht sehr groß.

Fassen wir nun noch einmal die Arbeitsweise der Hauptstrommaschine Abb. 149 u. 150 kurz zusammen. Derselbe Strom, der im Anker entsteht, fließt bei der Hauptstrommaschine durch die Magnetwicklung und den äußeren Stromkreis. Wenn die Hauptstrommaschine stark belastet wird, also viel Strom liefern muß, dann wird, da dieser Strom auch durch die Magnetwicklung fließt, ein starkes Feld erzeugt, welches allerdings wegen der eben besprochenen Ankerrückwirkung etwas, aber meist nur sehr wenig geschwächt wird. Infolge des starken Feldes entsteht auch eine hohe EMK im Anker der Maschine. Wird also eine Hauptstrommaschine stärker belastet, dann nimmt mit dem Strom auch die EMK zu. Beide werden um so größer, je kleiner der Widerstand im äußeren Stromkreis wird, und Strom und EMK nehmen den größten Wert an bei einem sog. Kurzschluß, der dann vorhanden ist, wenn die von der Maschine abgehenden Leitungen in Abb.149 a schon vor den Bogenlampen direkt miteinander in Verbindung kommen, indem sie z. B. beide gleichzeitig infolge schlechter Verlegung ein Gasrohr oder einen eisernen Träger berühren, so daß der Widerstand im äußeren Stromkreis nur aus den Leitungen besteht und sehr klein ist. Da der Kurzschlußstrom sehr groß ausfällt, daher die Maschine durch ihn Schaden leiden dürfte, so müssen Hauptstrommaschinen stets mit

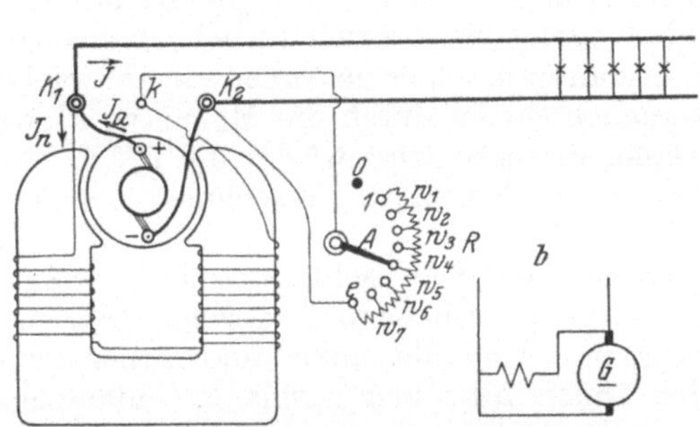

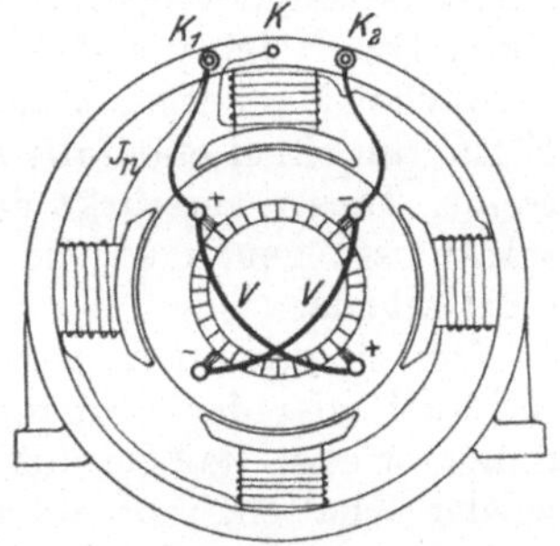

Abb. 158. a Nebenschlußmaschine mit Lampenkreis. b Nebenschlußmaschine in DINdarstellung.

Abb. 159. Vierpolige Nebenschlußmaschine.

selbsttätigen Schaltern gegen Überlastung versehen sein. Solche Schutzvorrichtungen werden später in dem Abschnitt Stromerzeugungsanlagen noch erklärt.

Eine zweite viel häufiger angewendete Maschine ist die Nebenschlußmaschine. Ihre Schaltung ist in Abb. 158 u. 159 angegeben, und zwar in Abb.158 a für eine zweipolige ältere Type und in Abb.159 für eine vierpolige Type, bei welcher der Regler R und der äußere Stromkreis genau so angeschlossen wird wie in Abb.158 a. Außerdem sind auch bei der Maschine in Abb.159 die Verbindungskabel V, die schon bei Abb.147 erwähnt wurden, angegeben. Abb.158 b zeigt die Darstellung gemäß DIN Normen. Aus der Schaltung Abb.158 a erkennt man, daß nur ein Teil des Stromes, der aus dem Anker fließt, durch die Magnetwicklung geleitet wird, denn an der Klemme K_1 verzweigt sich der Strom J_a, der durch die + Bürste aus dem Anker kommt, in die beiden Zweige J und J_n, von denen der Strom J in den äußeren Stromkreis fließt und von da nach der Klemme K_2 zurückkehrt, während J_n die Magnetwicklung durchfließt, dann zur Klemme k und von dort durch den Regler R ebenfalls zur Klemme K_2 zurückkehrt, sich dort mit dem äußeren Strom J vereint und gemeinsam mit diesem zur — Bürste und in den Anker zurückfließt. Man hält natürlich den Zweigstrom J_n, der zur Magnetisierung der Maschine dient, möglichst klein, gegenüber dem Strom J. Damit dieser schwache Strom einen starken Magnetismus erzeugt, muß er in vielen Windungen um die Magnete herumgeleitet werden. Hieraus ergibt sich ein äußerlich erkennbarer Unterschied zwischen der Hauptstrom- und der Nebenschlußmaschine. Die Hauptstrommaschine besitzt nur wenige Windungen aus dickem Draht auf ihrer Magnetwicklung, während die Nebenschlußmaschine viele Windungen aus dünnem Draht daselbst besitzt.

Auch die Nebenschlußmaschine kann sich selbst erregen. Dabei muß aber der äußere Stromkreis im Gegensatz zur Hauptstrommaschine ausgeschaltet sein. Man läßt nur die Antriebsmaschine anlaufen, und wenn die normale Umlaufzahl erreicht ist, dreht man die Kurbel A des Reglers R in Abb. 158a von dem Kontakt 0 auf irgendeinen der Kontakte zwischen 1 und e. Dadurch ist für den Magnetstrom J_n ein geschlossener Stromkreis hergestellt, welcher von der $+$ Bürste nach K_1 durch die Magnetwicklung nach k, durch R nach K_2 zur — Bürste verläuft. Durch den von dem vorhergegangenen Betrieb zurückgebliebenen schwachen Magnetismus entsteht dann auch hier im Anker eine schwache EMK, die einen ebenfalls schwachen Strom durch die Magnetwicklung treibt. Dieser verstärkt das Feld, dadurch wird wieder die EMK verstärkt usf., genau so wie dies bei der Hauptstrommaschine schon erklärt wurde.

Um zu erkennen, wie hoch sich die Nebenschlußmaschine erregt, soll auch hier der Vorgang etwas genauer behandelt werden. Wir benutzen wieder die Leerlaufcharakteristik der Maschine, die wir hier auch wieder erhalten, indem wir den Anker mit seiner normalen Umlaufzahl antreiben, durch die Magnetwicklung einen Strom aus einer fremden Stromquelle hindurchleiten und mit einem Voltmeter die im Anker erzeugte EMK E messen. Durch Aufzeichnen der zusammengehörigen gemessenen Werte von E und J_n erhält man die Punkte P_1, P_2 bis P_6 und daraus die Leerlaufcharakteristik in Abb. 160. Nehmen wir, um ein Beispiel zu haben, an, der Magnetwiderstand der Nebenschlußmaschine sei $20\,\Omega$, die Kurbel A des Reglers in Abb. 158a stehe so, daß von dem Widerstand desselben noch $10\,\Omega$ eingeschaltet sind. Der Regler besteht, wie in Abb. 158a schematisch angegeben ist, aus Kontakten 0, 1, 2 bis e, auf denen die Kurbel A verschoben werden kann. Die einzelnen Kontakte mit Ausnahme von 0 sind durch abgeglichene Widerstände w_1, w_2, w_3 usw. verbunden. Steht die Kurbel A auf 1, dann muß der Strom durch alle Widerstände w_1, w_2, w_3 bis w_7 hindurch. Steht A auf Kontakt e, dann ist kein Widerstand mehr eingeschaltet. In der gezeichneten Stellung der Kurbel sind die Widerstandsstufen w_5, w_6, w_7 eingeschaltet, diese würden also zusammen in dem oben angenommenen Beispiel $10\,\Omega$ betragen. Der gesamte Widerstand im Magnetstromkreis beträgt dann $20 + 10 = 30\,\Omega$, folglich würden z. B. bei $60\,\mathrm{V}$ $J_n = 60 : 30 = 2\,\mathrm{A}$ in der Magnetwicklung fließen. Um zu erkennen, wie hoch sich die Maschine bei $30\,\Omega$ Magnetkreiswiderstand erregen wird, zeichnet man den Punkt B_1 ein, welcher $2\,\mathrm{A}$ bei $60\,\mathrm{V}$ entspricht, verbindet B_1 mit O und findet durch den Schnittpunkt A dieser Geraden $69\,\mathrm{V}$ bei $2{,}3\,\mathrm{A}$ Magnetstrom.

Die Selbsterregung erfolgt also genau so wie bei der Hauptstrommaschine, und ist die Bestimmung nach Abb. 160 für die Nebenschlußmaschine streng richtig, wie noch erklärt werden soll. Die EMK, bis zu der die Nebenschlußmaschine sich erregt, hängt ab vom Widerstand des Magnetstromkreises. Es muß ja, wie schon bemerkt wurde, bei der Selbsterregung der äußere Stromkreis der Maschine, der an die Klemmen K_1, K_2 angeschlossen ist, ausgeschaltet sein. In diesem Fall wirkt die Maschine wie die Hauptstrommaschine, man braucht nur den Widerstand des Reglers R an die Stelle des äußeren Stromkreises zu setzen. Die höchste Spannung, bis zu der sich die Nebenschlußmaschine in dem angenommenen Beispiel erregen kann, findet man für den kleinsten Magnetkreiswiderstand, also für $R = 0$ (wenn also der Regler kurzgeschlossen ist), dann ist der Magnetkreiswiderstand 20 Ω. Für diesen Fall würden 60 V einen Strom $J_n = 60 : 20 = 3$ A hervorrufen, und die Gerade verläuft

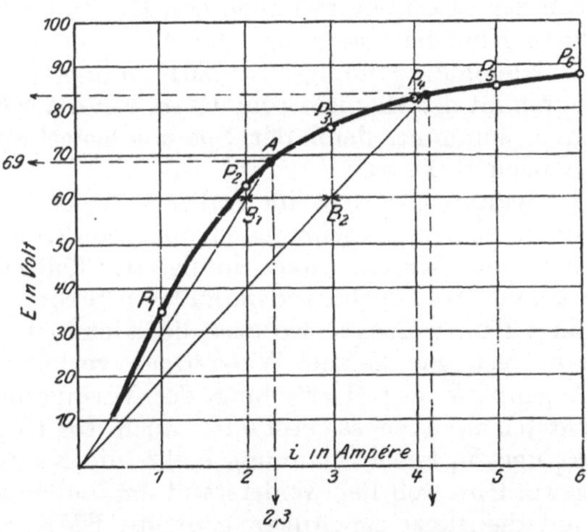

Abb. 160. Kennlinien einer Nebenschlußmaschine.

durch Punkt B_2, deren Schnitt mit der Leerlaufcharakteristik bei 83 V und $J_n = 4{,}15$ A liegt. Je weniger Widerstand also am Regler eingeschaltet ist, um so höher erregt sich die Maschine und auch um so schneller. Letzteres benutzen gewöhnlich die Maschinenwärter, indem sie die Reglerkurbel beim Selbsterregen der Maschine auf den letzten Kontakt stellen (also $R = 0$) und dann drehen sie, während das Voltmeter die wachsende Größe von E anzeigt, die Kurbel so weit zurück, bis die normale Spannung vorhanden ist. Das weitere Einschalten der Maschine soll später genauer beschrieben werden. Wie schon erwähnt, ist die Konstruktion der Selbsterregung für die Nebenschlußmaschine nach Abb. 160 richtig, denn die Störung, von der bei der Hauptstrommaschine die Rede war, wird durch den Ankerstrom hervorgerufen. Dieser ist bei der Selbsterregung der Nebenschlußmaschine aber, weil der äußere Stromkreis abgeschaltet ist, nur sehr schwach, weil die Magnete ja nur sehr wenig Strom erhalten. Der Magnetstrom beträgt höchstens 5% des stärksten Stromes im äußeren Stromkreis, und dieser schwache Strom kann selbstverständlich keine Rückwirkung auf das Feld ausüben. Man kann also bei der Nebenschlußmaschine zur Konstruktion der Vorgänge bei der Selbsterregung direkt die Leerlaufcharakteristik verwenden, weil ja die Maschine leer anlaufen muß.

Das Verhalten der Nebenschlußmaschine in Betrieb ist gerade entgegengesetzt wie das der Hauptstrommaschine. Als Beispiel möge eine Nebenschlußmaschine dienen, welche Strom für eine Lichtanlage erzeugt, in der die Lampen zum normalen Brennen eine Spannung von 110 V brauchen. Die Maschine muß dann so berechnet und ausgeführt sein, daß sie, wenn die Kurbel A des Reglers R in Abb. 158a auf Kontakt 1 steht, sich bei ausgeschaltetem äußeren Widerstand selbst erregt bis zu einer Spannung von 110 V. Wird nun die Maschine belastet, indem im äußeren Stromkreis Lampen eingeschaltet werden, so liefert der Anker außer dem schwachen Magnetstrom J_n noch den starken Strom J für den äußeren Stromkreis, es fließt also ein starker Strom in den Drähten des Ankers, und jetzt tritt auch eine Rückwirkung des Ankerstroms auf das Feld der Maschine ein. Diese Rückwirkung äußert sich genau so, wie schon bei den Abb. 154 u. 155 erklärt wurde; sie verschiebt das Hauptfeld und schwächt es. Da aber bei der Nebenschlußmaschine nach Abb. 158a die Stärke des Magnetstroms J_n von der Spannung zwischen den Klemmen K_1, K_2 abhängig ist und für diese Klemmenspannung nach S. 11 die Beziehung gilt:

Klemmenspannung $=$ EMK minus Spannungsverlust im Anker, so nimmt der Magnetstrom J_n ab, wenn der Strom J im äußeren Stromkreis zunimmt, denn der Spannungsverlust im Anker berechnet sich ja nach S. 11 zu:

Spannungsverlust im Anker $=$ Ankerstrom $\times$ Ankerwiderstand, er nimmt also mit zunehmendem äußeren Strom zu. Außerdem nimmt auch noch die EMK im Anker, infolge der Feldschwächung durch die Rückwirkung, bei zunehmendem äußeren Strom ab. In dem besonderen Fall eines Kurzschlusses, wo also die Klemmen K_1, K_2 durch eine Leitung von fast gar keinem Widerstand verbunden sind, würde zwar im Augenblick der Herstellung der Verbindung ein sehr starker Strom entstehen, aber es bestände auch sogleich zwischen den Klemmen K_1 und K_2 keine Spannung mehr, die Klemmenspannung ist fast Null geworden, weil der Widerstand im äußeren Stromkreis fast Null ist, und die ganze im Anker erzeugte EMK würde nur für den Anker allein verbraucht. Wenn aber die Klemmenspannung zu Null wird, dann wird auch der Magnetstrom J_n zu Null, d. h. bei Kurzschluß verliert die Nebenschlußmaschine ihren Magnetstrom, ihr Feld verschwindet und sie wird stromlos, also gerade das Umgekehrte wie bei der Hauptstrommaschine.

Da auch, wie schon gesagt, bei zunehmender Belastung die Klemmenspannung der Nebenschlußmaschine abnimmt, die an die Maschine angeschlossenen Lampen oder Motoren zum normalen Arbeiten aber eine konstant bleibende Spannung verlangen, so muß man mit Hilfe des Reglers R (Abb. 158a) die Spannung der Maschine nachregulieren, wenn die Belastung zunimmt. Erhält man von der leerlaufenden Maschine bei Stellung der Reglerkurbel A auf Kontakt 1 eine Spannung von 110 V und wird dann die Maschine durch Einschalten von Lampen im äußeren Stromkreis belastet, dann nimmt die Klemmenspannung ab, und es muß die Kurbel A von Kontakt 1 weiter nach Kontakt e hin gedreht werden. Dadurch wird der Widerstand des Reglers verkleinert, also der Magnetstrom J_n verstärkt, so daß die Feldschwächung infolge der Rückwirkung des Ankers ausgeglichen wird. Je stärker die Maschine belastet wird, um so weiter muß die Reglerkurbel nach e hin gedreht werden. Bei voller Belastung der Maschine steht sie auf dem letzten Kontakt e, d. h. der Regulierwiderstand R ist kurzgeschlossen.

In großen Zentralen und überall, wo nicht nur eine Maschine vorhanden ist, liegt die Magnetwicklung der Nebenschlußmaschine an den sog. Sammelschienen, an welche alle Maschinen, und wenn eine Akkumulatorenbatterie vorhanden ist, auch diese angeschlossen sind. Zwischen diesen Sammelschienen herrscht dann konstante Spannung, und es kann infolgedessen bei zunehmender Belastung der Magnetstrom nicht mehr abnehmen, er bleibt ebenfalls konstant. In der Maschine nimmt aber wegen der stärkeren Ankerrückwirkung das Feld trotzdem ab, und die EMK der Maschine sinkt, wodurch die Akkumulatoren stärker belastet würden. Man muß

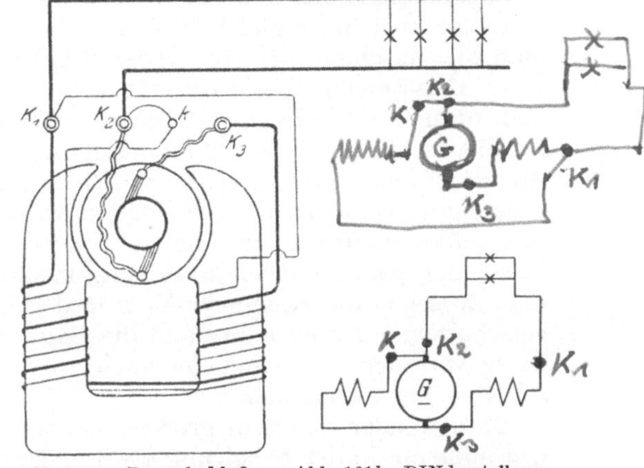

Abb. 161a. Doppelschlußmaschine (Klemmenschluß), also langem Schluß.

Abb. 161b. DINdarstellung einer Doppelschlußmaschine mit kurzem Schluß.

also auch dann mit einem Regler den Magnetstrom ändern. Genaueres über diesen Zustand der Nebenschlußmaschine, den man auch Maschine mit Fremderregung nennt, soll im Abschnitt Stromerzeugungsanlagen gesagt werden.

Als dritte Schaltung führt man bei den elektrischen Gleichstromerzeugern noch die Maschine mit gemischter Schaltung aus. Bei dieser Maschine, die Doppelschluß- oder auch Compoundmaschine heißt, liegen zwei Arten von Wicklungen auf den Magneten, die eine aus wenigen dicken Windungen und die zweite aus vielen dünnen Windungen. Die dünne Wicklung kann nach Abb. 161a an die Klem-

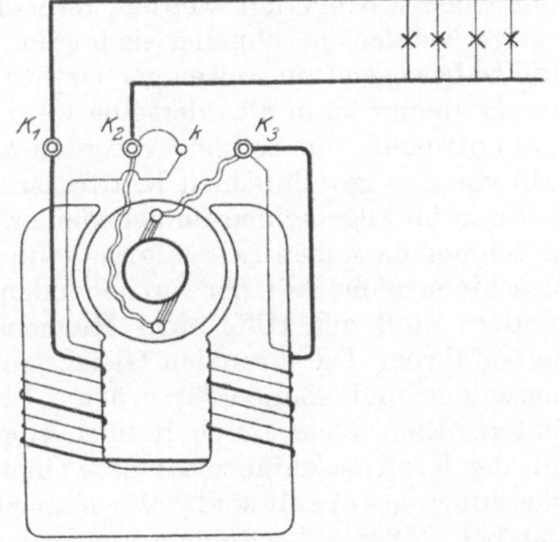

Abb. 162. Doppelschlußmaschine (Bürstenschluß).

men K_1, K_2 geschaltet werden, an denen der äußere Stromkreis liegt, oder nach Abb. 162 direkt an die Bürsten, denn diese sind ja mit den Klemmen K_2, K_3 verbunden. Die Abb. 161a zeigt die Darstellung gemäß den DIN Normen. Beide Schaltungen, die man auch Verbundmaschine mit langem Schluß (Abb. 161a) und Verbundmaschine mit kurzem Schluß (Abb. 162) nennt, haben keine Vorzüge voreinander und sind in ihrer Wirkung vollkommen gleich. Wie man aus den Abbildungen erkennt, ist die Maschine mit gemischter Schaltung eine Vereinigung der beiden bisher besprochenen Schaltungen, der Nebenschluß- und der Hauptstrommaschine. Sie wird daher auch Eigenschaften von beiden Maschinenschaltungen aufweisen. Da bei der Nebenschlußmaschine die Spannung sinkt, wenn die Belastung zunimmt, bei der Hauptstrommaschine aber unter gleichen Umständen die Spannung steigt, so kann man die Maschine mit gemischter Schaltung so ausführen, daß sie bei allen Belastungen mit unveränderter Klemmenspannung arbeitet. Man braucht deshalb eine Maschine mit gemischter Schaltung nicht zu regulieren, wie die Nebenschlußmaschine, wenn man Lampen im äußeren Stromkreis ein- oder ausschaltet. Die Maschinen mit gemischter Schaltung eignen sich aber nur für kleinere Anlagen und können nur schwierig mit Akkumulatoren zusammen arbeiten. Will man mit mehreren Maschinen parallel arbeiten, dann muß man sie doch regulieren, indem man zwischen die Klemmen K_2, k in den Abb. 161 a u. 162 einen Regler einschaltet, mit dem man dann die Belastung auf beide Maschinen beliebig verteilen kann und der auch notwendig ist zum Ein- und Ausschalten der Maschinen.

Man wendet daher in größeren Zentralen immer die Nebenschlußmaschine an, in der Schaltung als fremd erregte Maschine, während die Hauptstrommaschine nur für besondere Fälle, z. B. Bogenlicht mit hintereinander geschalteten Lampen wie in Abb. 149 a und Arbeitsübertragung auf größere Entfernung angewendet werden kann.

In betreff der Größe der Gleichstrommaschinen im allgemeinen muß noch hinzugefügt werden, daß die Maschinen um so kleiner und leichter werden, je schneller sie laufen; denn je schneller sich die Ankerdrähte bewegen, um so weniger Drähte sind auf dem Anker erforderlich, um so kleiner kann also derselbe werden und um so weniger Feldlinien sind notwendig, um so kleiner werden also die Magnete. Da die Umlaufzahl von den gewöhnlichen Kraftmaschinen, Dampf-, Gas- und Wassermotoren im allgemeinen immer kleiner ist als diejenige von elektrischen Maschinen derselben Leistung, so kann man normal gebaute elektrische Maschinen nicht mit der antreibenden Kraftmaschine direkt kuppeln, sondern muß mit Hilfe eines Riemens eine Übersetzung ins Schnelle herbeiführen. Die normalen Gleichstrommaschinen sind daher Riemenmaschinen und können für größere Leistungen bis zu etwa 8 Pole erhalten. Eine solche durch Riemen angetriebene Maschine braucht aber mit der Kraftmaschine zusammen einen größeren Raum, als wenn beide Maschinen gekuppelt sind. Wo man also mit dem Raum sparen muß, was bei größeren Leistungen immer der Fall ist, wendet man die direkt gekuppelten Maschinen an, wie Abb. 148 eine solche zeigt.

Durch die Elektrotechnik wurden die Maschinenbauer veranlaßt, die Umlaufzahlen ihrer Kraftmaschinen gegen früher zu erhöhen, damit die elektrischen Maschinen direkt gekuppelt werden konnten und nicht gar zu groß ausfielen. Heute ist der umgekehrte Fall eingetreten infolge der immer häufiger werdenden Anwendung der Dampfturbinen, deren Umlaufzahl sehr viel höher ist als die der bisher angewendeten Kraftmaschinen. So macht z. B. eine normale Dampfmaschine für 75 PS etwa 200—250 Umdrehungen in der Minute, dagegen eine Dampfturbine derselben Leistung 3000 Umdrehungen. Eine normale elektrische Maschine für Riemenantrieb, passend zu einer Kraftmaschine von 75 PS, wäre eine Maschine für 50 kW, die mit etwa 900 Umdrehungen laufen würde. Man muß also, wenn man Dampfturbinen zum Antrieb von Dynamos benutzen will, durch Riemen oder Zahnräder eine Übersetzung der hohen Umlaufzahl ins Langsamere vornehmen, oder man muß die elektrischen Maschinen für höhere Umlaufzahl einrichten. Letzteres ist heute durch die Erfindung der **Wendepole** und der **Kompensationswicklungen** möglich geworden. Die Wendepole, welche nicht nur bei den sog. Turbodynamos angewendet

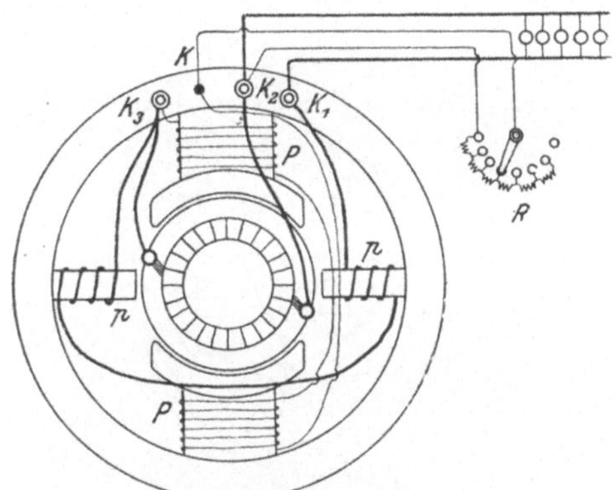

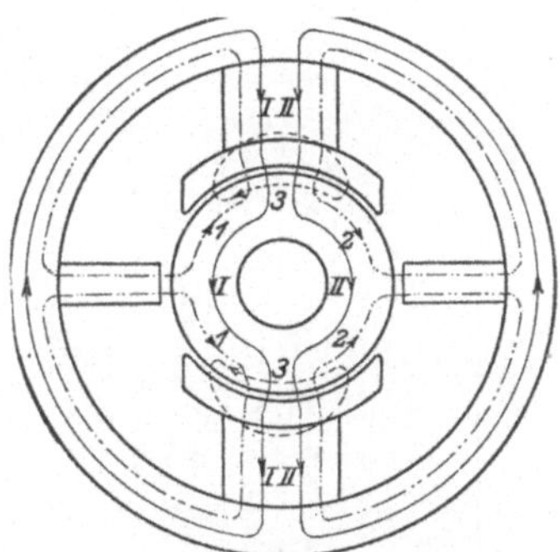

Abb. 163. Nebenschlußmaschine mit Wendepolen. Abb. 164. Wirkung der Wendepole.

werden, sondern sehr häufig bei größeren Motoren mit stark veränderlicher Umlaufzahl, wie noch gezeigt werden soll, sind kleine Hilfspole p, welche nach Abb. 163 zwischen die Hauptpole P an das Joch angeschraubt werden und mit einer dickdrähtigen Wicklung aus wenigen Windungen versehen sind, welche vom Ankerstrom durchflossen wird. Im übrigen sind die Maschinen ganz normal, wie die Abbildung zeigt, die eine zweipolige Nebenschlußmaschine mit Wendepolen darstellt. Der Verlauf der Feldlinien einer Wendepolmaschine ergibt sich aus Abb. 164. Dort sind die Feldlinien des Hauptfeldes mit *I, II* bezeichnet und die schon in Abb. 153 erklärten Querfeldlinien der Windungen unter den Polen mit *3*. Die Wendepole erzeugen nun Feldlinien, die mit *1* und *2* bezeichnet sind und die nach Abb. 164 gerade entgegengesetzt verlaufen, wie die Querfeldlinien *3*, diese demnach aufgehoben werden. Der Hauptzweck der Wendepole ist jedoch ein anderer und wurde schon bei der Erklärung der Stromwendung angedeutet. Sie dienen zur Erzeugung eines magnetischen Feldes an der Stelle, an welcher sich zur Zeit der Stromwendung die Seiten der durch die Bürsten kurzgeschlossenen Spule befinden. In den Seiten soll eine EMK erzeugt werden, die der Reaktanzspannung gleich, aber ihr entgegengerichtet ist. Da letztere mit der Ankerstromstärke wächst, so muß mit ihr auch das Wendefeld verstärkt, die Wendepole also vom Ankerstrom erregt werden, wie dies aus Abb. 163 zu ersehen ist.

Um die in Abb. 154 dargestellte Verzerrung des Feldes aufzuheben, dienen die Kompensationswindungen, deren Prinzip aus Abb. 165 erkannt werden kann. Die Pole besitzen Bohrungen, in welchen die Windungen C untergebracht sind, die auch vom Ankerstrom durchflossen werden. Sie sind so geschaltet, daß in ihnen der Strom entgegengesetzt fließt, wie in den vor ihnen liegenden Ankerwindungen zwischen $a\,b$ und $c\,d$. Die Ausführung der Kompensationswicklung geschieht meist nur bei Turbodynamos für Gleichstrom. Diese Maschinen erhalten aber keine gewöhnlichen Magnetsysteme aus massivem Eisen, sondern, wie zuerst Déri angegeben hat, ein aus Blech und mit Nuten versehenes

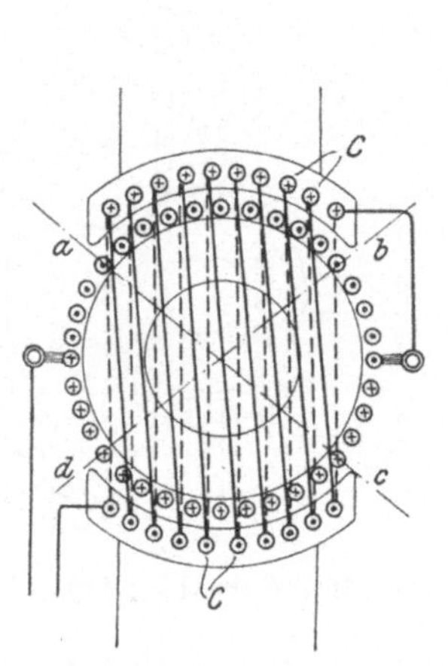

Abb. 165.
Kompensationswindungen.

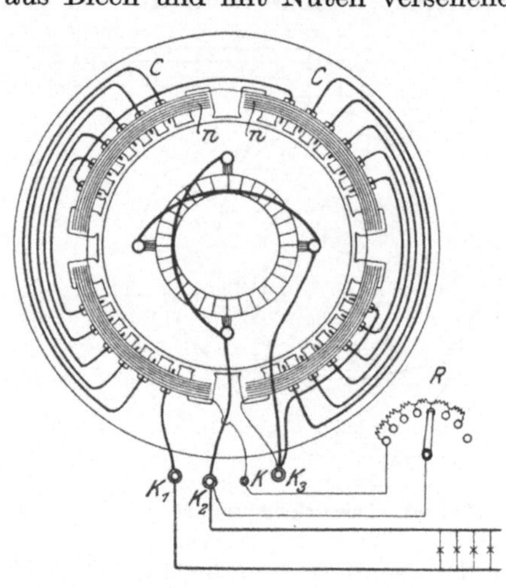

Abb. 166. Gleichstromturbodynamo
mit Kompensations-Wicklung.

Magnetsystem ohne ausgeprägte Pole nach Abb. 166. Die dort gezeichnete Maschine ist eine vierpolige Nebenschlußdynamo. Die vier Magnetspulen n liegen in etwas größeren Nuten und zwischen ihnen die Kompensationswindungen C, die aus Kupferstäben bestehen. Die Zähne, die den Bürsten gegenüber liegen, dienen hierbei gleichzeitig als Wendepole, so daß hier ein für jede Belastung funkenfreier Gang möglich ist. Das Magnetsystem einer derartigen kompensierten Maschine hat Ähnlichkeit mit einem Feld für einen asynchronen Drehfeldmotor, während der Anker in der gewöhnlichen Weise ausgeführt ist. Nur müssen die Anker von Turbodynamos wegen der hohen Umlaufzahl mechanisch viel fester ausgeführt werden, und die Wicklungsstäbe oder Spulen müssen viel besser gegen Herausfliegen gesichert werden, als bei gewöhnlichen Ankern, wo nach Abb. 130 einfache Drahtbänder B genügen. In Abb. 167 ist ein Anker einer Turbodynamo abgebildet. A ist der Eisenkörper, in dem die Wicklung in teilweise geschlossenen Nuten liegt wie diejenigen im Magnetsystem von Abb. 166. Man schiebt dann Keile von der Seite in die Nut über die Kupferstäbe und sichert die sonst mehr frei auf den Wicklungsträgern (Abb. 131, dort sind aber die Bandagen auf den Wickelköpfen fortgelassen, die aus einem ebensolchen Drahtring bestehen wie die drei Bandagen auf dem Anker) liegenden Wicklungsköpfe durch feste Nickelstahlbüchsen B. Die

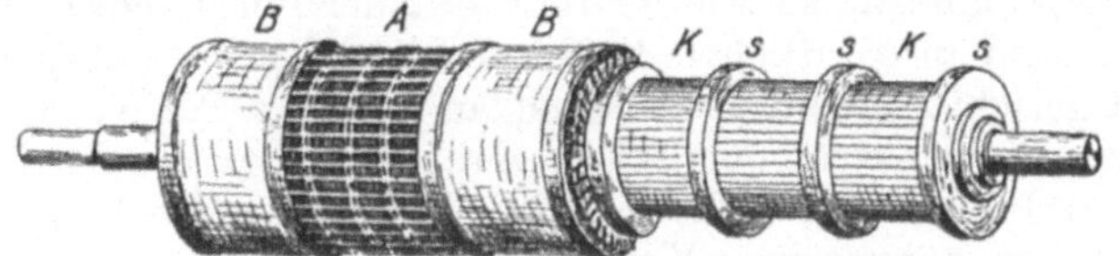

Abb. 167. Anker einer Gleichstromturbodynamo.

Stromwender fallen, meist sehr lang aus, und die Lamellen K müssen deshalb durch mehrere Schrumpfringe S gesichert werden. Eine Turbodynamo wird immer, wie schon Abb. 166 zeigt, viel länger als hoch, weil man eine Vergrößerung des Durchmessers vom Anker möglichst vermeidet, denn je größer der Durchmesser ist, um so stärker wirkt die Fliehkraft und um so schwieriger wird es, die Wicklung und den Stromwender genügend mechanisch zu sichern. Maschinen von verschiedener Leistung unterscheiden sich also mehr durch ihre Länge wie ihre Höhe.

IX. Stromerzeuger für Wechselstrom, ein- und mehrphasig.

Wie schon im Abschnitt VI bei Abb. 78 gezeigt wurde, erhält man durch Drehung einer Drahtschleife vor den Polen eines Magneten eine EMK, deren Richtung bei einer Umdrehung der Schleife so oft wechselt, wie das Magnetsystem Pole hat. Da man mit wenigstens 80 Wechseln in der Sekunde arbeiten muß, wenn man Glühlicht mit Wechselstrom erzeugen will, damit die Lampen ruhig brennen, und weil man aus praktischen Gründen mit der Umlaufzahl nicht zu hoch gehen kann, muß man bei normalen Wechselstrommaschinen immer mehr als zwei Pole anwenden, wie auch schon auf S. 57 gesagt wurde. Eine Ausnahme machen Turbodynamos für Wechselstrom, die auch vielfach zweipolig ausgeführt werden.

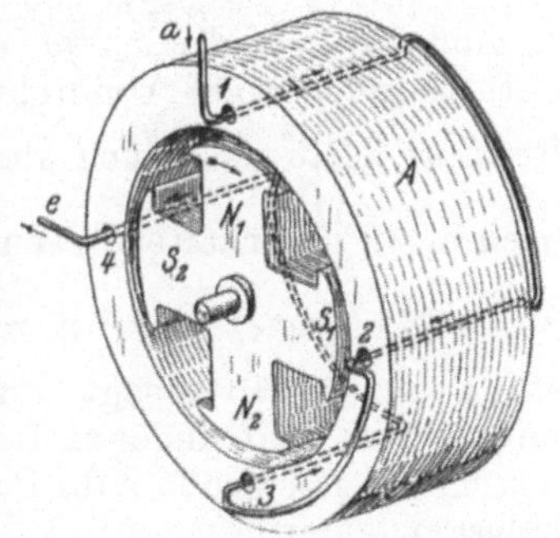

Abb. 168. Ankerwicklungsschema einer einphasigen Wechselstrommaschine.

Die Wechselstrommaschinen werden, aus später zu erörternden Gründen, sehr häufig für hohe Spannungen gebaut. Da man aber Wicklungen mit hoher Spannung dann besser isolieren kann, wenn sie still stehen, so führt man bei Wechselstrom den Anker mit der Bewicklung ruhend aus, während das Magnetrad mit den Polen umläuft. Das Schema einer wirklichen Wechselstrommaschine mit stillstehendem Anker und umlaufendem Magnetrad zeigt Abb. 168. Die Wicklung besteht aus vier Stäben, die mit $1, 2, 3, 4$

bezeichnet sind. Diese Stäbe stecken in Löchern des aus Blechen aufgebauten eisernen Ankerkörpers A. Wendet man die auf S. 28 gegebene Handregel für den Fall an, daß das Feld sich bewegt, so erhält man bei der augenblicklichen Stellung des Magnetrades in den einzelnen Drähten elektromotorische Kräfte von der Richtung der eingezeichneten Pfeile. Hat sich das Magnetrad so weit gedreht, daß der Pol N_1 vor dem Draht 2 steht, dann sind in sämtlichen Drähten die elektromotorischen Kräfte umgekehrt gerichtet; steht das Magnetrad mit dem Pol N_1 vor Draht 3, dann haben die elektromotorischen Kräfte wieder die Richtung der gezeichneten Pfeile, und steht es schließlich mit N_1 vor Draht 4, so sind die elektromotorischen Kräfte so gerichtet wie dann, wenn N_1 vor Draht 2 steht. Man erhält also für eine Umdrehung des Polrades in diesem Fall eine viermal wechselnde EMK, und wenn man, wie in der Praxis meist üblich, 100 Wechsel in einer Sekunde erzeugen will,

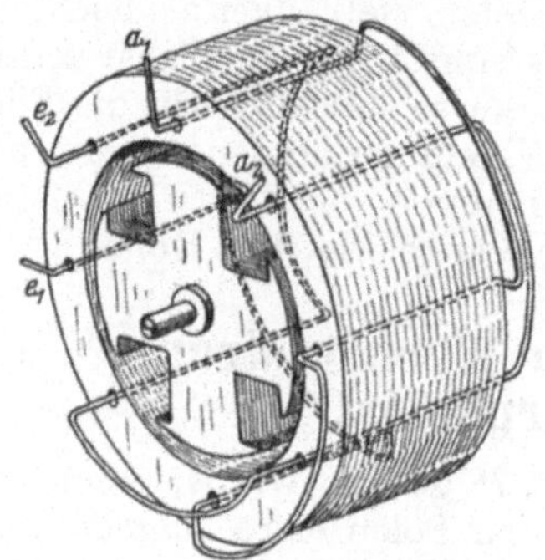

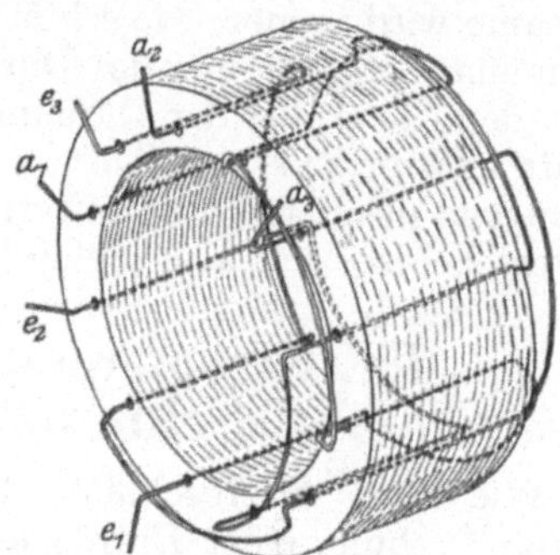

Abb. 169. Ankerwicklungsschema einer zweiphasigen Wechselstrommaschine.

Abb. 170. Ankerwicklungsschema einer dreiphasigen Wechselstrommaschine.

so muß das Polrad mit $100 : 4 = 25$ Umdrehungen in der Sekunde oder mit $25 \cdot 60 = 1500$ Umdrehungen in der Minute umlaufen. Dieses Resultat hätte man auch aus der Formel 33 $\frac{n\,p}{60} = f$ durch Auflösen nach $n = \frac{60\,f}{p}$ erhalten, wenn man $f = 50$ Hz, $2p = 4$ (Pole), also $p = 2$ (Polpaare) setzt: $n = \frac{60 \cdot 50}{2} = 1500$ Umdrehungen. Wie auch schon auf S. 113 gesagt wurde, erhalten die für direkte Kupplung mit Dampf- und anderen Kraftmaschinen bestimmten Wechselstrommaschinen eine große Zahl Pole, bis zu 50 und mehr, weil sie dann sehr langsam laufen.

36. Beispiel: Ist $2p = 50$, $f = 50$, so wird $n = \frac{60 \cdot 50}{25} = 120$.

Man unterscheidet bei Wechselstrommaschinen zwischen ein- und mehrphasigen Maschinen. Hat die Maschine nur eine Wicklung, wie in Abb. 168, dann ist sie einphasig. In Abb. 169 sind zwei Wicklungen auf dem Anker angeordnet: $a_1\,e_1$ sind Anfang und Ende der ersten Wicklung und $a_2\,e_2$ sind Anfang und Ende der zweiten Wicklung. Man erkennt aus der Abbildung, daß beide Wicklungen um die halbe

Polteilung gegeneinander versetzt sind, denn wenn das Polrad mit den Magnetpolen gerade vor den Drähten der einen Wicklung steht, liegen die Drähte der zweiten Wicklung gerade mitten zwischen den Polen. Demnach ist der Strom in dieser zweiten Wicklung gerade null, wenn er in der ersten einen höchsten Wert hat. Solche zweiphasige Maschinen werden aber fast gar nicht angewendet, wohl aber die einphasigen und die dreiphasigen Wechselstromerzeuger. Es soll deshalb auch auf die Zweiphasenmaschinen nicht weiter eingegangen und gleich die dreiphasigen Maschinen besprochen werden.

Eine dreiphasige Maschine besitzt drei Wicklungen, die nach Abb. 170 auf dem Anker angeordnet sind. Anfang und Ende der ersten Wicklung sind mit a_1 und e_1 bezeichnet, desgleichen bedeutet a_2 und e_2 Anfang und Ende der zweiten und a_3 und e_3 Anfang und Ende der dritten Wicklung. Die drei Wick-

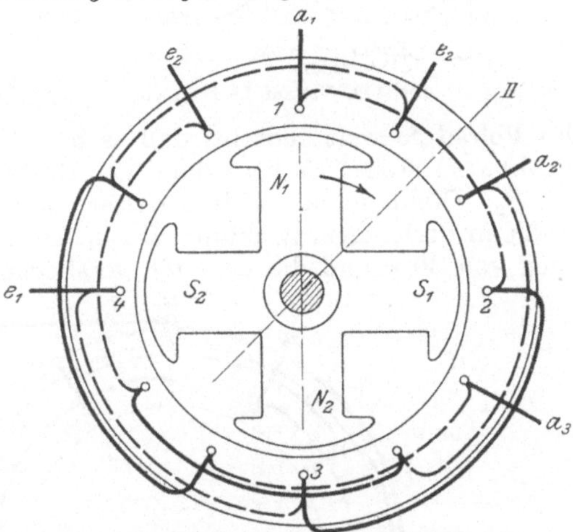

Abb. 171. Erläuterung zum dreiphasigen Generator.

lungen sind um $^2/_3$ der Polteilung gegeneinander versetzt, wie noch besser aus Abb. 171 hervorgeht, wo die Wicklung gerade von vorn gegen die Stirnseite gesehen aufgezeichnet und das Polrad mit dargestellt ist. Da die drei Anfänge $a_1\,a_2\,a_3$ um $^2/_3$ der Polteilung gegeneinander versetzt sind, so müssen auch die drei Ströme und ebenso die drei elektromotorischen Kräfte um $^2/_3$ der Zeitdauer eines Wechsels gegeneinander verschoben sein. Zeichnet man die drei elektromotorischen Kräfte auf, so erhält man Abb. 172, bei der die wagrechte Linie OP_8 die Zeit in Sekunden darstellt und angenommen ist, daß die höchste EMK in den drei Wicklungen 30 V beträgt, daher ist die senkrechte Linie OP_1 in 30 Teile geteilt, und zwar von 0 nach oben positiv und von 0 nach unten negativ. Wenn die Maschine in Abb. 171 in einer Sekunde 100 Wechsel erzeugen soll, dann hat sich ein Wechsel in $^1/_{100}$ Sekunde vollzogen. Da nun bei der in der Abbildung gezeichneten Stellung des Polrades in dem Draht 1 die Spannung den höchsten Wert, also 30 V hat, so erhält man Punkt P_1. Nach $^1/_{100}$ Sekunde hat die EMK ihre Richtung gewechselt und besitzt ihren höchsten negativen Wert, man erhält also Punkt P_5 und in der Mitte zwischen beiden Werten, also bei $^1/_{200}$ Sekunde, ist die Spannung null, dem entspricht der Punkt P_4. Von P_1 nach P_4 nimmt die EMK ab, wie die Kurve 1 in Abb. 172 zeigt, von P_4 nach P_5 nimmt sie wieder zu, aber umgekehrt wie vorher; bei P_5 hat sie ihren negativen Höchstwert, nimmt von P_5 bis P_6 allmählich wieder ab, bis sie bei P_6 null geworden ist. Dann nimmt sie wieder zu von P_6 bis zu einem positiven Höchstwert P_7 usw. Im Augenblick, wo die Spannung im Draht *1* den Wert P_1 hat, steht das Polrad in der gezeichneten Lage, also mit dem Pol N_1 gerade vor dem Draht *1*. Hat die Spannung im Draht *1* den Wert null, entsprechend dem Punkt P_4, dann hat sich

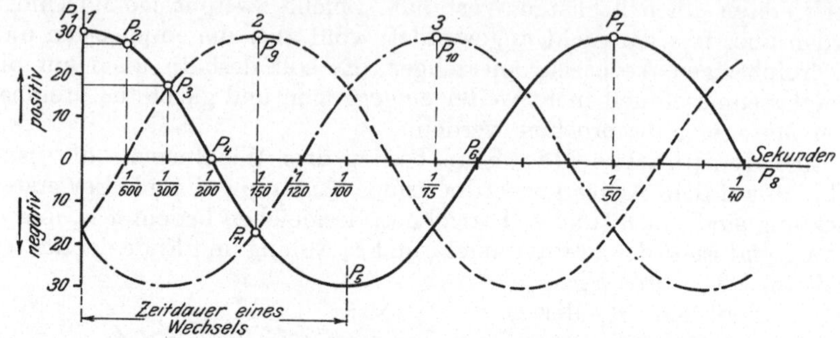

Abb. 172. Verlauf des nach Abb. 170 u. 171 erzeugten Drehstromes.

das Polrad so weit gedreht, daß es mit dem Pol N_1 auf der Linie *II* in Abb. 171 steht. Es liegt dann der Draht *1* in der Mitte zwischen N_1 und S_2. Dreht sich das Polrad weiter, dann gelangt N_1 vor a_2, und man erhält in derjenigen Wicklung, deren Anfang a_2 ist, die höchste Spannung von 30 V und die Zeit, die verstrichen ist zwischen der Stellung

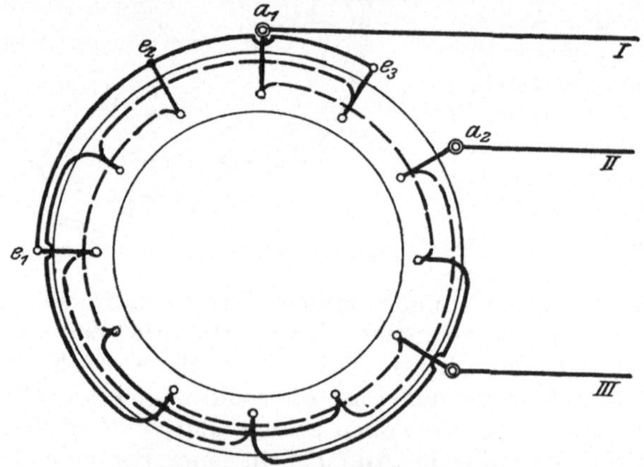

Abb. 173. Anker in Sternschaltung.

des Poles N_1 vor *1* und N_1 vor a_2, beträgt $^2/_3$ von $^1/_{100}$ Sekunde, also $^1/_{150}$ Sekunde, demnach entspricht Punkt P_9 der augenblicklich im Draht a_2 erzeugten EMK. Gleichzeitig ist auch der Pol S_2 näher an den Draht *1* herangekommen, es entsteht also in diesem Draht eine umgekehrte EMK wie im Draht a_2 entsprechend dem Wert P_{11} auf der Kurve *1*. Da sich bei weiterer Drehung der Pol S_2 dem Draht *1* immer mehr nähert, so nimmt auch in ihm die Spannung immer mehr zu, während sie in dem Draht a_3 immer mehr abnimmt, weil der Pol S_1 sich von ihm immer weiter entfernt. Man erkennt aus dem Vorstehenden und aus der Abb. 172, daß die drei Spannungen und demnach auch die drei Ströme, die durch die Maschine in Abb. 170 erzeugt werden, Ströme sind, deren Vektoren Winkel von 120° miteinander einschließen. Wie auf S. 50 gezeigt, ist die Summe der Zeitwerte immer gleich Null, und kann man daher die Enden der Wicklungen in Stern- oder Dreieckschaltung vereinigen. Die Sternschaltung erhält dann, auf den Anker in Abb. 170 und 171 angewendet, das Aussehen von Abb. 173, oder führt man die Wicklung in Dreieckschaltung aus (vgl. Abb. 69), so erhält man Abb. 174.

Bei Stromerzeugern wird, wie schon früher gesagt wurde, gewöhnlich Sternschaltung ausgeführt.

Die Vorzüge des Dreiphasenstromes gegenüber des Einphasigen liegen in den Maschinen und in den Leitungen. Zunächst läßt sich die

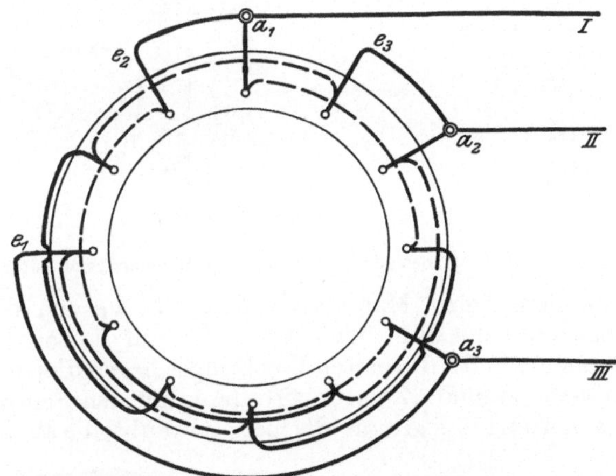

Abb. 174. Anker in Dreieckschaltung.

Einphasenmaschine nicht so vollständig bewickeln wie eine Dreiphasenmaschine, weil zwischen zwei Spulen ein freier Raum bleiben muß (vgl. Abb. 186). Dann aber kann man die dreifache Leistung mit nur 3 Drähten anstatt mit 6 fortleiten. Fügt man also zu einem bestehenden Einphasenleitungsnetz nur noch einen Draht hinzu, so läßt sich eine größere Leistung verteilen, wenn nur noch in der Zentrale eine Dreiphasenmaschine aufgestellt wird. Allerdings müßten natürlich die Kraftmaschinen, Kessel usw. ebenfalls auf die größere Leistung bemessen werden.

Äußerlich unterscheidet man auch bei den Wechselstrommaschinen Feld und Anker. Das Feld oder Magnetsystem ist immer aus weichem Eisen hergestellt, es kommt also in Frage Stahlguß, Flußeisen, Schmiedeeisen, seltener auch Gußeisen. Die gewöhnliche Form des Feldes ist ein Rad mit angesetzten Polen. Bei Einphasenmaschinen muß der Teil des Polrades, der zum Leiten der Feldlinien dient, ganz aus Eisenblech hergestellt sein, denn bei diesen Maschinen erzeugt die Ankerrückwirkung entsprechend den Wechseln des Ankerstromes auch ein schwankendes Rückwirkungsfeld, welches bei massiven Polen und Magneträdern starke

Wirbelstromverluste hervorrufen würde. Man baut daher die Magneträder nach Abb.175 aus Eisenblechen auf. Bei der Größe der Räder kann man gewöhnlich, wie auch schon bei größeren Gleichstromankern, die einzelnen Bleche nicht mehr rund aus einem Stück schneiden, sondern

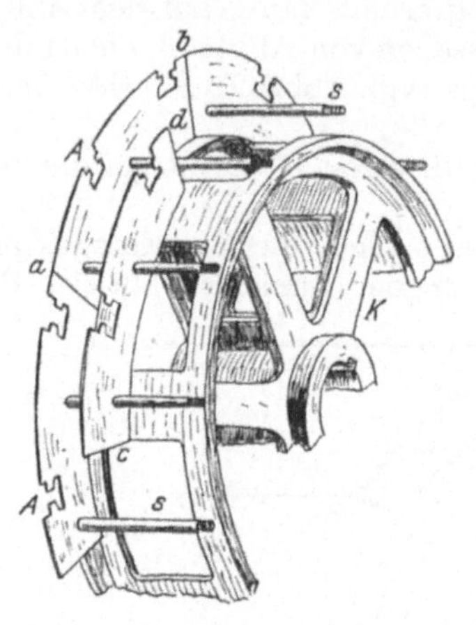

Abb. 175. Zusammenbau eines Magnetrades.

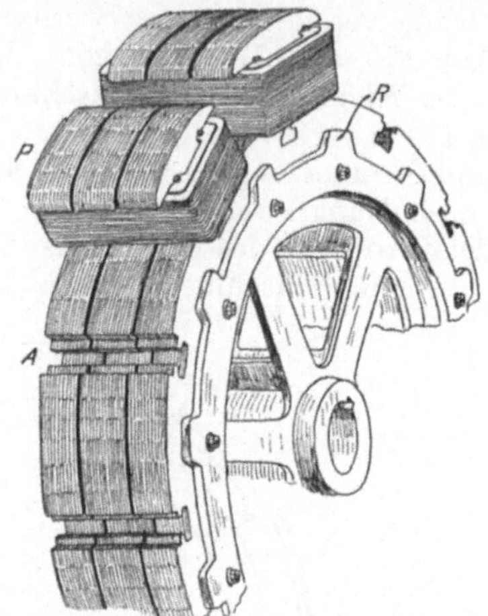

Abb. 176. Magnetrad mit Lüftungskanälen.

muß sie zusammensetzen. Man stanzt daher Bleche von der Form B in Abb.177 aus und setzt diese nach Abb.175 so auf die Schrauben S auf, daß die Stoßfugen a und b des ersten Blechringes gegen diejenigen c und d des nächsten versetzt sind. Zuletzt wird dann mit den Schrauben S ein Preßring R nach Abb.176 gegen die Bleche geschraubt, die auch, wie schon

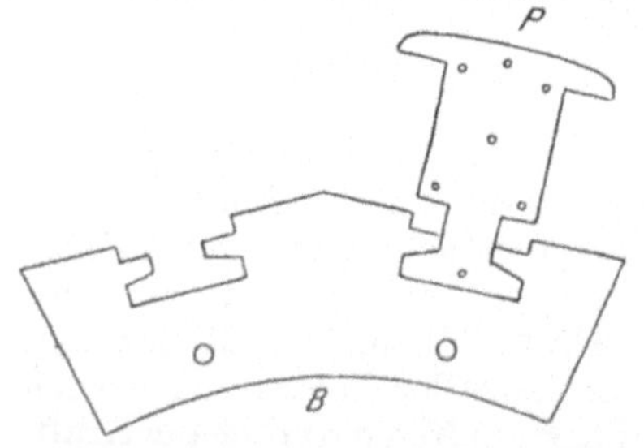
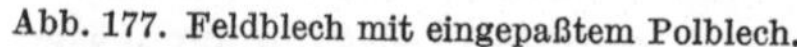

Abb. 177. Feldblech mit eingepaßtem Polblech.

Abb. 178. Blechpol mit Lüftungskanälen.

bei Gleichstromankern gezeigt wurde, Lüftungsspalte erhalten können zum besseren Ableiten der Wärme. Es besitzt deshalb der Gußkörper K, auf den die Bleche nach Abb.175 aufgesetzt werden, auf seinem Umfang größere Durchbrechungen.

Die Pole, welche ebenfalls aus Blech hergestellt werden, deren Form Abb. 177 mit P bezeichnet darstellt, schiebt man mit ihren Füßen seitlich in die Aussparungen A Abb.175 und 176 des Blechringes ein, nachdem sie mit der Wicklung versehen sind. Einen zusammengebauten Pol zeigt Abb.178. Die Bleche werden dabei durch Nieten zusammengehalten, die quer durch die Bleche führen.

Die Wicklung für die Pole, die **Feldspulen**, biegt man nach
Abb. 179 sehr häufig aus Flachkupfer und legt zur Isolation Papier-
streifen zwischen die einzelnen Lagen, oder man isoliert die einzelnen
Lagen voneinander durch Emaillelack. Die fertig gebogene Spule wird

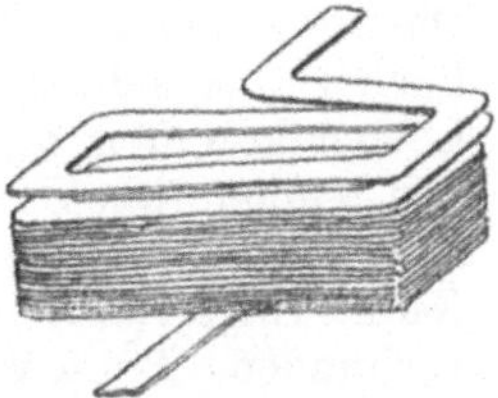

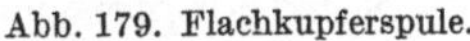

Abb. 179. Flachkupferspule.

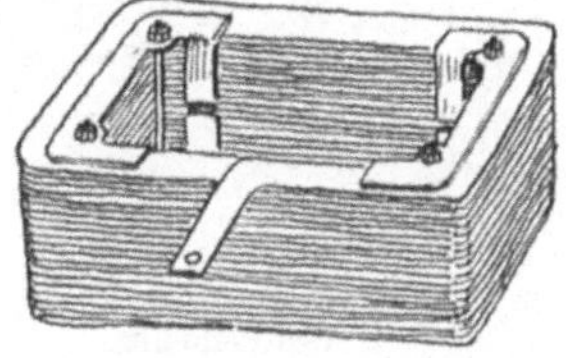

Abb. 180. Zusammengeschraubte Spule.

noch durch Schrauben und Bleche oder Gußstücke zusammengehalten,
wie Abb. 180 zeigt.

Während die Magneträder für Einphasenmaschinen wegen der veränderlichen Ankerrückwirkung aus Blech aufgebaut sein müssen, kann
man die **Polräder für Dreiphasenmaschinen** aus massivem Eisen
herstellen, denn das Ankerrückwirkungsfeld ist bei der Dreiphasenmaschine ein mit derselben Geschwindigkeit wie das Polrad umlaufendes
gleichmäßiges Drehfeld, dessen Stärke sich nicht ändert. Es bleibt also
in bezug auf das sich ebenfalls drehende
Polrad relativ zu diesem in Ruhe, und im
Eisen des Poles können keine Wirbelströme
entstehen. Ein derartiges Magnetrad für eine
Dreiphasenmaschine zeigt Abb. 181. Es ist
ein schwungradartiges Gußstück, auf welches
runde oder viereckige Pole P_1 mit Schrauben
und durch Präzisionsstifte gegen Verdrehung
gesichert, befestigt werden. Auf die Pole
setzt man die Polschuhe auf, die gewöhnlich,
wie auch aus der Abbildung bei P_2 zu ersehen, aus Blech bestehen und einen schwal-
benschwanzförmigen Einsatz aus massivem

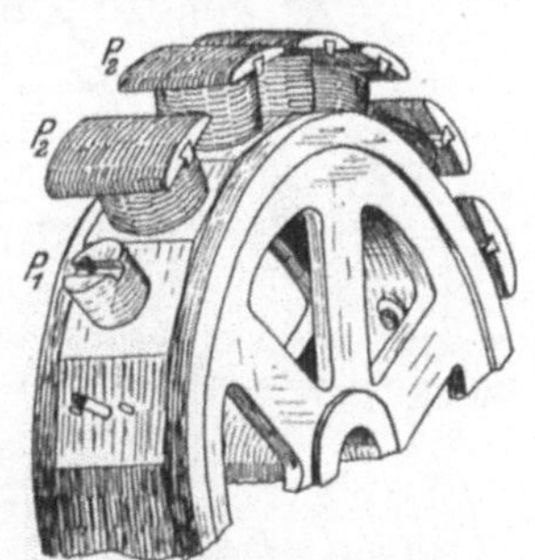

Abb. 181. Massives Polrad für
Dreiphasen-Generator.

Eisen besitzen, in den die Schraube, die den Pol hält, mit hinein-
geschraubt wird. Häufig findet man noch an den Polen der Wechselstrommaschinen besondere **Schutzeinrichtungen** gegen das **Pendeln**.

Das **Pendeln** ist eine unangenehme Erscheinung, die beim Zusammenarbeiten mehrerer Maschinen auftreten kann und darin besteht,
daß bald die eine und bald wieder die andere Maschine abwechselnd
voreilt und zurückbleibt. Die voreilende Maschine liefert dann infolge
höherer Spannung einen Strom in die nachgebliebene. Diese letztere
läuft also als Motor und wird dadurch beschleunigt, während die Geschwindigkeit der ersteren verzögert wird. Hierdurch vertauschen dann
beide Maschinen ihre Rollen, indem jetzt die zweite den Strom in die
erste liefert usf. Dieser zwischen den Maschinen hin und her fließende
Strom ist zwar fast wattlos, erhitzt aber unnötigerweise die Maschinen.

Das Pendeln rührt hauptsächlich von den Schwungmassen und der Arbeitsweise der Antriebsmaschinen her, und man kann es vermeiden durch besondere Ausführung dieser Maschinen. Außerdem läßt es sich auch durch die Dämpferwicklungen vermeiden, von denen eine in Abb. 182 gezeichnet ist. Die Pole sind dort mit Löchern b versehen. In diese Löcher kommen die blanken Kupferstäbe S. Sämtliche Stäbe sind dann durch Kupferringe R miteinander verbunden. Beim Voreilen

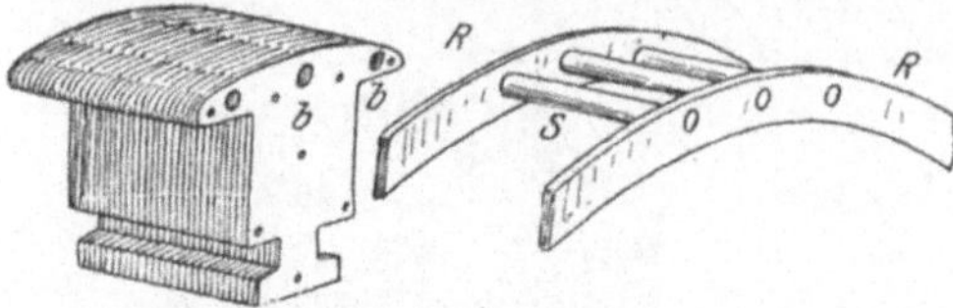

Abb. 182. Pole mit Kurzschlußstäben zur Vermeidung des Pendelns.

einer Maschine entstehen in diesen Kurzschluß- oder Dämpferwicklungen wegen ihres kleinen Widerstandes sehr starke Ströme, dadurch wird, ähnlich wie bei der Dämpfung von Meßinstrumenten, das Voreilen vermieden.

Der Anker der Wechsel- und Drehstrommaschinen ist, wie schon gesagt wurde, der feststehende Teil. Der Kern des Ankers muß hier natürlich ebenso wie bei den Ankern der Gleichstrommaschinen zur möglichsten Vermeidung von Wirbelströmen aus Schmiedeisenblechen hergestellt werden, und ebenso muß das Blech wegen der auftretenden Ummagnetisierung sehr weich und leicht magnetisierbar sein. Überhaupt gilt für die Verluste der Wechselstrommaschinen dasselbe, was auch schon auf den Seiten 90 und 91 bei den Gleichstrommaschinen gesagt wurde. Der aus Blechen aufgebaute Ankerkern K sitzt, wie Abb. 183 zeigt, in einem

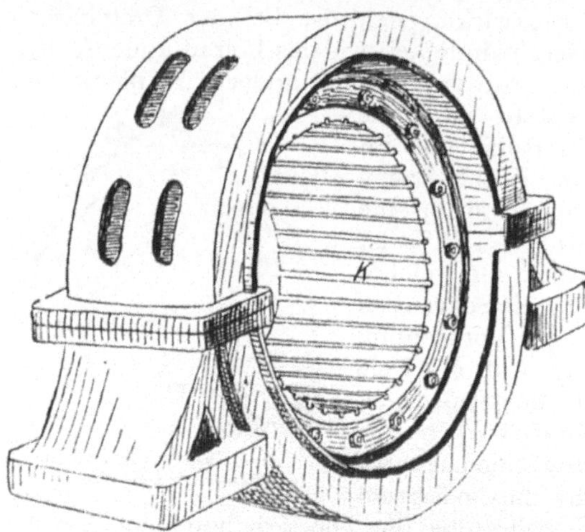

Abb. 183. Wechselstrommaschine ohne Wicklung.

aus Gußeisen hergestellten Gehäuse. Die Gehäuse erhalten eine Höhe bis zu 5 m und mehr, und ihre Form muß deshalb gegen Durchbiegung widerstandsfähig sein. Große Maschinen sind auch immer sehr schmal. Die Bleche des Ankers werden, wie schon bei Gleichstromankern beschrieben wurde, durch Schrauben und Preßringe im Gehäuse gehalten und können auch mit Lüftungsspalten versehen werden. Es erhalten dann die Gehäuse außen Löcher, wie dies ebenfalls Abb. 183 zeigt.

Die Wicklung der Anker kann als Draht- und als Stabwicklung ausgeführt werden, und die Drahtwicklung läßt sich von Hand oder als Formspulenwicklung ausführen. Die Handwicklung ist bei Wechselstrommaschinen heute noch sehr verbreitet. Sie muß angewendet werden bei vollkommen geschlossenen Nuten. Gewöhnlich sind aber die Nuten der Wechselstromanker halbgeschlossen ausgeführt, sie besitzen dann oben einen Schlitz, und durch diesen Schlitz kann man mit einem einzigen Draht hindurch. Hierauf beruhen dann die Formspulenwicklungen bei Wechselstrom. Die Handwicklung wird durch Abb. 184 erläutert.

Diejenigen Nuten, welche zu einer Spule gehören, werden zunächst, nachdem das Isolierrohr hineingeschoben ist, mit ebenso vielen Nadeln D angefüllt, wie die Spule Windungen erhalten soll. Diese Nadeln, welche aus Eisen oder Messing oder irgendeinem anderen Metall bestehen, haben genau denselben Durchmesser wie der einzufädelnde Draht der Spule, über seine Isolation gemessen. Man zieht nun der Reihe nach, wie in der

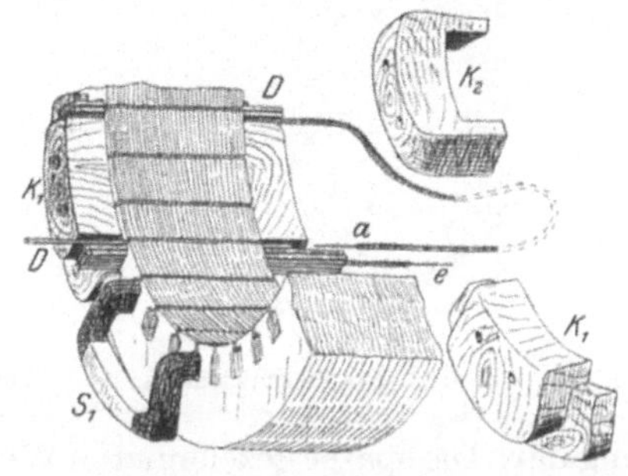

Abb. 184. Wickeln eines Wechselstrom-Ankers mit der Hand.

Abbildung gezeichnet ist, eine Nadel nach der anderen heraus und schiebt den Anfang a des einzufädelnden, isolierten Drahtes hinterher. Der isolierte Kupferdraht für die Spule muß von vornherein so lang abgeschnitten werden, wie es die ganze Spule erfordert, deshalb ist, namentlich zuerst, das Hindurchziehen des langen Drahtstückes ziemlich unbequem, zumal man den Draht möglichst wenig biegen soll, weil er dadurch hart wird, und man außerdem auch seine Umspinnung schonen muß. Damit die Spulen alle gleiches Aussehen und gleiche Länge erhalten, schraubt man auf die Stirnseiten des Ankers Holzklötze K_1, über welche man den Draht biegt, so daß die fertigen Spulen die Form der mit S_1 bezeichneten erhalten. Bei einphasigem Wechselstrom biegt man nur solche Spulen. Bei Dreiphasenstrom wird aber die eine Hälfte der Spulen über Klötze von der Form K_1 gewickelt, während die andere Hälfte über Klötze von der Form K_2 gewickelt wird. Die fertigen Spulen eines dreiphasigen

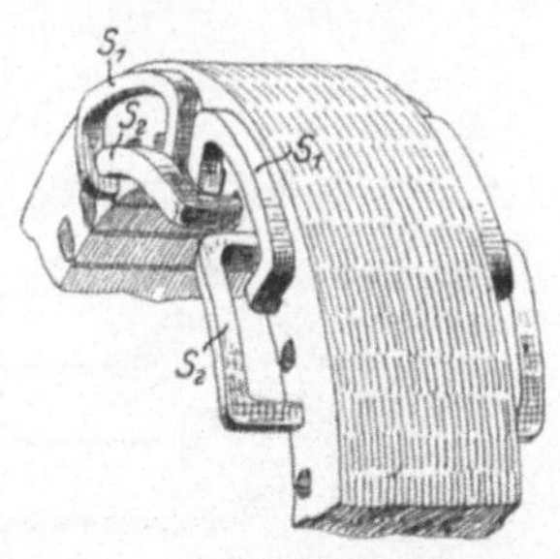

Abb. 185. Handgewickelte Dreiphasenstränge.

Ankers haben dann die Form, wie sie Abb. 185 zeigt, und zwar sind S_1 diejenigen, welche über die Klötze K_1 gewickelt wurden, während S_2 über K_2 gewickelt waren.

Wie schon gesagt wurde, kann man bei Einphasenstrom die Nuten des Ankers, die allerdings der Einfachheit wegen genau wie für Dreiphasenstrom sämtlich in die Bleche eingestanzt werden, nicht alle bewickeln. In Abb. 186 ist eine Einphasenwicklung dargestellt. Man läßt dabei innerhalb der Spulen, die mit S_1, S_2, S_3, S_4 bezeichnet sind, einige Löcher oder Nuten, hier 4, 5, 6, unbewickelt. Würde man diese auch noch bewickeln, so würden sich in ihnen die induzierten Span nungen aufheben, sie wären also zwecklos und vergrößerten nur den Ankerwiderstand. Wie auch aus Abb. 186 hervorgeht, verteilt man eine Spule immer auf mehrere Nuten und unterscheidet danach Einloch - und Mehrlochwicklungen. Die Abb. 186 stellt eine Dreilochwick-

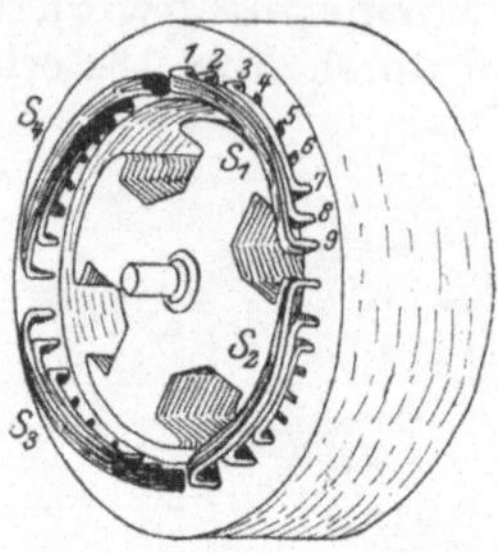

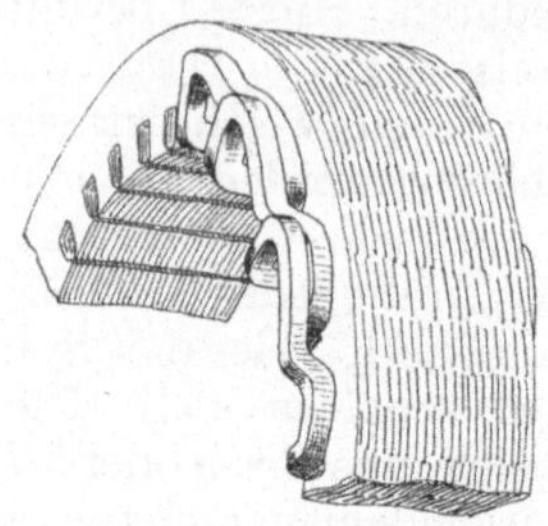

Abb. 186. Einphasenwicklung.   Abb. 187. Dreiphasenwicklung mit gleichen Spulen.

lung dar. Die später gezeichneten Wicklungen sind der Einfachheit wegen alle als Einlochwicklungen dargestellt, werden aber stets als Mehrloch- wicklungen ausgeführt. Während bei der Dreiphasenwicklung nach Abb. 185 zwei verschiedene Spulen vorhanden sind, kann man aber auch sämtliche Spulen in gleicher Weise ausführen, dann erhalten die Anker das Aussehen nach Abb. 187.

Bei Wechselstrom kommt hauptsächlich Drahtwicklung vor, weil die Maschinen meist höhere Spannungen liefern. Es läßt sich aber bei stärkeren Strömen auch sehr gut Stabwicklung ausführen, wie Abb. 188 zeigt. In Wirklichkeit sind natürlich alle Nuten vollgewickelt. Die ein- zelnen Stäbe werden zu- erst gebogen und lassen sich dann abwechselnd von links und rechts in die Nuten einschieben. Darauf werden sie mit den über ihre Köpfe ge- schobenen Hülsen ver- lötet.

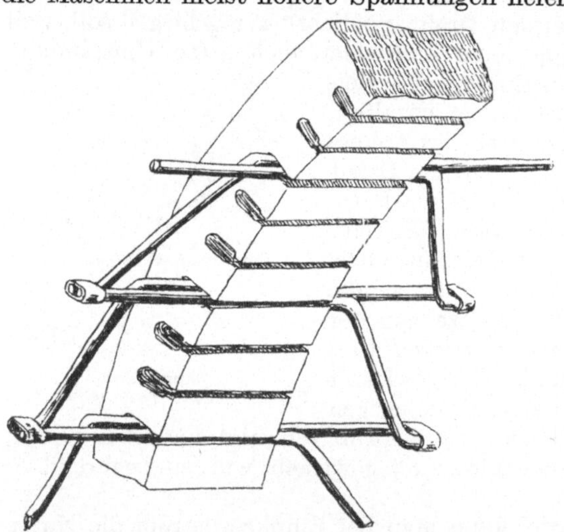

Abb. 188. Stabwicklung bei einphasigem Wechselstrom.

Wie bei Gleichstrom- maschinen kann man auch die Wechselstrom- maschinen für Riemen- antrieb und für direkte Kupplung mit der Kraftmaschine ausführen. In Abb. 189 ist eine Riemenmaschine abgebildet, welche mit ihrer Erregermaschine, die den Gleichstrom für das Magnetrad liefert, direkt gekuppelt ist. Das Magnetsystem G der Erregermaschine erhält bei dieser direkten Kupplung gewöhnlich verhältnismäßig viele

Pole, da diese Maschine dann für ihre Leistung sehr langsam läuft.
B ist in der Abbildung der Griff zum Verstellen der Bürsten der
Gleichstrommaschine. Hinter dem Lager, an dessen Arme das Magnetsystem G mit Schrauben befestigt
ist, sind die Schleifringe sichtbar, durch welche vermittels der
Bürsten der Gleichstrom für die
Erregung der Pole der Wechselstrommaschine zugeführt wird.

Die Erregermaschine der
Wechselstrommaschinen kann, wie
schon bemerkt, direkt gekuppelt
werden, wobei sie abnormal groß
ausfällt, oder aber man treibt
sie, indem dann eine gewöhnliche
Gleichstrommaschine verwendet
wird, besonders durch eine kleinere
Kraftmaschine an. Die Schaltung
der Erregung zeigt Abb. 190. Die

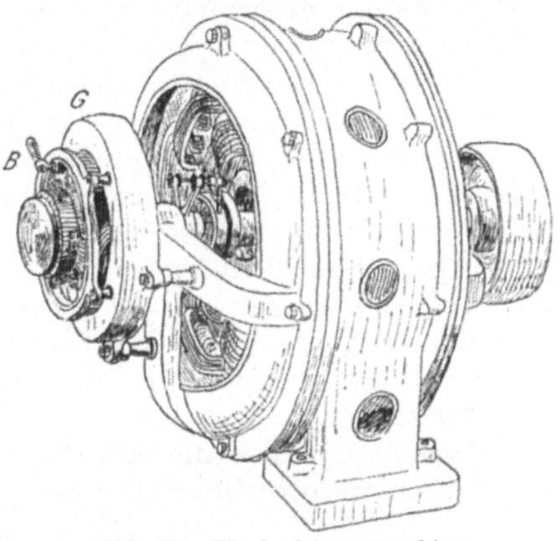

Abb. 189. Wechselstrommaschine.

Erregermaschine ist mit EM bezeichnet, als Nebenschlußmaschine
geschaltet und besitzt den Regler R_1. Der Strom, den sie liefert, wird,
nachdem er einen weiteren Regler R_2 durchflossen hat, der allerdings
nur erforderlich ist, wenn die Erregermaschine gleichzeitig mehrere

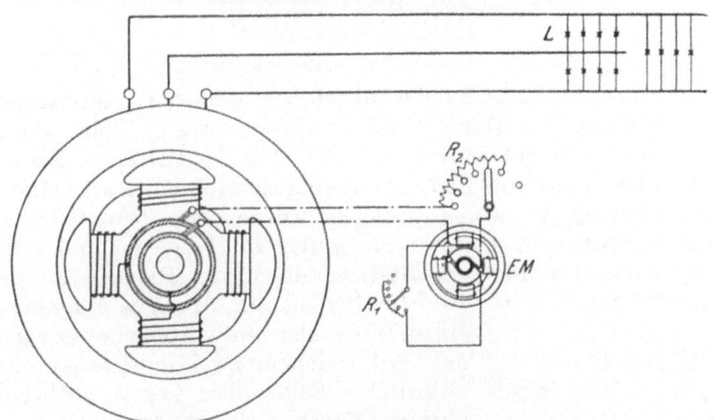

Abb. 190. Schaltung der Erregermaschine.

Generatoren speisen soll, durch die Wicklung der Pole des Wechsel-
stromgenerators geleitet. Der Wechselstromgenerator kann einphasigen
oder mehrphasigen Strom erzeugen, die Schaltung der Erregung bleibt
dieselbe.

Wenn im äußeren Stromkreis der Wechselstrommaschinen Lampen,
Motoren und andere Verbrauchskörper eingeschaltet sind, also der
Anker der großen Maschine Strom liefert, dann tritt auch hier eine
Rückwirkung des Ankerstromes auf das Hauptfeld der Maschine ein,
und es geht die Spannung zurück. Man muß dann mit Hilfe des Reglers

R_2 die Wechselstrommaschine stärker erregen, während der Regler R_1 zum Konstanthalten der Gleichstromspannung dient, denn gewöhnlich betreibt man mit einer Erregermaschine, zu der auch häufig noch eine kleine Akkumulatorenbatterie kommt, mehrere Magneträder, und außerdem wird in großen Wechselstromzentralen der Gleichstrom auch für verschiedene selbsttätige Apparate gebraucht, wie im Abschnitt über elektrische Anlagen noch gezeigt wird.

Während man bei Nebenschluß-Gleichstrommaschinen die Belastung mit Hilfe der Regler beliebig auf die einzelnen Maschinen verteilen kann, wenn mehrere parallel arbeiten, läßt sich dies bei Wechselstrommaschinen nicht mehr mit den Reglern ausführen. Man ändert mit Hilfe der Regler nur die Spannung und ihre Phasenverschiebung, aber um die Leistung der Wechselstrommaschine zu ändern, muß man, wie noch gezeigt wird, den Regulator der antreibenden Kraftmaschine beeinflussen.

Ebenso wie man die Gleichstrommaschinen mit den sehr rasch laufenden Dampfturbinen kuppelt, führt man auch Wechselstrom-

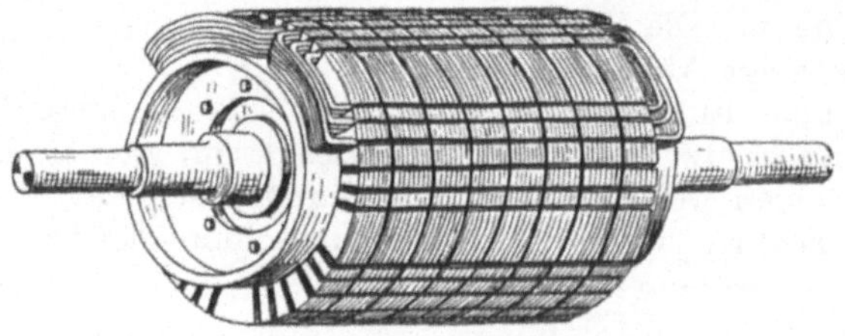

Abb. 191. Polrad für Wechselstromturbogenerator.

Turbo-Dynamos aus. Solche Maschinen erhalten dann wegen der hohen Umlaufzahl der Dampfturbinen nur sehr wenig Pole. Die Anker machen meist keine Schwierigkeit, wohl aber die Polräder. Sie können nicht mehr in der gewöhnlichen Art mit aufgesetzten Polen ausgeführt werden, weil dann die Wicklung abfliegen würde. Man bringt deshalb die Wicklung in Form von unterteilten Spulen in Nuten an und setzt den Eisenkörper der Polräder aus Stahlscheiben oder Blechen zusammen.

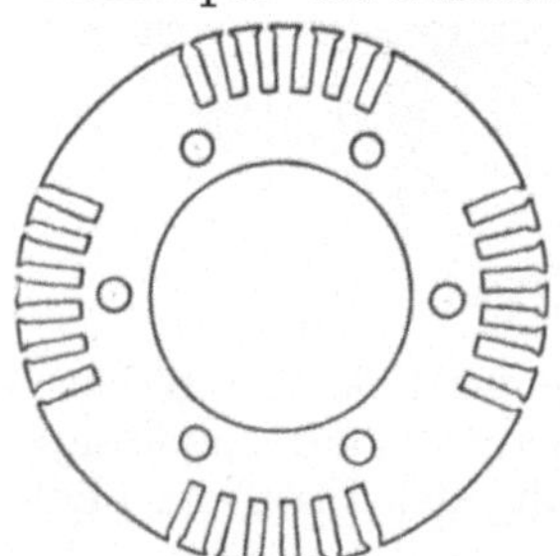

Abb. 192. Feldblech für vierpoliges Magnetrad.

In Abb. 191 ist ein 6 poliges Magnetrad für einen Wechselstrom-Turbogenerator gezeichnet, auf welchem zwei in drei Abteilungen unterteilte Feldspulen liegen, während die übrigen Nuten noch unbewickelt sind. Die Feldspulen werden durch Bronzekeile, die oben über den Draht in die Nuten seitlich hineingeschoben werden, festgehalten. In Abb. 192 ist ein Blech für den Eisenkörper eines 4 poligen Turbo-Wechselstromgenerators dargestellt. Es werden sogar 2 polige Magneträder für diese Turbogeneratoren bis etwa 45 000 kW Leistung gebaut, obgleich man für gewöhnliche Maschinen 2 Pole selten ausführt, da dann ja die Umlaufzahl bei 100 Wechseln 3000 in der Minute betragen muß.

X. Motoren für Gleichstrom.

Im ersten Abschnitt wurde schon unter den Wirkungen des elektrischen Stromes der Einfluß auf die Magnetnadel erwähnt; der umgekehrte Fall, feststehende Pole und beweglich gelagerter Strom, ist das Prinzip des Gleichstrommotors. In Abb. 193 ist schematisch ein

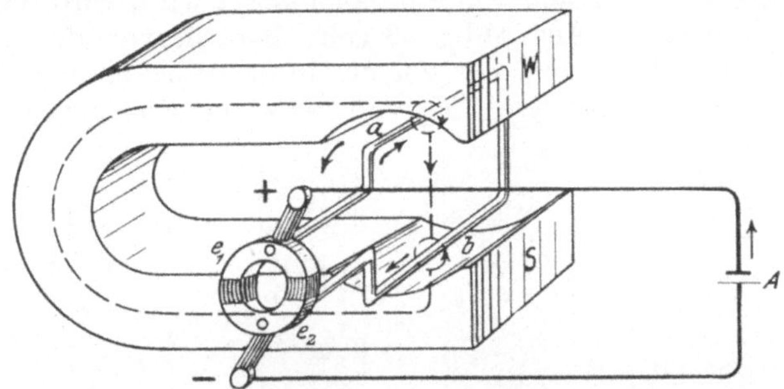

Abb. 193. Schema des Gleichstrommotors.

Gleichstrommotor gezeichnet. Zwischen den Polen N und S eines Magneten befindet sich genau wie in Abb. 179 eine Drahtschleife. Nur wird in Abb. 193 durch eine fremde Stromquelle, z. B. einer Akkumulatorenbatterie, oder einen Generator, ein Strom zu den Bürsten $+$ $-$ eingeleitet. Steht die Drahtschleife so, wie in Abb. 193 gezeichnet ist, dann erhält sie durch die Bürste $+$ und die Lamelle e_1 des Kommutators einen Strom von der Pfeilrichtung, und nach der Korkzieherregel (S. 23) entsteht um die Drähte a und b ein Magnetfeld von der Form der in Abb. 194 punktierten Kreise. Man erkennt deutlich, daß an den Kanten B, B_1 das kreisförmige Feld des Stromes in der Schleife und das Hauptfeld des Magnets gleiche Richtung haben und sich verstärken, während an den Kanten A, A_1 die beiden Felder entgegengesetzt verlaufen und sich daher aufheben. Man erhält deshalb genau so, wie schon in Abb. 153 und 154 dargestellt ist, an den Kanten B und B_1 der Pole eine Ver-

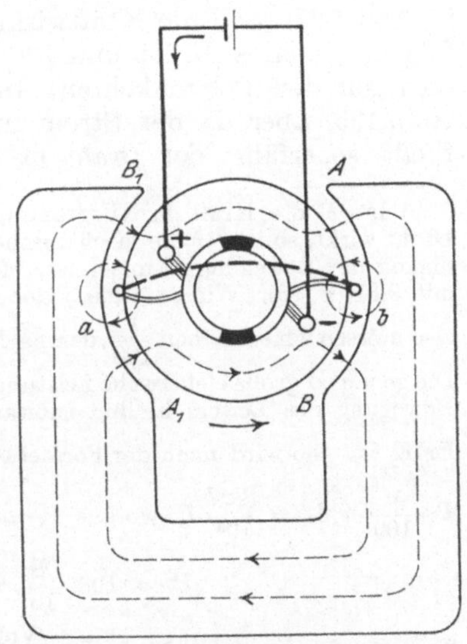

Abb. 194. Verlauf der Induktionslinien beim Gleichstrommotor.

stärkung des Magnetfeldes und an den Kanten A und A_1 eine Schwächung. Hierdurch kommt eine Drehung des Ankers in der Pfeilrichtung zustande, wie noch genauer bei den Abb. 195 bis 198 gezeigt ist. In Abb. 195 liegt ein Strom, der nach hinten fließt, vor einem Nordpol N. Wie die obere Hälfte der Abb. 195 zeigt, sind das kreisförmige Stromfeld und das Hauptfeld rechts vom Draht gleichgerichtet und verstärken sich daher, wie die untere Hälfte der Abbildung rechts vom Draht zeigt, während links vom Draht die Feldlinien entgegengesetzt verlaufen und sich schwächen. Es erfährt deshalb der Draht eine Kraftwirkung in der Richtung K_1, denn dadurch, daß er in dieser Richtung aus dem Felde herausbewegt wird, wird die Störung des Feldes beseitigt[1]. Aus Abb. 196 geht dann hervor, daß ein Strom von umgekehrter Richtung, der vor einem ebenfalls entgegengesetzten Pol S steht, wieder eine Kraft K_1 von derselben Richtung erfährt wie

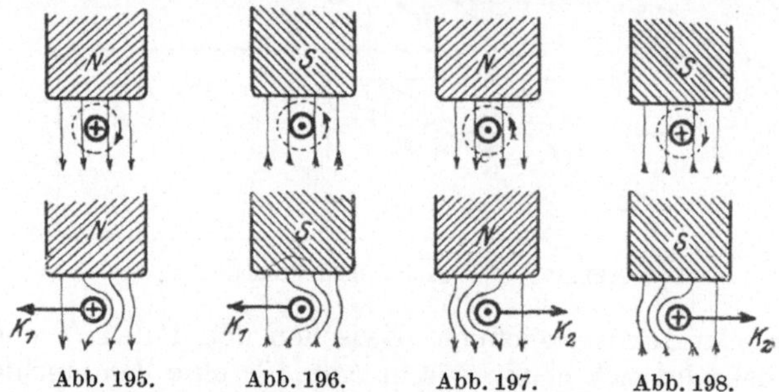

Abb. 195.　　　　Abb. 196.　　　　Abb. 197.　　　　Abb. 198.

Kraftwirkung von Magnetfeld und Leiter aufeinander.

in Abb. 195. Soll die Kraftwirkung auf den Draht entgegengesetzt erfolgen, wie in Abb. 195 und 196, so muß man entweder nur den Strom oder nur den Pol umkehren. In Abb. 197 ist der Pol derselbe wie in Abb. 195, aber da der Strom in beiden Abbildungen entgegengesetzt fließt, so erfährt der Draht in Abb. 197 eine entgegengesetzte Kraft-

---

[1] Ist P die Kraft in Kilogramm, die auf den von J Ampere durchflossenen Draht wirkt, so ist Pv die mechanische Leistung in kgm/sek, wenn v die Geschwindigkeit der Bewegung in m/sek ist. Man verwandelt in Watt durch Multiplikation mit 9,81 (S. 16). Wir drücken jedoch die Geschwindigkeit in Zentimeter/sek aus, also müssen wir schreiben $\dfrac{v}{100}$, demnach ist die mechanische Leistung $P \cdot \dfrac{v}{100} \cdot 9{,}81$ W. Die genau so große elektrische Leistung des Stromes ist EJ Watt, wo E die durch die Bewegung des Leiters in ihm entstandene und dem Strom entgegenwirkende EMK ist. Sie wird nach der Formel 10 S. 27 $E = \dfrac{\mathfrak{B}\,v\,l}{10^8}$ Volt berechnet. Es ist also

$$P \cdot \frac{v}{100} \cdot 9{,}81 = \frac{\mathfrak{B}\,v\,l}{10^8}\,J, \quad \text{woraus} \quad P = \frac{100}{9{,}81} \cdot \frac{\mathfrak{B}\,l\,J}{10^8}\,\text{kg} \quad \text{oder}$$

$$P = 10{,}2\,\frac{\mathfrak{B}}{10^8}\,l\,J = 10{,}2\,\mathfrak{B}'\,l\,J \ \text{kg}. \tag{36}$$

$\mathfrak{B}$ in Gauß oder $\mathfrak{B}'$ in Neugauß $\left(\dfrac{\text{Voltsek}}{\text{cm}^2}\right)$ (siehe S. 27). l bezeichnet die Länge des Drahtes in cm im magnetischen Felde.

37. Beispiel: Durch die 20 Windungen einer flachen, rechteckigen Spule werden 5 A geschickt. Die eine Seite befindet sich auf 10 cm Länge in einem magnetischen Felde von $\mathfrak{B} = 5000$ Gauß. Wie groß ist P? Zunächst ist $l = 10 \cdot 20 = 200$ cm, weil 20 Drähte gleichzeitig von dem Strome durchflossen werden, also $P = 10{,}2 \cdot \dfrac{5000}{10^8} \cdot 200 \cdot 5 = 0{,}51$ kg.

wirkung K_2 wie der Draht in Abb. 195. In Abb. 198 ist der Strom von derselben Richtung wie in Abb. 195, aber da der Pol in beiden Abbildungen entgegengesetzt ist, sind auch hier die Kräfte entgegengesetzt. Aus dem Vergleich der Abb. 195 und 196 ergibt sich für einen Elektromotor, daß das Umschalten der Zuleitungen keine Änderung der Drehrichtung des Ankers herbeiführen kann, denn dadurch schaltet man, wie aus den Abb. 199 und 200 hervorgeht, immer den Pol und den Ankerstrom gleichzeitig um, indem beim Anschluß der $+$ Zuleitung an die Klemme A der Strom in der Pfeilrichtung 1 durch Anker und Magnete fließt, während er in beiden Teilen umgekehrt fließt, wenn man die $+$ Leitung an die Klemme B anschließt.

Sollen Hauptstrom- und Nebenschlußmotoren, wenn sie beim ersten Ingangsetzen verkehrt herumlaufen, in ihrer Drehrichtung umgekehrt

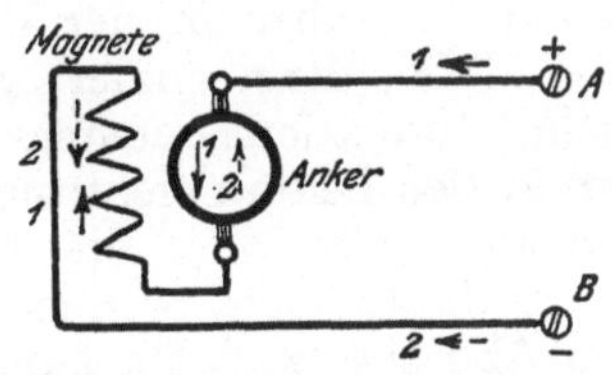

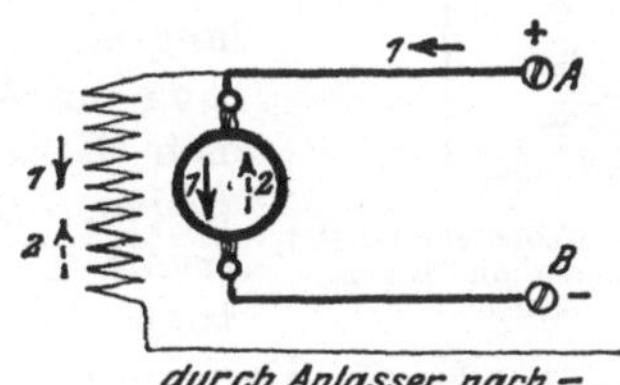

Abb. 199. Umschaltung der Zuleitungen bewirkt keine Änderung der Drehrichtung beim Hauptschlußmotor.

Abb. 200. Umschaltung der Zuleitungen bewirkt keine Änderung der Drehrichtung beim Nebenschlußmotor.

werden, so braucht man nur die Zuleitungsdrähte der Magnetwicklung miteinander zu vertauschen. Dadurch schaltet man den Strom in der Magnetwicklung um, während er im Anker dieselbe Richtung behält, und deshalb wird nach Abb. 195 und 198 die Drehrichtung umgekehrt. Ebenso könnte man auch den Strom in der Magnetwicklung unverändert lassen und nur den Strom im Anker umkehren. Dies geschieht gewöhnlich bei Motoren, deren Drehrichtung bald links, bald rechts herum sein muß (vgl. die Abb. 205 und 206). Man führt im allgemeinen Nebenschluß- und Hauptstrommotoren aus, deren Schaltung genau so wie die der entsprechenden Generatoren ist.

Um einen Elektromotor in Betrieb zu setzen, muß man einen Anlaßwiderstand oder kurz Anlasser verwenden. Zur Erklärung desselben diene folgende Überlegung: Der Widerstand der Ankerwicklung einer elektrischen Maschine, gleichgültig ob Motor oder Generator, ist stets sehr klein, z. B. beträgt er für einen Motor von 10 PS für 220 V etwa $0{,}1\,\Omega$, und die normale Stromstärke für diesen Motor würde etwa 42 A betragen. Schaltet man nun den Anker eines solchen Motors ohne weiteres an 220 V, so erhält man nach dem Ohmschen Gesetz einen Strom von $J = 220 : 0{,}1 = 2200$ A anstatt 42 A; der Anker würde also verbrennen. Um dies zu vermeiden, müssen wir einen abstufbaren Widerstand, einen sog. Anlasser nach Abb. 201 vor den Anker schalten. In Abb. 201 ist ein Nebenschlußmotor gezeichnet.

Der Anlasser besitzt eine Kurbel, die über die Widerstandskontakte hinweggedreht werden kann. Steht diese Kurbel auf dem schwarzen Punkt, dann ist der Motor ausgeschaltet. Will man ihn anlassen, so dreht man die Kurbel langsam vom ersten bis auf den letzten Kontakt. Hierbei gelangt die Kurbel zuerst auf die Schiene M, so daß ein Strom von $+$ durch die Schiene M nach D, durch die Magnetwicklung hindurch nach A fließen kann; es werden also zunächst die Magnete sogleich voll erregt. Außerdem fließt von L ein zweiter Strom durch die Kurbel und durch den ganzen Widerstand bis zum letzten Kontakt R und von da nach B durch den Anker. Da die Magnete schon erregt sind, so wird der Anker, falls der Anlasser so berechnet ist, daß der Ankerstrom etwas stärker ist als der normale Strom (in unserem Falle vielleicht 50 A anstatt 42), sich langsam drehen. Bei diesem langsamen Drehen entsteht aber in der Wicklung des Ankers eine EMK, denn immer, wenn sich Leiter in einem Induktionslinienfeld bewegen, erhalten wir in den Leitern elektromotorische Kräfte, also auch hier. Um die Richtung dieser EMK zu bestimmen, wenden wir

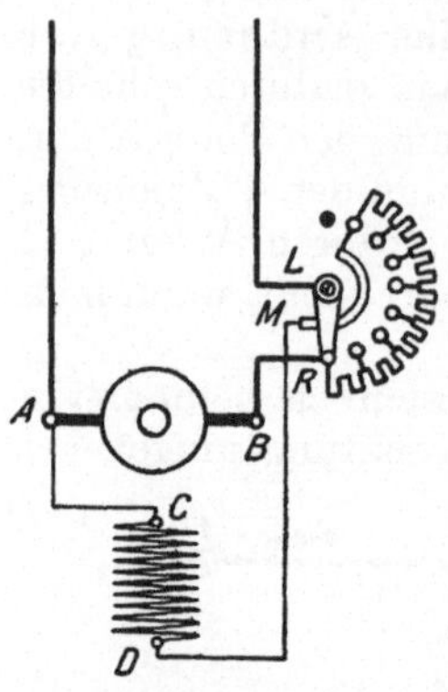

Abb. 201. Nebenschlußmotor mit Anlasser und Erregerschiene.

die Handregel an. Danach erhalten wir in Abb. 194, z. B. im Draht a, eine EMK, die von hinten nach vorn gerichtet ist, also gerade entgegengesetzt wie der Strom, den diejenige Spannung durch den Anker treibt, welche an die Klemmen des Motors angeschlossen ist. Man nennt deshalb diese EMK „Gegenelektromotorische“ (GEMK). Der Strom, der durch den Anker fließt, wird, sobald also der Anker läuft, durch eine Spannung hervorgerufen, die man erhält, wenn man von der zugeführten Klemmenspannung die GEMK im Anker abzieht. Die GEMK entsteht durch die Drehung. Wenn der Anker stillsteht, ist sie nicht vorhanden. Es wird deshalb die Geschwindigkeit des Ankers solange steigen, bis eine GEMK in ihm entsteht, die den normalen Strom hindurchläßt. Man kann leicht durch eine Rechnung den Vorgang verfolgen. Der schon besprochene Motor soll also mit 50 A anlaufen, während er normal mit 42 A läuft. Würde man ihm nur 42 A zuführen, so könnte er nicht in Gang kommen, denn er muß beschleunigt werden und deshalb immer einen stärkeren Strom zum Anlaufen erhalten. Der Anlaufstrom richtet sich nach der Arbeitsweise des Motors. Treibt derselbe z. B. eine große Plandrehbank, so braucht er, weil schwere Massen in Gang zu setzen sind, einen viel stärkeren Anlaufstrom, als wenn er nur eine Pumpe antreibt. Ein Straßenbahnmotor braucht zum Anfahren gewöhnlich dreimal mehr Strom, als wenn der Wagen fährt. Man erkennt hieraus schon, daß die Berechnung eines Anlassers, seiner Stufung und Stufenzahl aus der Anlaufstromstärke des Motors folgt, und sich alles nach den Betriebsverhältnissen des Motors richtet. Ein und derselbe Motor, z. B. ein Motor von 5 PS, muß also je nach seinen Betriebsverhältnissen ganz verschiedene Anlasser haben. Damit der von uns gewählte Motor 50 A Anlaufstrom erhält, muß man bei 220 V zugeführter Klemmenspannung und $R_a = 0{,}1\,\Omega$ Ankerwiderstand einen Widerstand R im Anlasser haben von $R = (220 : 50) - 0{,}1 = 4{,}3\,\Omega$.

Der Motor beginnt dann sich zu drehen, wodurch die GEMK in ihm entsteht. Damit nun der normale Strom von 42 A durch den Motor fließt, muß eine Spannung wirken von $42 \cdot 4{,}4 = 185$ V, denn der Widerstand von Anlasser und Anker zusammen beträgt $4{,}3 + 0{,}1 = 4{,}4 \,\Omega$, und nach dem Ohmschen Gesetz ist Spannung $=$ Strom $\times$ Widerstand. Die Klemmenspannung des Motors beträgt aber 220 V, es wird deshalb beim Anlaufen, wenn die Kurbel des Anlassers auf den ersten Kontakt gedreht ist, die Geschwindigkeit des Ankers solange zunehmen, bis eine GEMK entsteht von $E_g = U_k - JR = 220 - 185 = 35$ V.

Sobald dieser Wert erreicht ist, nimmt die Umlaufzahl des Motors nicht weiter zu, und man muß die Kurbel des Anlassers auf den nächsten Kontakt drehen. Dadurch verkleinert man den vorgeschalteten Widerstand, indem man den Teil des Anlassers, der zwischen die beiden Kontakte angeschlossen ist, abschaltet. Der Anker hat vom ersten Kontakt her eine GEMK von 35 V; da aber jetzt der Widerstand kleiner geworden ist, so entsteht zunächst beim Auftreffen der Kurbel auf den zweiten Kontakt wieder ein stärkerer Strom, und die Geschwindigkeit des Motors nimmt weiter zu, bis jetzt eine höhere GEMK entwickelt ist, durch deren Einfluß der Strom wieder auf 42 A heruntergeht. Das Anlassen geschieht also durch allmähliches Abschalten der Widerstandsstufen des Anlassers, wodurch die Geschwindigkeit des Motors allmählich zunimmt, bis schließlich auf dem letzten Kontakt die normale Umdrehungszahl des Motors erreicht ist. Jetzt kann natürlich, obgleich die volle Spannung von 220 V an den Motor ohne den Anlasser angeschlossen ist, nicht mehr ein zu starker Strom entstehen, weil der Anker läuft und in ihm die GEMK vorhanden ist. Diese ist jetzt natürlich viel höher, als für den ersten Kontakt ausgerechnet wurde, denn der Widerstand ist nur noch der kleine Ankerwiderstand von $0{,}1 \,\Omega$, und damit durch diesen 42 A gehen, ist eine Spannung nötig von $42 \times 0{,}1 = 4{,}2$ V. Die GEMK muß deshalb betragen: $220 - 4{,}2 = 215{,}8$ V.

Wir wollen nun untersuchen, wie sich der Nebenschlußmotor im Betrieb verhält. Wird er stärker belastet, so muß er, damit er stärker durchzieht, mehr Strom erhalten. Das kann er nur, wenn seine GEMK abnimmt; diese hängt aber ab von der Stärke des Feldes und der Umdrehungsgeschwindigkeit. Das Feld des Nebenschlußmotors ist immer von derselben Stärke, denn der Magnetstrom, der das Feld erzeugt, wird durch die konstante Klemmenspannung erzeugt, und die Schwächung durch die Ankerrückwirkung ist, wie auch bei den Generatoren, nur sehr gering. Damit also bei stärkerer Belastung die GMEK abnimmt, muß der Motor etwas langsamer laufen. Um zu erkennen, wieweit seine Umlaufzahl abnimmt, rechnet man am besten wieder. Die normale Umlaufzahl des Motors sei 1000 in der Minute. Der Motor werde nun so stark belastet, daß er 60 A erhalten muß. Die wirksame Spannung muß dann betragen: $60 \cdot 0{,}1 = 6$ V und seine GEMK wird $220 - 6 = 214$ V. Bei konstantem Magnetfeld müssen sich die gegenelektromotorischen Kräfte verhalten wie die Umlaufzahlen, und da bei 1000 Umdrehungen eine GEMK von 215,8 V vorhanden war, so sind jetzt $1000 \, (214 : 215{,}8) = 993$ Umdrehungen vorhanden.

Die Umdrehungszahl hat also bei der Belastungszunahme von 42 auf 60 A um 7 Umdrehungen oder 0,7% abgenommen. In Wirklichkeit wird sie sogar noch weniger abnehmen, denn bei stärkerem Strom nimmt auch die Feldschwächung durch die Rückwirkung des Ankerstromes zu, und wenn das Feld etwas schwächer wird, muß sich der Anker, obgleich er eine geringere GEMK entwickeln muß, etwas schneller drehen, als wenn das Feld konstant ist. Man kann hieraus erkennen, daß der Nebenschlußmotor bei Belastungsänderungen seine Umdrehungszahl unwesentlich oder gar nicht ändert. Bei den neuen Anlassern für Nebenschlußmotoren werden noch einige Schutzvorrichtungen angebracht, die ebenfalls erklärt werden sollen. Der Widerstand der Anlasser besteht aus Drahtspiralen, die aber so dünn sind, daß sie den Strom nur während der kurzen Zeit, in der der Motor anläuft, also etwa 30 Sekunden, aushalten können. Man darf deshalb den Anlasser nur zum Einschalten benutzen und nicht die Kurbel auf einem der Zwischenkontakte dauernd stehen lassen. Sie darf nur in der ausgeschalteten oder in der eingeschalteten Lage dauernd stehen, die Zwischenkontakte sind nur vorübergehend zu benutzen. Da aber die Motoren auch von unkundigen Leuten bedient werden müssen, muß man die Anlaßvorrichtungen so ausführen, daß Irrtümer ausgeschlossen sind. Durch Anordnung einer

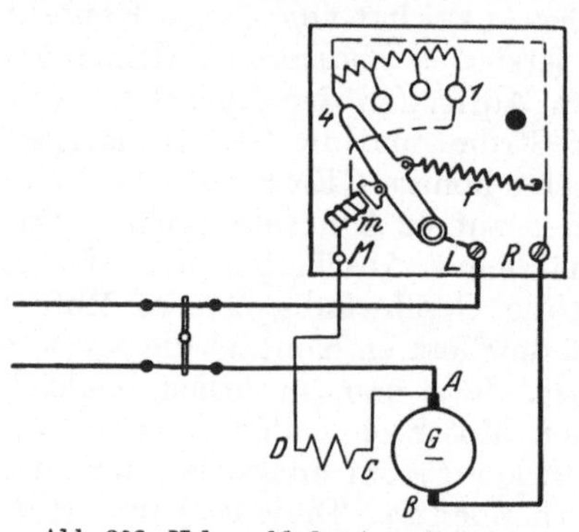

Abb. 202. Nebenschlußmotor mit Anlasser und Nullstromausschalter.

Feder f in Abb. 202 und 203 wird zunächst erreicht, daß die Kurbel immer selbsttätig auf „ausgeschaltet" gezogen wird, wenn man sie stehen läßt, bevor sie auf den letzten Kontakt gedreht ist: es können also die Widerstandsspiralen dadurch, daß infolge Stehenlassens der Kurbel auf einem Zwischenkontakt dauernd Strom hindurchgeht, nicht mehr verbrennen. Damit nun aber die Kurbel auf dem letzten Kontakt nicht wieder durch die Feder zurückgezogen werden kann, bringt man dort einen kleinen Magnet m an, der die Kurbel festhält. Dieser Magnet ist mit der Magnetwicklung des Motors hintereinander geschaltet; er kann also nur dann die Kurbel festhalten, wenn die Magnete des Motors erregt sind. Schaltet man z. B. mit dem Hauptschalter aus, so verliert der Motor seinen Strom und der kleine Magnet m demnach auch; es schaltet sich dann der Anlasser von selbst aus, was bei der Schaltung in Abb. 201 nicht eintritt. Würde man dort mit einem Hauptschalter die Zuleitungen abschalten und vergessen, die Kurbel des Anlassers zurückzudrehen, so erhielte man beim neuen Einschalten mit dem Hauptschalter, wie schon auf S. 129 gezeigt wurde, einen viel zu starken Strom, weil man dann so einschaltet, als ob kein Anlasser vorhanden wäre. Ferner ist die Schaltung in Abb. 202 noch von Vorteil gegenüber der in Abb. 201, weil sie funkenfreies Ausschalten des Motors bewirkt. Schaltet man in Abb. 201 aus, dann entsteht beim Abgleiten der Kurbel von der Schiene ein starkes Feuer, welches dadurch zustande kommt, daß das Magnetfeld der Maschine verschwindet und hierbei eine EMK entsteht (vgl. S. 29). Dieses Feuer zerstört erstens nach und nach die Schiene des Anlassers, wenn man nicht Hilfskontakte aus Kohle anwendet, und dann kann, wie auch schon früher erklärt wurde, durch die EMK die Isolierung der Magnetwicklung durchschlagen werden (vgl. S. 30). Alles dies ist unmöglich bei der Schaltung nach Abb. 202. Das Ausschalten muß hier immer mit dem Hauptschalter besorgt werden, weil man die Kurbel des Anlassers nur sehr schwer von dem Magnet m losreißen kann. Durch das Ausschalten des in die Zuleitung eingebauten zweipoligen Hauptschalters verschwindet die zugeführte Spannung U_k. Der Motor läuft aber noch nach dem Ausschalten infolge des Schwunges, den sein Anker besitzt, kurze Zeit nach, und dabei verschwindet sein Magnetfeld nur langsam, ganz unabhängig von der Geschwindigkeit des Ausschaltens, denn im ersten Augenblick nach dem Ausschalten ist noch die GEMK E_g, die ja kaum von der zugeführten Spannung U_k abweicht, im Anker wirksam. Da die Magnetwicklung durch ihren Anschluß an den ersten Kontakt des Anlassers immer mit dem Anker verbunden ist, so treibt die GEMK einen Strom J_n durch die Magnetwicklung von derselben Richtung und fast genau derselben Stärke, als vorher es durch die zugeführte Spannung U_k geschah. In dem Maße, wie die Tourenzahl des Motors abnimmt, nimmt dann auch der Magnetstrom J_n ab, weil die GEMK E_g entsprechend der abnehmenden Tourenzahl immer schwächer wird. Schließlich kann der Magnet m, dessen Wicklung ja auch von dem Magnetstrom J_n durchflossen wird, die Kurbel nicht mehr halten, und die Feder f zieht die Kurbel in die Anfangsstellung zurück. Aber auch dann ist die Verbindung zwischen Anker- und Magnetwicklung nicht unterbrochen, und es kann der Magnetstrom bei der Schaltung nach Abb. 202 gar nicht plötzlich unterbrochen werden, das Linienfeld des Motors verschwindet immer nur ganz allmählich, so daß die gefährliche Extraspannung nicht auftreten kann. Es ist also ein solcher Anlasser nach dem Schema Abb. 202, der außerdem noch mit Schutz gegen Überlastung des Motors und mit Vorrichtungen zum langsamen Einschalten versehen werden kann, geeignet, von ganz unkundigen Leuten bedient zu werden; eine Bedingung, die der Konstrukteur von Anlassern unbedingt erfüllen muß, da die Lebensdauer des Motors gerade vom Anlasser und seiner Bedienung sehr abhängig ist. Bei dem Schema in Abb. 202 ist dann, wenn die Kurbel auf dem Betriebskontakt 4 steht, der ganze Widerstand des Anlassers vor die Magnetwicklung geschaltet. Da aber der Anlaßwiderstand nur klein ist gegen den Magnetwiderstand, so ist die Schaltung ohne Nachteil.

Die Ausführung des eben erläuterten Anlassers zeigt Abb. 203. Man unterscheidet bei den Anlassern immer zwei Teile, das Gehäuse mit dem Widerstand und die Platte mit Schalthebel und Kontakten. Gewöhnlich sind beide Teile wie in Abb. 203 zusammengeschraubt, indem die Kontaktplatte der Deckel für den aus Flacheisen und gelochtem Blech oder aus Gußeisen hergestellten Kasten ist, in welchem die Widerstands-

spiralen untergebracht sind. Auf der Kontaktplatte sind die Anschlußklemmen *L M R* angebracht, *L* für die Leitung, *R* für den Anker und *M*
für die Magnetwicklung. Die Anlaufkontakte sind *1, 2, 3, 4*, der Kontakt *5* ist der Dauer- oder Betriebskontakt.
Der Nullstrommagnet *m*, dessen Namen
schon sagt, daß er ausschaltet, wenn er ohne
Strom ist, hält die Kurbel mit Hilfe des
Ankers *a* auf Kontakt *5* fest.   Die Ausschaltfeder ist *f*. Damit die Kurbel beim
Ausschalten durch die Feder keinen zu starken Stoß erhält, setzt man einen Gummipuffer *P* auf die Platte, die aus Schiefer
oder Marmor besteht.

Abb. 203. Ausführung eines Anlassers
mit Nullstromausschaltung.

Etwas einfacher noch ist die Schaltung
zum Anlassen der Hauptstrommotoren. Sie ist in Abb. 204 dargestellt und bedarf nach dem bisher Gesagten keiner weiteren Erläuterung. Beim Ausschalten eines
Hauptstrommotors kann keine so hohe Extraspannung entstehen, weil seine Magnete
viel weniger Windungen besitzen als die
eines Nebenschlußmotors; man braucht daher auch nicht derartige
Schutzvorrichtungen anzuwenden wie bei diesem.

Im Betrieb verhält sich der Hauptstrommotor ganz anders als
der Nebenschlußmotor. Selbstverständlich entsteht auch im Anker
des Hauptstrommotors eine GEMK. Wenn aber
beim Nebenschlußmotor das Magnetfeld unabhängig von der Belastung konstant bleibt, so
hängt es beim Hauptstrommotor von der Belastung ab, denn der Strom, der im Anker fließt,
fließt auch durch die Magnetwicklung, da Anker
und Magnetspulen hintereinander geschaltet sind.
Es ist demnach bei starker Belastung des Motors
auch ein starkes Induktionslinienfeld vorhanden, und die Umlaufzahl des Motors ist dann
klein, denn bei einem starken Magnetfeld gehört zur Erzeugung der erforderlichen, nur
wenig von der Betriebsspannung verschiedenen
GEMK eine geringe Umlaufzahl. Ist dagegen
der Hauptstrommotor nur wenig belastet, so
läuft er schnell, denn er hat dann nur schwachen

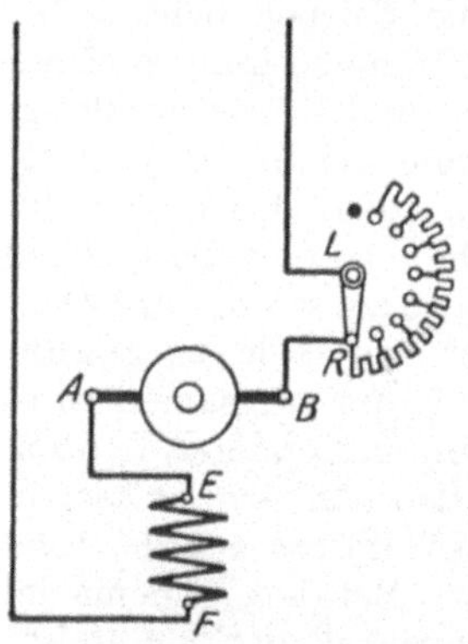

Abb. 204. Hauptschlußmotor
mit Anlasser.

Strom und demnach nur ein schwaches Feld und muß deshalb schnell
laufen, damit er die GEMK erzeugen kann. Der Hauptstrommotor
läuft also bei starker Belastung langsam und bei schwacher Belastung
schnell.

Aus dem Verhalten der Motoren bei Belastung ergibt sich auch ihre
Verwendung. Der Nebenschlußmotor wird zum Antrieb von Werkzeugmaschinen, Drehbänken, Hobelmaschinen, Sägen und allgemein

auch dort verwendet, wo häufige und plötzliche Änderungen in der Belastung auftreten können und sich trotzdem die Tourenzahl nicht ändern darf. Der Hauptstrommotor wird zum Antrieb von Pumpen und Ventilatoren benutzt, bei denen die Belastung sich nicht ändert, oder als Motor zum Heben von Lasten und als Straßenbahnmotor. In den beiden letzten Fällen paßt er seine Geschwindigkeit der Belastung an, indem er als Hubmotor den leeren Kranhaken schnell bewegt, die schwere Last dagegen langsam hebt und beim Straßenbahnwagen zum Anfahren mit großer Zugkraft langsam anläuft, während er den in Gang gesetzten Wagen schnell befördert.

In den letzten Fällen muß man auch immer die Drehrichtung des Motors umkehren können. Wie schon auf S. 129 und bei den Abb. 199 und 200 gezeigt wurde, muß man zum Vorwärts- und Rückwärtslaufen eines Motors immer nur entweder den Strom im Anker oder nur den Strom in der Magnetwicklung umkehren. Gewöhnlich schaltet man die Drehrichtung mit Wendeanlassern um, oder mit den später im Abschnitt XVII beschriebenen Schaltwalzen, und zwar wird, wie auch schon gesagt wurde, in den Fällen, wo der Motor bald links, bald rechts herum laufen muß, immer nur der Ankerstrom umgeschaltet und der Strom in der Magnetwicklung beibehalten, weil in letzterer das Umschalten wegen der auftretenden Extraspannung schwieriger ist, die im Anker weit weniger stark wird, weil derselbe immer weniger Drähte be-

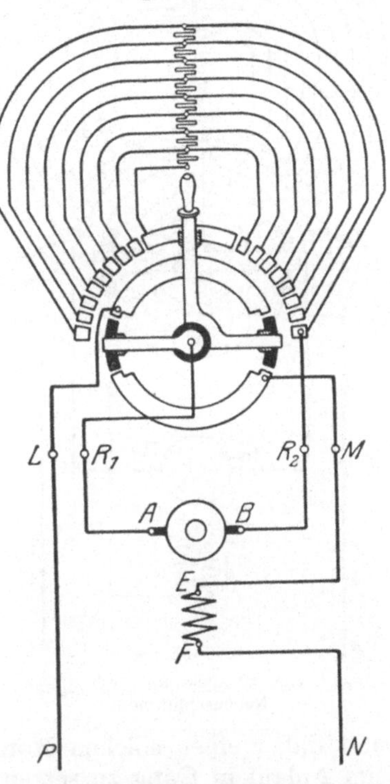

Abb. 205. Wendeanlasser für einen Hauptstrommotor.

sitzt. In Abb. 205 ist das Schema eines Wendeanlassers für Hauptstrommotoren gezeichnet, welches ebenso wie das Schema für Nebenschlußmotoren in Abb. 206 teilweise einer Ausführung der Firma Klöckner in Köln a. Rh. entspricht, die hauptsächlich Anlasser und Schaltwalzen baut.

Abb. 206 stellt das Schema eines Wendeanlassers für Nebenschlußmotoren dar. Die Kurbel ist dreiteilig ausgeführt, wobei der Arm *3* von Arm *1* und *2* isoliert ist. Die Kontaktfeder des Armes *1* bestreicht die ganze Kontaktbahn, während durch die Federn der Arme *2* und *3* die Schienen *p* und *c* bzw. *n* und *d* miteinander in Verbindung gebracht werden können. In der Abbildung ist die Stromrichtung durch Pfeile kenntlich gemacht. Der Strom fließt, wenn die Kurbel nach rechts bewegt wird, von *A* nach *B* im Anker.

Der Stromverlauf ist also: $P-L_1-p-3-R_1-\overline{A-B}-R_2$-Anlaßwiderstand$-1-2-n-L_2-N$.

Die Magnetwicklung empfängt den Strom immer in derselben Richtung und zwar: $p-3-c-M_1-\overline{C-D}-M_2-d-2-n$.

Stellt man die Anlaßkurbel nach links, so wird die Stromrichtung im Anker geändert, wodurch der Stromverlauf wie folgt ist: $P-L_1-p-2-1-$ Anlaßwiderstand $-R_2-\overline{B-A}-R_1-3-n-L_2-N$.

Abb. 205 stellt dagegen den Wendeanlasser für einen Hauptstrommotor dar. Wie die Abbildung zeigt, fallen bei ihm die inneren Schleifschienen fort.

Für besondere Fälle verwendet man auch Motoren mit gemischter Schaltung oder Compoundwicklung, auch Doppelschlußmotoren genannt. Es erhält dann der Motor, wie schon bei den Abb. 161a und 162 dargestellt ist, über seine Nebenschlußwicklung noch eine Hauptstromwicklung. Diese in Abb. 207 mit R_h bezeichnete Wicklung wird aber nur beim Anlauf benutzt, denn im Betrieb arbeitet der Motor als Nebenschlußmotor. Die Hauptstromwicklung befähigt ihn, mit starker Zugkraft anzulaufen, man be-

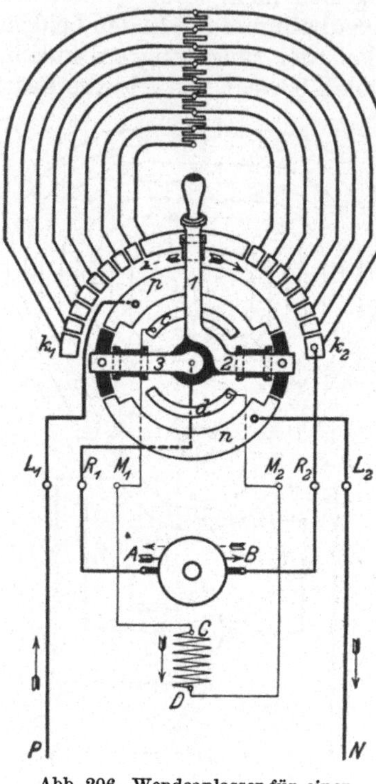
Abb. 206. Wendeanlasser für einen Nebenschlußmotor.

nutzt daher einen solchen Motor in Fällen, wo sehr schwere Massen beim Anlauf in Gang zu setzen sind. In der Betriebsstellung des Anlassers ist aber die Compoundwicklung R_h kurzgeschlossen, sie braucht deshalb auch nicht aus sehr starkem Draht zu bestehen, da sie nur in der kurzen Anlaufzeit Strom erhält.

Das Äußere der Motoren weicht im allgemeinen von dem der Generatoren nicht viel ab. Für besondere Zwecke werden allerdings die Motoren in ganz anderer Form ausgeführt. So stellt man vollkommen geschlossene Motoren her, die staubsicher abge-

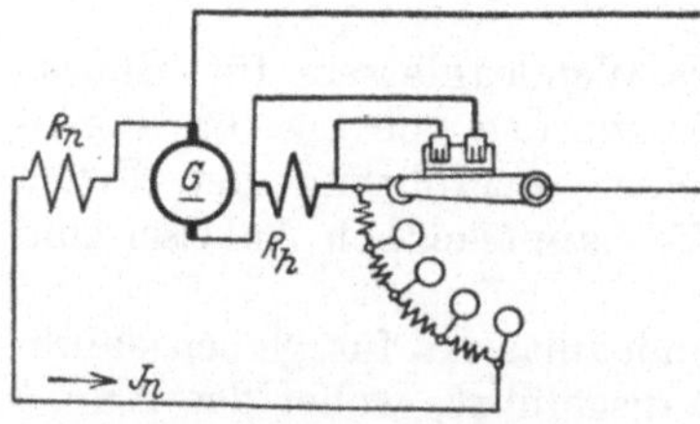
Abb. 207. Anlasser für Motor mit Compoundwicklung zum Anlauf.

schlossen sind für Gießereien, ferner wasserdicht geschlossene, die mit der Pumpe gekuppelt ganz unter Wasser arbeiten können, und solche, die außer der staubsicheren und teilweise wasserdichten Kapselung auch noch auf sehr beschränktem Raum unterzubringen sind, wie die

Motoren für Straßenbahnen. Für diese Zwecke müssen die Motoren dann trotz staubsicherer und teilweiser wasserdichter Einkapselung doch wieder gut gelüftet sein, damit sie ihre Wärme gut abgeben können.

Es treten also bei der Konstruktion dieser Motoren allerlei Schwierigkeiten auf, die der moderne Elektromaschinenbau aber gelöst hat. In Abb. 208 ist ein aufgeklappter Straßenbahnmotor dargestellt. In der einen Hälfte des Gehäuses ist der Anker sichtbar, in der anderen erkennt man zwei der vier Pole und einen Wendepol. Der Motor treibt die Laufachse des Wagens durch Zahnräder an und wird so aufgehängt, daß die Laufradachse durch die Lagerung hindurchgeht. Die Befestigung am Fahrgestell zeigt Abb. 385.

Die Verluste, welche in den Motoren auftreten, sind dieselben wie für

Abb. 208. Zweiteiliger ungelüfteter Straßenbahnmotor der Sachsenwerke, geöffnet, Stundenleistung 40 PS, 500 Volt, Drehzahl 650.

Generatoren, es genügt also das auf S. 91 Gesagte darüber nachzulesen. Nur sind beim Motor zugeführte und abgegebene Leistung umgekehrt wie beim Generator. Während Generatoren mechanische Leistung zugeführt bekommen und elektrische Leistung abgeben, geben die Motoren mechanische Leistung ab und erhalten elektrische Leistung zugeführt. Es gilt daher die Gleichung 35 von früher:

$$\text{Wirkungsgrad} = \frac{\text{abgegebene Leistung}}{\text{zugeführte Leistung}} \cdot 100$$

auch sinngemäß für einen Motor.

Die Anwendung der Gleichung möge auch durch einige Beispiele erklärt werden.

38. Beispiel: Ein Motor leistet 14,72 kW und nimmt bei 500 V 32 A auf, wie groß ist sein Wirkungsgrad?

$$\text{Wirkungsgrad} = \frac{14{,}72 \cdot 1000 \cdot 100}{500 \cdot 32} = 92\%.$$

39. Beispiel: Ein Motor hat einen Wirkungsgrad von 89% und leistet 11 kW. Er ist an 220 V angeschlossen; welchen Strom nimmt er auf?

$$\text{Zugeführte Leistung} = \frac{\text{abgegebene Leistung}}{\text{Wirkungsgrad}} = \frac{11 \cdot 1000 \cdot 100}{89} = 12\,400 \text{ W},$$

folglich ist der Strom $J = 12\,400 : 220 = 56{,}5$ A.

40. Beispiel: Ein Motor mit dem Wirkungsgrad 88% braucht 60 A bei 120 V. Wieviel leistet er in kW, in PS?

Abgegebene Leistung = zugeführte Leistung × Wirkungsgrad also $60 \cdot 120 \cdot 0{,}88 = 6340$ W $= 6{,}34$ kW, d. i. $6340 : 735 = 8{,}6$ PS.

41. Beispiel: Ein Motor mit dem Wirkungsgrad 87% leistet 15 PS. Wie teuer wird der Betrieb in einer Stunde, wenn die elektrische Energie mit 10 Pf. für 1kWh zu bezahlen ist?

$$\text{Zugeführte Leistung} = \frac{15 \cdot 735 \cdot 100}{87} = 12\,700 \text{ W oder } 12{,}7 \text{kW, d. h.}$$

der Motor braucht in 1 Stunde 12,7 kWh, folglich kostet der Betrieb in 1 Stunde $12{,}7 \times 10 = 127$ Pf. oder 1,27 M.

42. Beispiel: Ein Motor für eine Hauswasserpumpe wird täglich $^1/_2$ Stunde im Durchschnitt benutzt. Sein Wirkungsgrad ist 82% und seine Leistung 0,5 PS. Die Kosten für die elektrische Energie betragen 8 Pf. für 1 kWh, wie teuer wird der Betrieb im Jahr?

$$\text{Zugeführte Watt} = \frac{0{,}5 \cdot 735 \cdot 100}{82} = 449 \text{ W.} \quad \text{Bei 360 Tagen täglich}$$

$^1/_2$ Stunde betragen die verbrauchten Wattstunden $449 \cdot 360 \cdot {}^1/_2$ $= 80\,800$ Wh oder 80,8 kWh. Der Betrieb kostet also im Jahr $80{,}8 \cdot 8$ $= 646{,}4$ Pf. oder 6,46 M.

Über die Regelung der Umlaufzahl der Gleichstrommotoren muß noch bemerkt werden, daß durch Vorschalten von Widerstand vor den Anker der Motor langsam läuft. Diese Methode ist aber teuer, da der Zähler vor dem Motor die volle Energie zählt, aber der Motor nur einen Teil umsetzt; sie wird nur bei kleinen Motoren angewendet. Sonst erhöht man die Umlaufzahl dadurch, daß man die Feldstärke, also den Magnetismus schwächt; beim Nebenschlußmotor geschieht dies dadurch, daß man in den Magnetstromkreis einen Widerstand einschaltet, beim

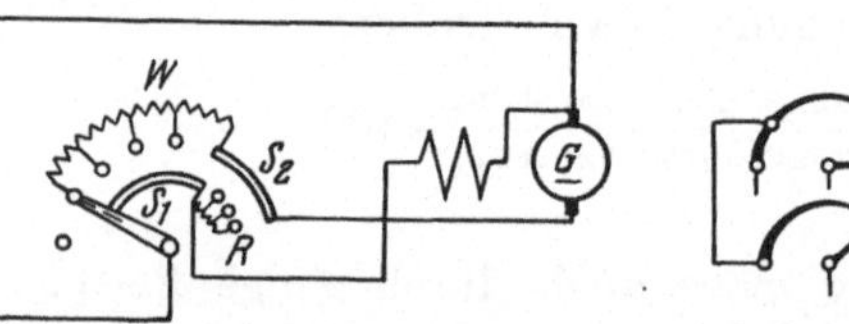

Abb. 209a.
Anlasser mit Drehzahlregelung.

Abb. 209b. Schaltzeichen für Anlasser mit Drehzahlregelung.

Hauptstrommotor durch Parallelschalten eines Widerstandes zur Feldwicklung. Denn wird der Magnetismus schwächer, muß der Motor, um die erforderliche GEMK zu erzeugen, entsprechend schneller laufen.

Gewöhnlich führt man den Anlasser bei Nebenschlußmotoren gleich zum Regeln der Umlaufzahl aus, indem man, wie Abb. 209a zeigt, bei W den Anlasser anordnet. Dreht man, nachdem der Motor beim Auftreffen der Kurbel auf die Schiene S_2 richtig läuft, den Hebel noch weiter, auf die Kontakte R, so schaltet man Widerstand in den Magnetstromkreis, und der Motor läuft schneller. Solche Drehzahlregler werden

Regulierwiderstände genannt, und nach den DIN-Vorschriften sollen solche Anlasser mit Drehzahländerung durch die Abb. 209b dargestellt werden. Bei gewöhnlichen Motoren kann hierdurch eine Zunahme der Umdrehungszahl um etwa 15% erzielt werden. Bei weiterer Schwächung des Feldes würde zwar der Motor noch schneller laufen, aber am Kollektor Funkenbildung entstehen. Versieht man dagegen den Motor mit Wendepolen (vgl. Abb. 163), so kann die Umdrehungszahl nahezu unbegrenzt gesteigert werden. Die Grenze wird erreicht durch einen unruhigen Lauf des Motors infolge nicht genügender Ausgleichung des bewegten Ankers und durch die Festigkeit des Ankers gegenüber der Zentrifugalkraft.

XI. Motoren für Wechselstrom.

Ebenso wie man die Gleichstromgeneratoren als Motoren arbeiten lassen kann, wenn man ihnen aus einer Stromquelle Strom zuführt, kann man auch die Wechselstromgeneratoren, die in Abschnitt IX beschrieben wurden, als Motoren benutzen. Derartige, als Motoren benutzte, wie die Generatoren ausgeführte Wechselstrommaschinen nennt man Synchron-Motoren. Der Ausdruck synchron bedeutet soviel wie im Takt arbeitend; es muß nämlich die Umlaufzahl des synchronen Motors in ganz bestimmten Verhältnissen zu den Stromwechseln stehen,

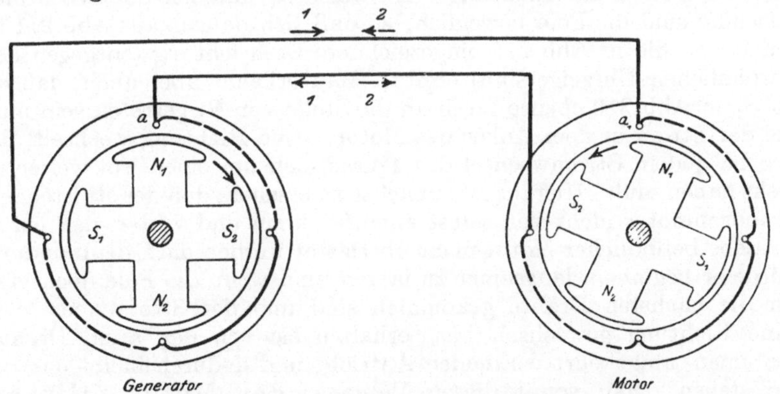

Abb. 210. Arbeitsübertragung zwischen Synchronmaschinen.

wie aus der Wirkungsweise der Maschinen hervorgeht, die nach Abb. 210 geschaltet werden. Für unsere Betrachtung ist es nun ganz gleichgültig, ob die Maschinen einphasig oder mehrphasig sind. In Abb. 210 ist einphasiger Wechselstrom angenommen. Bei der gezeichneten Drehrichtung des Stromerzeugers (Generators) entsteht augenblicklich (vgl. S. 56) in dem Draht a des Generators eine nach hinten gerichtete EMK, folglich hat der Strom die Richtung des Pfeiles 1. Wegen der Phasenverschiebung zwischen EMK und Strom entsteht aber der Strom erst später als die EMK, so daß sich das Polrad schon etwas weiter gedreht haben muß, als gezeichnet ist. Leitet man nun den Wechselstrom in den Motor ein, welcher in diesem Falle genau so ausgeführt ist wie der

Generator, so üben die Magnetpole des Polrades und die stromdurchflossenen Ankerdrähte eine Kraft aufeinander aus, wie schon mit den
Abb. 195 bis 198 erklärt wurde. Dort waren aber die Drähte mit dem Anker
beweglich, hier steht aber der Anker fest, und die Pole drehen sich, da-

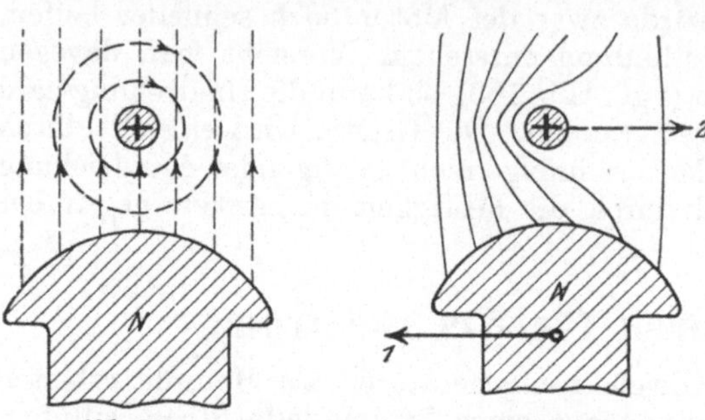

Abb. 211a.   Abb. 211b.
Kraftwirkung zwischen Magnetpol und Stromleiter.

her soll zur Erklärung die Abb. 211a und b benutzt werden. An Abb. 211a möge der Strom im
Draht nach hinten flie-ßen, das Kreisfeld des
Stromes und die Feld-linien des Poles N sind
dann links vom Draht gleichgerichtet und verstärken sich, rechts vom Draht schwächen sie
sich. Das infolge der gegenseitigen Beeinflussung beider Felder entstehende wirkliche Feld
besitzt demnach das Aussehen von Abb. 211b. Da aber die Induktionslinien bestrebt sind, die ungleichmäßige Verteilung wieder gleich-
förmig zu gestalten, so muß entweder der Draht in der Richtung 2
oder der Pol in der Richtung 1 ausweichen, und bei der synchronen
Maschine sind die Pole beweglich, so daß sich danach aus Abb. 211 für
den Motor die in Abb. 210 eingezeichnete Drehrichtung (entgegen dem
gewöhnlichen Uhrzeigersinn) ergibt. Man erkennt aber auch, daß der
Pol S_1 in Abb. 210 ebenso rasch an die Stelle von N_1 getreten sein muß,
wie der Strom in dem Anker des Motors seine Richtung wechselt, daß
also bei jedem Stromwechsel das Polrad sich um einen Pol weiter gedreht haben muß. Hieraus ist zunächst zu ersehen, daß der stillstehende
Synchronmotor nicht von selbst anlaufen kann und weiter, daß ein im
Betriebe befindlicher Motor nicht überlastet werden darf, denn dadurch
würde er beginnen, langsamer zu laufen, und wenn die Pole noch nicht
vor die nächsten Drähte gekommen sind und der Strom aber schon
seine Richtung gewechselt hat, erhalten sie von den alten Drähten
her einen umgekehrt wirkenden Antrieb, und dadurch bleibt das Polrad stehen. Man nennt diesen Vorgang: der Motor fällt aus
dem Tritt.

Da die Motoren nicht von selbst anlaufen, so muß man sie, bevor
man den Ankerstrom einschaltet, zunächst künstlich auf die erforderliche synchrone Umlaufzahl bringen. Es kann dies durch die Erregermaschine geschehen, wenn dieselbe mit dem Wechselstrommotor direkt
gekuppelt ist. Die Erregermaschine läuft dann, von einer ebenfalls
notwendigen Akkumulatorenbatterie betrieben, als Motor und dreht
das leerlaufende Polrad an. Es können also Synchronmotoren nur dort
verwendet werden, wo eine Akkumulatorenbatterie die direkt gekuppelte Erregermaschine, oder auch bei Synchronumformern für Bahn-
anlagen, die direkt gekuppelte Gleichstromdynamo speisen kann. Solche
Synchronumformer dienen dann zum Umformen des hochgespannten

Wechselstromes, der von der Zentrale durch eine Fernleitung dem
Synchronmotor zugeführt wird, in Gleichstrom für Straßenbahnbetrieb.
Das Verwendungsgebiet der Synchronmotoren ist hiernach nur sehr beschränkt und nur für große Leistungen möglich. Es genügt aber beim
Anlassen nicht, dem Polrad die synchrone Umlaufzahl zu erteilen, sondern es muß auch der Pol zu dem Strom im Draht passen. Es ist daher
für den Maschinisten noch ein besonderer Apparat notwendig, der anzeigt, wann die Stellung des Polrades und seine Umlaufzahl die richtige
zum Einschalten des Stromes vom Generator aus ist. Solch ein Apparat
heißt Synchronismusanzeiger, seine Wirkungsweise soll später im Abschnitt XVII beschrieben werden. In Abb. 212 ist der Vollständigkeit

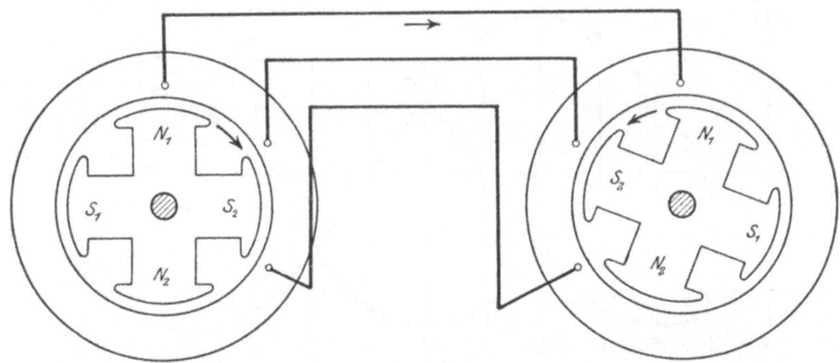

Abb. 212. Arbeitsübertragung zwischen dreiphasigen Synchronmaschinen.

wegen auch noch eine Arbeitsübertragung zwischen zwei dreiphasigen
Maschinen gezeichnet, deren Wicklung nach Abb. 173 oder 174 ausgeführt
sein kann. Die Wirkungsweise des synchronen Dreiphasenmotors ist
natürlich genau dieselbe wie die des synchronen Einphasenmotors. In
den Abb. 210 und 212 ist stets das Polrad des Motors noch vor dem Draht
befindlich gezeichnet, während das Polrad des Generators sich schon
gerade unter einem Draht befindet. Es steht z. B. in Abb. 210 der Pol N_1
des Generators gerade unter dem Draht a, während der Pol N_1 des
Motors noch vor dem Draht a_1 steht. Diese Verdrehung der Polräder
gegeneinander rührt von der Phasenverschiebung zwischen Strom und
EMK her.

Aus dem vorstehend erwähnten Umstand, daß das Polrad sich so
schnell (synchron) drehen muß, daß es sich gerade um die Polteilung
verschoben hat, wenn der Strom seine Richtung wechselt, ergibt sich,
daß ein Synchronmotor genau dieselbe Umlaufzahl haben muß wie der
Generator, der ihm den Strom liefert, wenn beide Maschinen gleichviel
Pole haben. Hat der Motor weniger Pole, so läuft er schneller als der
Generator. Nehmen wir einen Generator an, der 80 Stromwechsel in
der Sekunde erzeugt, so muß sich dessen Polrad bei 8 Polen in jeder
Sekunde 10mal herumdrehen, die minutliche Umlaufzahl des Generators wird also $10 \times 60 = 600$. Der Synchronmotor, welcher durch
den Strom dieses Generators betrieben wird, möge nur 6 Pole besitzen.

Da der Strom 80mal in der Sekunde wechselt, so muß das Polrad des Motors sich um $^1/_6$ seines Umfanges (Polteilung) in $^1/_{80}$ Sekunde gedreht haben, also in einer Sekunde 80:6 und in einer Minute also (80:6) · 60 = 800 Umdrehungen machen.

Die Synchronmotoren können wegen ihrer Umständlichkeit, wie schon bemerkt wurde, nur für große Leistungen in Anwendung kommen. Für den Antrieb von Werkzeugmaschinen, Pumpen und dergleichen, also für kleinere und mittlere Leistungen und vor allen Dingen auch dann, wenn die Maschinen häufig ein- und ausgeschaltet werden müssen, kann man keine Synchronmotoren anwenden. Hierfür sind die asynchronen Motoren geeignet, die aber außerdem, wie sogleich bemerkt

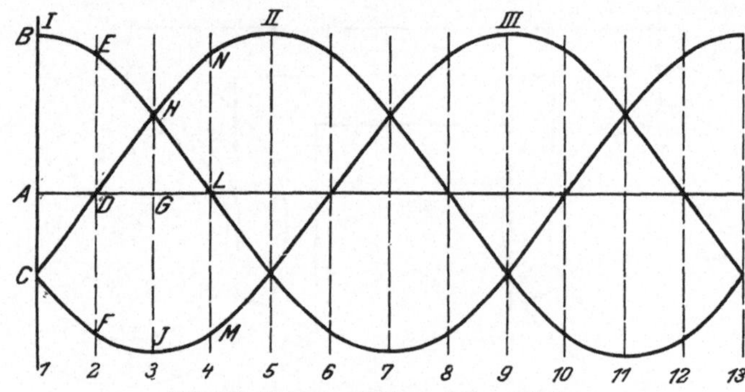

Abb. 213. Drei um 120° verschobene Ströme.

werden muß, auch für sehr große Leistungen ohne weiteres brauchbar sind und auch fast ausschließlich angewendet werden, wenn man nicht Kommutatormotoren, die noch erklärt werden sollen, benutzen muß. Die asynchronen Motoren haben vor den synchronen die Vorzüge, daß sie ohne besondere Schwierigkeit anlaufen, keine Erregermaschine nötig haben und bei Überlastung nicht so leicht stehen bleiben.

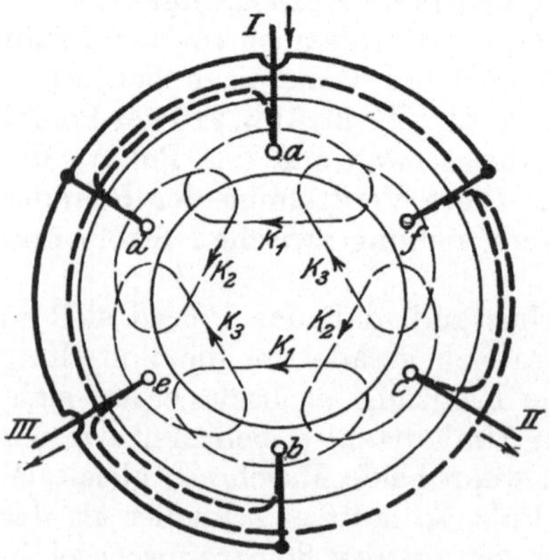

Die einfachsten asynchronen Motoren sind diejenigen, die durch zweiphasigen oder dreiphasigen Wechselstrom betrieben werden, und die man kurzweg meist als Drehstrommotoren, richtiger Drehfeldmotoren bezeichnet. Zur Erklärung ihrer Wirkungsweise muß zunächst die Entstehung des Drehfeldes erklärt werden. Dazu dienen die Abb. 213, 214 und 215.

Abb. 214. Entstehung der einzelnen Felder in zweipoliger Dreiphasenwicklung.

In Abb. 213 sind zunächst noch einmal drei um 120° in der Phase verschobene Ströme (vgl. S. 49) dargestellt, und in Abb. 214 ist die Feldwicklung oder Ständerwicklung (auch Statorwicklung) eines Drehfeld-

motors gezeichnet, welche aber genau so ausgeführt wird wie die Ankerwicklung einer Dreiphasenmaschine, also wie Abb. 170 zeigt. Greifen
wir nun den in Abb. 213 mit *1* bezeichneten Augenblick heraus. Der
Strom *I* soll in den in Abb. 214 mit *I* bezeichneten Draht eintreten,
dann würde in dem Draht *a* der Strom von vorn nach hinten fließen

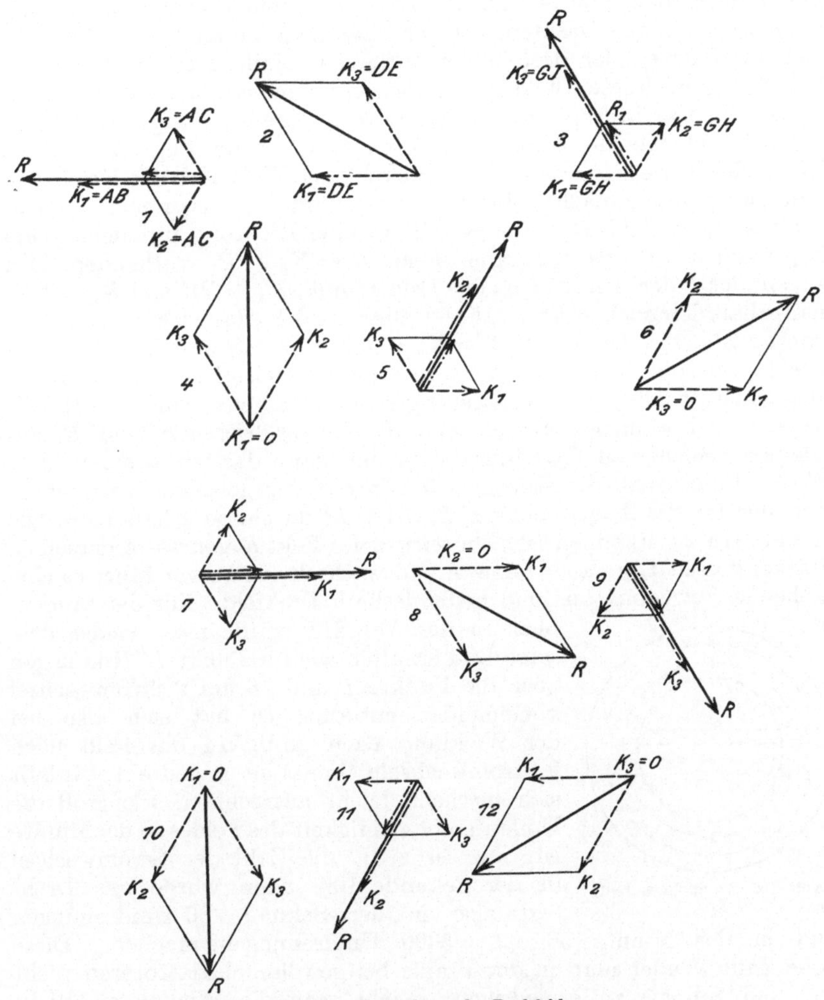

Abb. 215. Entstehung des Drehfeldes.

und in dem mit ihm verbundenen Draht *b* wieder von hinten nach vorn.
Nach der Korkzieherregel (S. 23) bildet sich um beide Drähte ein
Feld K_1. Der Strom *II* hat, wie aus Abb. 213 hervorgeht, ebenso wie
der Strom *III* in dem Augenblick *1* entgegengesetzte Richtung wie *I*,
folglich wird in Abb. 214 im Draht *c* und im Draht *e* der Strom von
hinten nach vorn fließen und in den beiden Drähten *d* und *f* wieder

von vorn nach hinten. Es entstehen dann um die Drähte c und d die Feldlinien K_2 und um die Drähte e und f die Feldlinien K_3. Selbstverständlich können nicht diese drei Felder für sich bestehen, sondern sie setzen sich zusammen zu einem einzigen resultierenden Feld, dessen Stärke und Richtung von Stärke und Richtung der Einzelfelder abhängt. Nun ändert sich Stärke und Richtung der Felder genau so wie die Stromstärke in den Drähten, folglich kann man die Kurven in Abb. 213 auch als Kurven der drei Felder auffassen. Faßt man die beiden in Abb. 214 gezeichneten Feldlinienkreise K_1 zu einem einzigen zusammen und zeichnet es in Abb. 215 ein, indem man seine Richtung aus Abb. 214 und seine Stärke aus Abb. 213 entnimmt, so ist im Augenblick 1 die Stärke des Feldes $K_1 = AB$, die Felder K_2 und K_3 sind beide gleich AC. Man setzt nun zunächst die Felder K_2 und K_3 zusammen zu dem resultierenden Feld R_1. Dieses fällt in eine Richtung mit dem Felde K_1, folglich ist das wirksame Feld $R = K_1 + R_1$ vorhanden. Im Augenblick 2 der Abb. 213 ist das Feld II null, $K_1 = DE$ und $K_3 = DE$, man erhält demnach in Abb. 215 — 2 aus K_1 und K_3 das wirksame Feld R. Im Augenblick 3 der Abb. 213 ist $K_1 = GH$, $K_2 = GH$ und $K_3 = GI$. Da aber K_2 nach oben liegt, demnach positiv geworden ist, kann man die Richtung von K_2 in Abb. 215 — 3 entgegengesetzt auftragen wie in Abb. 215 — 1. Es setzt sich zunächst aus K_2 und K_1 das resultierende Feld R_1 zusammen, welches zu K_3 addiert wird und dann das wirksame Feld R bildet. Führt man die Konstruktion in der angegebenen Weise nacheinander für die Augenblicke 1, 2, 3 bis 12 durch, so erhält man, wie in Abb. 215 zu erkennen ist, ein wirksames Feld R von stets derselben Stärke, dessen Lage aber fortwährend wechselt, und zwar führt es eine drehende Bewegung aus und heißt deshalb Drehfeld. Für den Augenblick 13 der Abb. 213 würde man wieder dasselbe Bild erhalten wie für Punkt 1. Nun liegen aber die Punkte 1 und 13 um 2 Stromwechsel voneinander entfernt, es hat sich also bei der Wicklung nach Abb. 214 das Feld nach 2 Stromwechseln einmal herumgedreht. Es läßt sich hiernach leicht ausrechnen, wie groß die Umlaufgeschwindigkeit des Feldes in der Minute ist. Es sei z. B. die Zahl der Stromwechsel in der Sekunde 100, dann würde das Drehfeld also in der Sekunde 50 Umdrehungen

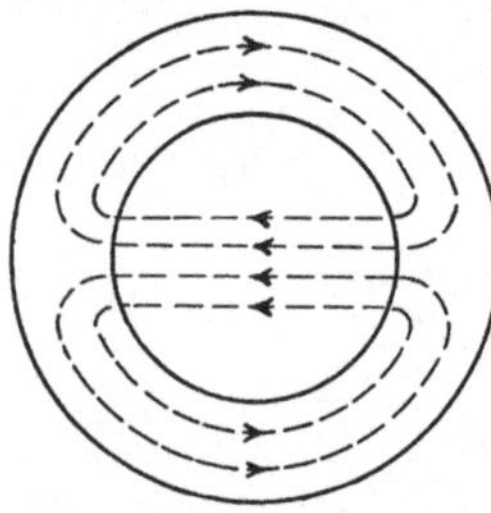

Abb. 216. Zweipoliges Feld.

und in der Minute $50 \cdot 60 = 3000$ Umdrehungen machen. Diese hohe Zahl wendet man in der Praxis bei gewöhnlichen Motoren nicht an, und um sie zu erniedrigen, macht man die Wicklungen nicht zweipolig, sondern stets mehrpolig und führt auch ganz kleine Drehfeldmotoren schon mit vier Polen aus. Die Wicklung in Abb. 214 ist eine zweipolige, weil das wirksame Feld nach Abb. 216 denselben Verlauf zeigt wie bei einem zweipoligen Magnetrad. Eine vierpolige Wicklung zeigt Abb. 217, deren wirksames Feld die Form nach Abb. 218 besitzt, weil sich die Felder K_1, K_2, K_3 in Abb. 217 in dieser Weise zusammensetzen. Wie man aus Abb. 219 erkennt, dreht sich auch das vierpolige Feld. In Abb. 219 entspricht *1* dem Augenblick *1* in Abb. 210, während *3* dem Augenblick *3* und *5* dem Augenblick *5* entspricht. Im

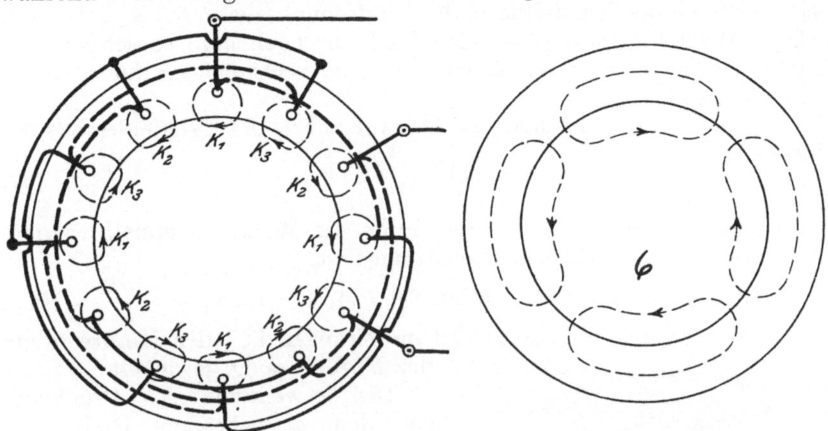

Abb. 217. Vierpolige Wicklung.　　　　Abb. 218. Vierpoliges Feld.

Augenblick *3* hat sich das Feld K_2 umgekehrt, im Augenblick *5* das Feld K_1 ebenfalls. Berücksichtigt man dies in der Weise wie Abb. 219 zeigt, so

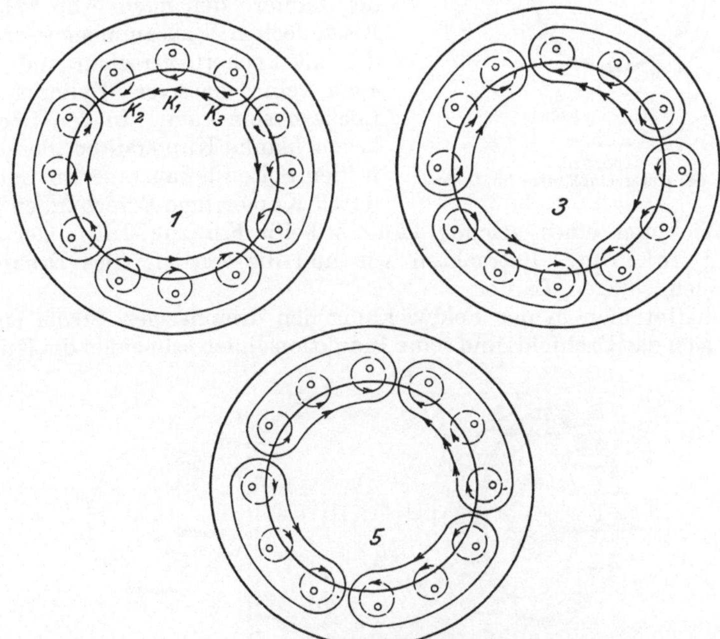

Abb. 219. Drehung eines vierpoligen Feldes.

erkennt man, daß das wirksame resultierende Feld sich ebenfalls dreht. Auch seine Umlaufgeschwindigkeit erkennt man aus dieser Abbildung, denn wenn man die Aufzeichnung in der dort angefangenen Weise fortsetzt, so hat sich das Feld beim Augenblick *7* um 90° gegen die Lage bei *1* verschoben, demnach beim Augenblick *13* um 180°, es führt also bei zwei Stromwechseln eine halbe Umdrehung aus und bei einer vierpoligen Wicklung wird daher das Feld nur noch halb so schnell umlaufen wie bei einer zweipoligen, bei einer sechspoligen nur noch $^1/_3$ so schnell usw.

Allgemein berechnet man die Umlaufzahl n_1 des Drehfeldes aus der Formel

$$\frac{n_1 p}{60} = f, \tag{37}$$

wo $2\,p$ die Anzahl der Pole, die durch die Wicklung erzielt werden, und f die Periodenzahl des Drehstromes ist.

43. Beispiel: Ist z. B. $f = 50$, $2p = 6$, so wird $n_1 = \dfrac{60 \cdot 50}{3} = 1000$, d. h. das Drehfeld macht 1000 Umdrehungen in jeder Minute, wenn der Motor 6polig gewickelt ist.

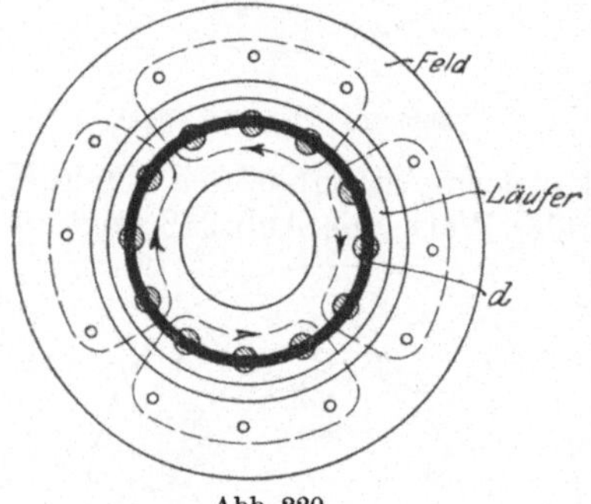

Abb. 220.
Schema des Kurzschlußläufers im Drehfeld.

Die Verwendung des Drehfeldes bei den asynchronen Drehstrommotoren ist mit der Abb. 220 erläutert. Im Innern der Bohrung des Ständers oder Feldes befindet sich der Läufer, der nach Abb. 221 aus Eisenblechen E zusammengesetzt ist, die mit Löchern versehen sind, oder auch ein massiver Zylinder mit Löchern sein kann. In den Löchern liegen blanke Kupferstäbe, deren auf beiden Seiten herausragende Enden d durch Kupferringe R verbunden sind. Die Wicklung eines solchen Läufeis heißt Kurzschluß- oder auch Käfigwicklung. Betrachten wir nun die Wirkung des Drehfeldes auf einen solchen Läufer.

Schaltet man in der Feldwicklung den dreiphasigen Strom ein, so dreht sich das Drehfeld, und seine Induktionslinien schneiden die Kupfer-

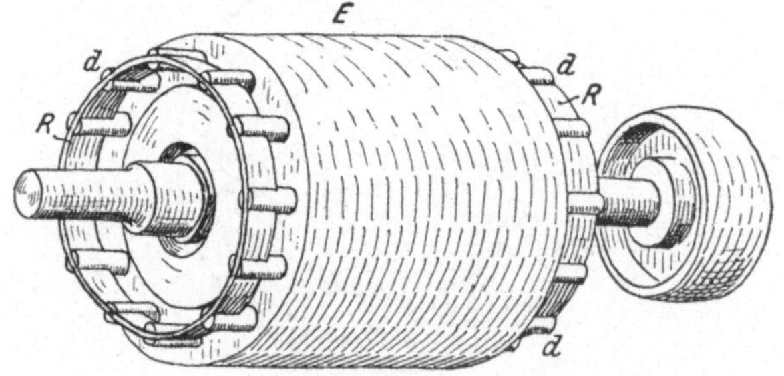

Abb. 221. Kurzschlußläufer mit Käfigwicklung.

stäbe des vorläufig noch stillstehenden Läufers. Wo aber Drähte und Induktionslinien sich schneiden, da entstehen in den Drähten elektromotorische Kräfte, die sich nach Formel 10 berechnen lassen. Der

Leitungswiderstand der dicken Kupferstäbe mit den Kurzschlußringen R ist aber sehr gering, so daß starke Ströme in der Käfigwicklung entstehen. Da aber auf Ströme in einem Magnetfeld Kräfte ausgeübt werden (vgl. Abb. 211 und 195—198), so wird der Läufer anfangen, sich zu drehen. Um die Richtung seiner Drehung zu bestimmen, zeichnen wir in Abb. 222 I die Felder auf, die z. B. in Abb. 220 links oben bei dem dort vorhandenen Läuferdraht entstehen. Das Drehfeld R hat die Richtung *1*, wie schon gezeigt wurde. In dem Stab des Läufers

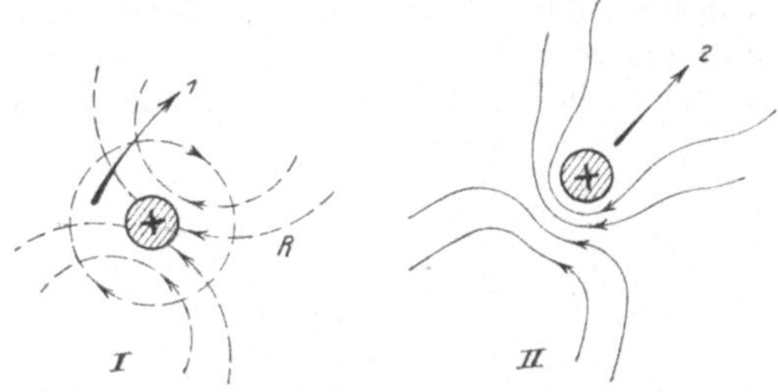
Abb. 222. Läuferstrom im Drehfeld.

wird dann nach der Handregel (S. 28) eine EMK von vorn nach hinten entstehen, folglich ist auch der Strom in dem Stab von vorn nach hinten gerichtet und erzeugt nach der Korkzieherregel (S. 23) das kreisförmige Feld.

Beide Felder sind unter dem Draht gleichgerichtet und über ihm entgegengesetzt. Es entsteht daher die Feldverschiebung nach Abb. 222 II, durch welche der Draht in der Richtung *2* fortgedrängt wird. Die Drehrichtung des Läufers ist also dieselbe wie diejenige des Drehfeldes.

Hieraus folgt weiter: Will man die Umlaufrichtung eines Drehfeldmotors umkehren, so muß man das Drehfeld umgekehrt laufen lassen. Zu diesem Zweck braucht man nur von den

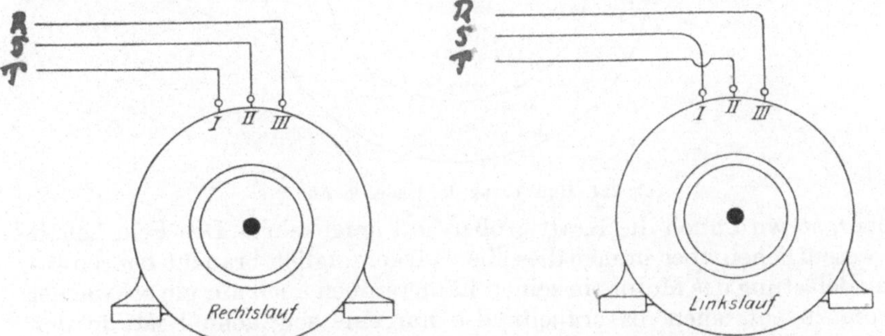
Abb. 223. Umschaltung der Drehrichtung bei asynchronen Dreiphasenmotoren.

drei Zuleitungen zum Feld zwei zu vertauschen, wie Abb. 223 zeigt, es läuft dann das Drehfeld und mit ihm der Läufer umgekehrt. Vertauscht man z. B. in Abb. 217 die Zuleitungen zu *I* und *II*, so würden die Felder K_1 und K_2 ebenfalls vertauscht und die drei in Abb. 219 dargestellten Lagen des Drehfeldes würden sich verwandeln in diejenigen von Abb. 224, woraus man erkennt, daß sich jetzt das Feld entgegengesetzt umdreht wie vorher. Dasselbe würde man natürlich auch erreicht haben durch Vertauschen der Leitungen *II* und *III* oder *I* und *III*.

10*

Wenden wir uns nun wieder zu der Abb. 220, um die Arbeitsweise des asynchronen Motors zu betrachten. Es war gezeigt, daß ein solcher Motor mit Kurzschlußläufer beim Einschalten des dreiphasigen Feldstromes zu laufen beginnt. Nehmen wir an, der Motor habe wenig Arbeit zu leisten, dann kann auch die Kraft, die auf die Drähte des Läufers ausgeübt wird, klein sein. Diese Kraft hängt aber ab von der Stärke des Feldes und der Stärke des Stromes im Draht, wird eines oder beides

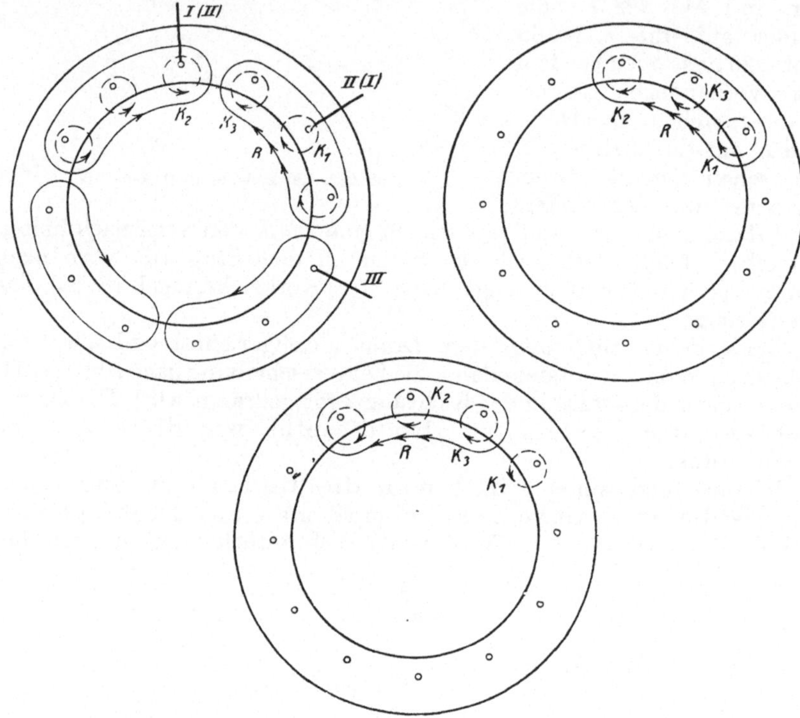

Abb. 224. Umkehrung des Feldes in Abb. 219.

größer, so wird auch die Kraft größer und umgekehrt. Das Feld behält im wesentlichen aber immer dieselbe Stärke, folglich braucht bei schwacher Belastung des Motors in seinen Läuferstäben auch nur ein schwacher Strom zu entstehen, es braucht also nur eine schwache EMK in den Stäben des Läufers erzeugt zu werden. Die elektrische Kraft hängt aber ab von der Geschwindigkeit v, mit der Stäbe und Induktionslinien sich schneiden, und diese ist offenbar dann am größten, wenn der Läufer noch stillsteht; je schneller er aber läuft, um so kleiner wird diese Schnittgeschwindigkeit. Denkt man sich den Läufer ebenso schnell gedreht wie das Drehfeld umläuft, dann würden Induktionslinien und Drähte sich gar nicht schneiden, und es könnte kein Strom in den Läuferstäben entstehen. Dann würde aber keine drehende Kraft auf den Läufer wirken, folglich muß der Läufer immer etwas langsamer laufen als das Drehfeld. Da aber der Widerstand des Läufers absicht-

lich durch Anwendung von dicken Stäben und breiten Verbindungs-
ringen möglichst klein gehalten wird, so gehört immer nur eine geringe
EMK dazu, um trotzdem einen starken Strom im Läufer zu erzeugen,
es braucht also der Läufer nur ganz wenig hinter der Umlaufzahl des
Drehfeldes zurückzubleiben, damit in ihm eine genügende EMK erzeugt
wird. Wird dann der Motor stärker belastet, so muß ein stärkerer Strom
im Läufer entstehen, und der Läufer muß weiter hinter der Umlaufzahl des Drehfeldes zurückbleiben, aber bei dem kleinen Widerstand
der Läuferwicklung genügt schon ein ganz geringes weiteres Zurückbleiben, so daß selbst bei voller Belastung der Läufer nur wenig langsamer zu laufen braucht als bei Leerlauf, und zwar ist der Unterschied
in der Leerlauf- und Vollastumdrehungszahl um so kleiner, je kleiner
der Widerstand der Läuferwicklung ist, und das ist bei größeren Motoren wieder in höherem Maße der Fall als bei kleineren. Soll der Unterschied zwischen Leerlaufgeschwindigkeit und Vollastgeschwindigkeit
möglichst klein bleiben, dann führt man die Läuferwicklung mit möglichst kleinem Widerstand aus, dann verhält sich der asynchrone Drehfeldmotor ähnlich wie der Gleichstrom-Nebenschlußmotor.

Asynchrone Drehfeldmotoren mit einem Käfigläufer nach Abb. 221
würden bei größeren Leistungen wegen des außerordentlich kleinen
Widerstandes in der Läuferwicklung während des ersten Anlaufens,
wenn der Läufer also noch stillsteht, wegen der hohen Feldlinienschnitt-
geschwindigkeit so hohe Stromstärken erhalten, daß die Wicklung
gefährdet wäre, und außerdem kann ein solcher Motor, da diese gewaltigen Läuferströme eine sehr starke Schwächung des Feldes bewirken, nicht anlaufen. Man muß deshalb bei größeren Motoren
während des Anlaufes den Widerstand der Läuferwicklung künstlich
vergrößern. Dies geschieht, indem man den Läufer mit einer Draht-
oder Stabwicklung versieht, die dreiphasig gewickelt und in Sternschaltung verbunden ist. Das Schema eines solchen Motors zeigt

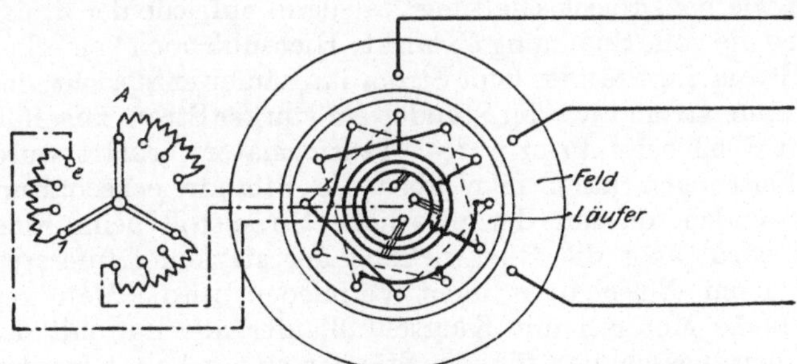

Abb. 225. Asynchroner Drehfeldmotor mit Schleifringanker.

Abb. 225. Die drei Wicklungsanfänge führen zu je einem Schleifring,
auf dem Bürsten aufliegen, durch welche der Läufer mit einem drei-
teiligen Anlasser A verbunden ist, durch den beim Anlaufen der Läufer-
widerstand so weit vergrößert wird, daß der Läuferstrom keinen zu hohen
Wert annehmen kann, und seine Rückwirkung das Feld nur noch so
wenig schwächt, daß der Motor anläuft. Beginnt der Motor zu laufen,

so dreht man allmählich die dreiteilige Kurbel des Anlassers von dem Kontakt *1* nach dem Kontakt *e*. In dieser letzten Stellung der Kurbel ist aller Widerstand des Anlassers ausgeschaltet, und die Läuferwicklung ist kurzgeschlossen. Es wirkt jetzt ein solcher Motor ebenso wie einer mit Käfiganker. Gewöhnlich versieht man aber die Schleifringanker noch mit **Kurzschluß- und Bürstenabhebevorrichtung**, weil der Widerstand der Bürsten und der Leitungen bis zum Anlasser zweckmäßig im Betrieb noch vermieden wird. Zu diesem Zweck versieht man den Motor mit einem Hebel, durch dessen Bewegung zuerst die drei Schleifringe direkt verbunden werden und weiter die Bürsten, die dann ja überflüssig sind, abgehoben werden, damit sie sich nicht unnötig abnutzen und zwecklos Reibung veranlassen. Durch diese Einrichtung wird der Motor aber schon ziemlich kompliziert, und es erfordert seine Bedienung mehr Aufmerksamkeit, denn man muß beim Anlassen zuerst den dreipoligen Schalter im Ständerstromkreis einschalten, darauf den Anlasser eindrehen und zuletzt die Kurzschließung und Bürstenabhebung bewirken, während beim Stillsetzen umgekehrt vorzugehen ist. Da auch die Elektrizitätswerke gewöhnlich vorschreiben, daß Motoren von 5 PS ab schon Schleifringanker erhalten sollen, damit kein plötzlicher Stromstoß beim Anlassen, der zu Lichtschwankungen in der Nachbarschaft des Motors. führt, auftritt, so hat man versucht, den Kurzschlußmotor, der sonst sehr gute Betriebseigenschaften hat, da er ohne Schwierigkeit anläuft und meist die dreifache Überlastung aushalten kann, natürlich nur auf ganz kurze Zeit, einfacher zu gestalten. Zur Vermeidung des plötzlichen Stromstoßes benutzt man den **Stern-Dreieckschalter**, das ist ein Umschalter, der die Ständerwicklung beim Anlassen in Stern, beim Gange in Dreieck zu schalten gestattet. Der Motor besitzt dabei einen gewöhnlichen Kurzschlußläufer mit Käfigwicklung. Bei der Sternschaltung des Feldes kann, da immer auf eine Wicklung die Spannung $U_k : \sqrt{3}$ wirkt, nicht ein so hoher Strom entstehen wie bei Dreieckschaltung, wo dann auf jede der drei Ständerwicklungen die volle Spannung U_k wirkt. Hier muß noch bemerkt werden, daß der Strom im Ständer dem Strom im Läufer entspricht, indem bei starkem Läuferstrom auch im Ständer ein starker Strom zugeführt wird, wie schon S. 53 beim Prinzip des Transformators erklärt wurde. Für größere Leistungen kann man aber die Sterndreieckschaltung auch nicht verwenden, da nur der plötzliche Stromstoß beim Einschalten gemildert wird, aber die Rückwirkung der starken Läuferströme auf das Feld beim Einschalten nicht vermieden wird. Man verwendet daher einfache Motoren mit Kurzschlußläufer, die nur mit dem dreipoligen Zuleitungsschalter für den Ständer eingeschaltet werden bis zu etwa 2 PS, dann Motoren mit Kurzschlußläufer, aber mit Sterndreieckschalter im Feld bis zu etwa 5 PS und von da ab Motoren mit Schleifringanker. Die einzelnen Elektrizitätswerke weichen aber in ihren Vorschriften darüber etwas voneinander ab. Die Vorschriften haben natürlich nur den Zweck, die Lichtschwankungen zu vermeiden.

Um den Kurzschlußmotor, der, wie schon erwähnt, wegen seines großen Anlaufstromes nur für kleine Leistungen zum Anschluß an öffentliche Elektrizitätswerke zugelassen wird, auch für größere Leistungen anschließen zu dürfen, haben viele Firmen eine alte Idee von Drobowolsky (1893) wieder aufgenommen und bringen jetzt den Doppelnutmotor in den Handel.

Der Läufer hat, wie die Abb. 226 zeigt, zwei konzentrische Käfigwicklungen von verschiedenem Widerstand mit getrennten oder auch gemeinsamen Kurzschlußringen. Die Kurzschlußringe werden jedoch im Gegensatz zu Abb. 221 durch Gießen mit den Stäben verbunden. Die innere Wicklung hat einen größeren Querschnitt, also einen geringen Widerstand, die äußere einen hohen Widerstand, wobei zu beachten ist, daß im Betriebe nur der Kombinationswiderstand beider in Frage kommt, der natürlich noch kleiner ist als jeder einzelne Wider-

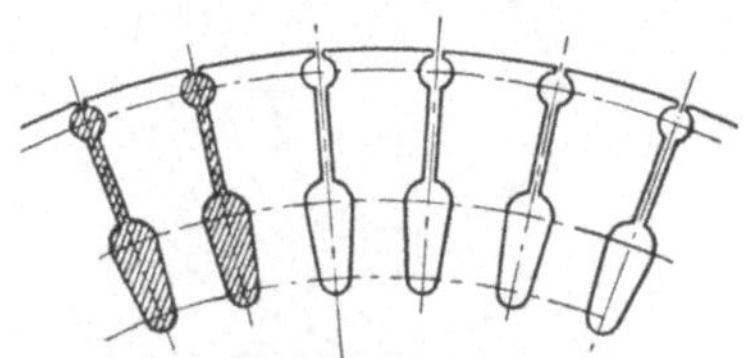

Abb. 226. Rotorschnitt eines vierpoligen Doppelnutmotors.

stand (vgl. S. 13). Beim Anlauf kommt jedoch nur der Widerstand der äußeren Wicklung in Betracht, da durch den starken Strom, der in diesen Stäben entsteht, die Induktionslinien des Drehfeldes verhindert werden, die Stäbe der inneren Wicklung zu schneiden, also in ihnen elektromotorische Kräfte bzw. Ströme zu erzeugen. Je mehr die Drehzahl zunimmt, desto schwächer wird der Strom in den äußeren Stäben, und desto mehr kommen auch die inneren Stäbe der Wicklung zur Wirksamkeit. Die Verwendung von Sterndreieckschaltern ist bei Anlauf mit halber Belastung sehr zu empfehlen, denn dann sinkt der Anlaufstrom auf die Werte herunter, die für den Halblastanlauf des Schleifringankermotors vom Verband (VDE) vorgeschrieben sind.

Einphasige Motoren.

Steht nur Einphasenstrom zur Verfügung, so baut man auch für diesen den mehrphasigen Motoren ähnliche asynchrone Motoren. Diese Einphasen-Asynchronmotoren können aber nicht von selbst anlaufen, weil man bei einem einphasigen Wechselstrom kein Drehfeld, sondern nur ein Wechselfeld erhält. Die Motoren erhalten daher zum Anlaufen, welches aber nur ohne Belastung geschehen kann, eine Hilfswicklung, die im normalen Betrieb ausgeschaltet wird. Der Läufer eines asynchronen Einphasenmotors kann genau so ausgeführt werden wie der eines dreiphasigen, also als Käfiganker (Abb. 221) oder als dreiphasige Läufer mit Schleifringen und Anlasser nach Abb. 225.

Die Wirkungsweise eines asynchronen Einphasenmotors soll mit Abb. 227 erläutert werden. Man erkennt aus dieser, daß der Ständer des Motors zwei Wicklungen besitzt, eine Hauptwicklung, welche stark gezeichnet ist, und eine nur zum Anlaufen bestimmte Hilfswicklung H, welche aus dünnem Draht hergestellt ist und deshalb nur während der kurzen Zeit des Anlaufens eingeschaltet werden darf, wenn sie nicht verbrennen soll. Dadurch, daß in den Stromkreis dieser Hilfswicklung eine Drosselspule D eingeschaltet ist, erfährt der Strom in der Hilfswicklung eine Phasenverschiebung gegen den Strom in der Hauptwicklung. In Abb. 228 sind die beiden Ströme gezeichnet. J ist der Strom in der Hauptwicklung, i derjenige in der Hilfswicklung. Die Entstehung des durch diese beiden Ströme hervorgerufenen Drehfeldes ist mit Hilfe der Abb. 228 und 229 erklärt. In Abb. 228 ist zu der Zeit, die dem Punkt 1 entspricht, der Strom in der Hilfswicklung null, folglich wirkt nur die Hauptwicklung mit den Drähten D_1, D_1, D_2, D_2, und das Feld hat die Richtung R, wie in Abb. 229 — 1. Im Augenblick 2 ist der Strom J null, es wirkt also nur die Hilfswicklung.

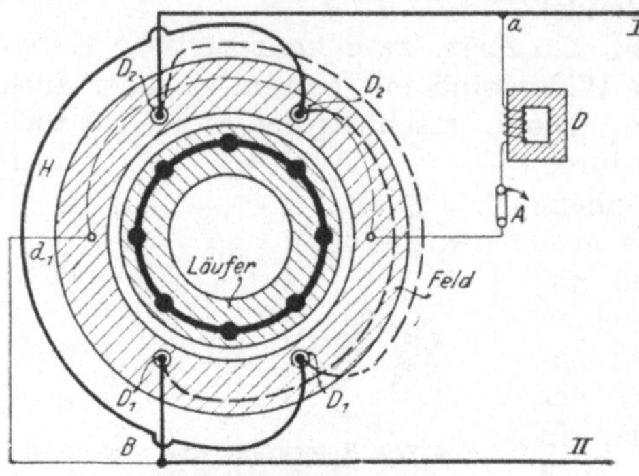

Abb. 227. Asynchroner Einphasenmotor.

Der Strom im Draht d_1 muß aber, da dieser mit D_1 nach Abb. 227 verbunden ist, so gerichtet sein wie vorher der Strom J in D_1, weil in Abb. 228 im Augenblick 1 der Strom J nach oben als positiv gerichtet ist und im Augenblick 2 i ebenfalls positiv ist. Folglich hat das Feld die in Abb. 229 — 2 bezeichnete Richtung R. Die Stärke dieses Feldes ist aber schwächer als die des Feldes im Augenblick 1, weil die Hilfswicklung weniger Windungen besitzt, es bleibt also die Stärke

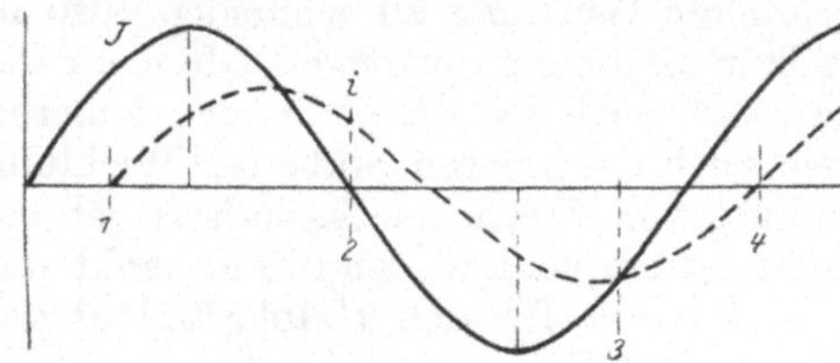

Abb. 228. Verschiebung der Ströme in beiden Wicklungen nacheinander.

des Drehfeldes hier nicht immer dieselbe, sondern schwankt. Im Augenblick 3 sind J und i umgekehrt wie vorher, und wir erhalten aus beiden Feldern das resultierende Feld R, für Augenblick 4 würde man wieder dieselbe Figur erhalten wie für Augenblick 1.

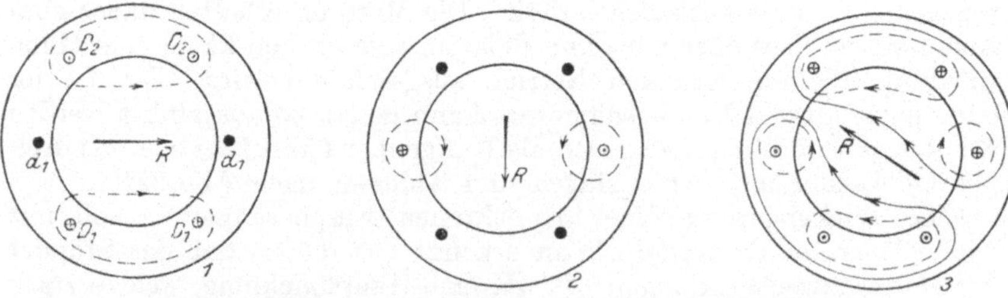

Abb. 229. Entstehung des Drehfeldes im asynchronen Einphasenmotor.

Da in Abb. 228 die Punkte $1, 2, 3$ genau gleichen Abstand voneinander haben, trotzdem aber, wie aus Abb. 229 zu ersehen ist, das Feld R sich aus der Lage 1 in die Lage 2 viel stärker verdreht hat als aus der Lage 2 in die Lage 3 und von Lage 3 in die dem Augenblick 4 entsprechende

Lage *1* sich wieder sehr stark verdrehen muß, erkennt man, daß dieses Drehfeld nicht nur seine Stärke wechselt, sondern während einer Umdrehung auch seine Geschwindigkeit verändert. Hieraus ergibt sich, daß der asynchrone Einphasenmotor nur mit sehr schwacher Belastung, am besten natürlich leer, anlaufen kann, denn die Wirkung dieses mit der Hilfsphase entstandenen, schwankenden und unregelmäßig umlaufenden Drehfeldes ist längst nicht so stark wie die Wirkung des ganz gleichmäßig umlaufenden und fortwährend gleichstarken Drehfeldes bei dreiphasigen Motoren. Aus Abb. 229 erkennt man, daß das Drehfeld R entgegengesetzt umlaufen wird, wenn man den Strom in den Hilfsdrähten d_1, d_1 umkehrt. Dies läßt sich nach Abb. 227 dadurch erreichen, daß man dort d_1 mit Punkt a anstatt mit B verbindet und gleichzeitig den Draht a nach Leitung II herüberlegt. Es läuft dann das Drehfeld entgegengesetzt um, und der Läufer des Motors wird natürlich ebenfalls entgegengesetzt umlaufen, denn die Drehung des Läufers kommt auch hier durch die Einwirkung des Drehfeldes auf den Läuferstrom nach Abb. 222 zustande.

Sobald der Läufer aber in Gang gesetzt ist und eine bestimmte Geschwindigkeit erreicht hat, kann die Hilfswicklung abgeschaltet werden; es bleibt dann der Läufer in Bewegung, und er kann auch belastet werden, darf allerdings nicht zu stark überlastet werden; es eignen sich also diese Motoren schlecht zum Betrieb von Hebezeugen und Fahrzeugen, und man verwendet in solchen Fällen die noch zu besprechenden Kommutatormotoren. Das Ausschalten der Hilfsphase geschieht nach Abb. 227 mit dem Schalter A.

Wir haben uns nun noch darüber Rechenschaft abzulegen, warum der einmal in Gang gebrachte Läufer ohne Hilfsphase nur mit der Hauptwicklung des Feldes weiterläuft und benutzen dazu die Abb. 230, wo bei I der Augenblick gezeichnet ist, in welchem das Wechselfeld sich entwickelt. Es entsteht aus den Drähten D_2, D_2 und D_1, D_1 heraus, und die Feldlinien, die als ausgezogene Linien dargestellt sind, schneiden dabei die Läuferdrähte *1, 2, 3, 4* und *5, 6, 7, 8* in der Richtung der Pfeile, also auf den Mittelpunkt des Läufers zu. Stände der Läufer still, so würde das Feld der Läuferströme, welches punktiert gezeichnet ist, gerade entgegengesetzt verlaufen, und es könnte die Verschiebung des Feldes, die in Abb. 222 dargestellt ist, welche die Drehung bewirkt, nicht eintreten. Nun braucht aber das Feld zu seiner Entstehung Zeit und ebenfalls der Strom in den Läuferdrähten. Wenn sich der Läufer so schnell dreht, daß die Drähte *1, 2, 3, 4* in die in Abb. 230 bei II dargestellte Lage gelangt sind, während noch Strom in ihnen fließt, und das Feld gleichzeitig sich voll entwickelt hat, wie gezeichnet ist, so tritt die bei Abb. 222 erklärte Verschiebung des Feldes ein, die eine Drehung des Läufers bewirkt. Dreht sich der Läufer aus der Lage II weiter, so verschwindet das Feld wieder; dabei werden die Drähte *1, 2, 3, 4*, die fast in die Lage gekommen sind, die die Drähte *5, 6, 7, 8* in Abb. 230 I haben, wieder denselben Strom erhalten wie vorher, also die Drehung wird in demselben Sinne fortgesetzt. Das Feld verschwindet und entsteht umgekehrt wieder, weil sich jetzt der Strom in den Drähten

D_1, D_1 und D_2, D_2 umgekehrt hat. Mittlerweile sind aber die Läuferdrähte *1,2,3,4* vollständig in die Lage der Drähte *5,6,7,8* der Abb. 230 II hineingelangt; sie werden also durch das Entstehen des umgekehrten Feldes auch einen umgekehrten Strom erhalten, der noch in ihnen fließt, wenn sie sich in die Lage der Drähte *5, 6, 7, 8* der Abb. 230 II gedreht haben; da aber das Feld auch die umgekehrte Richtung hat, ist die Richtung der dem Läufer erteilten Drehung dieselbe wie vorher, und es bleibt der Läufer auch bei dem einfachen Wechselfeld im Gang, wenn man ihn vorher mit der Hilfsphase andrehte.

Man erkennt aus der eben beschriebenen Wirkungsweise, daß auf den Läufer dann die stärkste Kraft ausgeübt wird, wenn die Feldverschiebung, durch welche die Drehung hervorgerufen wird, voll eintreten kann, d. h. wenn er sich so schnell dreht, daß die Drähte *1, 2,*

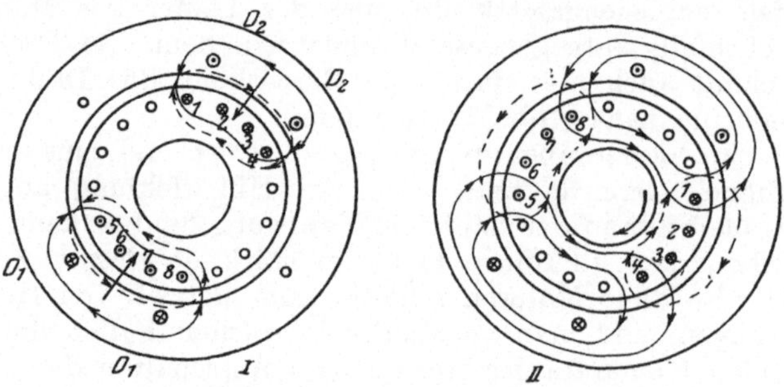
Abb. 230. Läufer des Einphasenmotors im Drehfeld.

3, 4 in die Lage der Abb. 230 II gelangt sind, während das Hauptfeld seine stärkste Einwirkung besitzt; wenn also der Strom im Feld von null bis zu seinem Höchstwert gestiegen ist, muß auch der Läufer bei der zweipoligen Wicklung in den Abb. 227 und 230 eine Vierteldrehung vollführt haben; demnach wird während zweier Stromwechsel der Läufer bei einer zweipoligen Wicklung eine volle Umdrehung machen müssen, wenn er die größtmögliche Leistung abgeben soll. Aber auch, wenn er etwas weniger schnell läuft, so daß die Drähte des Läufers nur zum Teil die erwähnten Stellungen erreichen, während das Hauptfeld voll entwickelt ist, wird noch eine Kraft auf die Läuferdrähte ausgeübt; allerdings darf die Geschwindigkeit des Läufers nicht unter eine bestimmte Grenze sinken, sonst bleibt er stehen. Es ist die Umlaufzahl des asynchronen Einphasenmotors demnach in ähnlicher Weise von der Wechselzahl des Stromes abhängig wie beim asynchronen Dreiphasenmotor, d. h. er würde bei einer zweipoligen Wicklung und zwei Stromwechseln ungefähr 1 Umdrehung ausführen, bei 4 Polen aber nur $^1/_2$ Umdrehung usw.

Die einphasigen asynchronen Motoren können bei ganz kleinen Leistungen auch ohne Hilfsphase leer anlaufen. Man muß dann, damit der Läufer in Gang kommt, am Riemen ziehen, dann läuft nach einigen Zügen der Motor allein weiter. Auch ist hierbei das Wenden der Drehrichtung sehr einfach, denn wenn der Motor umgekehrt laufen soll, braucht man den Riemen nur nach der anderen Seite zu ziehen.

Kommutatormotoren.

Da die asynchronen Einphasenmotoren nur leer anlaufen und auch wenig überlastbar sind, hat man schon sehr frühzeitig versucht, bessere Motoren auszubilden. Es sind das die Kommutatormotoren, welche darauf beruhen, daß, wie schon bei Abb. 194 und 195 und Abb. 198, 199 dargestellt ist, ein Umkehren von Feld und Ankerstrom gleichzeitig, also ein Umschalten der Zuleitungen keine Änderung der Drehrichtung bewirkt, und daß man daher solche Motoren auch mit Wechselstrom betreiben kann, nur darf man dann das Magnetgestell nicht mehr aus massivem Eisen ausführen, sondern wegen des Wechselfeldes aus Blechen. Besondere Schwierigkeiten machte früher auch der Kommutator, da zwischen ihm und den Bürsten leicht sehr heftiges Feuer auftrat. Man schaltete deshalb diese Kommutatormotoren früher nur beim Anlauf als Hauptstrommotoren (vgl. Abb. 198). Nach dem Anlauf wurde der Motor umgeschaltet, wobei die Ankerwicklung kurz geschlossen und hierauf die Bürsten abgehoben wurden. Der Motor arbeitete dann im Betriebe wie der vorhin erklärte Einphasen-Asynchronmotor mit Kurzschlußläufer im Wechselfeld. Die Schwierigkeiten bezüglich der Funkenbildung am Kommutator sind aber durch die Erfindung der Wendepole und der Ausgleichs- oder Kompensationswicklungen beseitigt, und man kann heute die Kommutatormotoren ohne weiteres mit ihrem Stromwender arbeiten lassen. Gewöhnlich besitzen aber diese Motoren, ähnlich wie der Déri-Generator (Abb. 166), keine ausgeprägten Pole; nur für große Lokomotivmotoren, wie sie heute für Vollbahnen mit elektrischem Betriebe benutzt werden, führt man die Einphasenkommutatormotoren mit ausgeprägten Polen und Wendepolen aus, natürlich Magnetsystem ebenso wie Anker aus Blechen zusammengesetzt. Die ausgeprägten Pole sind aber nur bei den in Bahnbetriebe üblichen sehr niedrigen Stromwechseln (etwa 30 und weniger) zweckmäßig. Motoren, die in gewöhnlichen Anlagen mit Kraft- und Licht-

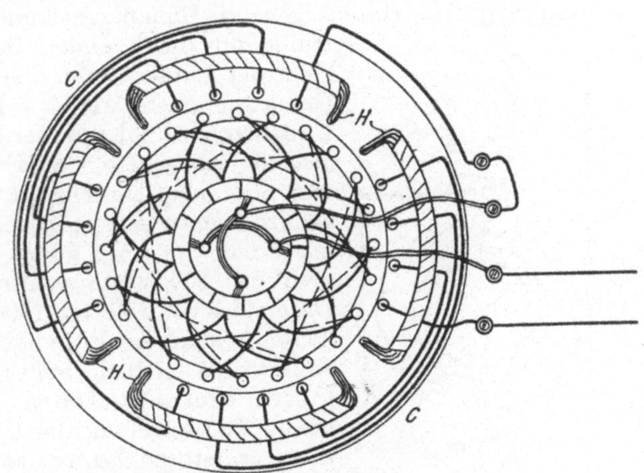

Abb. 231. Einphasiger Wechselstromreihenmotor.

betrieb arbeiten, erhalten keine ausgeprägten Pole und werden dann mit Kompensationswicklungen versehen.

In Abb. 231 ist ein als Reihenschluß- oder Hauptstrommotor geschalteter Kommutatormotor dargestellt. Der Anker ist ein Gleichstromanker mit Kommutator, die Feldwicklung H ist vierpolig und mit Anker- und Kompensationswicklung C hintereinander geschaltet, wie noch einmal schematisch in Abb. 232 gezeichnet ist. Man braucht aber die Kompensationswicklung nicht mit der Feldwicklung hintereinander zu schalten, da sie durch das Wechselfeld doch induziert wird und kann sie auch, wie Abb. 233 zeigt, einfach kurz schließen. Die Wirkungs-

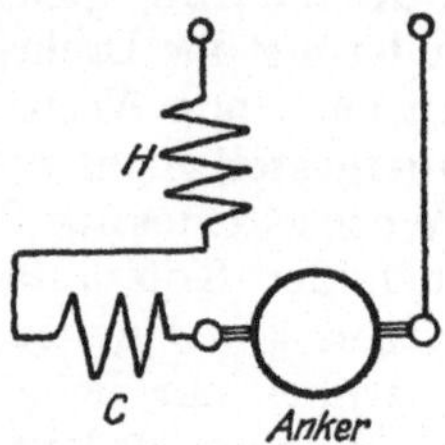

Abb. 232. Schaltung des Motors der Abb. 231.

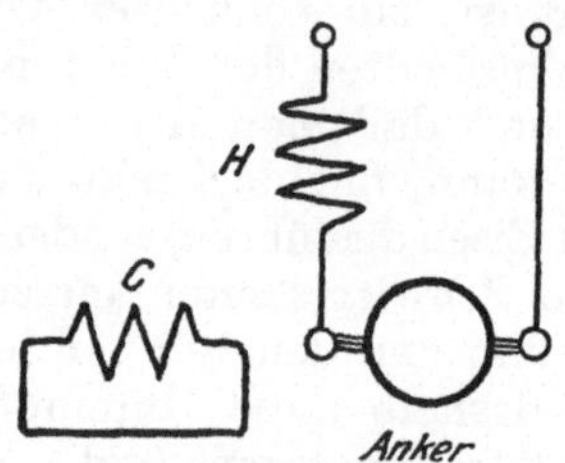

Abb. 233. Einphasiger Wechselstrom-Reihenschlußmotor mit kurzgeschlossener Kompensationswicklung.

weise des Motors wird dadurch nicht geändert, und der einphasige Wechselstrom-Reihenschlußmotor verhält sich im Betriebe ähnlich wie der Gleichstrom-Hauptstrommotor (Seite 134), er läuft bei schwacher Belastung rasch, geht bei Leerlauf durch und läuft bei starker Last langsam. Er ist deshalb auch besonders gut geeignet für Hebezeuge und Eisenbahnen.

Ein besonderer Vorzug der Kommutatormotoren ist auch ihre einfache Drehzahlregelung. Will man bei einem asynchronen Motor, sowohl dreiphasigem als einphasigem, die Umlaufzahl ändern, so kann das zweckmäßig nur durch Ändern der Polzahl geschehen, denn der Läufer dreht sich ja fast mit derselben Geschwindigkeit wie das Drehfeld, und dessen Umlaufzahl hängt von der Polzahl ab. Man muß also die Motoren mit einer besonderen Wicklung und mit einem Umschalter versehen, um die Polzahl zu ändern und kann bei einem kleinen Motor höchstens von 4 auf 6 Pole umschalten, wodurch man bei 100 Stromwechseln die Umläufe des Drehfeldes von 1500 auf 1000 verändert. Zwischen diesen beiden Geschwindigkeiten sind keine Zwischenstufen möglich, außerdem sind die Einrichtungen zum Umschalten sehr verwickelt und teuer. Die Regelung der Umläufe bei den Kommutatormotoren ist fast so einfach wie bei den Gleichstrommotoren, es braucht deshalb nur auf Abb. 209 und die Bemerkungen daselbst verwiesen zu werden.

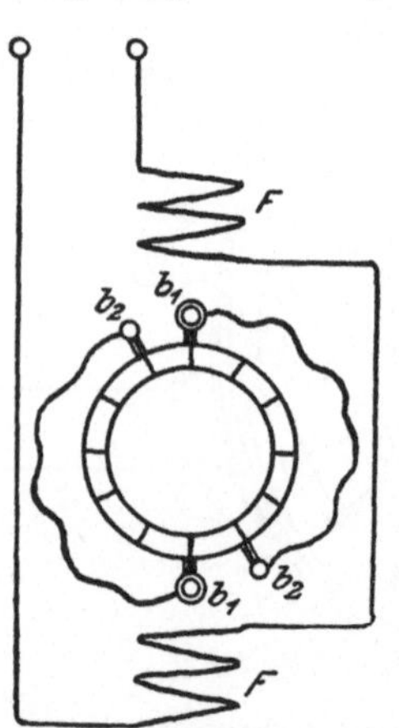

Abb. 234. Schaltung des einphasigen Repulsionsmotors.

Während der Motor in Abb. 231 mit Reihenschlußschaltung ausgeführt ist, zeigt Abb. 234 den sogenannten Repulsionsmotor. Bei diesen Motoren ist der Anker unabhängig vom Ständerstrom dadurch,

daß die Bürsten kurz geschlossen sind. In Abb. 234 sind F die Ständer-
spulen; während auf dem Kommutator die beiden Bürsten b_1 feststehend
angeordnet sind, können die Bürsten b_2 verschoben werden. In Abb. 235
ist die Einrichtung zum Verschieben der Bürsten deutlicher. Dort sind F
die Feldspulen, in zwei-
poliger Wicklung. Die
verschiebbaren Bürsten b_2
sitzen an einem Ring mit
Zahnkranz, der durch ein
Handrad R gedreht werden
kann. Durch das Verdrehen
der Bürsten schaltet man
mehr oder weniger Drähte
des Ankers miteinander
kurz und kann dadurch
sowohl den Motor anlassen
als auch seine Umlaufzahl
ändern. Außerdem ist beim
Repulsionsmotor der Anker
unabhängig vom Ständer,
was bei Hochspannung einen
besonderen Transformator
überflüssig macht, der beim

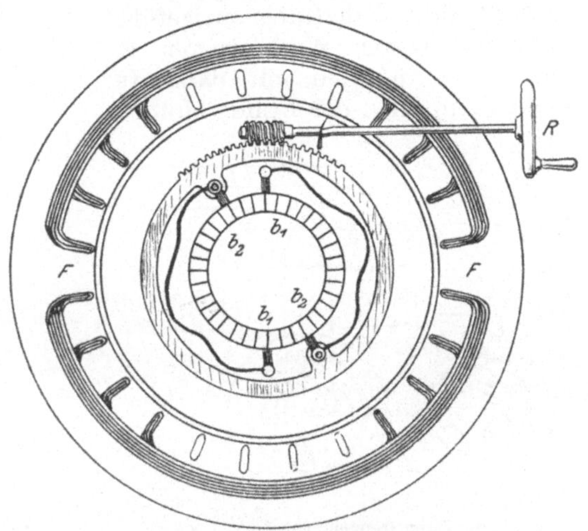

Abb. 235. Drehzahlregelung durch Bürstenverschiebung
beim Repulsionsmotor.

Reihenschlußmotor aber erforderlich ist, da dieser nur an eine Spannung
von einigen hundert Volt angeschlossen werden darf, die Hochspannung
also stets herabtransformiert werden muß. Erhält nun der Transformator
sekundär eine Einrichtung, um beliebig Windungen ab- oder zuschalten
zu können, so wird die sekundäre Spannung und somit die Drehzahl
des Motors, und zwar verlustlos geändert.

Auch für Dreiphasenstrom können Kommutatormotoren benutzt werden. Da aber der schon beschriebene asynchrone Drehfeldmotor für Dreiphasenstrom ziemlich einfach ist und gute Betriebseigenschaften hat, verwendet man bei Dreiphasenstrom die Kommutatormotoren nur, wenn die Drehzahl auf einfache Weise geändert werden
soll. Wie schon erwähnt, ist dies bei den asynchronen Motoren nur durch
Ändern der Polzahl auf umständliche Weise ausführbar, bei Motoren
mit Schleifringanker nach Abb. 225 allerdings auch mit Hilfe des Anlassers A, den man dann für dauernde Belastung einrichtet und den
Widerstand zum Teil eingeschaltet läßt. Diese Drehzahlregelung ermöglicht zwar mehr Geschwindigkeitsstufen wie die Polumschaltung, ist
aber mit großen Verlusten verbunden, indem nur ein Teil der auf den
Läufer übertragenen Leistung in mechanische umgesetzt wird, während
der andere Teil im Regulierwiderstand nutzlos in Wärme verwandelt
wird. Man wendet daher diese Drehzahlregelung weniger an und benutzt für solche Fälle Kommutatormotoren, die man, ähnlich wie bei
einphasigem Strom, als Repulsionsmotoren und Reihenschlußmotoren
ausführt, sowie auch als Nebenschlußmotoren. In Abb. 236 ist der
Doppelrepulsionsmotor von Brown, Boveri u. Cie. dargestellt,

der aus zwei gekuppelten Motoren M_1, M_2 besteht, denen dreiphasiger
Strom durch die Leitung L zugeführt wird, während jeder der beiden
Motoren durch den vorgeschalteten
Transformator, der in sogenannter
Scottscher Schaltung ausgeführt
ist, einphasigen Wechselstrom er-
hält. Im übrigen gilt dann für
jeden einzelnen der beiden Motoren

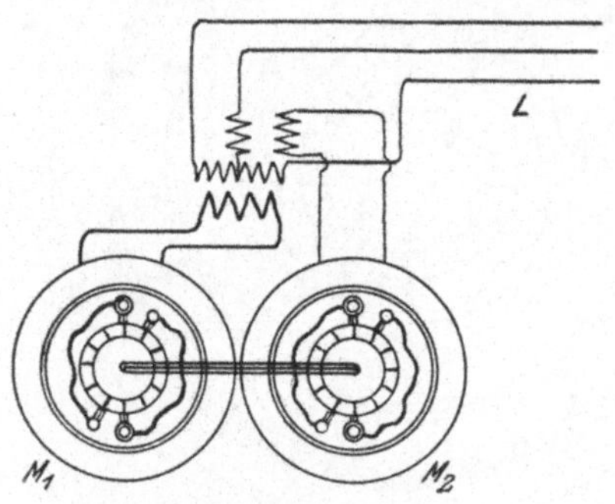

Abb. 236. Doppelrepulsionsmotor
von Brown & Boveri.

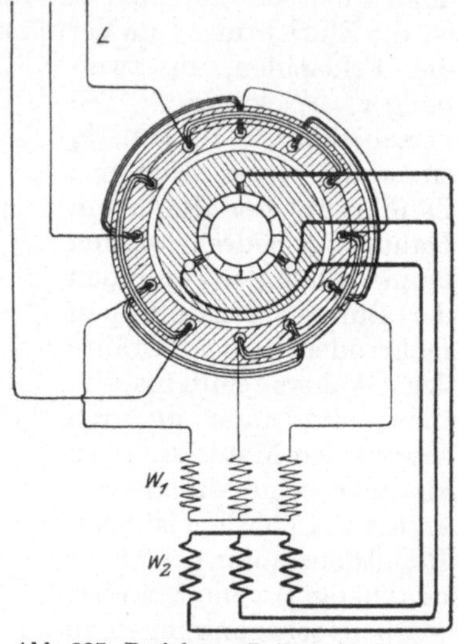

Abb. 237. Dreiphasen-Reihenschlußmotor
mit Zwischentransformator.

dasselbe, wie für den schon behandelten Einphasen-Repulsionsmotor.

Die Betriebseigenschaften des Drehstrom-Reihenschlußmotors, der
in Abb. 237 gezeichnet ist, sind ähnliche wie beim einphasigen Reihen-

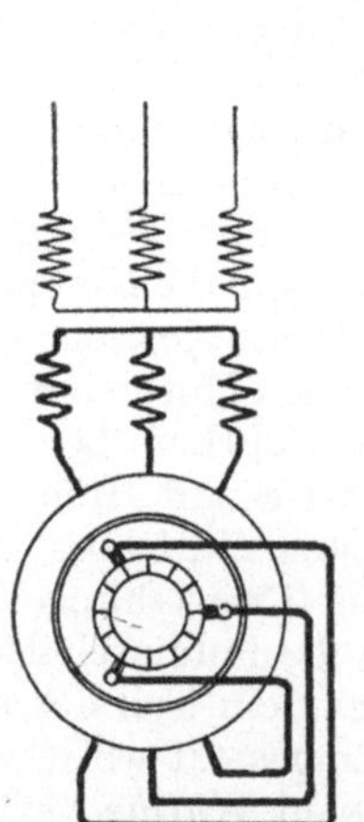

Abb. 238. Dreiphasen-Reihenschlußmotor
mit Vordertransformator.

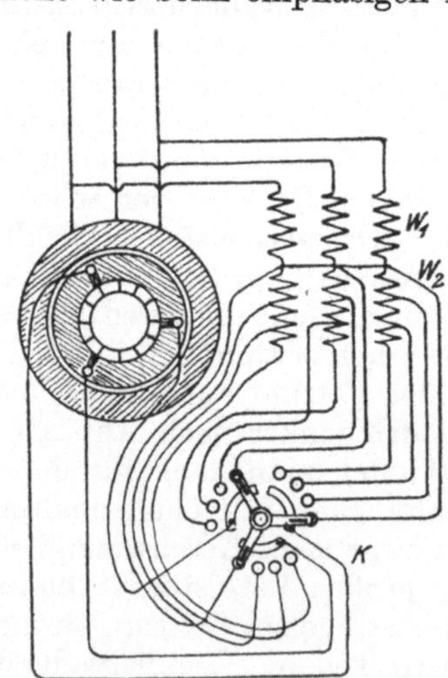

Abb. 239. Dreiphasennebenschlußmotor
von Winter & Eichberg.

schlußmotor. Der schematisch dargestellte Motor ist mit vierpoliger
Feldwicklung gezeichnet und würde durch die Zuleitung L Hochspannung in die Feldwicklung erhalten. Anker und Feld sind hinter-

einander, aber unter Zwischenschaltung eines Zwischentransformators, der die Hochspannung in der Wicklung W_1 umsetzt in Niederspannung, die aus der Wicklung W_2 in den Anker geführt wird, denn dem Kommutator kann man nicht gut Hochspannung zuführen. Will man auch dem Feld keine Hochspannung zuführen, so wendet man die Schaltung nach Abb. 238 an, wo der Transformator vor den Motor geschaltet ist. Die Bürsten sind drehbar angeordnet und die Drehzahl kann durch Verstellung der Bürsten in den weitesten Grenzen geändert werden.

Ein dreiphasiger Kommutatormotor mit Nebenschlußeigenschaften, also mit wenig oder kleiner Änderung der Umlaufzahl bei verschiedener Belastung, ist der Motor von Winter und Eichberg in Abb. 239, der von der Allgemeinen Elektrizitäts-Gesellschaft gebaut wird. Damit auch hier der Anker nicht Hochspannung erhält, ist der Regeltransformator vorgeschaltet, während das Feld direkte Stromzuführung besitzt. Die Wicklung W_1 des Regeltransformators liegt immer im Betriebe vor dem Anker, dessen Anlassen mit der dreifachen Kurbel K erfolgt, indem man die sekundäre Windungszahl W_2 und somit die dem Anker zugeführte Spannung ändert.

XII. Der kompensierte Motor. Phasenschieber.

Wie schon erwähnt, gestatten die Drehstromkommutatormotoren durch Verstellung der Bürsten eine Drehzahlregelung in den weitesten Grenzen, wobei sich allerdings auch der Leistungsfaktor (cos φ) ändert. Während die Drehzahl der asynchronen Drehstrommotoren sich der Drehzahl (n_1) des Feldes näherte, sie aber niemals überschreiten konnte, ist es bei den Kommutatormotoren möglich, diese Drehzahl beliebig zu überschreiten, was sogar für den Betrieb insofern vorteilhaft ist, als bei größerer Drehzahl der Leistungsfaktor wächst. Man baut daher neuerdings Motoren, bei denen der Hauptzweck nicht Regulierung der Drehzahl sondern Vergrößerung des Leistungsfaktors auf cos $\varphi = 1$ ist. Man nennt sie kompensierte Drehstrommotoren. Die nachfolgende Beschreibung bezieht sich auf die Ausführung des Sachsenwerks, das wohl den ersten derartigen Motor auf den Markt brachte.

Der Motor ist wie ein gewöhnlicher Schleifringmotor gewickelt; nur wird nicht die Ständerwicklung an das Netz angeschlossen, sondern die Läuferwicklung vermittelst der drei Schleifringe und der Leitungen RST (Abb. 240). Der Anlasser ist dann mit der Ständerwicklung und zwar mit den Klemmen u,

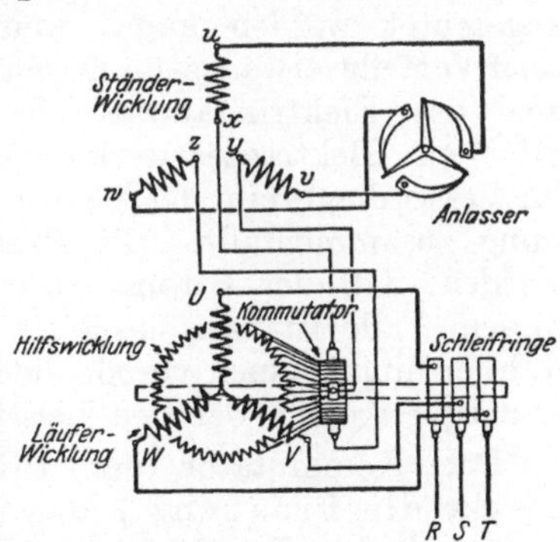

Abb. 240. Schaltungsschema eines kompensierten Motors.

v, w verbunden. Würde man die drei Klemmen x, y, z miteinander verbinden, so hätten wir es mit einem gewöhnlichen Drehstrommotor zu tun, da die Vertauschung von Ständer und Läufer in bezug auf den

Anschluß keinen Einfluß auf den Gang des Motors hat. Ja die ersten Schleifringmotoren wurden gewöhnlich in dieser Weise betrieben.

Um nun den Leistungsfaktor zu ändern, befindet sich auf dem Läufer noch eine Gleichstromwicklung, in der Abbildung mit Hilfswicklung bezeichnet, die mit einem Kommutator verbunden ist. Der in dieser Wicklung entstehende Strom wird über drei auf dem Kommutator aufliegende Bürsten (die Bürsten bilden bei einer zweipoligen Wicklung Winkel von 120° miteinander) den drei Ständerklemmen x, y, z zugeführt, wo er so wirkt, daß hierdurch $\cos \varphi$ beeinflußt wird. Die Änderung von $\cos \varphi$ erreicht man durch Verstellung der drei Bürsten. Von der Firma wird die Einstellung auf $\cos \varphi = 1$ bewirkt und dann die weitere Verstellung der Bürstenbrücke durch eine Plombe unmöglich gemacht.

Die Abb. 241 zeigt einen solchen Motor der Sachsenwerke Niedersedlitz bei Dresden für 7,5 PS und 1500 Umdrehungen, bei dem man die Schleifringe und den Kommutator gut erkennen kann. Dem Leser wird es auffallen, daß die Bürstenstellung plombiert ist. Um den Grund hierfür einzusehen, muß man sich klar machen, daß der etwa 20% teuere, kompensierte Motor nur dem Elektrizitätswerk von Nutzen ist, dem Käufer die Anschaffung des teueren Motors also nur dann

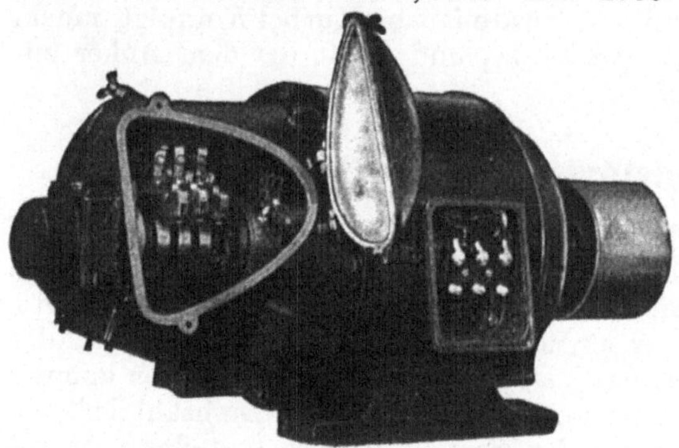

Abb. 241. Kompensierter Motor Type KD 4/130 für 7,5 PS, n = 1500, in tropfwassersicherer Ausführung. (Sachsenwerke, Dresden.)

zugemutet werden kann, wenn ihm durch einen billigeren Stromtarif Vorteile erwachsen. Durch eine falsche Bürsteneinstellung würde also das Elektrizitätswerk benachteiligt werden. Die Plombierung gibt dem Elektrizitätswerk die Sicherheit, daß $\cos \varphi = 1$ ist, d. h. daß im Vektordiagramm der Vektor des Stromes mit dem Vektor der Spannung zusammenfällt. Die Bürsten können aber auch so eingestellt werden, daß der Stromvektor dem Spannungsvektor vorauseilt; in diesem Falle ist zwar $\cos \varphi < 1$, aber der Motor ist überkompensiert, d. h. er nimmt einen voreilenden Blindstrom auf (wie ein Kondensator, s. Beispiel S. 49), der den Leistungsfaktor der Anlage verbessert.

Der Kommutator der Drehstrommotoren (Abb. 237—239) bezweckt die Frequenz f des Netzes umzuwandeln in die Frequenz f_2 des Läuferstromes und umgekehrt. Wie oben gezeigt, erzeugt der Strom, der in der Ständerwicklung eines Drehstrommotors fließt, ein Drehfeld, dessen Drehzahl n_1 aus der Formel 37 $\frac{n_1 p}{60} = f$ folgt. Die Drähte des Läufers werden aber, wenn er n_2 Umdrehungen macht, mit einer Geschwindigkeit v geschnitten, die der Differenz der Umdrehungen entspricht, d. h. der Läuferstrom besitzt die Frequenz f_2, die bestimmt ist durch die Formel

$$f_2 = \frac{(n_1 - n_2)\,p}{60}\ \text{Hertz.} \tag{38}$$

Durch Division der Formeln (38) und (37) erhält man

$$f_2 : f = (n_1 - n_2) : n_1 = \sigma\ \text{(lies sigma)},$$

woraus

$$f_2 = f\sigma\ \text{Hertz} \tag{39}$$

folgt. σ heißt die **Schlüpfung** des Motors.

44. **Beispiel**: Ist die Wicklung eines Motors vierpolig ausgeführt und die Frequenz des Netzes $f = 50$ Hz, so folgt, wenn der Motor $n_2 = 1425$ Umdrehungen macht, zunächst aus Formel (37) die Drehzahl des Feldes $n_1 = \dfrac{60 \cdot 50}{2} = 1500$ und aus Formel (38) die Frequenz des Läuferstroms $f_2 = \dfrac{1500 - 1425}{60} \cdot 2 = 2{,}5$ Hz. Die Schlüpfung ist aus Formel (39) $\sigma = f_2 : f = 2{,}5 : 50 = 0{,}05$ oder auch

$$\sigma = \frac{n_1 - n_2}{n_1} = \frac{1500 - 1425}{1500} = 0{,}05.$$

Während der kompensierte Motor bei jeder Belastung mit dem Leistungsfaktor $\cos\varphi = 1$ arbeitet, ist der Leistungsfaktor eines gewöhnlichen Drehstrommotors wesentlich kleiner, häufig sogar, selbst bei sehr großen mehrpoligen Motoren und voller Belastung, nicht wesentlich größer als 0,9. Nehmen wir folgenden Fall an: In einer Anlage wurden bisher 400 kW gebraucht, die von einem Drehstrommotor mit dem Leistungsfaktor 0,8 bestritten wurden. Jetzt werden aber 500 kW gebraucht. Was tun? Man kann einen neuen Motor für 100 kW anschaffen oder besser, weil billiger, den Leistungsfaktor des alten Motors auf 1 erhöhen, was durch einen sog. **Phasenschieber** zu erreichen ist.

Von den verschiedenen Arten mögen nur zwei beschrieben werden. Der **eigenerregte Phasenschieber** (Abb. 242) besteht aus einem Anker, der eine Gleichstromwicklung mit Kommutator besitzt, auf welchem drei Bürsten unter je 120 elektrischen Graden aufliegen (d. h. die Bürsten bilden Winkel von $360 : 3\,p_2$ Grad miteinander, dabei ist p_2 die Polpaarzahl des Phasenschiebers). Der

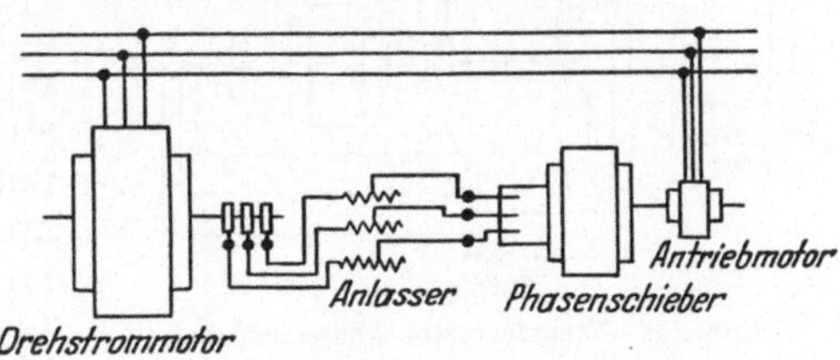

Abb. 242. Eigenerregter Phasenschieber.

Anker ist von einem Eisenring ohne Wicklung umgeben, der zur Verminderung des magnetischen Widerstandes dient. Die drei Bürsten werden mit den drei Schleifringen des zu kompensierenden Motors, evtl. über einen Anlasser, verbunden. Durch den Antrieb des Phasenschiebers, der durch einen kleinen Antriebmotor erfolgt, wird der Leistungsfaktor des Motors geändert. Es gehört nämlich zu einer bestimmten Belastung unseres Drehstrommotors im Läufer eine elektromotorische Kraft E_2 (pro Phase), ein Strom J und eine Schlüpfung σ. Der Läuferstrom J, dessen Frequenz $f_2 = f\sigma$ ist, erzeugt in der zunächst ruhend gedachten Wicklung des Phasenschiebers ein Drehfeld nach Formel (37) mit der Drehzahl $n_3 = \dfrac{60\,f_2}{p_2} = \dfrac{60\,f\sigma}{p_2}$, welches die Ankerdrähte schneidet und in ihnen pro Phase die elektromotorische Kraft E_3 erzeugt.

Wird nun der Anker des Phasenschiebers im Sinne des Feldes durch den Antriebmotor gedreht, so nimmt die relative Geschwindigkeit zwischen dem Drehfeld und den Ankerdrähten ab, bis bei einer gewissen Drehgeschwindigkeit (n_3) die Drähte gegenüber dem Felde in Ruhe sind. Die EMK ist Null geworden. Wird die Drehgeschwindigkeit weiter gesteigert, so entsteht eine EMK von entgegengesetzter Richtung, die also im Diagramm hinter dem Stromvektor zurückbleibt.

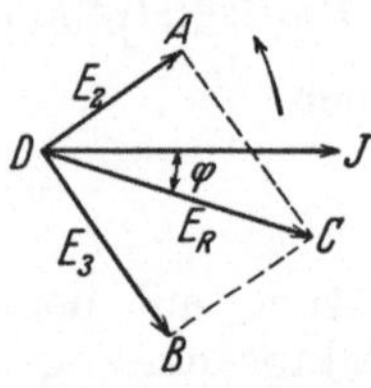

Abb. 243. Diagramm zum Phasenschieber.

Die beiden elektromotorischen Kräfte E_2 und E_3 sind hintereinandergeschaltet und werden durch den Kommutator auf gleiche Frequenz gebracht. Sie addieren sich, wie dies in Abb. 243 angedeutet ist, wo E_R die Summe beider vorstellt. In Abb. 243 bildet E_R mit J den Phasenverschiebungswinkel φ, der natürlich auch zu Null gemacht werden kann. — Man beachte, daß die Stärke des Drehfeldes vom Läuferstrom J, dieser aber von der Belastung des Motors abhängt. Wird, wie dies bei Leerlauf der Fall ist, $J \approx 0$, so wird auch $E_3 \approx 0$ und die Kompensation hört auf wirksam zu sein. Dieser Phasenschieber verbessert zwar den Leistungsfaktor auf $\cos \varphi \approx 1$, aber erst von Halblast ab. Von diesem Übelstand frei ist der fremderregte Phasenschieber, dessen Schaltung in Abb. 244 dargestellt ist. Derselbe unterscheidet sich von dem eigenerregten Phasenschieber dadurch, daß der Anker durch eine Zahnradübersetzung von dem Drehstrommotor angetrieben wird und außer dem Kommutator noch Schleifringe besitzt, die mit drei um 120 elektrische Grade voneinander entfernten Kommutatorlamellen verbun-

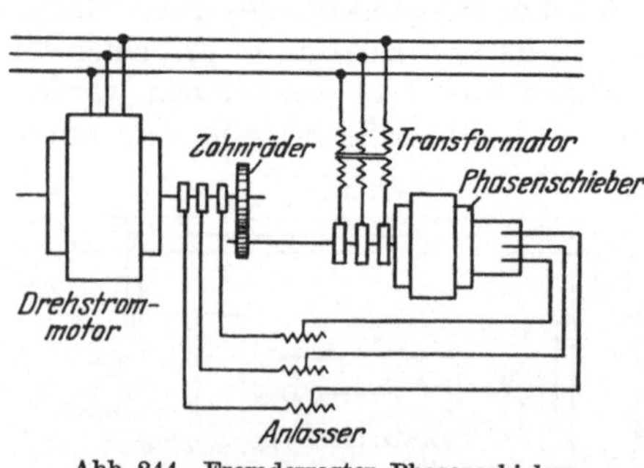

Abb. 244. Fremderregter Phasenschieber.

den sind. Mittelst der Schleifringe wird durch den Reguliertransformator dem Phasenschieber die erforderliche elektromotorische Kraft E_3 zugeführt, die durch den Kommutator auf die Frequenz f_2 des Läuferstromes gebracht wird und mit der elektromotorischen Kraft E_2 hintereinander geschaltet die elektromotorische Kraft E_R der Abb. 243 gibt. Da E_3 nur durch den Reguliertransformator bestimmt ist, ist die Phasenkompensation unabhängig von der Belastung des Drehstrommotors, d. h. der Schieber kompensiert bei allen Betriebszuständen. Der Anker des Phasenschiebers ist jedoch in seiner Drehzahl nicht mehr frei, sondern muß so angetrieben werden, daß die Frequenz der Kommutatorströme bei jeder Belastung des Drehstrommotors mit der Schlupffrequenz des letzteren übereinstimmt, was durch eine Zahnradübersetzung erreicht wird, die dem Verhältnis der Polzahlen entspricht.

XIII. Transformatoren und Umformer.

Häufig ist bei elektrischen Anlagen die Anwendung einer hohen Spannung geboten, nämlich dann, wenn die Erzeugerstation und der Verbrauchsort weit voneinander entfernt sind, wie bei Ausnutzung einer ungünstig gelegenen Wasserkraft oder eines Braunkohlenlagers usw. Nehmen wir z. B. an, es sollen 100 PS fortgeleitet werden, so wird man dazu kaum einen dickeren Draht als von etwa 8 mm Durchmesser verwenden, denn bei ausgedehnten Anlagen sind immer die Kosten für die Leitungen die höchsten der Anlage, sie sind stets größer als die Kosten für die Maschinen. Ein Draht von 8 mm Durchmesser hat 50 mm² Querschnitt, und nach den Sicherheitsvorschriften des Verbandes deutscher Elektrotechniker (VDE) darf man durch diesen Querschnitt 160 A hindurchleiten. Da nun 735 W = 1 PS sind, so sind 100 PS = 73 500 = UJ Watt, und bei $J = 160$ A wird die Spannung $U = 73\,500 : 160 = 460$ V. Beträgt nun aber die Entfernung der Übertragung 2 km, so muß die Leitung, weil Hin- und Rückleitung erforderlich sind, 4000 m lang sein und ihr Widerstand wird nach Gl. (2),

$$R = \frac{0{,}0175 \cdot 4000}{50} = 1{,}39\,\Omega,$$ es wird demnach zum Hindurchleiten des

Stromes von 160 A für die Leitung eine Spannung verbraucht von $1{,}39 \cdot 160 = 222$ V, d. h. die Anlage ist unmöglich. Man darf höchstens 10% Spannungsverlust in solchen Leitungen zulassen, und dafür würde sich im vorliegenden Fall folgendes ergeben: Bei 10% Spannungsverlust und 73 500 W beträgt der Verlust in der Leitung 10% von 73 500 = 7350 W. Der Verlust ist aber nach Formel 6 gleich $J^2 R$, also gilt die Gleichung $J^2 R = 7350$, woraus $J^2 = 7350 : R$ und $J = \sqrt{7350 : 1{,}39} = 73$ A folgt. Aus der Leistung $U \cdot J = 73\,500$ W folgt die Spannung $U = 73\,500 : 73 = 1010$ V. Man muß also bei längeren Leitungen immer mit schwächeren Strömen arbeiten, als man sie nach den Sicherheitsvorschriften durch die Leitungen fortleiten darf, damit kein zu großer Spannungsverbrauch für die Leitung nötig ist, sonst ist die Anlage wirtschaftlich nicht möglich. Je länger eine Leitung und je ausgedehnter eine Anlage ist, um so höher wählt man die Spannung, und in den letzten Jahren ist man infolge der Erfahrungen mit Hochspannung und der Verbesserungen der Apparate allmählich zu ganz außerordentlich hohen Betriebsspannungen übergegangen, wodurch es möglich ist, Überlandzentralen einzurichten, die gleichzeitig eine ganze Anzahl Ortschaften mit elektrischer Energie versorgen. Bei der ersten elektrischen Arbeitsübertragung zwischen Lauffen am Neckar und Frankfurt a. M. im Jahre 1891, bei Gelegenheit der Frankfurter elektrotechnischen Ausstellung, betrug die Entfernung zwischen Erzeugerort und Verbrauchsort 175 km und die Spannung war 8500 V. Bald darauf entstanden zuerst in Amerika, dann in Oberitalien Anlagen zur Ausnutzung von Wasserkräften, die mit viel höheren Spannungen arbeiteten.

Die höchste Spannung in Deutschland dürfte das Rheinisch-Westfälische Elektrizitätswerk benutzen wollen, welches seine Leitungen zwar jetzt mit 220000 V (220 kV) betreibt, die Leitungen aber für einen Betrieb mit 380000 V (380 kV) hat vorsehen lassen.

Derartig hohe Spannungen sind aber, wenn die elektrische Energie am Verbrauchsort für Licht und andere Zwecke an viele Abnehmer verteilt werden soll, nicht zu gebrauchen, und man muß dann in den Verbrauchsorten Transformatoren aufstellen, welche die Hochspannung in ungefährliche Niederspannung verwandeln. Außerdem kann es vorkommen, daß die Stromart nicht verwendet werden kann, z. B. muß man, während die Übertragung mit Wechselstrom geschieht, am Verbrauchsort Gleichstrom haben, wenn man dort Akkumulatoren benutzen will, oder wenn man Straßenbahnbetrieb hat, der ja stets mit Gleichstrom durchgeführt wird. Das Umwandeln der Stromart aus Wechselstrom in Gleichstrom besorgen sog. Umformer, die entweder Drehumformer oder Quecksilberdampfgleichrichter sein können.

Die Drehumformer sind entweder zwei gekuppelte Maschinen, auch Motorgeneratoren genannt, von welchen die eine als Motor, die andere als Gleichstromgenerator läuft, oder auch nur eine einzige Maschine, ein sog. Einanker-Umformer, dessen Anker auf einer Seite Schleifringe, auf der anderen einen Kommutator besitzt, während das Magnetsystem ein gewöhnliches Gleichstrommagnetgestell ist. Diejenigen Umformer, welche aus zwei gekuppelten Maschinen bestehen, die Motorgeneratoren, brauchen wir nicht weiter zu behandeln, wohl aber wollen wir uns noch mit den Einanker-Umformern befassen. In Abb. 245 ist im

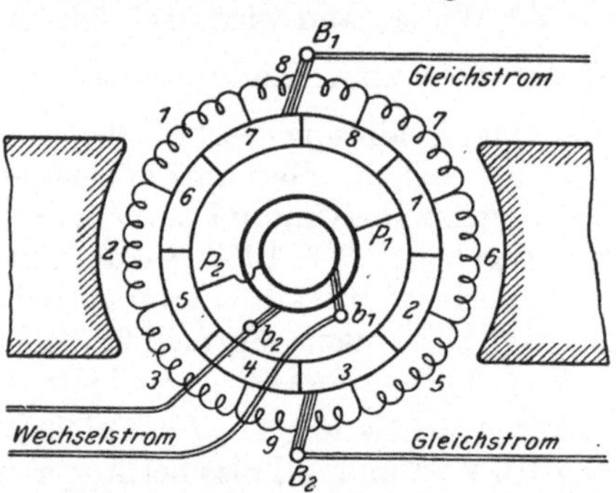

Abb. 245. Schema des Einankerumformers.

Schema solch ein Anker gezeichnet, dessen Wicklung nach Abb. 152 ausgeführt ist, nur sind hier zwei einander gegenüberliegende Kommutatorlamellen mit Schleifringen verbunden, auf denen die Bürsten b_1, b_2 aufliegen. Leitet man zu den Bürsten B_1, B_2 Gleichstrom ein, so erhält man aus den Bürsten b_1, b_2 einen Wechselstrom, wie man sich leicht klar machen kann. Denkt man sich in Abb. 245 die Lamelle 1 unter der Bürste B_1, dann steht Lamelle 5 unter der Bürste B_2. Es würde dann von B_1 aus der Strom durch Lamelle 1 über P_1 und den

Schleifring durch b_1 in die Wechselstromleitung fließen, aus dieser zurück durch b_2 über P_2 durch 5 und B_2 wieder in die Gleichstromleitung. Denken wir uns jetzt den Anker um eine halbe Umdrehung verschoben, dann steht Lamelle 1 unter B_2 und Lamelle 5 unter B_1; wie man erkennt, würde jetzt in der Wechselstromleitung der Strom umgekehrte Richtung haben.

Nun kann man aber nicht nur einphasigen Wechselstrom aus solch einer Maschine entnehmen, sondern auch dreiphasigen; man würde dann nur drei Schleifringe anwenden und an drei um 120° gegeneinander versetzten Lamellen diese Schleifringe anschließen.

In Abb. 245 ist der Umformer zweipolig, man führt diese Maschinen aber gewöhnlich mit mehr als zwei Polen aus, da sie bei 100 Stromwechseln zu schnell laufen müßten, wie ja schon mehrfach erklärt wurde. Während bei der vorhin gegebenen Erläuterung angenommen wurde, daß der Umformer von der Gleichstromseite aus als Motor läuft, kann man ihn auch von der Wechselstromseite als Motor laufen lassen, er verwandelt dann den Wechselstrom in Gleichstrom, was die häufigere Anwendung ist. Auf diese Weise kann man auch Akkumulatoren benutzen. Laufen die Einankerumformer von der Wechselstromseite als Motoren, so arbeiten sie als Synchronmotoren, man muß sie daher beim Anlassen von der Akkumulatorenbatterie aus auf die der Wechselzahl des Wechselstromes entsprechende Umlaufzahl bringen und braucht die noch zu besprechenden sog. Synchronismusanzeiger.

Da der Wechselstrom immer nur dann denselben Wert erreicht wie der Gleichstrom, wenn gerade die Lamellen mit den Schleifringanschlüssen unter den Gleichstrombürsten stehen, so ist der Effektivwert des Wechselstromes kleiner, und zwar liefern solche Einankerumformer ungefähr bei einphasigem Wechselstrom eine Wechselstromspannung von $0{,}707 \times$ der Gleichstromspannung, und bei dreiphasigem Wechselstrom ist die Spannung des Wechselstromes $0{,}612 \times$ der Gleichstromspannung. Würde also solch ein Einankerumformer 500 V Gleichstrom erhalten, so verwandelte er denselben in $500 \cdot 0{,}707 = 353$ V von einphasigen Wechselstrom und in $500 \cdot 0{,}612 = 306$ V von dreiphasigen Wechselstrom. Umgekehrt müßte man 306 V Drehstrom den Schleifringen zuführen, um 500 V Gleichstrom zu erhalten.

Das Aussehen eines Einankerumformers geht aus Abb. 246 hervor. Auf der

Abb. 246. Einankerumformer.

einen Seite des Ankers bei K ist der Kommutator, während auf der anderen Seite bei S die Schleifringe für den Wechselstrom liegen.

Da die Einankerumformer wegen des Kommutators und der bei Gleichstrom gewöhnlich nicht so hohen Spannung im Vergleich zu den Wechselstrommaschinen, die meist höhere Spannung erzeugen, verhältnismäßig stärkere Ströme liefern, sind für die Schleifringe meist viele Bürsten notwendig, die an einem besonderen Träger sitzen, der auf der Grundplatte der Maschine festgeschraubt ist.

Da man mit den Einankerumformern nicht die Spannung umformen, sondern nur die Stromart ändern kann, sind sie nicht geeignet, um Hochspannung in Niederspannung oder umgekehrt zu verwandeln. Wenn also Wechselstrom von hoher Spannung in niedrig gespannten Gleichstrom umgewandelt werden soll, so muß man in die Hochspannungsleitung vor die Schleifringseite des Umformers einen Transformator schalten, der die Hochspannung in die entsprechende Wechselstrom-Niederspannung verwandelt, und diese formt dann der Einankerumformer in Gleichspannung um, oder aber man nimmt an Stelle des Einankerumformers einen Motor-Generator, also zwei gekuppelte Maschinen, einen Hochspannungsmotor gekuppelt mit einem Gleichstromgenerator. Weniger Verluste treten bei der ersten Umformung, Einankerumformer mit Transformator auf, weil ein Transformator immer geringere Verluste hat als eine Maschine. Da er keine beweglichen Teile besitzt, so fallen die Reibungsverluste fort, es treten nur die Ummagnetisierungs- und Wirbelstromverluste im Eisen auf, wozu bei Belastung die Stromwärmeverluste in den Wicklungen kommen. Wir gehen nun zu den Transformatoren über, deren Prinzip schon in Abb. 75 erklärt wurde.

Große Transformatoren lassen sich wirtschaftlich mit sehr hohen Wirkungsgraden ausführen, die bis zu 98% betragen können, während bei Maschinen gleicher Leistung der Wirkungsgrad ca. 92% groß ist.

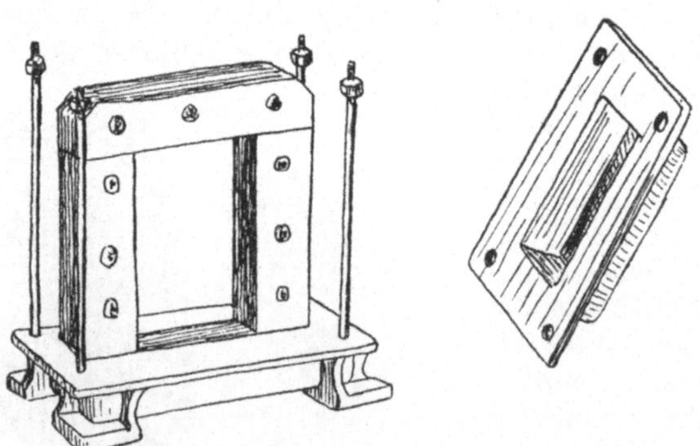

Abb. 247. Eisenkörper eines einphasigen Wechselstromtransformators.

Wie schon früher bei Abb. 92 erklärt wurde, besitzen die Transformatoren einen Eisenkörper, der aus Blechen aufgebaut ist, und auf dem die Spulen der Wicklung angebracht sind. Der Eisenkörper wird durch Schrauben und Gußstücke zusammengehalten, wie die Abb. 247 und 249 zeigen. In Abb. 247 sind die Spulen noch nicht auf den Eisenkörper aufgesetzt, in Abb. 249 sind sie nur auf dem einen Schenkel gezeichnet. Nach dem Aufsetzen der Spulen werden die Transformatoren von außen noch mit einem Mantel aus gelochtem Blech umgeben, damit eine Berührung der Hochspannungswicklung unmöglich ist. Größere Transformatoren setzt man in Blechkessel, die mit Öl gefüllt sind, wie Abb. 252 zeigt. Die Anordnung der Spulen zeigt

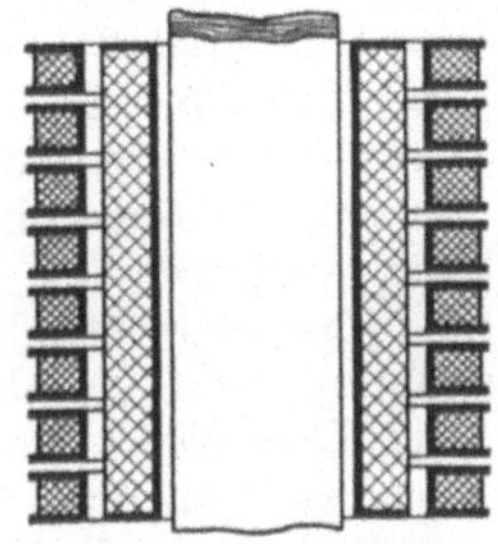

Abb. 248. Spulenanordnung beim Transformator.

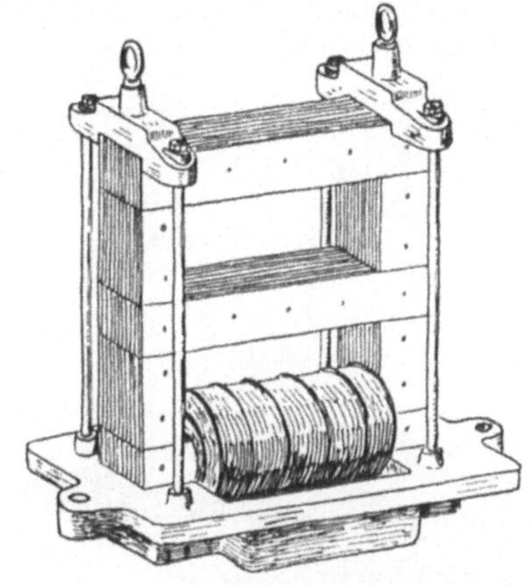

Abb. 249. Dreiphasentransformator mit übereinanderliegenden Kernen.

Abb. 248. Die Spule der Niederspannungswicklung, die aus dickem Draht oder Kupferband besteht, liegt gewöhnlich gleich über dem Eisenkern und außen über ihr liegt die Hochspannungswicklung, die aus vielen einzelnen Spulen besteht, damit die Gefahr des Durchschlags der Isolation verringert wird und gleichzeitig

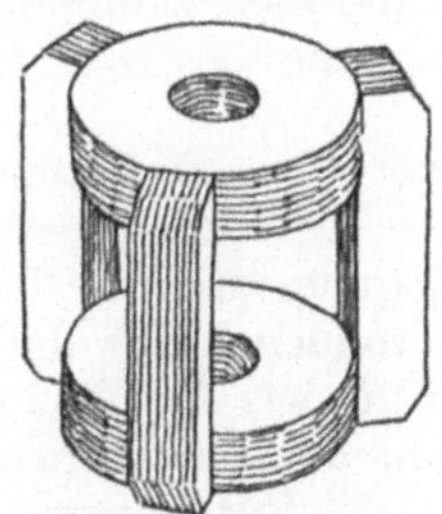

Abb. 250. Eisenkörper eines Dreiphasentransformators.

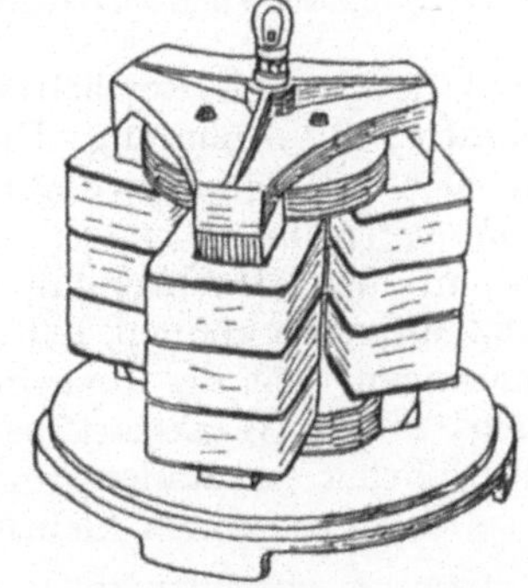

Abb. 251. Eisenkörper der Abb. 250 bewickelt und zusammengeschraubt.

ein Auswechseln schadhafter Spulen einfacher möglich ist. Als Isolation verwendet man meist Mikanit und Lack und außerdem, wie schon bemerkt wurde, Öl.

Während Abb. 247 den Eisenkörper eines einphasigen Transformators zeigt, ist in den Abb. 249 und 250 der Eisenkörper für einen dreiphasigen Transformator dargestellt. Die Ausführungen sind bei dreiphasigem Strom verschieden, indem nach Abb. 249 die Blechkerne in einer Ebene liegen oder nach Abb. 250 nebeneinander im Kreise stehen können. Jedesmal werden die Eisenbleche an den Stoßstellen, wo die Pakete aneinander liegen, durch Gußstücke und Bolzen zusammengedrückt, wie auch Abb. 251 zeigt, damit an diesen Stellen kein Luftspalt im Eisenweg der Feldlinien entsteht und der erforderliche Magnetisierungsstrom möglichst klein wird.

Wie schon bemerkt wurde, setzt man namentlich große Transformatoren und solche für hohe Spannungen meist in Blechkessel, die mit Öl gefüllt sind, weil Öl ein sehr gutes Isoliermittel ist. In Abb. 252 sind zwei solche Öltransformatoren aufgestellt. Sie besitzen unten einen Ablaufhahn zum Entleeren der Kessel und oben einen Ölstandszeiger.

Abb. 252. Aufstellung größerer Öltransformatoren.

Um im Betriebe den Eintritt von Feuchtigkeit und Luft in die Ölbehälter und den hierdurch hervorgerufenen schädlichen Einfluß auf das Isolieröl zu vermeiden, werden die Transformatoren oft mit einem Ölkonservator versehen. Das Hauptgefäß ist hierbei vollständig mit Öl gefüllt. Es steht durch eine Rohrleitung mit einem kleinen Gefäß, dem Ölkonservator, in Verbindung. Dieser nimmt die Überschußölmenge auf, welche sich im Betriebe durch die Ausdehnung des Öles infolge der Erwärmung ergibt.

Da an den Hochspannungsspulen der Transformatoren leicht Schäden auftreten können, trifft man bei der Aufstellung stets bequeme Einrichtungen, um die Transformatoren bequem zum Ausbessern des Schadens in die Werkstatt befördern zu können. Gewöhnlich stellt man sie fahrbar auf Rädern und Schienen auf, wie Abb. 252 zeigt, und kann sie dann auf einen kleinen Wagen schieben, mit dem sie in den Reparaturraum gefahren werden.

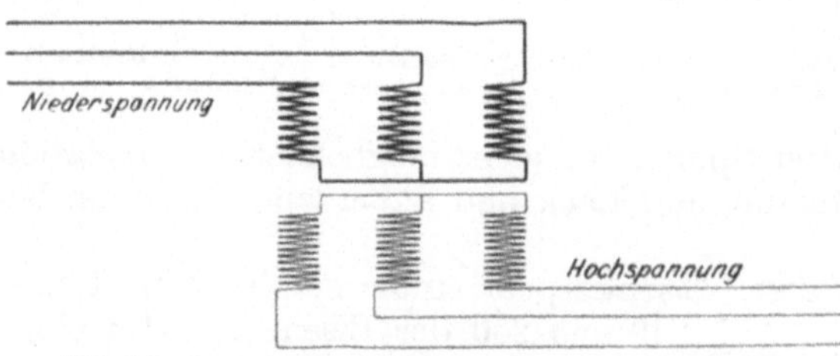

Abb. 253. Dreiphasiger Transformator. Beide Wicklungen in Sternschaltung.

Die Wicklung der dreiphasigen Transformatoren kann in Stern oder in Dreieck geschaltet werden. Es können auch beide Wicklungen, Hoch- und Niederspannungswicklung, verschieden geschaltet werden, die eine Wicklung im Dreieck, die andere im Stern. In Abb. 253 sind beide Wicklungen in Stern geschaltet, ebenso wie in Abb. 254, welche der wirklichen Ausführung eines Transformators mehr entspricht. Gewöhnlich benutzt man aber bei Sternschaltung einen vierten Leiter K (Abb. 255) zum Ausgleich ungleicher Belastung, denn man kann die Lampen nur zwischen je 2 Phasenleitungen schalten, und wenn dann nicht immer in den drei Gruppen genau gleichviel Lampen brennen,

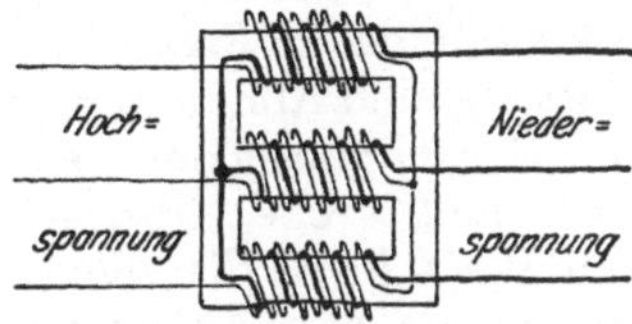

Abb. 254. Drehstromtransformator in Sternschaltung.

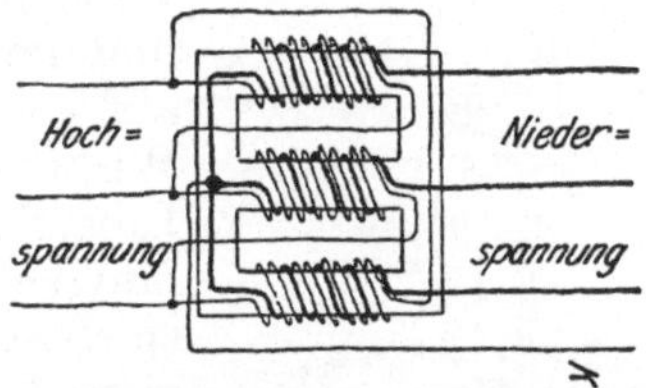

Abb. 255. Dreiphasentransformator, Niederspannung — Stern mit viertem Leiter — Hochspannung — Dreieckschaltung.

würde die Summe der Ströme nicht mehr Null sein, und man muß zum Ausgleich den vierten Leiter benutzen, der nach Abb. 67 aus den zusammengelegten drei Rückleitungen IV, V und VI besteht, aber nur sehr dünn zu sein braucht, weil man die Lampen nach Möglichkeit so verteilt, daß keine großen Unterschiede in der Belastung der drei Phasen auftreten können. Bei dieser Schaltung, die nur für die Lampen

den vierten Leiter erfordert, aber nicht für Motoren, wie Abb. 256 zeigt, muß die Primärwicklung, welche die Hochspannung führt, in Dreieck geschaltet sein, wie in Abb. 255 gezeichnet ist, damit die sekundären

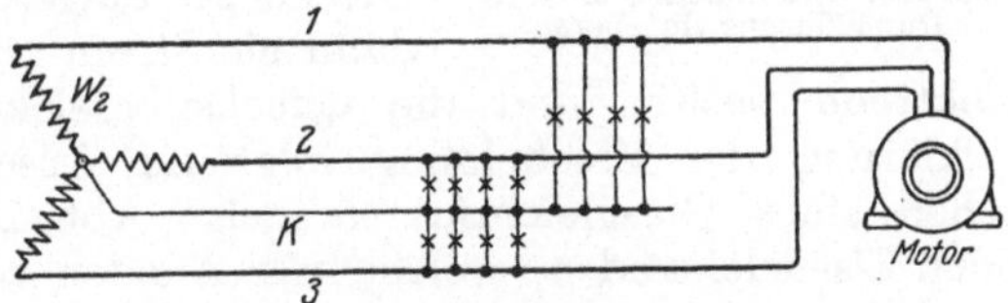

Abb. 256. Lampen und Motoren bei Sternschaltung und Knotenpunktleitung.

Sternspannungen bei unsymmetrischer Belastung symmetrisch bleiben. Es wird aber durch die Dreieckschaltung die Isolation der Hochspannungsspulen stärker beansprucht als bei Sternschaltung, und um deshalb bei höheren Spannungen doch Sternschaltung anwenden zu können, wird vielfach die sog. Zickzackschaltung in der Sekundärwicklung ausgeführt, wenn die Primärwicklung Sternschaltung besitzt und dort ungleiche Belastung der drei Phasen auftreten kann. Bei dieser Zickzackschaltung wird jede Niederspannungswicklung eines Kernes in zwei Teile geteilt und die Hälfte der ersten Kernwicklung nach Abb. 257 mit der anderen Hälfte der nächsten hintereinander geschaltet, wodurch die Ungleichmäßigkeiten sich ausgleichen.

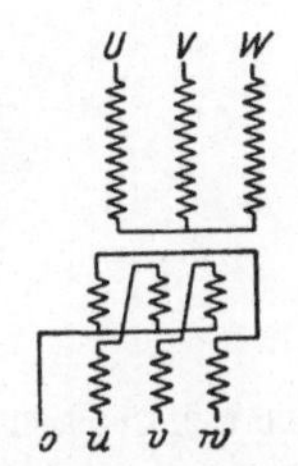

Abb. 257. Zickzackschaltung der Niederspannungsseite mit viertem Leiter.

Für Meßinstrumente in Hochspannungsanlagen verwendet man ebenfalls kleine Transformatoren, wie solche schon auf S. 79 erwähnt wurden, und wie sie in den Abb. 112—114 und 116 dargestellt sind. Man baut diese Meßwandler entweder in kleine guß- oder schmiedeeiserne Gefäße zur gesonderten Aufstellung ein. Stromwandler (Abb. 258) bringt man vielfach in den Durchführungen selbst unter; wodurch natürlich an Platz und Leitungen gespart wird.

Auf einem ganz anderen Prinzip als die bisher besprochenen Umformer beruhen die Quecksilberdampfgleichrichter. Sie dienen zum Umwandeln von Wechselstrom in Gleichstrom und kommen überall da in Frage, wo man auf geringe Wartung und Abnutzung, hohen Wirkungsgrad, Geräuschlosigkeit, einfache Inbetriebsetzung und große Überlastungsfähigkeit hohen Wert legt. Sie dienen beispielsweise zum Laden von Akkumulatoren eines Elektromobils, zum Betrieb von Projektionslampen in Wechselstromnetzen, die für Kinematographen usw. mit Gleichstrom betrieben werden müssen. Die Spannungen, für welche diese Gleichrichter ausgeführt sind, betragen 30—12000 V Gleichstrom. Das Prinzip ist folgendes: Zwischen einer Graphit- oder auch Eisen- und einer Quecksilberelektrode, die in einem hoch luftleer gemachten Glaskörper eingeschlossen sind, kommt nur dann ein Strom zustande, wenn die Graphit-

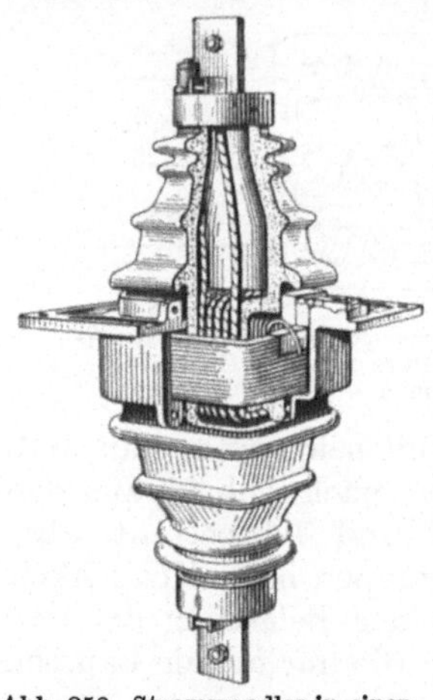

Abb. 258. Stromwandler in einer Durchführung eingebaut.

elektrode positiv und die Quecksilberelektrode negativ ist. Eine Erklärung der Erscheinung folgt im Abschnitt XVIII. Das Aussehen eines Glasgleichrichters zeigt Abb. 259. A sind die Graphit- oder Eisenelektroden, welche nur Anoden sein können, und die min-

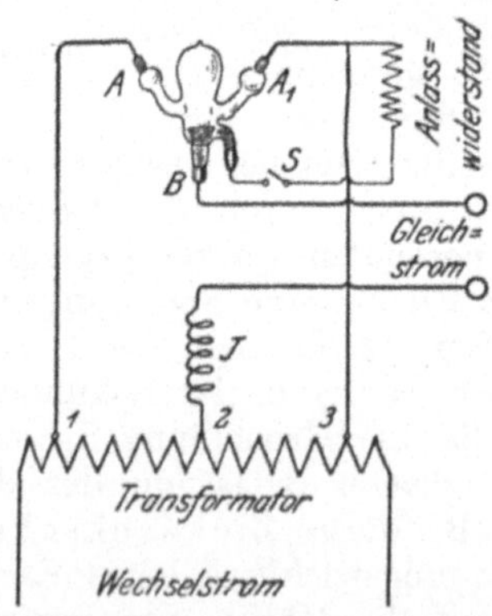

Abb. 259. Quecksilberdampfgleichrichter.   Abb. 260. Schaltung des Quecksilberdampfgleichrichters.

destens zu zweien ausgeführt werden, B ist die Quecksilberelektrode, die stets als Kathode arbeitet, neben ihr ist noch eine kleine Hilfselektrode b zum Anlassen der Vorrichtung vorhanden. Die Schaltung des Apparates geht aus Abb. 260 hervor. Der Wechselstrom wird durch einen Transformator geleitet, der nur eine Wicklung besitzt, was aber nicht Bedingung ist. Je nach der gewünschten Gleichstromspannung schließt man den Gleichrichter nur an einen Teil der Windungen an und entnimmt die eine Gleichstromleitung, die zur Dämpfung der geringen Ungleichmäßigkeiten des Gleichstromes mit einer Drosselspule J versehen ist, aus der Mitte 2 des Transformators, während die beiden Anoden A und A_1 an die Punkte 1 und 3 angeschlossen sind. Es übernimmt nun für zwei aufeinanderfolgende Stromwechsel jedesmal abwechselnd die eine Anode A und dann die andere A_1 die Zuleitung in den Gleichrichter, so daß auch die negativen Wechsel ausgenutzt werden.

Um einen Quecksilberdampfgleichrichter in Gang zu setzen, muß er so weit gekippt werden, bis das Quecksilber aus der Hilfselektrode b zur Elektrode B fließt, wobei der Schalter S zu schließen ist. Nachdem das Quecksilber die Verbindung hergestellt hat, wird der Apparat wieder gerade gerichtet, das Quecksilber fließt zurück, zerreißt, und es entsteht der das Quecksilber verdampfende Lichtbogen, der dann bestehen bleibt und mit den leitenden Dämpfen den Glaskörper füllt.

Das Kippen des Glasgefäßes behufs Zündung kann von Hand geschehen, läßt sich aber auch durch Magnete erreichen, die natürlich den Preis des Gleichrichters verteuern. Der AEG ist es gelungen, durch Einfügen eines Bimetallstreifens in den Stromkreis der Zündelektrode diesen Kippmechanismus überflüssig zu machen. Wird der Gleichrichter eingeschaltet, so fließt zunächst der Strom durch die noch in das Quecksilber tauchende Zündelektrode und erwärmt den Bimetallstreifen; dieser führt infolge der ungleichen Wärmeausdehnung seiner beiden Komponenten eine Bewegung aus, welche die Zündelektrode aus dem Quecksilber hebt, und damit den Zündfunken hervorruft. Siehe auch die Abb. 356 der Wolframbogenlampe, bei der ein Bimetallstreifen aufgezeichnet ist.

Für Drehstrom erhält der Gleichrichter drei (oder ein Vielfaches davon) Anoden. Der Transformator ist mit einer Sternschaltung ausgeführt; aus dem Sternpunkt führt die eine Gleichstromleitung mit der Induktionsspule, während die Anoden an die Sekundärklemmen des Transformators angeschlossen sind (vgl. das Schaltungsschema in Abschnitt XVII).

Diese aus Glas hergestellten Gleichrichter gestatten Ströme bis 350 A zu entnehmen, während die Spannung nahezu beliebig hoch sein darf und zwischen 20—12000 V liegt. Der Wirkungsgrad wächst mit der Spannung, da er nur von dem Spannungsverlust im Lichtbogen abhängt und dieser, unabhängig von der Stromstärke, etwa 13—20 V beträgt. So ist z. B. bei einem Gleichrichter von 65 V Verbrauchsspannung der Wirkungsgrad 75% gemessen worden, bei 440 V dagegen 90%.

Der Leistungsverlust im Lichtbogen, der durchschnittlich $(13—20) \cdot J$ Watt beträgt, setzt sich in Wärme um, und diese erhöht die Temperatur des Glaskolbens. Bei zu großer Temperaturerhöhung entstehen die gefürchteten Rückzündungen, die wie Kurzschlüsse wirken. Jeder Glaskörper verträgt daher nur eine gewisse, nicht überschreitbare Stromstärke, die allerdings durch gute Kühlung, z. B. durch Anblasen mit einem kleinen Ventilator, vergrößert werden kann. Die größte Leistung von Glasgleichrichtern dürfte zur Zeit 210 kW bei 600 V Spannung betragen.

Die Glasgleichrichter werden mit den erforderlichen Schalt- und Regulierapparaten in ein Eisengerüst eingebaut. Abb. 261 zeigt die neueste Ausführungsform der AEG, wobei der Reguliertransformator nebst Regulierschalter zwecks leichter Kontrolle nach vorn herausgefahren werden kann. Will man bei gegebener Spannung die Leistung erhöhen, so kann man dies durch Parallelschalten mehrerer Glaskolben erreichen.

Da der Glaskörper der einzige Teil ist, der einer Abnutzung insofern unterliegt, indem er allmählich sein Vakuum ändert, und außerdem seine Zerbrechlichkeit eine nicht gerade angenehme Eigenschaft ist, so ging man bei größeren Leistungen zum Bau von Großgleichrichtern aus Eisen über. Die Schwierigkeiten, die zu überwinden waren, betrafen die Kühlung und die Dichtung. Wenn auch die letztere einwandfrei gelöst ist, so bedarf man immer noch einer guten Ölluftpumpe und einer Quecksilberhochvakuumpumpe, um während des Betriebes das erforderliche Vakuum aufrechtzuerhalten. Allerdings ist, nach den Angaben der Firma Brown, Boveri & Cie., die seit vielen Jahren derartige Gleichrichter baut, das Mitlaufen der Pumpe nur für kurze Zeit während der ersten Betriebszeit erforderlich. Nach einigen Monaten Betriebsdauer sind sämtliche Restgase aus den Gefäßen entfernt, so daß ein längerer Betrieb ohne

Abb. 261. Quecksilberdampfgleichrichter mit Glaskörper, in Schaltgerüst eingebaut.

Luftpumpen möglich ist. Die Zündung erfolgt durch eine Hilfselektrode, die durch eine Spule gehoben und gesenkt werden kann. Diese Firma baut heute Großgleichrichter bis 6000 A und für Spannungen bis 12000 V.

Auf Grund der bisherigen Erfahrungen kann gesagt werden, daß die Anwendung des Gleichrichters hauptsächlich dort am Platze ist, wo ein bestehendes Gleichstromnetz an ein wirtschaftlicher arbeitendes Wechselstromnetz angeschlossen werden soll. Das Laden von Akkumulatoren durch den Gleichrichter gestaltet sich ganz besonders einfach. Die geringen Ansprüche an Wartung ermöglichen es vielfach, die Ladung während der Nacht, ohne Aufsicht, vorzunehmen. Die Eigenschaft des Gleichrichters zu erlöschen und daher aus dem Betrieb zu kommen, sobald der entnommene Strom zur Aufrechterhaltung des Lichtbogens nicht mehr ausreicht, kann dazu benutzt werden, mit einfachen Mitteln eine selbsttätige Ausschaltung nach vollendeter Ladung zu erzielen.

Als eines der aussichtsreichsten Gebiete darf wohl das der

elektrischen Zugförderung angesehen werden, wie es z. B. die Berliner Ring- und Vorortbahn oder Wiener Ringbahn jetzt bietet. Aber auch in der Elektrolyse und anderen elektrochemischen Verfahren dürfte der Gleichrichter sich wohl bald Eingang verschaffen.

XIV. Hebelschalter — Überspannungsschutz — Ölschalter — Automaten-Zeitschalter und Sicherungen.

Die Schalter dienen zum Ein- und Ausschalten eines Stromes und werden sowohl in der Maschinenstation als auch in den sog. Installationsanlagen bei den Abnehmern der elektrischen Energie verwendet. Im letzten Fall sind es gewöhnlich die bekannten kleinen Dosenschalter zum Ein- und Ausschalten des elektrischen Lichtes, auf die wir nicht näher eingehen wollen. Die Schalter in den Maschinenstationen sind immer für viel stärkere Ströme und häufig mit allerlei Schutzeinrichtungen gegen den beim Ausschalten entstehenden Öffnungslichtbogen ausgerüstet. Man unterscheidet einfache Hebelausschalter und Momentschalter. Da die einfachen Hebelschalter ähnliche Kontakte besitzen wie die Momentschalter, nur fällt bei ihnen die Einrichtung zum plötzlichen Ausschalten fort, so sollen sie nicht weiter beschrieben werden und gleich die Momentschalter erklärt werden.

In Abb. 262 ist ein gewöhnlicher Hebelschalter mit Momentausschaltung dargestellt. Die plötzliche, schnelle Unterbrechung des Schalters tritt ganz unabhängig von der sonstigen Bewegung des Schalthebels ein, und die

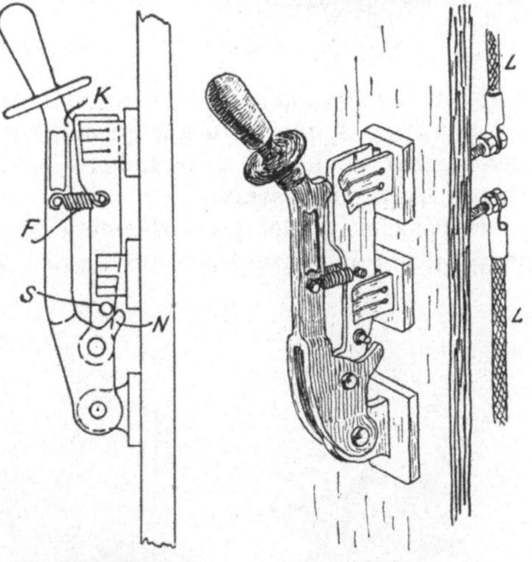

Abb. 262. Skizze eines Hebelschalters mit Momentschaltung.

Abb. 263. Ansicht des Schalters.

Wirkungsweise ist folgende: Beim Bewegen des Griffes nach links wird zunächst die Feder F gespannt und dann die Nase N gegen den Stift S des Schalthebels gedrückt. Bei weiterer Bewegung nach links drückt dann die Nase N das Schaltmesser aus seinen Klemmkontakten so weit heraus, bis die Reibung zwischen Messer und Kontakten durch die gespannte Feder überwunden werden kann, und durch Zusammenziehen der Feder plötzlich das Messer aus den Kontakten herausgerissen wird. Dabei wird aber das Schaltmesser gleich soweit herausgeschnellt, daß es bis gegen die Knagge K des Hebels stößt. Dieses Herausschnellen des Schaltmessers geschieht also unabhängig von der Bewegung des Griffes und auch dann, wenn dieser ängstlich und zaghaft bewegt würde, unterbricht doch die gespannte

Feder ganz plötzlich. Denselben Schalter, der in Abb. 262 schematisch
dargestellt ist, zeigt Abb. 263 im Bild. Man erkennt dort, daß die Feder
doppelt ausgeführt ist, und daß die Leitungen L auf der Rückseite angeschlossen werden.

Um einen Schutz der bedienenden Hand gegen auftretende Lichtbögen zu erhalten, werden Schutzkappen aufgesetzt. Einen dreipoligen
Schalter, wie ihn die AEG ausführt, zeigt Abb. 264. Der Betätigungs-

Abb. 264. Dreipoliger Hebelschalter mit abgenommener Schutzkappe.

griff ist bei diesem Schalter auf die rechte Seite gelegt, damit in der
Schutzkappe keine Öffnung zu sein braucht. Aus der Abbildung ist
gleichzeitig noch die feuersichere Ausfütterung der Schutzkappe im
oberen Teile zu ersehen.

Hebelschalter der beschriebenen Art können für sehr große Ströme
nicht mehr gut benutzt werden, da die Berührungsflächen zwischen Kontakten und Schaltmesser zu
klein sind. Man wendet daher bei stärkeren Strömen
Kontakte aus Blattkupfer-
federn an, die durch Kniehebel gegen die Anschluß-
kontakte der Leitungen gedrückt werden. In Abb. 265
ist solch ein Kniehebel-
schalter, der auch mit
Momentauslösung ausge-
führt wird, dargestellt. Die
Blattkupferfeder K ist an
einem um d drehbaren Hebel befestigt. Der Dreh-
punkt für den Griff H ist
bei a. Der Hebel des Grif-

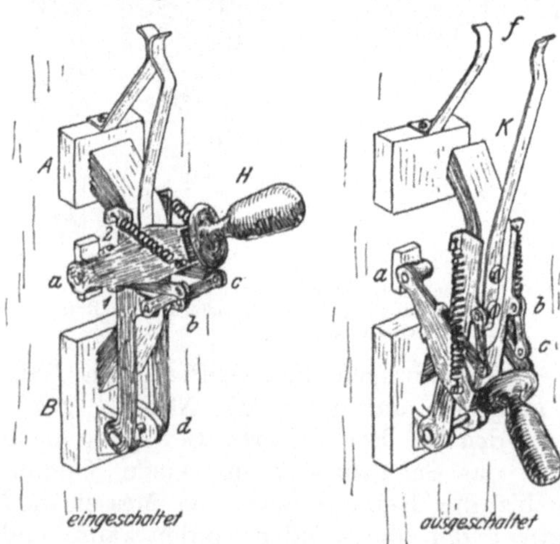

Abb. 265. Kniehebelmomentschalter, ein- und ausgeschaltet. fes besitzt zwei Anschläge 1
und 2 und ist durch Fe-
dern, welche die Momentausschaltung bewirken, mit dem Hebel der
Kupferfeder verbunden. Außerdem besteht zwischen dem Drehpunkt a
und dem Hebel der Kupferfeder eine Verbindung durch Kniehebel,
deren Gelenke bei c und b liegen. A und B sind die Anschlußkontakte

für die Leitungen, die rückwärts angeschraubt werden, und f ist ein
Hilfskontakt, der derartig federnd eingerichtet ist, daß er sich erst öffnet,
wenn die große Kontaktfeder K sich schon von ihren Kontaktflächen
abgehoben hat. Es nehmen also die Hilfskontakte den Öffnungslichtbogen auf, der bei der plötzlichen Ausschaltbewegung nicht stark wird.
Die Hilfskontakte sind leicht auswechselbar und dienen hauptsächlich
zum Schutze des Schalters, falls einmal ein Lichtbogen auftreten sollte.

In Abb. 266 ist ein Hebelschalter, der für die Rückseite der
Schalttafel bestimmt ist, gezeichnet, wie ihn die Firma Voigt &
Häffner, Frankfurt a. M., ausführt. Auf einer gußeisernen Platte, die
in der Mitte ein Loch hat, sitzen durch Porzellanisolatoren isoliert die

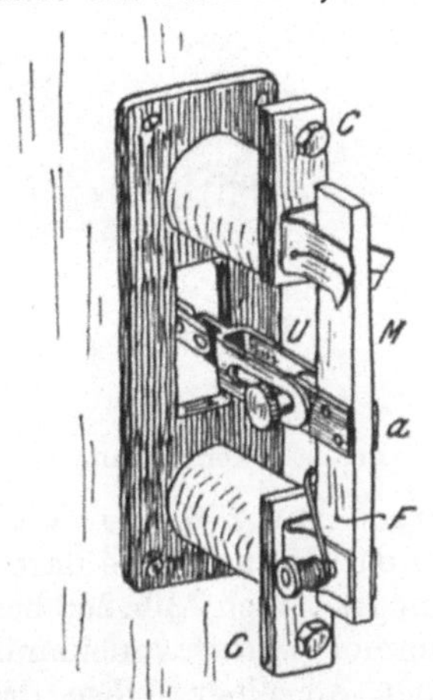

Abb. 266. Momenthebelschalter für Montage auf der Schalttafelrückseite und Betätigung von vorn.

Abb. 267. Einfacher Hochspannungstrennschalter.

Kontakte C mit den Anschlußschrauben für die Leitungen. M ist das
Kontaktmesser, welches beide Kontakte verbindet. Der Schalthebel
sitzt auf der Vorderseite der Schalttafel. Wird mit ihm ausgeschaltet,
so bewegt sich zunächst das U-förmige Stück U, welches mit einem
Schlitz versehen und bei a mit dem Schaltmesser verbunden ist,
leer vorwärts, bis das andere Ende des Schlitzes das Messer aus dem
oberen Kontakt herausdrückt und die gespannte Feder F das Messer
dann plötzlich so weit herausreißt, bis sich der Angriffspunkt a wieder
gegen das obere Ende des Schlitzes legt.

Ein ganz einfacher Schalter, ein sogenannter Trennschalter für
Hochspannung, ist in Abb. 267 dargestellt. Er dient nur zum Abtrennen
von Anschlußleitungen oder Sammelschienenteilen bei vorkommenden
Reparaturen und wird nicht unter Strom ausgeschaltet. Da er gewöhnlich hoch hinter der Schalttafel an den Sammelschienen liegt, ist er
zum Ausschalten vermittels einer isolierten Stange eingerichtet, die
einen Haken besitzt, den man in die Öse O hakt. Das Schaltmesser läßt
sich dann aus dem Kontakt C_1 herausziehen, während es in C_2 drehbar
gelagert ist. Beide Kontakte C_1 und C_2 sitzen auch hier auf Porzellanisolatoren. — Für die Freiluftstationen sehr hoher Spannungen werden

diese Schalter in horizontaler Ebene drehbar angeordnet. Die Unterbrechung geschieht an zwei Stellen, wie dies Abb. 268 zeigt.

Für Freileitungen zum eventuellen Schalten unter Strom wendet man gerne die **Hörnerschalter**, Abb. 269, an. Eine andere Anwendung der

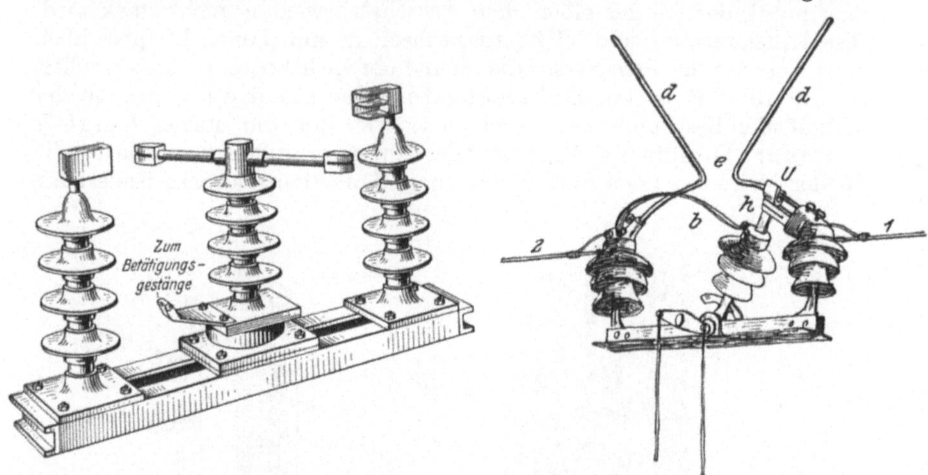

<table>
<tr><td>Abb. 268. Freilufttrennschalter für 100 000 Volt.</td><td>Abb. 269. Hörnerschalter für Freileitung.</td></tr>
</table>

Hörner ist schon in Abb. 46 gezeigt, während Abb. 270 die in Verbindung mit Hörnerschaltern gerne verwendete **Induktionsspule** darstellt, die ebenfalls schon früher bei Abb. 46 erwähnt ist. Nach Abb. 269 besitzt der

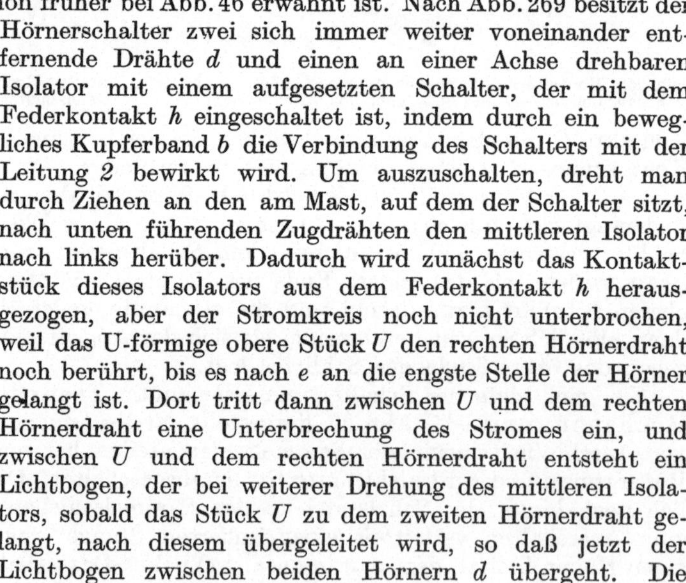

Abb. 270.
Drosselspule.

Hörnerschalter zwei sich immer weiter voneinander entfernende Drähte d und einen an einer Achse drehbaren Isolator mit einem aufgesetzten Schalter, der mit dem Federkontakt h eingeschaltet ist, indem durch ein bewegliches Kupferband b die Verbindung des Schalters mit der Leitung 2 bewirkt wird. Um auszuschalten, dreht man durch Ziehen an den am Mast, auf dem der Schalter sitzt, nach unten führenden Zugdrähten den mittleren Isolator nach links herüber. Dadurch wird zunächst das Kontaktstück dieses Isolators aus dem Federkontakt h herausgezogen, aber der Stromkreis noch nicht unterbrochen, weil das U-förmige obere Stück U den rechten Hörnerdraht noch berührt, bis es nach e an die engste Stelle der Hörner gelangt ist. Dort tritt dann zwischen U und dem rechten Hörnerdraht eine Unterbrechung des Stromes ein, und zwischen U und dem rechten Hörnerdraht entsteht ein Lichtbogen, der bei weiterer Drehung des mittleren Isolators, sobald das Stück U zu dem zweiten Hörnerdraht gelangt, nach diesem übergeleitet wird, so daß jetzt der Lichtbogen zwischen beiden Hörnern d übergeht. Die Hörner bringen aber selbsttätig den Lichtbogen zum Verlöschen, weil dieser erstens durch die aufsteigende, von ihm erwärmte Luft, und zweitens durch die Wirkung des Stromes in den festen Drahthörnern auf den beweglichen Lichtbogen immer weiter nach oben getrieben wird. Dadurch muß der Lichtbogen einen immer größer werdenden Luftzwischenraum überwinden und kommt fortwährend an neue, noch kalte Stellen der Hörnerdrähte, so daß er wegen zu starker Wärmeentziehung und zu großer Länge nach obenhin ausflackert und schließlich abreißt. Der ganze Vorgang spielt sich natürlich in ganz kurzer Zeit ab, und bei höheren Spannungen entstehen zwischen den Hörnern Flammenbögen, die zuweilen 1 m Höhe erreichen und mit starkem knatterndem Getöse abreißen. Trotz des gefährlichen Aussehens dieses Flammenbogens hinterläßt er an den Hörnerdrähten kaum irgendwelche Brandspuren.

Da der Kontakt U auf dem unteren Hornteil gleiten muß, so wird der Kontakt vielfach durch eine leicht drehbare Rolle ersetzt, deren Umfang dann am Horn abrollt, wodurch die große gleitende Reibung in eine kleinere wälzende verändert wird.

Eine wichtige Anwendung der Hörner geschieht dann auch, wie schon bei Abb. 46 gesagt wurde, beim Blitzschutz und überhaupt beim Schutz von Anlagen gegen Überspannungen. Überspannungen treten in Freileitungen durch atmosphärische Entladungen in die Leitungen und durch die sogenannten Spannungswogen beim Einschalten und Ausschalten auf. Durch Verbinden einer Leitung mit einer Hochspannungsstromquelle pflanzt sich die elektrische Ladung durch den Draht fort, ähnlich wie eine Wasserwoge und prallt am Ende der Leitung zurück, wodurch gefährliche Überspannungen entstehen, die namentlich bei Kabeln zu Durchschlägen der Isolation führen können und deshalb abgeleitet werden müssen. Hierzu benutzt man die Schaltung nach Abb. 272, wo dann die Überspannung zwischen den Hörnern und durch

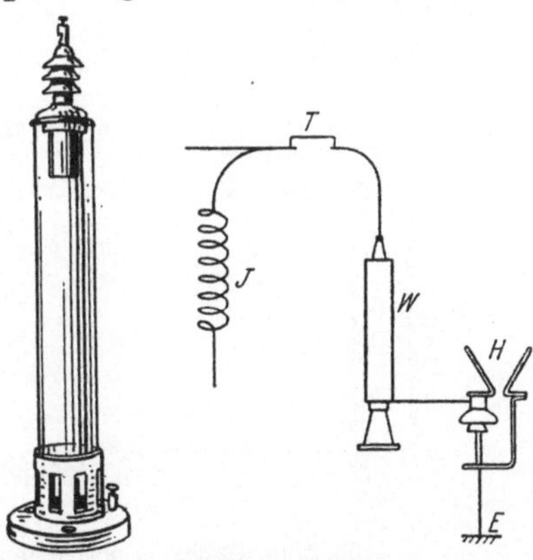

Abb. 271.
Wasserwiderstand.

Abb. 272.
Hörner-Funkenableiter mit vorgeschaltetem Wasserwiderstand.

den Dämpfungswiderstand, der induktionsfrei sein muß, in die Erde abgeleitet wird. In der Abbildung ist ein Wasserwiderstand dargestellt. Der Wasserwiderstand besteht aus einer Ton- oder Glasröhre mit eisernem Deckel und eisernem Fuß (Abb. 271). Diese beiden Metallteile sind durch das Wasser in der Röhre, welches sehr hohen Widerstand besitzt, verbunden. Bei anderen Dämpfungswiderständen besteht der Widerstand aus Silit- oder Karborundumstäben.

Außer den Hörnerableitern, die heute allgemein als Überspannungsschutz bei höheren Spannungen benutzt werden, verwendet man für den gleichen Zweck auch die Vielfachfunkenstrecke oder den Rollenableiter. Bei diesen Ableitern wird die Überspannung zwischen einer größeren Anzahl dicht nebeneinanderliegender Metallrollen abgeleitet, wodurch der Lichtbogen zwischen diesen Rollen in sehr viel kleine hintereinandergeschaltete Teilstrecken zerlegt wird, die ihn rasch zum Verlöschen bringen, da die vielen Rollen dem Lichtbogen sehr viel Wärme entziehen. Auch diese Rollenableiter müssen sogenannte Dämpfungswiderstände erhalten. In der Abb. 272 stellt T einen Hochspannungstrennschalter, W den vorgeschalteten Dämpfungswiderstand und H den Hörnerableiter dar, wobei das zweite Horn direkt durch seine eiserne Tragkonstruktion mit der Erde verbunden ist. Vielfach wird empfohlen, die Dämpfungswiderstände vor die Funkenstrecke zu legen, da es bei Hörnerfunkenstrecken manchmal nicht vermieden

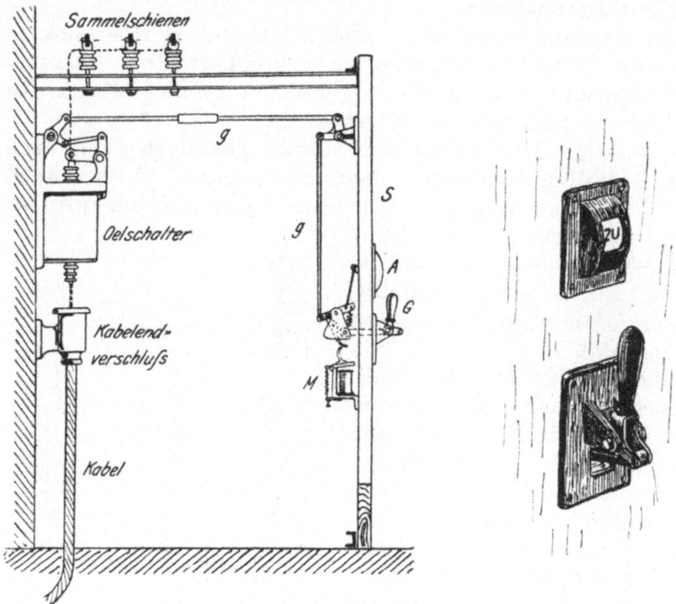

Abb. 273a. Ölschalter mit Gestänge.   Abb. 273b. Griff hierzu.

werden kann, daß bei beschränktem Raum die Lichtbogen der Hörner zusammenschlagen, wodurch ein Kurzschluß zwischen den Leitungen entstehen würde.

Im Innern von Gebäuden verwendet man zum Ausschalten unter Belastung für Hochspannung ganz allgemein die Ölschalter. Bei diesen Ölschaltern liegen die Kontakte in einem eisernen Behälter, der mit Öl gefüllt ist. Dadurch, daß die Kontakte unter Öl liegen, lassen sich sehr hohe Spannungen ohne Schwierigkeit ausschalten, denn die isolierende und wärmeableitende Wirkung des Öles unterdrückt einen Lichtbogen vollständig. Gewöhnlich ordnet man die Schalter bei Hochspannung nach Abb. 273a vollkommen getrennt von dem Bedienungsgriff G an, der sich auf der Vorderseite der Schalttafel S befindet und eine kleine Anzeigevorrichtung A besitzt, an der man nach Abb. 273b erkennen kann, ob ein- oder ausgeschaltet ist. Der Griff wird dann durch ein Gestänge g mit dem Ölschalter verbunden. Statt des Griffes ist vielfach ein Handrad in Anwendung. Häufig besitzen die Ölschalter selbsttätige (automatische) Überstromauslösung, wozu der Magnet M dient, dessen Wirkungsweise noch beschrieben werden wird.

Die Abb. 274 zeigt in einfacher schematischer Weise den Schaltvorgang der Ölschalter der Firma Voigt & Häffner A.-G. Hierbei

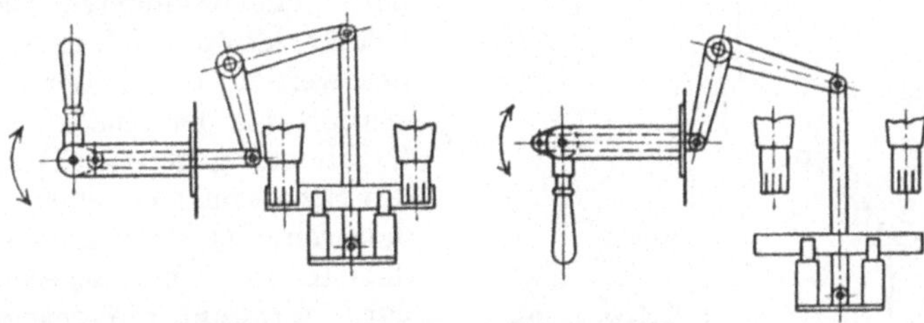

Abb. 274. Schematische Darstellung des Hebelantriebs eines Ölschalters der Voigt & Häffner A.-G., ein- und ausgeschaltet.

wird das Messer durch die Winkelhebelanordnung in die Kontakte hineingedrückt. Der Kontakt Abb. 275 besteht aus mehreren einzelnen Kontaktfingern, von denen der eine (a) etwas länger ausgeführt ist. Er dient als „Funkenzieher", wie dies bereits bei den Momenthebelschaltern beschrieben wurde. Um die Schaltmesser und Kontakte leicht kontrollieren zu können, kann der Ölbehälter Abb. 276 heruntergelassen werden, weswegen der leere Raum innerhalb der Tragekonstruktion vorgesehen ist. Ein Hahn dient zum Ab-

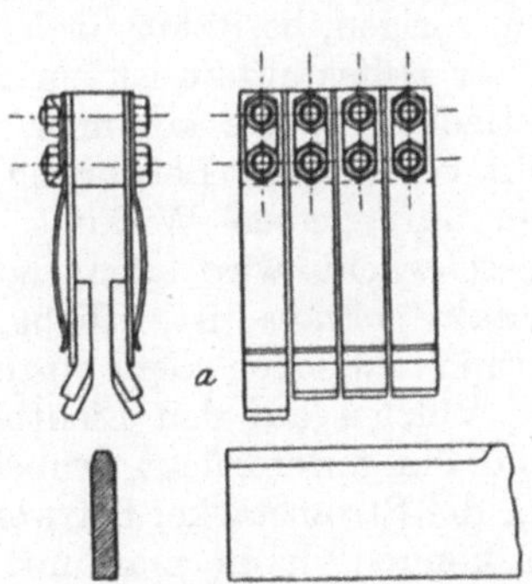

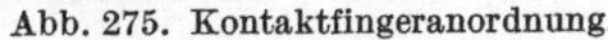

Abb. 275. Kontaktfingeranordnung.   Abb. 276. Ölschalter der Voigt & Häffner A.-G.

lassen des Öles. Die Rollen gestatten ein leichtes Verschieben des ganzen Schalters.

In vielen Fällen, gleichviel ob Hoch- oder Niederspannung, müssen die Schalter selbsttätig funktionieren. So ist in Abb. 277 ein einfacher Nullstromschalter für Niederspannung gezeichnet. Diese Schalter werden in Akkumulatorenanlagen verwendet und heißen auch Rückstromausschalter, weil sie den Rückstrom vermeiden sollen, wie im

Abschnitt XVII noch erklärt wird. Sie können nur eingeschaltet bleiben bis zu einer bestimmten Stromstärke. Sinkt die Stromstärke unter einen gewissen Wert, so läßt der Magnet M den Anker a los, und der Griffhebel des Schalters, der bei G ein besonderes Gewicht besitzt, klappt nach unten. Dabei werden die Federn F gespannt, bis der Anschlag c des Griffhebels gegen den Fortsatz d des Schaltmessers schlägt, und dadurch das Schaltmesser aus dem Kontakt herausgeschlagen wird, während die gespannten Federn für plötzliches Ausschalten sorgen, wie schon beim Schalter nach Abb. 262 und 263 gezeigt wurde.

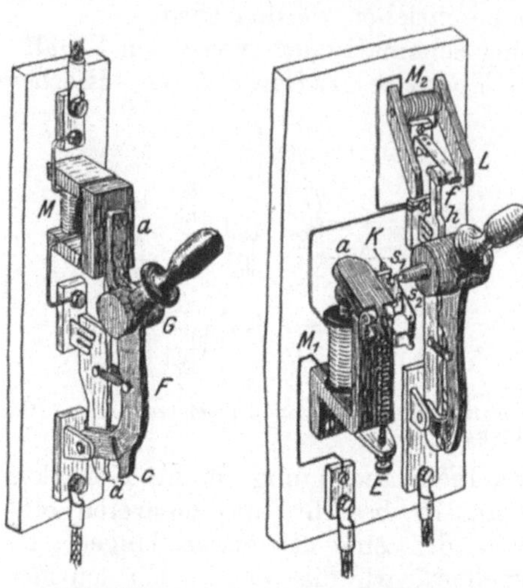

<table>
<tr><td>Abb. 277.
Nullstromausschalter.</td><td>Abb. 278.
Überstromausschalter.</td></tr>
</table>

Ebenfalls mit Momentausschaltung ist der Überstromschalter nach Abb. 278 versehen, der ebenfalls für Niederspannung bestimmt ist. Wird der Strom zu stark, so zieht der Magnet M_1 den Anker a an. Dieser besitzt einen Stift S_1, mit dem die Klinke K niedergedrückt wird, so daß sie den Stift S_2, mit dem der Griffhebel des Schalters festgehalten wird, frei gibt und der Hebel infolge seines Gewichts nach unten klappt und ausschaltet. Da dieser Schalter unter Strom ausschaltet, im Gegensatz zum vorigen, besitzt er noch einen Hilfskontakt und einen Funkenbläser. Der Hilfskontakt ist ein Fortsatz h am Schalthebel und eine Kontaktfeder f. Beide kommen, kurz bevor das Schaltmesser den Hauptkontakt verläßt, zur Berührung und nehmen deshalb den Öffnungslichtbogen auf, dessen Wirkung aber durch den Funkenbläser M_2 stark abgeschwächt wird, denn sobald das Schaltmesser aus dem Hauptkontakt heraus ist, fließt der Strom durch die Wicklung von M_2, und zwischen den einzelnen Polfortsätzen L entsteht ein Magnetfeld, welches auf den Lichtbogen zwischen f und h ablenkend einwirkt und ihn unterdrückt, wobei die Momentausschaltung noch mitwirkt. Um die Stromstärke, bei welcher der Schalter wirken soll, einstellen zu können, kann man mit der Schraube E die Spannung der Feder ändern, welche den Anker a von dem Magnet M_1 abzieht.

Bei Ölschaltern läßt sich der Überstromschutz ebenfalls anordnen, wie die Abb. 279 und 280 zeigen. Der Magnet M (vgl. auch Abb. 273) schlägt bei zu starkem Strom infolge Anziehens seines Ankers a mit dem Arm b gegen die Klinke c, so daß diese aus dem Stift d herausgedreht wird. Dadurch zieht sich die Feder F zusammen und schaltet mit der Stange g den Ölschalter aus. Durch Drehen des Griffes auf der Vorderseite der Schalttafel, der durch die Stange S mit der Klinkeneinrichtung verbunden ist, kann nach dem Auslösen durch den Magnet der Ölschalter nicht mehr betätigt werden. Die in den Abb. 279 und 280

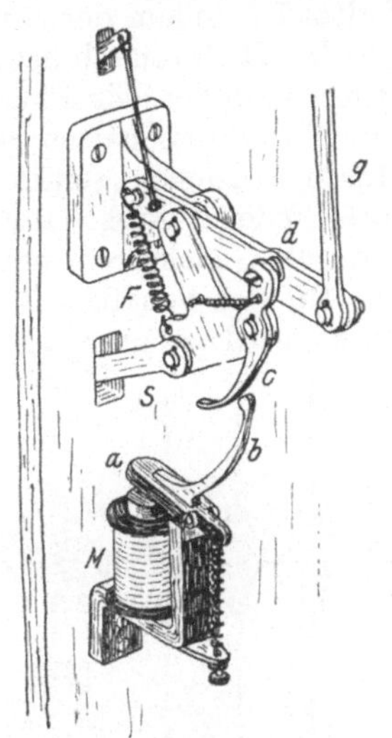

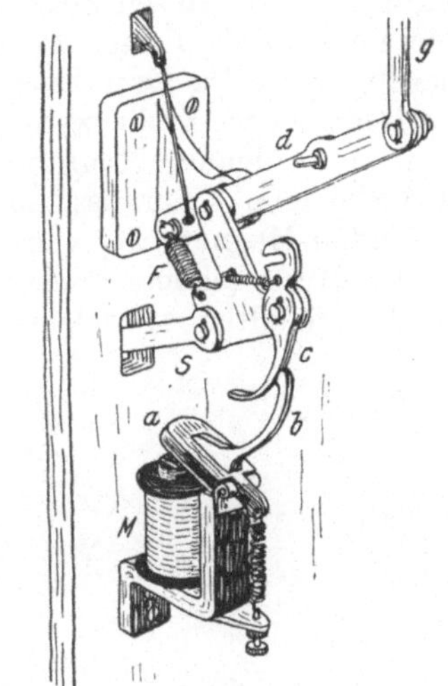

[Abb. 279. Überstromschalter bei Ölschaltern eingeschaltet.

Abb. 280. Überstromschalter bei Ölschaltern ausgeschaltet.

dargestellte Klinkenkupplung ist eine vereinfachte Darstellung der Einrichtung von Voigt & Häffner, bei deren selbsttätiger Überstromauslösung aber noch mehrere Klinken c hintereinander angeordnet sind.

Sehr häufig kann man die Ölschalter nicht mehr gut mechanisch mit dem Schaltergriff kuppeln, besonders nicht bei ausgedehnten Schaltanlagen, wo die Bedienungstafeln mit den Apparatengriffen und den Meßinstrumenten räumlich von den Schaltern und anderen Apparaten getrennt sind. Man versieht dann die Schalter mit Fernsteuerung. In Abb. 281 ist ein älterer Ölschalter ohne Ölgefäß mit Fernsteuerung dargestellt und in Abb. 282 die zugehörige Schaltung, bei der durch Glühlampen, die rot und weiß sind, angezeigt wird, wie der Schalter eingestellt ist. In Abb. 281 ist M_1 der Einschaltmagnet, der dann, wenn

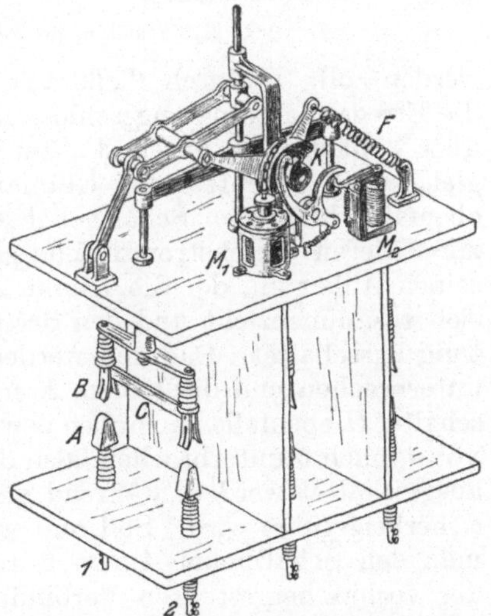

Abb. 281. Ölschalter mit Fernsteuerung, ältere Bauart.

er erregt wird, den Eisenkern einzieht und dadurch bei K die Nase so verdreht, daß die Klinke dahinter fassen kann und ein Zurückdrehen durch die ebenfalls infolge des Einziehens des Kernes gespannte Feder F verhindert. Die Federkontakte B schieben sich dabei über die Klotzkontakte A, so daß der Schalter eingeschaltet ist, indem der Strom von Klemme *1* durch A nach B und C zu *2* fließt. Die dreifach gezeichnete Anordnung ist für Dreiphasenstrom bestimmt, wobei jede Phase durch eine feuersichere Isolierwand getrennt ist. Das Ausschalten geschieht durch den kleinen Magnet M_2, der durch Anziehen seines Ankers bei K die Klinke herausschlägt, so daß die Feder F ausschalten kann. Die beiden Magnete M_1 und M_2 werden durch Gleichstrom erregt, wie das Schaltungsschema in Abb. 282 zeigt. Auf der Schalttafel befindet sich der Schalter A, welcher auf *2* gedreht wird, wenn ausgeschaltet

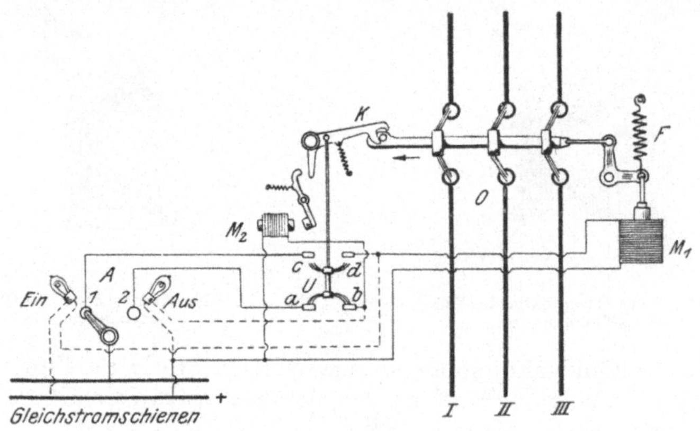

Abb. 282. Schaltung der Fernsteuerung mit Lampenanzeiger.

werden soll. Dadurch fließt aus den Gleichstromschienen, an welche die Erregermaschine angeschlossen ist, ein Strom durch den Schalter A über *2* nach a, b durch M_2 zur anderen Gleichstromschiene zurück, gleichzeitig leuchtet die Glühlampe „Aus" auf, deren Stromkreis ebenfalls durch den Schalthebel A nach *2* über a, b durch die Lampe zur anderen Gleichstromschiene geschlossen ist. Der Magnet M_2 zieht seinen Anker an, der die Klinke K herausschlägt, so daß die Feder F sich zusammenzieht und den dreipoligen Ölschalter O in der Pfeilrichtung ausschaltet. Dadurch werden die Dreiphasenleitungen *I*, *II*, *III* unterbrochen und die Klinke K nach oben geschoben, so daß der Umschalter U ebenfalls nach oben bewegt wird und dadurch die Verbindung von a nach b unterbrochen, also die Lampe „Aus" und der Magnet M_2 ausgeschaltet werden, während gleichzeitig eine Verbindung von c nach d herbeigeführt wird. Soll nun wieder eingeschaltet werden, so dreht man den Schalthebel A von *2* auf *1*, dann leuchtet zunächst infolge der vorhin hergestellten Verbindung von c nach d die „Ein"-Lampe auf, außerdem wird M_1 erregt. Dieser zieht seinen Kern ein, spannt die Feder und zieht den Ölschalter in die eingeschaltete Stellung, wobei die Klinke K durch ihre Feder einschnappt und den Ölschalter festhält. Dabei wird gleichzeitig der Kontakt bei c d unterbrochen, wodurch M_1 und die Lampe „Ein" ausgeschaltet werden und die

Verbindung von a nach b jedoch hergestellt wird. Bei großen Anlagen wird die Schaltstellung durch dauerndes Leuchten der Lampe angezeigt.

Bei den Ölschaltern mit Fernsteuerung kann natürlich auch Überstromauslösung angebracht werden. Jedoch wird diese dann meist mit Zeitschaltern verbunden, denn alle bisher besprochenen Überstromschalter wirken sofort, wenn der Strom die am Apparat eingestellte Grenze überschreitet. Dieses plötzliche Ausschalten ist in manchen Fällen ganz unzweckmäßig; z. B. in Straßenbahnzentralen, oder beim Anlassen eines großen Motors können vorübergehend starke Ströme auftreten, die aber nach kurzer Zeit wieder zurückgehen. Will man das momentane Wirken der Auslösung vermeiden, so verbindet man einen Zeitschalter mit der Auslösung. Abb. 283 zeigt einen Zeitschalter für Gleichstrom. Bei Überschreitung der eingestellten Stromstärke zieht die Spule S den Eisenkern E ein, der oben eine Zahnstange Z besitzt, die durch eine Zahnräderübersetzung ein Flügelrad antreibt, so daß der Kern nur langsam gehoben werden kann. Durch die

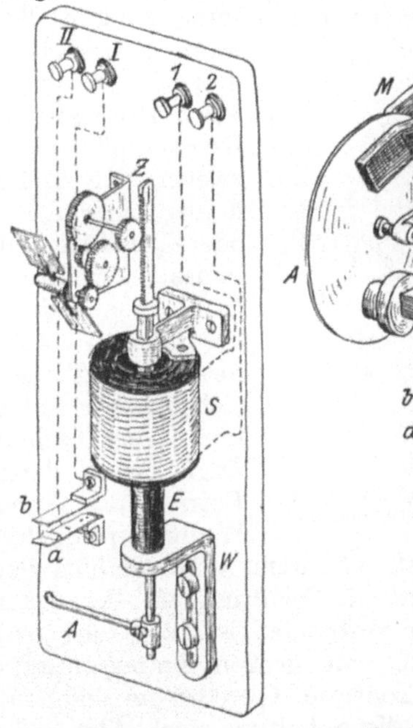

Abb. 283.
Gleichstromzeitschalter.

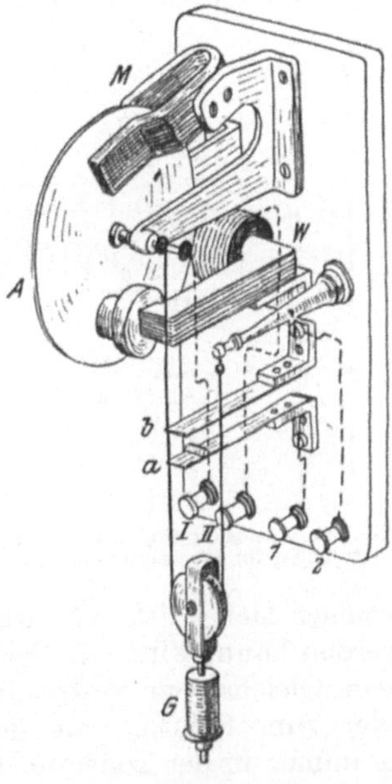

Abb. 284. Zeitschalter mit
Ferrarisscheibe für Wechselstrom.

Aufwärtsbewegung des Kernes drückt schließlich der Arm A die Kontakte a und b zusammen, wodurch, wie die Schaltung Abb. 287 genau zeigt, der Auslösemagnet eingeschaltet wird, dessen Stromkreis an die Klemmen I, II angeschlossen ist. Damit man die Zeit, die zum Heben des Kernes bis zur Berührung von a und b verstreicht, innerhalb gewisser Grenzen einstellen kann, ist der Winkel W, auf dem der Kern aufsitzt, mit Schlitz und Schrauben verstellbar. Soll nur wenig Zeit bis zum Auslösen verstreichen, so stellt man den Winkel höher, während durch Tieferstellen eine längere Zeitdauer eingestellt wird.

Ein anderer Zeitschalter mit Ferrarisscheibe (vgl. Abb. 110), den Brown, Boveri & Co. ausführen, ist in Abb. 284 gezeichnet. Er kann nur mit Wechselstrom betrieben werden. Bei Überschreitung der zulässigen Stromstärke beginnt seine Aluminiumscheibe sich zu drehen unter dem Einfluß des Wechselstrommagnets W, dessen einer Pol einen

Kurzschlußring besitzt. Zur Dämpfung der Drehung ist der Stahlmagnet M vorhanden. Durch die Drehung wird das Gewicht G, welches an einer losen Rolle und Seidenfaden hängt, hochgewunden und dadurch bei a, b der Auslösemagnet eingeschaltet. Durch Änderung des Gewichtes G kann der Apparat für verschiedene Stromstärken eingestellt werden, und durch Änderung der Länge des Seidenfadens läßt sich die Zeit einstellen, nach der die Auslösung eintreten soll.

Der Zeitschalter nach Abb. 284 läßt sich auf verschiedene Weise benutzen, wie die Schaltungen in Abb. 285 und 286 zeigen. In Abb. 285 wird gar kein Gleichstrom benutzt, sondern alle Apparate mit Wechselstrom betrieben. In zwei Leitungen der drei Phasen sind kleine Meßtransformatoren T eingeschaltet, so daß bei einem Kurzschluß oder Überstrom zwischen zweien der drei Leitungen, wenigstens immer einer der beiden Zeitschalter Z_1 oder Z_2 in Tätigkeit tritt und durch Heben seines Gewichtes G_1 oder G_2 bis zu den Kontakten A den Auslösemagnet M, der ebenfalls an einen der beiden Meßtransformatoren T angeschlossen ist, zum Anziehen seines Ankers und damit zum Ausklinken des Ölschalters O veranlaßt, dessen Zugfedern F dann ausschalten. Da der Betrieb der Apparate durch denselben Wechselstrom, der geschützt werden soll,

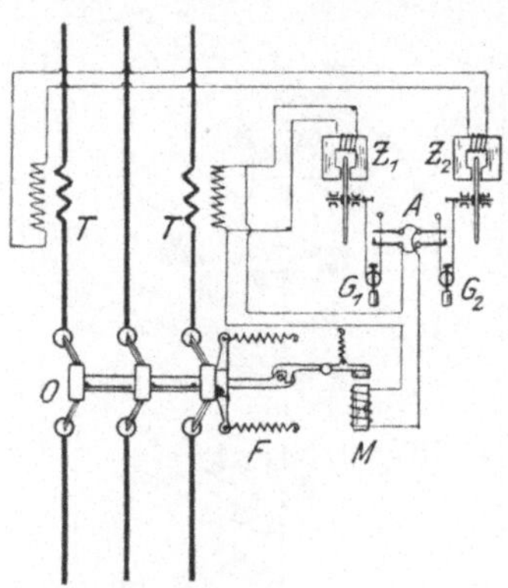

Abb. 285. Auslösung für Überstrom mit Zeitschalter für Wechselstrombetrieb.

weniger sicher ist, als wenn eine unabhängige Stromquelle benutzt werden kann, wird die Schaltung in Abb. 285 nur angewendet, wenn kein Gleichstrom vorhanden ist, z. B. bei großen Asynchronmotoren oder zum Schutz von großen Transformatoren. Sobald aber, wie ja immer in der Zentrale, Gleichstrom von den Erregermaschinen vorhanden ist, wird die Schaltung nach Abb. 286 ausgeführt. Dort sind wieder, wie auch in Abb. 285, T die Meßtransformatoren, an welche die Zeitschalter Z_1 und Z_2 angeschlossen sind, die durch Heben ihrer Gewichte G_1 oder G_2 bei A den an die Gleichstromschienen der Erregermaschinen angeschlossenen Magnet M einschalten, der auf dieselbe Weise auslöst wie vorhin.

In Abb. 287 ist noch die Schaltung für den Zeitschalter nach Abb. 283 dargestellt. Hier liegt an den beiden Meßtransformatoren ein sog. Relais, das ist ein Hilfsmagnet R, der bei Überstrom den Anker a anzieht und durch Verbindung der Punkte 1 und 2 den Zeitschalter Z einschaltet, der dann bei A den Auslösemagnet M, der ebenfalls wie Z mit dem Gleichstrom der Erregermaschine betrieben wird, einschaltet.

Einen ähnlichen Zweck wie die Überstromauslösungen erfüllen auch die Schmelzsicherungen, nur sind sie in Maschinenanlagen unbequemer, auch nicht so auf Zeit einstellbar wie die beschriebenen Vorrichtungen.

In Hausanschlüssen müssen sie aber verwendet werden, wie aus folgendem hervorgeht: Denken wir uns einmal den Fall in Abb. 288, wo eine dünnere Leitung von einer dickeren abzweigt. Wie schon im Anfang gezeigt wurde, haben die Leitungen nur wenig Widerstand, der Hauptwiderstand liegt immer im Verbrauchskörper, also in Abb. 288 in der

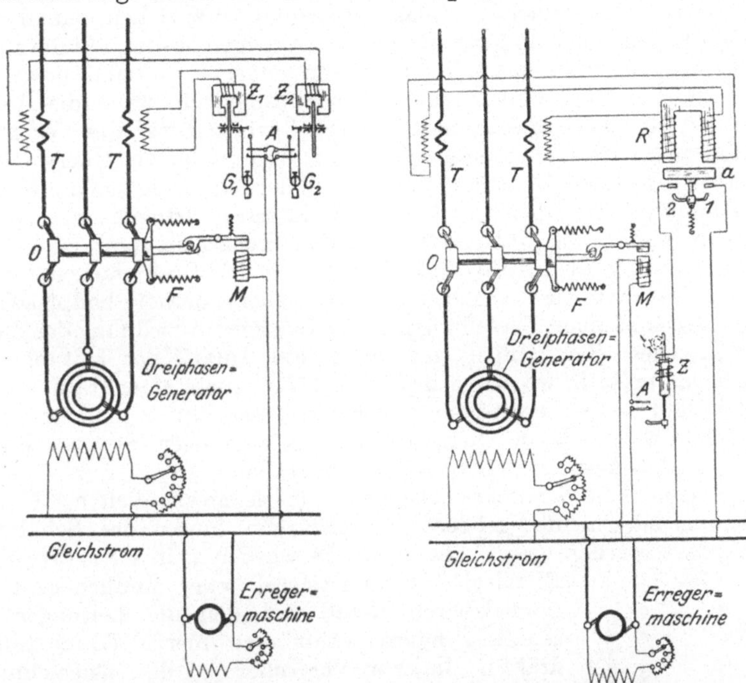

Abb. 286. Auslösung für Überstrom mit Zeitschalter nach Abb. 284.　　Abb. 287. Auslösung für Überstrom mit Zeitschalter nach Abb. 283.

Lampe. Wenn nun ein Gasrohr oder ein eiserner Träger bei x an der Leitung vorbeiführt und beide Leitungen infolge schlechter Verlegung nach und nach ihre Umspinnung an dem Rohr oder Träger durchscheuern, so daß beide gleichzeitig in blanke Berührung mit x treten, so sind die beiden Leitungen bei x auch durch einen ganz geringen Widerstand miteinander verbunden oder kurz geschlossen, und da jetzt der Widerstand des Stromkreises nur noch aus dem Kurzschluß und den Leitungsstücken besteht, so wird der Strom viel stärker werden als der

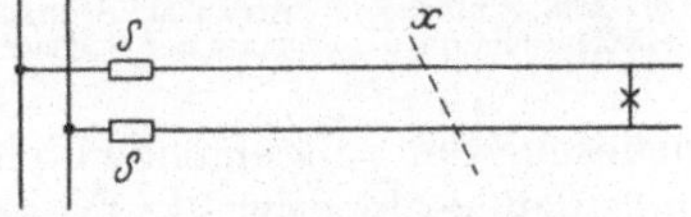

Abb. 288. Zweck einer Sicherung.

Draht aushalten kann. Der Draht wird dann heiß, und seine Umhüllung fängt an zu brennen. Ein solcher Kurzschluß wäre feuergefährlich, aber er ist bei den tadellosen Sicherheitseinrichtungen heute nicht mehr möglich. Trotzdem kommt es noch heute ab und zu in den Tageszeitungen zu der gewissenlosen Bemerkung, wenn irgendwo ein Brand stattgefunden hat, und zufällig dort auch elektrisches Licht vorhanden war, es sei vermutlich Kurzschluß die Ursache. Statistisch ist aber gerade nachgewiesen, daß eine elektrische Anlage die Feuersicherheit erhöht, so daß in den meisten Brandkassen der Beitrag nach Einrichtung einer elektrischen Lichtanlage verringert wird und im Vergleich zu der Gefahr, die in der Möglichkeit einer Gasexplosion liegt, ist eine elektrische Anlage einer Gasanlage unbedingt vorzuziehen, zumal elektrisches Licht noch eine ganze Reihe von Vorzügen besitzt, auf die später noch eingegangen werden soll. Wie schon bemerkt war, sind die gefährlichen Folgen eines Kurzschlusses heute unmöglich, wenn die Anlage nach den allgemein anerkannten Sicherheitsvorschriften des Verbandes Deutscher Elektrotechniker ausgeführt ist und infolge der Überwachung der stromliefernden Elektrizitätswerke und der Zulassung von nur solchen Installateuren, die über die nötigen Kenntnisse verfügen, werden alle Anlagen heute auch unbedingt nach den Sicherheitsvorschriften ausgeführt. Außer in der richtigen Bemessung der Drahtstärken für die Ströme bestehen die Einrichtungen zur Feuersicherheit hauptsächlich in der zweckmäßigen Verteilung und der richtigen Anordnung der Sicherungen. Diese Sicherungen, die immer am Anfang der Leitung oder dort liegen müssen, wo eine schwächere Leitung von einer stärkeren abzweigt, sind dünne Drähte aus Silber oder einer 50 proz. Kupfer-Silberlegierung, welche beim Überschreiten des zulässigen Stromes durchbrennen und dadurch den Strom unterbrechen.

Die einfachen Streifensicherungen, wie sie gewöhnlich bei Niederspannungsanlagen für größere Stromstärken hinter der Schalttafel angebracht werden, zeigt Abb. 289. Es wurden früher Streifen aus Bleiblech, Britanniametall oder ähnlichem leicht schmelzbaren Metall zwischen die Leitungen geschaltet, heute wählt man hierzu dünne Silberdrähte, die zur Vergrößerung des Querschnittes parallel geschaltet werden. Da bei höheren Spannungen die beiden Kontakte weit auseinander sein müssen, um ein Stehenbleiben des Lichtbogens zu vermeiden, und daher die Sicherungen viel Platz beanspruchen würden, haben die Sachsenwerke ihren Schmelzsicherungen die Form der Abb. 290 gegeben, bei der beim Schmelzen einer

Abb. 289. Einfache Streifensicherung.   Abb. 290. Schmelzsicherung der Sachsenwerke.

Sicherung der aufsteigende Lichtbogen von den Kontakten entfernt wird und somit leicht erlischt. Derartige Streifensicherungen können für stärkere Ströme ausgeführt werden, sind aber in Lichtanlagen nicht zulässig. Diese Sicherungen müssen zunächst unverwechselbar sein, damit man nicht irrtümlicherweise eine größere Sicherung einsetzt; dann müssen die Sicherungen geschlossen sein, damit das geschmolzene Metall nicht herausspritzen kann, und schließlich müssen sie leicht einsetzbar sein. Man benutzt daher für die Hausanschlüsse Sicherungen nach den Abb. 291a und 291b. Der Sockel besitzt immer eine ähnliche Einrichtung, wie die Fassung einer Glühlampe, indem die eine Anschlußschraube S_1 mit einem am Boden des Sockels sitzenden Kontaktstück verbunden ist, auf welches sich beim Einsenken des Stöpsels, dessen Metallfuß A aufsetzt. Die zweite Anschlußschraube S_2 ist mit einem Muttergewinde verbunden, in welches das Gewinde der Schraubkappe (Abb. 291b) eingeschraubt wird. Auf das Kontaktstück wird mit Metallgewinde der Paßring, innen isoliert, aufgesetzt, der durch seine lichte Weite die Unverwechselbarkeit der Schmelzpatrone gewährleistet. Der Patronenfuß hat für die einzelnen Stromstärken verschiedene Durchmesser, weshalb er nur in den zugehörigen Paßring hineingeht. (Patronen für kleinere Stromstärken, als für die der Paßring bestimmt ist, gehen selbstverständlich zu verwenden.) Das obere Ende der Schmelzpatrone hat Kontakt mit der Schraubkappe.

Die aus Porzellan bestehende Schmelzpatrone ist innen hohl und geht der Abschmelzstreifen zu den an den Enden angeordneten Kontakten. Oben besitzt die Patrone ein sog. Kennplättchen, welches unter Federdruck steht und durch einen dünnen Widerstandsdraht, der dem Abschmelzdraht parallel geschaltet ist, festgehalten wird.

Die Anzeigevorrichtung ist in der Weise wirksam, daß dieser dünne Draht gleichzeitig mit dem Abschmelzdraht durchschmilzt, dadurch die Spiralfeder freigibt, so daß diese mit dem Kennplättchen herausfliegt.

Diese Abschmelzsicherungen werden in verschiedenen Größen, und zwar für 6, 10, 15, 20, 25 A und höher, hergestellt. Die Kennplättchen haben verschiedene Farben: für 6 A grün, für 10 A rot, für 15 A grau, für 20 A blau und für 25 A gelb. Für große Stromstärken sind die Sockel- und Schraubkappendurchmes-

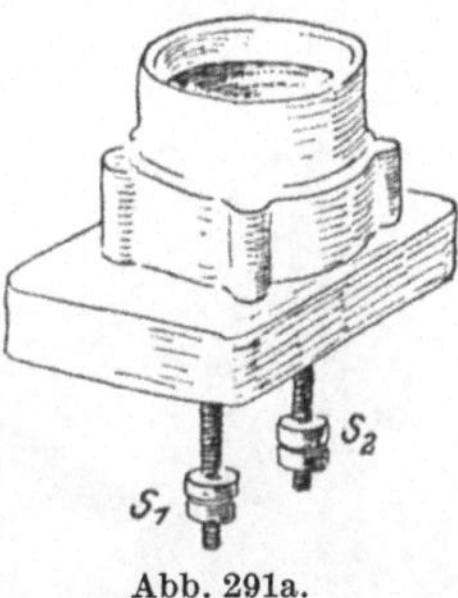

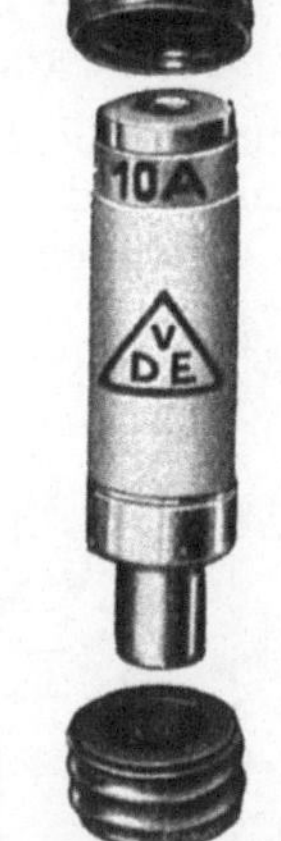

Abb. 291a.
Sicherungssockel.

Abb. 291b. Stöpselkopf,
Schmelzpatrone und
Paßring der AEG.

ser größer, und nennt man Schraubsicherungen für 250 A, wegen ihrer Größe, auch Mammutsicherungen.

In Anlagen, in denen Überlastungen und Kurzschlüsse häufig vorkommen, werden an Stelle von Schmelzsicherungen neuerdings vielfach sog. Kleinselbstschalter (Automaten) verwendet. Ihre Auslösung geschieht elektromagnetisch oder durch elektrische Erwärmung bzw. die hierdurch bewirkte Ausdehnung eines Metallteils. Sie werden in zweierlei Formen hergestellt, einerseits als sog. Stöpselselbstschalter, die sich ohne weiteres in vorhandene Schmelzsicherungssockel einschrauben lassen, andererseits als Sockelselbstschalter mit eigener Grundplatte.

Abb. 293 zeigt einen Selbstschalter der Kontakt-A.-G. Er paßt in jeden Sicherungssockel mit normalem Edisongewinde. Der Strom fließt vom Fußkontakt durch einen gespannten Hitzdraht über die

Ausschaltkontakte zurück zur Gewindehülse. Tritt nun in dem Hitzdraht infolge Überlastung oder Kurzschluß eine Erwärmung auf, so dehnt sich der Hitzdraht aus, und die federnde Einklinkung gibt einen unter Federdruck stehenden Schalthebel frei. Hierdurch werden die Kontakte getrennt. Nach erfolgter Ausschaltung ist der Kontaktklotz des Hebelkontaktes unterhalb des Fensters im Porzellandeckel sichtbar, so daß die Ausschaltstellung markiert ist. Die Kontakte sind in Einschaltstellung federnd gegeneinander gedrückt. Es wird dadurch eine übermäßige Erwärmung der Kontakte vermieden. Unmittelbar nach der erfolgten Ausschaltung zieht sich der Hitzdraht wieder durch die inzwischen erfolgte Erkaltung in seine alte Länge zurück, so daß die Einklinkung ebenfalls wieder in ihren ursprünglichen Zustand zurückgespannt wird. Nach erfolgtem Ausschrauben des Kontaktautomaten aus dem Sicherungselement kann er sofort für die nächste Auslösung wieder neugespannt werden.

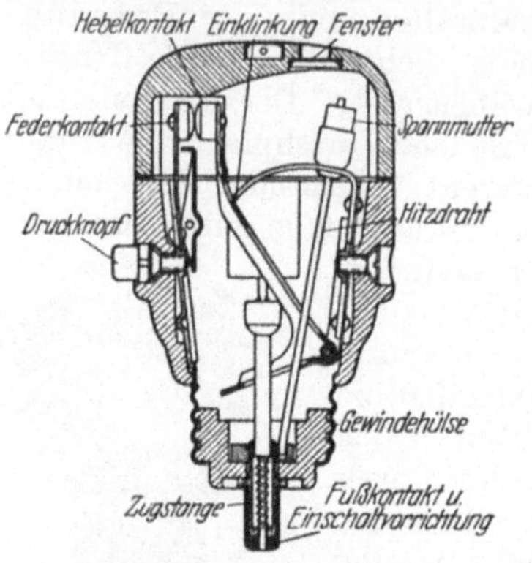

Abb. 292. Kontaktautomat.

Dieses geschieht durch Zug an dem Fußkontakt, welcher in den Hebelkontakt eingreift und diesen wieder bis zur Einklinkung zurückschaltet. Der seitlich angeordnete Druckknopf wird beim Einschalten zugleich mit dem Ziehen des Fußkontaktes betätigt. Hierdurch wird der Druck des Federkontaktes aufgehoben, so daß also der Hebelkontakt sich frei bis zu seiner Einklinkung bewegen kann.

In Hochspannungsanlagen ist das Durchbrennen einer Sicherung unangenehmer als bei Niederspannung. Man kann deshalb dort die offenen Streifensicherungen nach Abb. 289 nicht verwenden und benutzt vielfach Röhrensicherungen, die nach Abb. 293 ausgeführt sind. Die Silberdrähte, deren Enden bis F herausragen, sind in eine Isolationsröhre R eingeschlossen, die fast immer gleichzeitig als Trennschalter ausgebildet ist. Trotzdem die Röhren aus Isolationsmaterial bestehen, geschieht das Einsetzen und Herausnehmen derselben meist mit besonderen isolierten Zangen, sobald die Spannung mehrere 1000 V überschreitet.

Um den bei höheren Spannungen infolge des Durchbrennens der

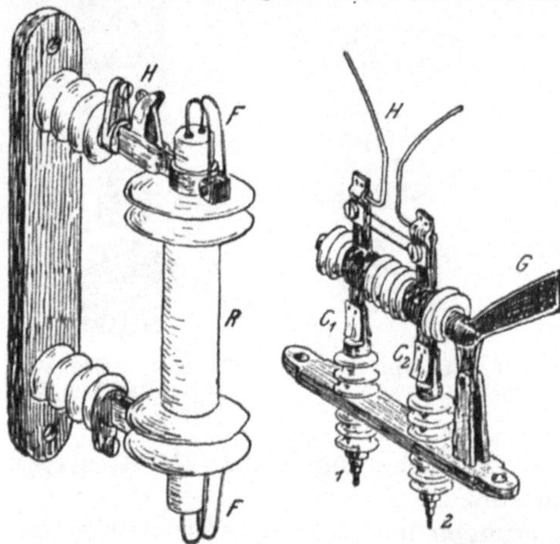

Abb. 293. Röhrensicherung für Hochspannung.]   Abb. 294. Hochspannungssicherung mit Hilfshörnern.

Sicherung auftretenden Lichtbogen abzuleiten, verwendet man auch bei Hochspannungssicherungen Hörner, wie Abb. 294 zeigt. Die Sicherung ist zum gefahrlosen Einsetzen eines neuen Schmelzdrahtes auch schalterartig ausgeführt und wird mit dem Griff G, der geerdet ist, d. h. leitend mit der Erde verbunden ist und demnach ohne Gefahr berührt werden kann, aus den Kontakten C_1 und C_2 herausgedreht. Die Leitung wird bei *1* und *2* angeschlossen. Es sind in der Abb. 294 zwei parallel geschaltete Schmelzdrähte unter den Hörnern H gezeichnet. Brennen diese Drähte durch, so übernehmen die Hörner das Verlöschen des Lichtbogens.

Abb. 295. Verteilungsanlage mit gekapselten Schaltern, Sicherungen, Sammelschienen, AEG.-Material.

Um die Schalter und Sicherungen vor Beschädigungen zu schützen, werden sie oft in gußeiserne Gehäuse eingebaut.

Führen die Leitungen Hochspannung, so benötigt dieser Abschluß bedeutend mehr Platz, er wird zum Schaltschrank, der nun nicht mehr aus Gußeisen, sondern aus einem U-Eisengerüst mit Blechverschalung hergestellt ist.

Da vielfach diese geschützten Schaltanlagen für Betätigung von Motorantrieben verwendet werden, so führen sie auch die Bezeichnung Motorschaltkästen. In rauhen Betrieben werden auch Sammelschienen vielfach in gußeisernen Kästen untergebracht.

Die vorstehende Abb. 295 zeigt eine Zusammenstellung von Schalt- und Sammelschienenkästen. Hierbei ist zu beachten, daß die Schaltkästen durch eine angeordnete Verriegelung nur dann geöffnet werden können, wenn der Schalter ausgeschaltet ist. Hiermit wird auch erreicht, daß das Ersetzen durchgebrannter Sicherungen nur in spannungslosem Zustand erfolgen kann.

XV. Leitungen, Rohre, Kabel.

Zur Fortleitung des elektrischen Stromes verwendet man blanke und isolierte Leitungen, wobei die nur gegen chemische Einflüsse geschützten Drähte, sei es durch Lackanstrich oder getränkte Isolation, zu den blanken Drähten nach den Sicherheitsvorschriften zu rechnen sind.

Bei den **Blankkupferleitungen** unterscheidet man „halbhart" und hart gezogenen Kupferdraht. Trotz seiner etwas geringeren mechanischen Festigkeit wird beim Ortsnetzbau mit seinen circa 30 m betragenden Mastabständen und vielen Krümmungen „halbharter" Kupferdraht wegen der leichteren Verlegung vorgezogen.

Als geringster Querschnitt darf mit Rücksicht auf die mechanische Festigkeit für Ortsnetze 6 mm² verlegt werden, bis 16 mm² darf der Draht massiv sein, über diesen Querschnitt hinaus soll Kupferseil verwendet werden.

Wird Aluminium für den Ortsnetzbau verwendet, so kommt nur Seilausführung von mindestens 16 mm² Querschnitt in Betracht.

Für Hochspannungsfreileitungen wird dagegen fast nur hartgezogenes Kupfer verwendet. Da hier viel größere Spannweiten vorkommen, so ist als kleinster Querschnitt 10 mm² vorgeschrieben und über 16 mm² ebenfalls Seilausführung. Bei Verwendung von Aluminiumseilen werden hier, um eine größere Zugfestigkeit zu erhalten, sog. **Stahlaluminiumseile** besonderer Konstruktion verwendet (VDE 8202).

Um den Echtwiderstand gegenüber dem Gleichwiderstand bei Wechselstromleitungen nicht zu groß werden zu lassen, wendet man seit Ende 1923 für Energieübertragungen mit Spannungen von 220 bzw.

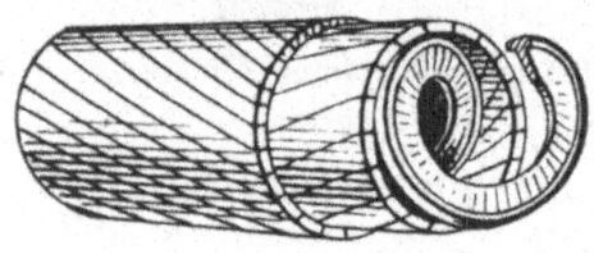

Abb. 296. Hohlseil der Rheinisch-Westfäl. EW.

380 kV Hohlseile an. Die Konstruktion des 42er Seiles der AEG zeigt die folgende Abb. 296: Der Außendurchmesser ist 42 mm und beträgt der Kupferquerschnitt 400 mm². Die äußere Flachkupferanordnung besteht aus 24 Flachdrähten von je 6,65 mm², während 18 innere entgegengesetzte gerichtete Flachdrähte einen Querschnitt von je 13,4 mm² besitzen. Die im Inneren zur Aufwicklung der Flachdrähte dienende Profilkupferspirale besitzt eine Steigung von 35 mm. Ein Seil von 1 km Länge wiegt 4100 kg. Die Ausführung der verschiedenen Firmen unterscheidet sich meistens durch die eingelegte Spirale, auf welchen die Flachdrähte angeordnet sind. Als Mastabstände kommen solche von 150—700 m in Betracht, wobei der Durchhang bei einer Beanspruchung von 8 kg/mm², also 5fache Sicherheit vorausgesetzt, zwischen 4,6 bis 100,8 m schwankt.

Das Rheinisch-Westfälische Elektrizitätswerk ist mit der Anwendung der Hohlseile wohl bahnbrechend vorgegangen.

Die isolierten Leitungen werden in solche für **feste Verlegung**, für **Beleuchtungskörper**, und solche zum Anschluß **ortsveränderlicher** Stromverbraucher gebaut.

Die Leitungen für feste Verlegung NGA bestehen aus einem Kupferleiter (Abb. 297), der mit zwei Lagen vulkanisierten Gummis G verschiedener Färbung umhüllt ist. Darüber ist gummiertes Baumwollband B

gewickelt und über dieses eine getränkte Beflechtung C aus Baumwolle oder Hanf. Sollen diese Leitungen für höhere Spannungen als 750 V geeignet sein, so müssen die beiden Gummihüllen gewisse, den Spannungen entsprechende Wandstärken auf-

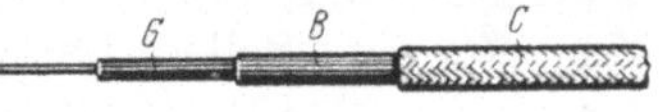

Abb. 297. Gummiaderleitung NGA.

weisen. Ein eingelegter weißer Faden zwischen Gummihülle und Baumwollband zeigt an, daß der Draht nach den Vorschriften für isolierte Leitungen in Starkstromanlagen entspricht, während ein weiterer, sog. „Kennfaden" leicht feststellen läßt, von welcher Drahtfirma die Leitung gefertigt ist [1].

Der Kupferleiter darf von 1—16 mm² massiv sein, darüber muß er aus mehrdrähtigen Leitern bestehen.

Da zur Stromzuführung zu den einzelnen Beleuchtungskörpern vielfach Drähte von 1 mm² nicht erforderlich sind, so werden für diesen Fall sog. **Fassungsadern NFA** in Querschnitten von 0,75 mm² verwendet, wobei noch gestattet ist, daß nur eine Gummihülle von 0,6 mm Wandstärke benutzt werden kann.

Für Zugpendel und gewöhnliche Pendel sind **Pendelschnüre NPLR** wie Abb. 298 zeigt, gestattet, deren Kupferseele von 0,75 mm² aus zusammengedrehten Drähten von 0,2 mm ⌀ besteht. Je zwei isolierte Adern D sind mit einer Tragschnur A, meist aus Hanf, verseilt und mit einer gemeinsamen Beflechtung C umgeben. Am häufigsten werden

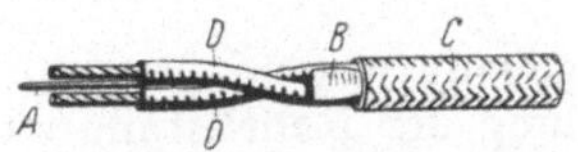

Abb. 298. Pendelschnur NPL.

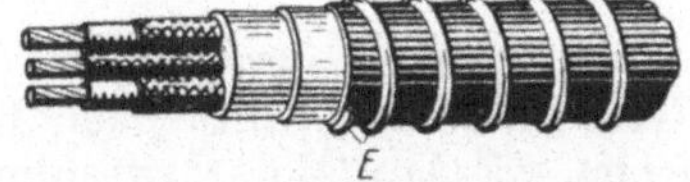

Abb. 299. Spezialschnur mit Metallbewehrung.

runde Pendelschnüre verwendet, die zur Herstellung der Rundung noch eine Beilage B aus Baumwolle besitzen.

Zum Anschluß ortsveränderlicher, also transportabler Stromverbraucher, werden die Kupferleiter nur aus biegsamer Litze hergestellt und je nach der mechanischen Beanspruchung durch Baumwollbeflechtung oder durch Gummischlauch oder durch eine Metallbewehrung E geschützt, wie Abb. 299 deutlich erkennen läßt.

Die Verlegung der isolierten Leitungen im Innern von Gebäuden erfolgt zumeist in Isolierrohr **auf** oder **unter** Putz.

Isolierrohre sind meistens aus Papierstreifen hergestellt, welche spiralig aufgewickelt, mit einer nicht hygroskopischen Masse getränkt und mit einem gefalzten Blechmantel aus verbleitem oder lackiertem Eisen oder Messing versehen sind.

Die einzelnen Längen von 3 m werden durch Muffen miteinander verbunden.

---

[1] Nach den 1929 der Jahresversammlung vorzulegenden und von dieser zu genehmigenden Vorschriften ist der vom VDE vorgeschriebene Faden nicht mehr weiß, sondern schwarz-rot. Auch darf ein Querschnitt unter 1,5 mm² in Lichtanlagen nicht mehr verwendet werden.

Bei einer Rohrverlegung auf Putz kommen für Biegungen, Ecken, Winkelstücke (Abb. 300) und für Abzweige T-Stücke in Betracht, deren Deckel durch aufgeschobene Blechringe festgehalten werden.

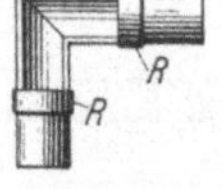

Sollen Leitungen unterbrochen werden, so müssen Dosen eingebaut werden. Dies sind entweder mit Isolierstoff ausgefütterte Blechdosen, oder Porzellandosen, wie es die Abb. 301 und 302 zeigen.

Abb. 300.
Winkelstück.

Da die Leitungsenden nicht mehr verlötet, sondern durch Klemmung miteinander verbunden werden müssen, so verwendet man bei den Blechdosen vielfach Klemmringe. Ein solcher ist in Abb. 303 dargestellt.

Bei Verlegung unter Putz können Ecken und T-Stücke nicht verwendet werden, es kommen dafür nur gebogene Rohrstücke, auch Ellbogen genannt, sowie Blechdosen in Betracht, die bei längeren

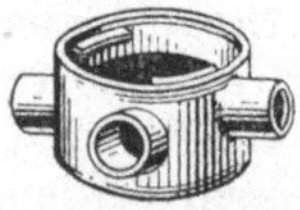

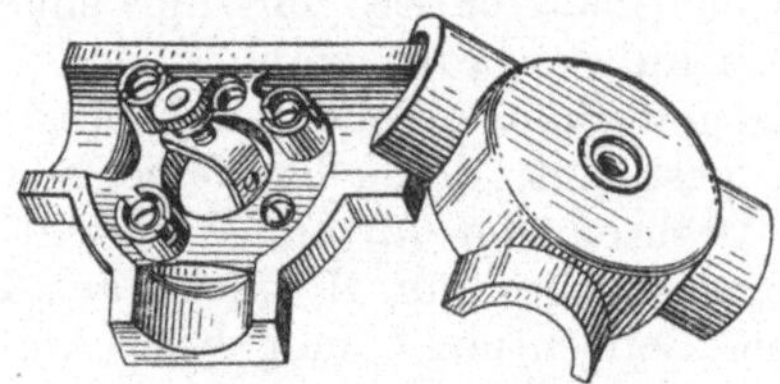

Abb. 301. Blechdose.   Abb. 302. Porzellanabzweigdose.    Abb. 303. Abzweigring

Leitungen auch in geraden Strecken eingebaut werden müssen, um ein Einziehen der Drähte nach Fertigstellung der Rohrleitung zu ermöglichen, was laut Vorschriftenbuch des Verbandes Deutscher Elektrotechniker (VDE) verlangt wird. Die Dosendeckel müssen bündig mit dem Verputz gehalten werden.

Da als kleinste Rohrstärke eine solche von 11 mm lichte Weite vorgeschrieben ist und diese bei Verlegung auf Putz sehr stark aufträgt, so hat man den Rohrdraht, auch Manteldraht genannt, auf den Markt gebracht. Die von Siemens-Schuckert angefertigten heißen nach ihrem Erfinder Kuhlodrähte.

Diese Rohrdrähte sind Einfach- oder Mehrfachgummiaderleitungen, die mit einem Blechmantel aus verbleitem Eisen- oder Messing- oder Zinkblech eng anliegend versehen sind. Der Mantel ist wieder gefalzt. Die Abb. 304 zeigt einen zweiadrigen Rohrdraht.

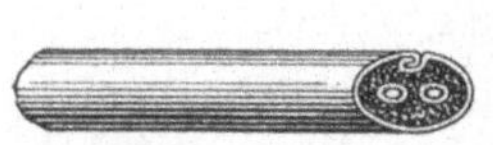

Diese Drähte eignen sich infolge ihres geringen Durchmessers zur nachträglichen Montage auf Putz, dürfen aber auch nicht mit Tapete

Abb. 304.
Zweiadriger Rohrdraht.

überklebt werden. Nach den Vorschriften des VDE darf der Blechmantel bei geerdeten Nulleiteranlagen als Rückleitung verwendet werden, doch müssen dazu besondere Mantelanschlußhülsen verwendet werden, wie Abb. 305 den Anschluß einer Lüsterklemme zeigt. Die Dosen für die Abzweige sind ebenfalls Spezialausführungen, entweder aus Metall, oder Porzellan und werden vielfach mit Klemmhäuschen bezeichnet.

Sind die Rohre in rauheren Betrieben zu verlegen, oder tritt in den Räumen vorübergehend Feuchtigkeit oder Schwitzwasser auf, so wird von den S.S.W. das Peschelrohr mit Längsschlitz empfohlen, und zwar soll der Schlitz nach unten verlegt werden. Das Peschelrohr ist ein Stahlrohr ohne Isolierauskleidung. Auch hier kann wie beim Rohrdraht das Rohr als Rückleitung benutzt werden.

Zum Schutz in Räumen mit rauhem Betrieb oder ganz feuchten Räumen wendet man bei der Rohrverlegung Stahlpanzerrohre mit Isolierauskleidung an, bei der die einzelnen Rohrstücke, genau wie Gasrohre, durch Gewindemuffen miteinander verbunden werden. Zu dieser Montage gehören selbstredend besondere Werkzeuge, wie Rohrbiegeböcke, Gewindeschneider u. dgl. mehr. Natürlich sind auch die Dosen und zugehörigen Schalter in wasserdichten Gehäusen untergebracht, so daß ein Eindringen von Feuchtigkeit, bei guter Montage, nicht möglich ist.

Abb. 305.
Manteldraht-
anschluß-
klemme.

Bei allen Rohrverlegungsarten muß am Ende des Rohres eine Tülle aus Isoliermaterial aufgesetzt werden, und sind diese je nach Verwendungszweck verschiedenartig konstruiert. Die Abb. 306 zeigt eine einfache Tülle für verbleites Rohr.

Das Befestigen der Rohre geschieht durch sogenannte Rohrschellen, wie eine solche auch in Abb. 306 zu erkennen ist.

Die Rohrleitungen müssen erst fertig verlegt sein, ehe die Drähte eingezogen werden dürfen. Bei Wechselstromanlagen müssen alle zu einem Stromkreis gehörigen Drähte in ein Rohr eingezogen werden, um eine Erwärmung der Eisenhüllen durch Induktion zu vermeiden.

Bei der sogenannten offenen Verlegung werden die Leitungen auf Rollen oder Isolierglocken verlegt. Diese Verlegungsart kommt hauptsächlich in untergeordneten Räumen, wie Kellern, Lagerräumen, Fabrikbauten, in Betracht, wo es nicht darauf ankommt, daß die Leitung unsichtbar ist oder ein gefälliges Aussehen besitzt.

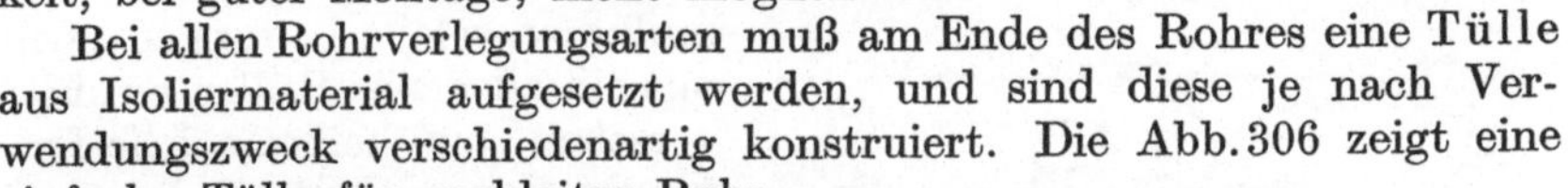

Abb. 306.
Tülle für Isolier-
rohr mit Metall-
mantel.

In feuchten Räumen werden dann nicht einfache Porzellanrollen, sondern sogenannte Mantelrollen, auch Kellerisolatoren genannt, verwendet. Um beim Ziehen mehrerer Leitungen viele Stemmarbeiten zu vermeiden, ordnet man die Rollen nebeneinander auf kleinen Eisenträgern an.

In Räumen mit Eisenträgern verwendet man besondere kleine verstellbare Eisenschellen, wie die Abb. 307 es zeigt.

Abb. 307. Trägerschelle
mit zwei Porzellanrollen

In Shedbauten stößt die Leitungsverlegung vielfach auf große Schwierigkeiten, weshalb heute noch in Österreich das Spanndrahtsystem verwendet werden darf.

An einem mittels Spannschloß straff gespannten Stahldraht, wie Abb. 308a zeigt, werden die Leitungen mittels Befestigungsklemmen aufgehängt. Für Lampenabzweige sind noch besondere Pendeldosen bzw. Pendelklemmen vorhanden.

Es können aber die Drähte auch in verbleites Rohr eingezogen werden, und dieses dann, wie die Abb. 308b zeigt, am Stahldraht auf-

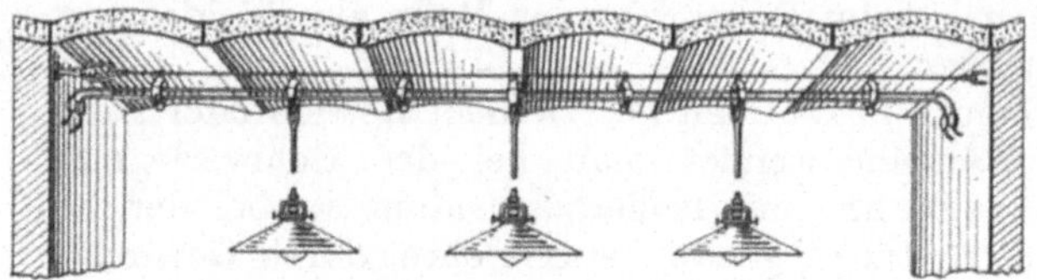

Abb. 308a. Spanndrahtsystem für Drahtmontage.

gehängt werden, was auch bei uns in Deutschland zulässig ist.

Auch die besten isolierten Drähte behalten, wenn sie dauernd der Feuchtigkeit ausgesetzt sind, ihre Isolationsfähigkeit nicht bei, vielmehr muß man solche Leitungen noch mit ein oder zwei Hüllen aus Blei versehen, und heißen solche Leitungen dann Bleikabel.

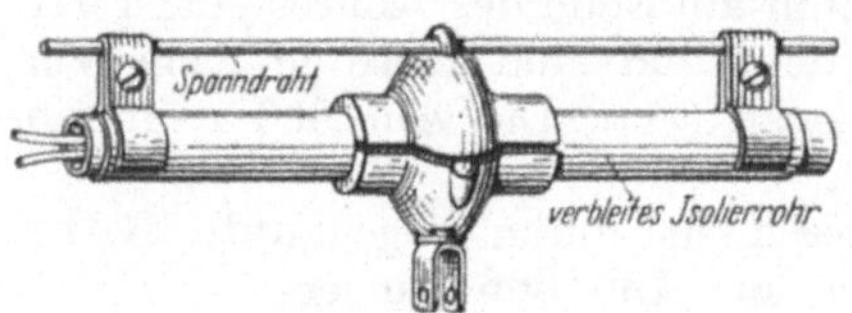

Abb. 308b. Spanndrahtsystem für Rohrmontage.

Zum Schutze des Bleimantels gegen leichte mechanische Beschädigungen versieht man das Kabel noch mit ein oder mehreren Lagen einer Juteumspinnung. Auf diese kommt dann noch ein Überzug einer Teermasse, entweder Pech oder Asphalt, und wird dann ein in dieser Weise präpariertes Kabel „Compoundkabel" genannt.

Um die Kabel aber auch gegen das Einschlagen von Spitzhacken, Spaten, Nägeln zu schützen, werden ein oder zwei Eisenbänder so aufgewickelt, daß das obere Band die Stoßstelle des unteren bedeckt.

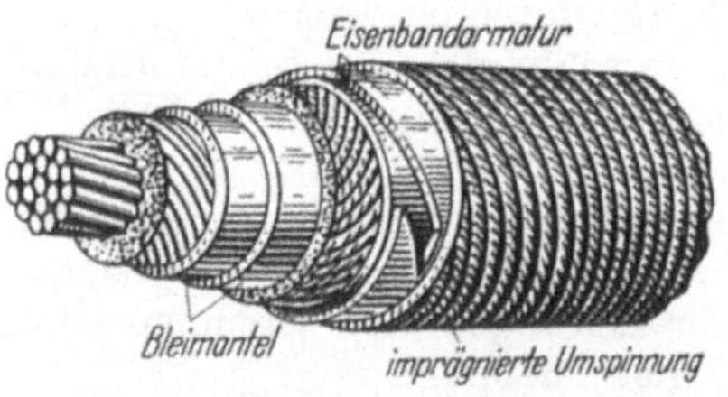

Abb. 309. Aufbau eines armierten Kabels.

Darüber wird noch eine imprägnierte Juteumspinnung angeordnet, damit die Eisenbänder nicht so leicht rosten. Die Abb. 309 zeigt den Aufbau eines solchen bewehrten Kabels.

Neuerdings wird als Isolation für den Kupferleiter vielfach eine Reihe von sich überlappender Papierbandspiralen statt Guttapercha, Gummi oder imprägnierter Umspinnung benutzt.

Bei Gleichstromanlagen wird für jeden Leitungsstrang ein besonderes Kabel verwendet; während bei einphasigem Wechselstrom die beiden Leitungsdrähte in einem Kabel vereinigt sind, damit Verluste durch magnetische Hysteresis und Wirbelströme in der Armatur vermieden werden. Aus demselben Grunde werden bei Drehstromanlagen die drei zueinander gehörenden Leitungen zu einem Kabel vereinigt. Um Kapazitätserscheinungen zu vermindern, werden hierbei die einzelnen Leitungen innerhalb des Kabels verseilt.

Sie werden heute für Spannungen bis zu 100 000 V als Einleiterkabel hergestellt. Drehstromkabel können vorläufig bis 66 000 V gebaut werden.

Um die elektrische Beanspruchung der Papierisolation senkrecht zur Schicht auftreten zu lassen, wird vielfach über die Papierisolation der einzelnen Leiter eine hauchdünne geerdete Metallisierung gelegt. Außerdem soll die metallisierte Oberfläche der Adern durch die Beseitigung der Ionisationsgefahr die Lebensdauer des Kabels verlängern, und durch bessere Wärmeableitung die dauernd zulässige Belastung erhöhen. Abb. 310 zeigt ein Dreileiterkabel für 66 000 V Spannung, und ist der Metallüberzug in der Abbildung gepunkt dargestellt.

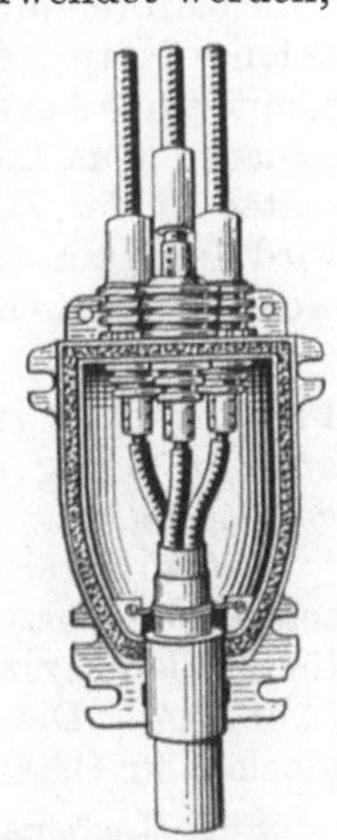

Abb. 310. Drehstromkabel
für 66 000 Volt.

Um zwei Kabel miteinander zu verbinden, muß an der Verbindungsstelle der Bleimantel abgelöst werden, wobei die Isolationsmasse bloßgelegt wird und daher leicht Feuchtigkeit aufnehmen kann, wodurch natürlich der Isolierungswert schlechter würde. Außerdem würde eine gute Verbindung der Bleikabel auf einfache Weise nicht gut möglich sein, weshalb hierzu besondere Armaturen, sogenannte Kabelmuffen, verwendet werden, und stellt Abb. 311 eine Abzweigmuffe ohne Deckel dar.

Am Kabelende, von dem aus die Verbindung mit den Verbrauchskörpern, Apparaten usw. hergestellt wird, bedient man sich sogenannter Kabelendverschlüsse, wie die Abb. 312 einen solchen für 2000 Volt mit abgenommenem Deckel zeigt.

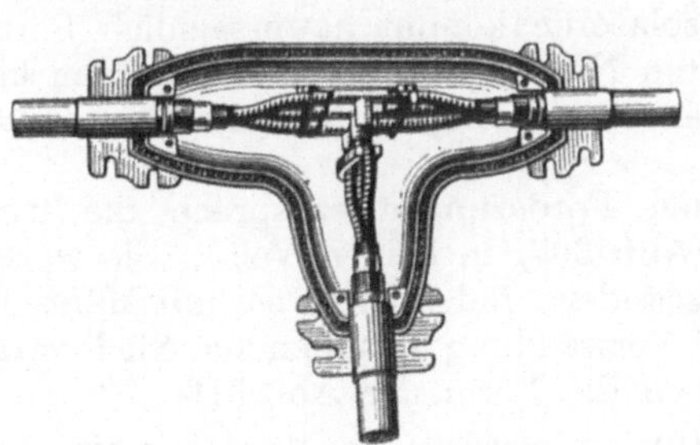

Abb. 311. Abzweigmuffe
für Dreileiterkabel mit abgenommenem Deckel.

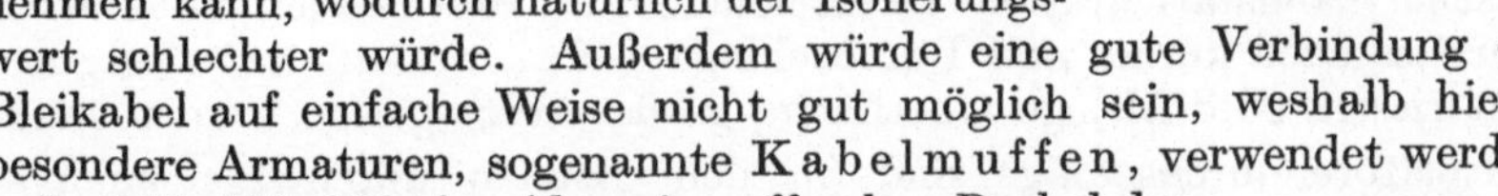

Abb. 312. Dreileiter-
kabelendverschluß.

Sind die Kupferleiterverbindungen hergestellt, so wird der Deckel aufgeschraubt und durch eine verschließbare Öffnung das Innere des Gehäuses mit Compoundmasse ausgegossen.

Die Verlegung blanker Leitungen im Freien geschieht auf Isolier-

13*

glocken, welche die Aufgabe haben, die Leitungen an ihren Befestigungs-
punkten festzuhalten und ein Abfließen des Stromes zur Erde zu verhindern; somit haben sie mechanischen und elektrischen Beanspruchungen zu genügen.

Mechanisch werden sie auf Zug, Druck und Biegung beansprucht.
Für das Abfließen des Stromes zur Erde kommen folgende Wege in
Betracht. Einmal ein direkter Weg vom Leiter a (Abb. 313) durch das Material zur Stütze ungefähr nach der Stelle b und heißt dieser Weg der „Durchschlagsweg".

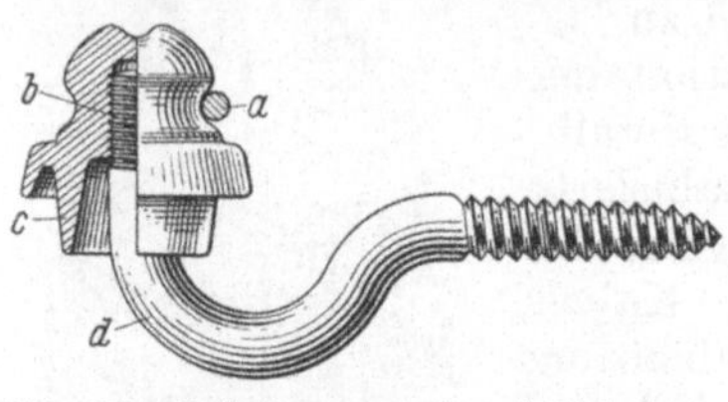

Abb. 313. Erläuterung zu den elektrischen Beanspruchungen eines Isolators.

Dann kann der Strom bei hohen Spannungen durch die Luft sich einen Weg zur Stütze ungefähr nach dem Punkte d suchen und wird dieser Weg mit „Überschlagsweg" bezeichnet. Aber auch längs der Oberfläche des Porzellans kann der Strom über c nach der Stütze gelangen, wenn ungünstige Umstände, wie Feuchtigkeit und Staub, die Leitung an der Oberfläche ermöglichen. Dieser Weg wird mit „Kriechweg" bezeichnet.

Die hinreichende Durchschlagsfestigkeit ist durch reichlich be-
messene Wandstärken leicht zu erreichen, doch führen auch die feinsten
Haarrisse nach kurzer Zeit Durchschläge herbei, weshalb auf eine gute,
nicht rissige oder blasige Oberfläche großer Wert gelegt werden muß.

Isolatorendurchschläge sind für den Betrieb durchwegs unangenehmer Natur, da sie in den allermeisten Fällen eine Zerstörung und
somit eine Auswechslung des Isolators bedingen, während ein Überschlagen vom Leiter nach der Stütze meist nur ein Auslösen der Automaten in der Zentrale bewirkt. Ein genügend großer Überschlagsweg
wird durch die Anordnung, Größe und Zahl der Mäntel erreicht, wodurch
gleichzeitig auch der Kriechweg genügend groß ausfällt.

Als Material für die Isolatoren kommt hauptsächlich Porzellan in
Frage, weil es zu den besten Nichtleitern gerechnet werden kann und
auch in bezug auf mechanische Festigkeit großen Beanspruchungen
gewachsen ist.

Diesen drei elektrischen Forderungen entsprach die früher beschriebene Porzellanrolle (Abb. 307) in keiner Weise. Sie wurde daher
für Freileitungszwecke abgeändert, indem man sie mit Mänteln versah
(Abb. 314). Die heute zur Verwendung kommenden Niederspannungs-
glocken in Ortsnetzen haben die Form der Abb. 313.

Für Hochspannungsleitungen werden die Mäntel schirmartig ver-
breitert, und meist wie in Abb. 315 angeordnet.

Diese „Deltaglocken" werden für Spannungen bis etwa 20000 V
aus einem Stück hergestellt.

Für höhere Spannungen wachsen die Abmessungen derartig, daß
bei der Fabrikation ein gutes, fehlerfreies Durchbrennen der Porzellan-
masse nicht mehr verbürgt werden kann, weshalb man solche Isolatoren

aus mehreren Teilen herstellt. Die Abb. 316 zeigt in Schnitt und Ansicht eine derartige dreiteilige Deltaglocke. Die einzelnen Teile werden entweder zusammengekittet oder besser zusammengehanft.

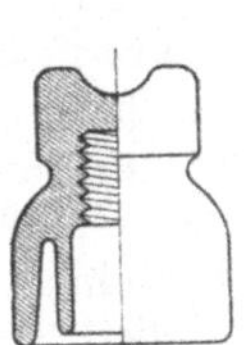

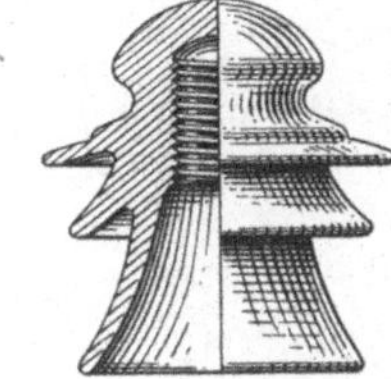

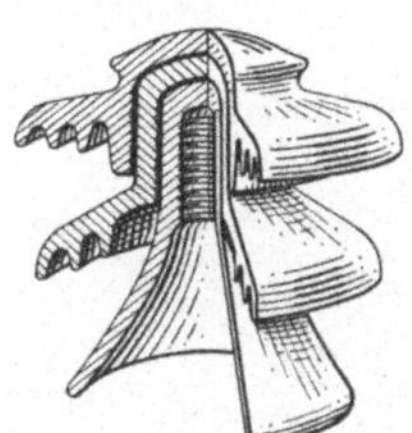

Abb. 314.
Alte Niederspannungsglocke.

Abb. 315.
Einteilige Hochspannungsglocke.

Abb. 316. Dreiteilige
zusammengehanfte Deltaglocke.

Bei letzterer Methode lassen sich einzelne schadhaft gewordene Schirme leicht ersetzen, während bei der gekitteten Glocke der ganze Isolator, bei Beschädigung auch nur eines Schirmes, unbrauchbar wird. —
Bei höheren Spannungen nimmt die Baulänge der Deltaglocke zu, so daß auch die Isolatorstütze immer länger werden muß, wodurch das auftretende Biegemoment stark vergrößert wird. Um auch mit kleineren Bauhöhen den gleichen Regenüberschlagsweg zwischen Leiter und Stütze zu erhalten, wurden die Durchmesser der Mäntel vergrößert und diese Type „Weitschirmtype" genannt.

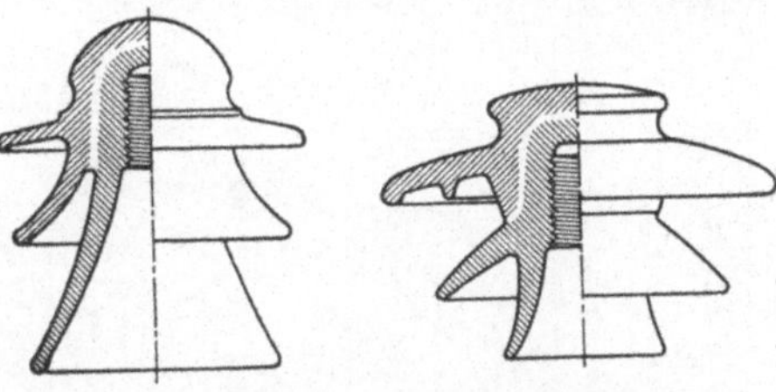

Abb. 317. Deltaglocke und Weitschirm-Isolator
gleicher Überschlagspannung.

Die Abb. 317 zeigt eine Deltaglocke und einen Weitschirmisolator gleicher Überschlagspannung und läßt deutlich die kleinere Bauhöhe des Weitschirmisolators erkennen.

Die Befestigung der bisher besprochenen Isolatoren geschieht auf Stützen, auf welche die Glocken meist aufgehanft werden. Die Stützen werden aus Schmiedeeisen hergestellt, bei besonders großen Beanspruchungen, wie an Abspannstellen und in Kurven, dagegen neuerdings auch aus Stahl.

Die Formen sind aus den beiden Abb. 318 u. 319 ersichtlich, wobei die gebogene Form für mittlere Spannweiten, mittlere Drahtquerschnitte und Spannungen für etwa 25000 V max. verwendet wird, wenn als Befestigungsorte Holzmaste oder Mauerwerk in Betracht kommen. Andernfalls wendet man die Stehstützen an, die auf eisernen Konsolen oder Traversen angeordnet werden. Auch diese Stützen werden meist aus Eisen, wie die gebogenen, hergestellt.

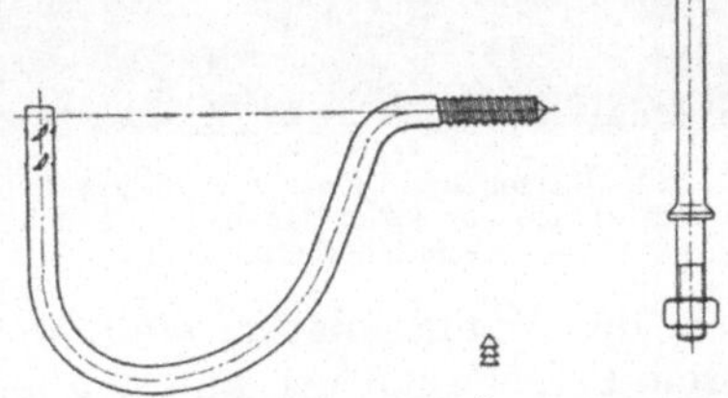

Abb. 318.
Gebogene Isolatorstütze.

Abb. 319.
Gerade Isolatorstütze.

Die auf Stützen befestigten Isolatoren werden Stütz- oder auch Tragisolatoren genannt.

Bei den seit etwa 1907 für höchste Spannungen auf den Markt gebrachten Isolatoren ist der Leiter nicht oben sondern unten befestigt, und werden solche Isolatoren „Hängeisolatoren" genannt. Mehrere hintereinander geschaltete Glieder bilden eine Kette, wie Abb. 320 eine solche bei Überschlag zeigt.

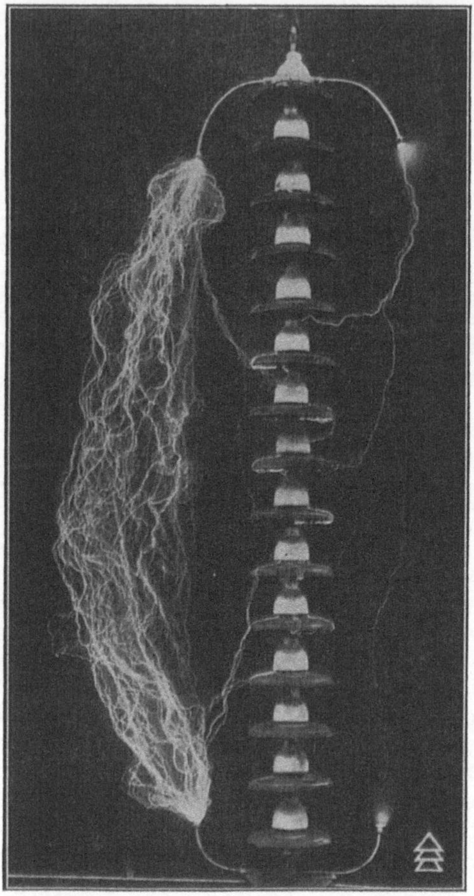

Ein Kettenglied besteht, wie aus der Abb. 321 zu erkennen ist, aus dem Porzellankörper oder -teller a, der Tempergußkappe b und dem Tragklöppel c, dessen unterer Teil d in die sogenannte Pfannenöffnung e der Kappe des nächsten darunter hängenden Isolators eingesetzt werden kann. Eine mit Spezialwerkzeug eingesetzte Sperrscheibe (Splint) verhindert eine Bewegung in senkrechter und wagrechter Richtung.

Je nach der Befestigung des Klöppels im Porzellankörper, dessen Form und der Kappenbefestigung werden die Ausführungen verschieden benannt, und zeigt die Abb. 321 einen Schnitt durch einen Kugelkopfisolator.

Eine neuere Ausführung eines Kappenisolators ist der V-Ring- und der Federringisolator.

Abb. 320. Überschlag an einer 15gliedrigen Kugelkopfisolatoren-Kette von 2,7 m Baulänge, mit Lichtbogenschutzhörnern.

Eine andere einfachere Form des Hängeisolators stellt der sogenannte Motorisolator dar, dessen Porzellankörper auf Zug beansprucht wird. Die Abb. 322 zeigt das Glied einer Kette. Der massive Porzellanschaft ist durch Schirme a gegen Beregnung geschützt. An dem einen Ende trägt er eine Tempergußkappe b mit der üblichen Pfannenöffnung e. Am anderen Ende ist die Kappe c mit dem Klöppel d aufgebleit.

An allen Stellen, an denen die Leitungen die Maste einseitig auf Zug belasten, wie bei Endmasten, in Kurven und an Abspannmasten, kommen Abspannketten in Betracht.

Früher wurden für Abspannketten andere Hängeisolatortypen wie für Hängeketten gewählt, heute bestehen Hänge- und Abspannketten aus denselben Gliedern. Allerdings werden bei den Abspannketten ein oder zwei Glieder mehr wie bei der Hängekette gleicher elektrischer Beanspruchung verwendet.

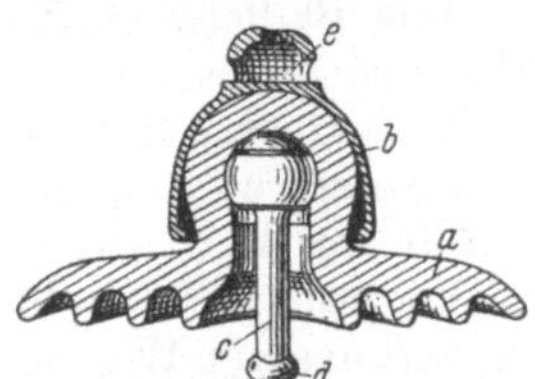

Abb. 321. Kugelkopf-Isolator.

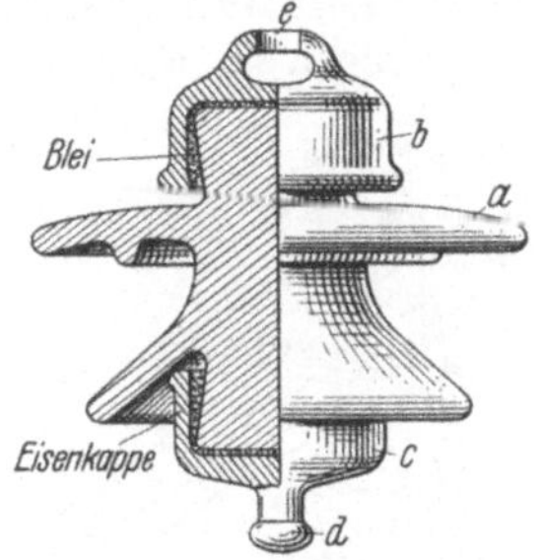

Abb. 322. Motorisolator.

Die meisten Porzellanfabriken, welche Isolatoren herstellen, besitzen große zweckmäßig eingerichtete Prüffelder, in denen die Isolatoren mit sehr hoher Spannung bei künstlichem Regen, Nebel und Wind geprüft werden, so daß nur solche Isolatoren abgeliefert werden, die die Probe bestanden haben. Daß sich die Prüfung auch auf die mechanische Festigkeit erstreckt, ist wohl selbstverständlich.

Die Hermsdorf-Schomburg Isolatoren-G.m.b.H. besitzt, außer ihrem großen Hermsdorfer Versuchsfelde, auch in Freiberg i. Sa. ein solches mit allen Hilfsmitteln ausgerüstetes Laboratorium, und dürfte dieses mit der zur Verfügung stehenden Spannung von 1 Mill. V wohl das erste in Europa gewesen sein. Die Abb. 320 zeigt den Überschlag an einer 15 gliedrigen Kugelkopf-Isolatoren-Hängekette mit Lichtbogenschutzhörnern an der Hängeklemme bei 874 000 V und Wind von 3 m/sek.

Wie bei der Bogenlampe im nächsten Kapitel noch gezeigt wird, entstehen bei der Lichtbogenbildung derart hohe Temperaturen, daß nach kurzer Zeit die Leitung schmelzen würde. Um daher ein Schmoren und damit bedingtes Herunterfallen der Leitung zu vermeiden, ordnet man S c h u t z - h ö r n e r an, die den Lichtbogen von der Leitung abhalten. Die Abb. 320 zeigt außerdem eine Befestigungsklemme für den Leiter.

Infolge der großen Spannweiten (siehe S. 190) und großen Baulänge der Ketten bei sehr hohen Spannungen müssen die Maste ziemlich hoch werden, weshalb Holzmaste kaum noch in Betracht kommen. Es werden Eisenbetonmaste (Abb. 323) oder aus Profileisen hergestellte Gittermaste (Abb. 324) verwendet. Die Maste erreichen hierbei ganz beträchtliche Höhen. So mußten bei der Hochspannungsstrecke Neuenahr—Rheinau in der Flur Koblenz bei 300 m Mastab-

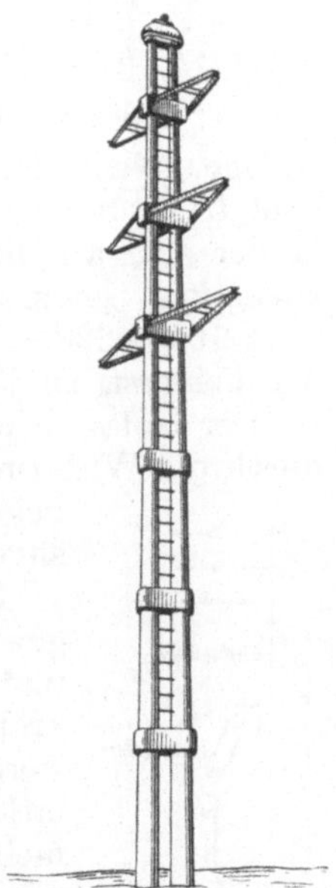
Abb. 323. Eisenbetonmast.

stand solche mit 65 m Höhe über Boden aufgestellt werden, und bei einigen Kreuzungen kamen bei derselben Strecke sogar Türme mit 100 m Höhe in Betracht.

In neuester Zeit werden die Ausleger in der Leitungsrichtung drehbar angeordnet, wodurch die bei Seilbruch auftretenden Verdrehungs-beanspruchungen stark vermindert werden. Das Badenwerk Karlsruhe hat 1926 eine größere Strecke mit solchen Masten versehen lassen.

Abb. 324. Gittermast.

In jeder Anlage wird sich stets nach einiger Zeit der Isolationswert der Leitungsanlage verschlechtern und dem Strom einen Weg von einem Leiter zum andern oder zur Erde geben. Solcher nicht nutzbar verwendete Strom heißt Fehlerstrom. Beträgt sein Wert nicht mehr wie ein Milliampere (0,001 A), so wird er als unschädlich angesehen und der Isolationszustand der Anlage als ausreichend betrachtet.

Man bestimmt aber nicht die Größe des Fehlerstromes, sondern den Isolationswiderstand der Anlage. Nach dem Ohmschen Gesetz ist $J = U : R$, also $R = U : J = 1000\, U$, d. h. der Widerstand einer Anlage muß mindestens 1000mal größer sein als die für diese Anlage in Betracht kommende Betriebs-spannung. Ist z. B. die Netzspannung 220 V, so muß der Isolations-wert $1000 \cdot 220 = 220\,000\, \Omega$ betragen. Für Hochspannungsanlagen darf der Fehlerstrom jedoch größer sein.

Der Isolationswert ist eine sehr veränderliche Größe und wird z. B. durch die Witterung beeinflußt. So wird eine gut verlegte Freileitung bei trockenem Wetter einen höheren Isolationswert besitzen als bei Regen oder Nebel (siehe Isolatoren).

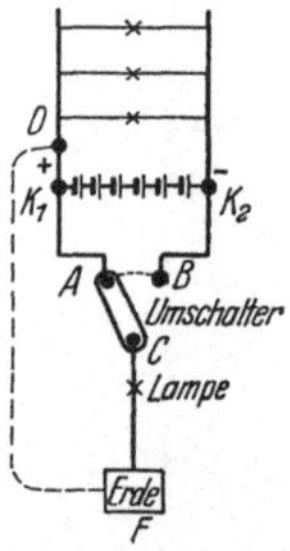

Soll bloß das Vorhandensein eines Erdschlusses nachgewiesen werden, so schaltet man einfach zwischen Netz und Erde eine Glühlampe, aus deren mehr oder minder kräftigen Leuchten die Größe eines Erdschlusses geschätzt werden kann. Brennt die Lampe gar nicht, so ist der Isolationswert ein genügend großer. Heute benutzt man vielfach eine Glimmlampe, wie sie auf S. 220 noch beschrieben wird, da diese bei ihrem sehr kleinen Stromverbrauche schon bei geringer Isolationsverschlechterung zu leuchten beginnt.

Abb. 325.
Erdschlußanzeiger.

Um mit nur einer Lampe die beiden Leitungen prüfen zu können, benutzt man einen Umschalter.

Ist z. B. in der Abb. 325 bei D ein Erdschluß, so wird die Lampe brennen, wenn der Umschalter auf B gestellt ist, denn dann kann der

Strom von der $+$ Klemme K_1 bis D zur Erde, durch diese zu der künstlich hergestellten, bei F durch Anschluß an eine Gas- oder Wasserrohrleitung, dann zur Lampe und von da zur negativen Klemme K_2 fließen.

Die Lampe brennt bei Erdschluß nur dann, wenn der Umschalter an die nicht fehlerhafte Leitung angeschlossen ist.

Statt der Lampe kann man auch ein hochohmiges Voltmeter benutzen, das für die betreffende Anlage direkt in Ohm geeicht werden kann und dann Ohmmeter heißt.

Um in noch nicht im Betrieb befindlichen Anlagen den Isolationswert zu bestimmen, bedient man sich meist der Kurbelinduktoren, d. h. transportabler Apparate, bestehend aus einem Präzisionsvoltmeter und einer Stromquelle in Form einer magnetelektrischen Dynamo mit Antrieb durch eine Handkurbel. Die Abb. 326 zeigt das Äußere eines solchen Kurbelinduktors, während Abb. 327 die Schaltung veranschaulicht.

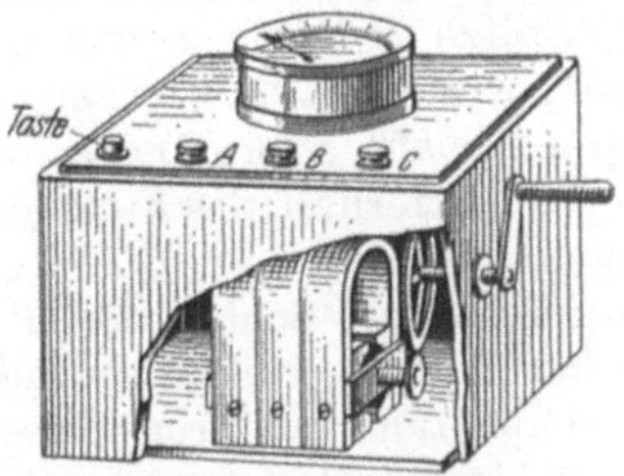

Abb. 326. Kurbelinduktor.

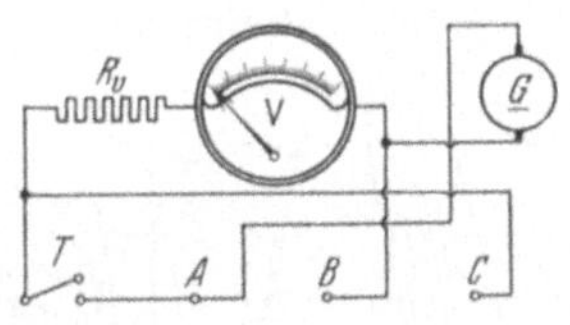

Abb. 327. Schaltung des Kurbelinduktors.

G ist die Dynamo, V das Voltmeter, Rv der zugehörige Vorschaltwiderstand. Die Skala des Instruments ist meist in Volt und in Megohm (MΩ) ausgeführt, wobei ein Megohm gleich einer Million Ohm ist. Man legt die zu untersuchende Leitung an C, während A mit einer künstlich hergestellten Erde (Wasser- oder Gasleitung) verbunden wird. Dreht man nun die Kurbel, so fließt der entstehende Strom durch das Instrument samt Widerstand, von da zur Klemme C zur Anlage, dort durch die Fehlerstelle zur Erde und durch die künstliche Erde zu A und von da zur Dynamo zurück.

Da die Ohmskala nur für eine bestimmte Spannung gilt, so muß man die Drehgeschwindigkeit der Dynamo so einrichten, daß ihr Anker die erforderliche Spannung abgibt; dies kontrolliert man, indem man die Taste T drückt, wodurch der Strom A statt zur Erde direkt durch das Instrument fließt und dort den Ausschlag hervorbringt. Ist die zugehörige Spannung erreicht, so läßt man die Taste los, dreht aber mit derselben Geschwindigkeit weiter. Der abgelesene Ausschlag gibt dann den Isolationswiderstand an.

Das Instrument kann auch zu Spannungsmessungen direkt verwendet werden, doch ist in diesem Falle die zu bestimmende Spannung an B und C zu legen. Die Taste darf aber jetzt nicht gedrückt werden, denn es wird nur das Voltmeter benutzt.

XVI. Das elektrische Licht und die elektrischen Lampen.

Jede Lichtquelle ist eine Maschine zur Umsetzung der zugeführten Energie in Licht-Energie und geschieht diese Energiezufuhr in Form von Wärme. Wie schon im Anfang gezeigt ist, wird ein elektrischer Leiter bei genügend großem Stromdurchfluß warm. Es kann nun durch geeignete Dimensionierung des Leiters die gemäß dem Jouleschen Gesetz entwickelte Wärme so groß werden, daß der Leiter glüht und Licht aussendet. Diese Art der Lichtquellen, die auf einer durch Temperaturerhöhung hervorgerufenen Strahlung beruhen, heißen Temperaturstrahler. Zu ihnen gehören die Glühlampen und die Bogenlampen.

Man benutzt in den Glühlampen einen unter Luftabschluß durch Glühen aus Pflanzenfasern hergestellten künstlichen Kohlenfaden, der auf 1800—1900° erhitzt wird. Damit der Faden nicht verbrennt, ist er in einer durch die Spitze S luftleer gemachten Glasbirne untergebracht, wie die Abb. 328 zeigt. Da beim Transport die Spitze leicht abbricht, so ordnet man sie jetzt innerhalb des Fußes, auch Sockel genannt, an.

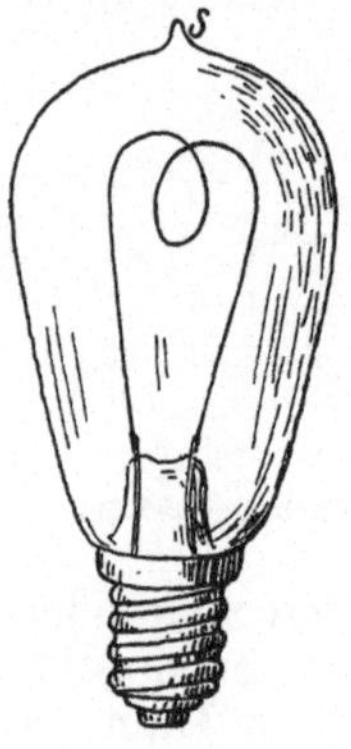

Der gezeichnete Sockel der Lampe in Abb. 329 besitzt Edisongewinde g, der mit Gips oder anderer Masse an dem Glaskörper befestigt und mit dem einen Ende des Kohlenfadens durch einen in das Glas eingeschmolzenen Platindraht verbunden ist. Das andere Leuchtfadenende ist mit dem Blättchen p verbunden und von dem Gewindemantel isoliert. Mit dem Fuß läßt sich die Lampe in eine Fassung ein-

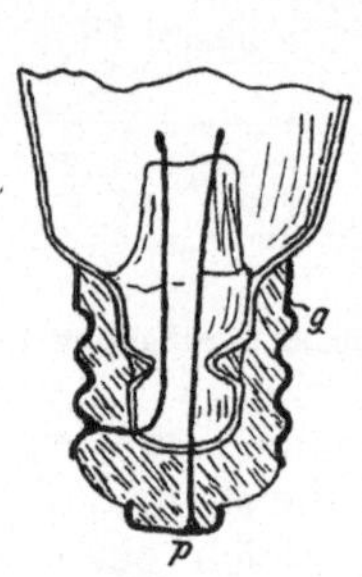

Abb. 328.
Kohlenfadenlampe.

Abb. 329.
Lampensockel.

schrauben, die je nach Art verschiedene Ausführungen aufweist, und deren Größe sich nach dem Wattverbrauch der Lampe richtet.

Die Kohlenfadenlampen gebrauchen im Mittel etwa 3,3 W für eine Normalkerze Lichtstärke. Eine Normalkerze (genauer Hefner-Einheit, abgekürzt HK) besitzt ungefähr eine Paraffinkerze von 20 mm Dicke bei 50 mm Flammenhöhe. Eine gewöhnliche Petroleumlampe mit Flachbrenner gibt 5—10 Kerzen und eine Gasglühlampe mit hängendem Strumpf etwa 80 Kerzen. Die gewöhnlichen Kohlenfadenlampen stellt man für 5, 10, 16, 25, 32, 50 und 100 Kerzen her.

Jede Glühlampe verliert, wie auch die Gasglühlichtstrümpfe, nach und nach ihre Lichtstärke; man bezeichnet im allgemeinen die Lampen noch als brauchbar, solange ihre Lichtstärke nicht um mehr als 25% abgenommen hat, und das tritt bei Kohlenfadenlampen nach etwa 600 Brennstunden ein. Diese Zeit bezeichnet man als Nutzbrenndauer. Man kann natürlich die Lampe noch länger verwenden, denn der Kohlenfaden brennt meist erst nach einigen tausend Brennstunden

durch, aber die Lampe liefert dann zu wenig Licht für die hineingeleitete
Energie und wird infolgedessen zu unwirtschaftlich. Diese Zeit heißt
die Lebensdauer einer Lampe. Kohlenfadenlampen werden nur noch
in besonders rauhen Betrieben zu Beleuchtungszwecken herangezogen,
oft jedoch werden sie in Laboratorien als Belastungswiderstände verwendet.

Eine ganze Reihe von Jahren war die Kohlenfadenlampe die
einzige elektrische Glühlampe, und ihr hoher Wattverbrauch stem-
pelte das elektrische Licht trotz seiner sonstigen großen Vorzüge, die
noch erwähnt werden sollen, zu einer Luxusbeleuchtung, bis vor' num-
mehr etwa einem Vierteljahrhundert gleichzeitig mehrere neue Glühlampen auftauchten, die an Stelle des künstlichen Kohlenfadens feine
Metallfäden besaßen. Die erste dieser Lampen war die durch die
Deutsche Gasglühlicht-Gesellschaft, Auergesellschaft in Berlin, in den
Handel gebrachte und von Auer von Welsbach erfundene Osmium-
fadenlampe, die nur noch 1,5 W für eine Normalkerze verbrauchte
und etwa 2000 Brennstunden aushielt, und dann die Tantallampe von
Siemens & Halske A.-G. Berlin, mit einem ebenso großen Wattverbrauch.
Beide Lampen sind heute noch, wesentlich verbessert durch Verwendung
des bei 3360° C schmelzenden Wolframs an Stelle des Osmiums bzw.
Tantals, in Gebrauch. Ihr Wattverbrauch beträgt je nach der spezifischen Belastung ungefähr 1 W pro Kerze.

Da Metall jedoch viel besser als Kohle leitet und außerdem der
Wattverbrauch der Lampe pro HK nur noch 1,5 W gegen 3,3 W betrug, so mußte der Leuchtfaden bedeutend länger gemacht werden,
was bei der Unterbringung in der Lampe auf große Schwierigkeiten
stieß. Daher kam es, daß die ersten Lampen aus Osmiummetall nur
für Spannungen bis 37 V hergestellt werden konnten, so daß in einer
110 V-Anlage immer 3 Lampen hintereinander geschaltet werden mußten.
Solche stets genau gleichen Widerstand besitzende Lampen hießen
Serienlampen und wurden besonders gekennzeichnet. In Wechselstromanlagen konnte für jede Lampe ein kleiner Transformator benutzt werden.

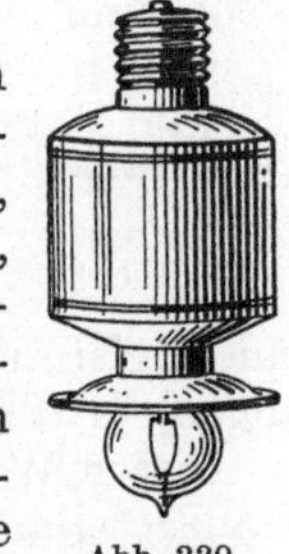

Der Transformator wurde mit Edisongewinde versehen
und direkt in die Lampenfassung eingeschraubt. Außerdem wurde die Spannung bis auf 14 V herabtransformiert,
und konnte die Lampe dadurch dickere Drähte erhalten,
also haltbarer werden. Solche Lampen wurden samt Transformator Reduktorlampen genannt. In der Inflations-
zeit tauchten diese Lampen in kleinerer Bauart unter dem
Namen „Fassungstransformatorlampen" oder Spar-
lampen wieder auf. Die Lampe war eine gewöhnliche
Taschenlampenbirne mit Zwerggewinde für 4 V Spannung.
Abb. 330 zeigt eine solche Sparlampe einschließlich Reflektor.

Abb. 330.
Fassungstrans-
formatorlampe.

Anfangs wurde der Leuchtfaden durch ein sogenanntes Pasteverf-
fahren hergestellt, bei welchem der Faden nur geringe Festigkeit besaß,
so daß häufig Fadenbruch eintrat. Bei der Tantallampe, die aus ge-
zogenem Tantaldraht war, kamen solche Störungen seltener vor. Als

es aber gelang, das Wolfram zu ziehen, wurden die Osramlampen mit der Tantal- und Kohlenfadenlampe in bezug auf Haltbarkeit konkurrenzfähig. Der lange Leuchtdraht wurde an einem Glasgestell mit Haken und Ösen aus Molybdänmetall aufgehaspelt, wie Abb. 331 deutlich erkennenläßt, und heißen diese Lampen vielfach Langdrahtlampen.

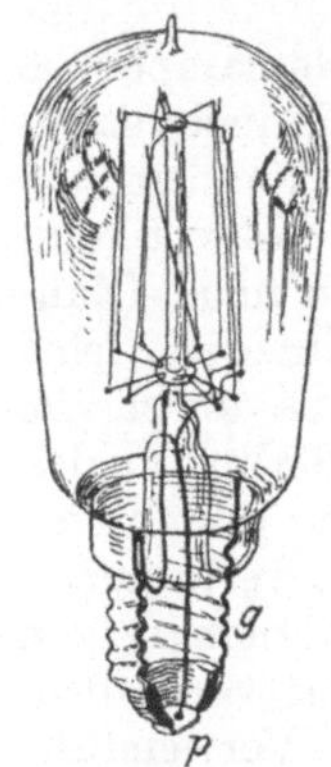

Abb. 331. Langfädige Metalldrahtlampe.

Es möge beachtet werden, daß Wolfram erst bei 3360° schmilzt, weshalb es nicht wie Eisen und andere Metalle verhüttet werden kann; vielmehr ist man gezwungen, um Verunreinigungen durch die Schmelztiegel zu vermeiden, das metallische Wolfram auf chemischem Wege aus der Wolframsäure zu reduzieren.

Bei den bisher beschriebenen Lampen hatte der Leuchtdraht eine Temperatur von ca. 2000°, wobei eine Lichtausbeute von ca. 1 HK pro 1 W erhalten wurde. Um die Lichtausbeute pro Watt noch mehr zu erhöhen, mußte die Temperatur des Leuchtfadens gesteigert werden; dabei aber die auftretende Zerstäubung des Leuchtdrahtes und die damit verbundene starke Schwärzung der Lampe herabgesetzt werden.

Diese Zerstäubung, die auch schon die vorher besprochene Kohlenfadenlampe unbrauchbar machte, wollte man früher durch einen mehr oder minder hohen Druck in der Lampe, hervorgebracht durch eine Füllung mit einem sauerstofffreien Gase, verhindern, doch gelang dies lange Zeit nicht, da die Wärmeverluste des Glühfadens durch die Wärmeableitung des Füllgases den Wirkungsgrad ganz erheblich verminderten, statt ihn zu verbessern. Erst die Erkenntnis, daß die Wärmeverluste von den Abmessungen und der Form des Leuchtdrahtes abhängig sind, brachte die gesuchte Verbesserung.

Man füllt heute die meisten Lampen, die einen Energieverbrauch von über 60 W haben, mit einem sogenannten Edelgase, Argon oder Neon, und zwar so, daß der Druck im Innern einer Lampe bei Nicht-

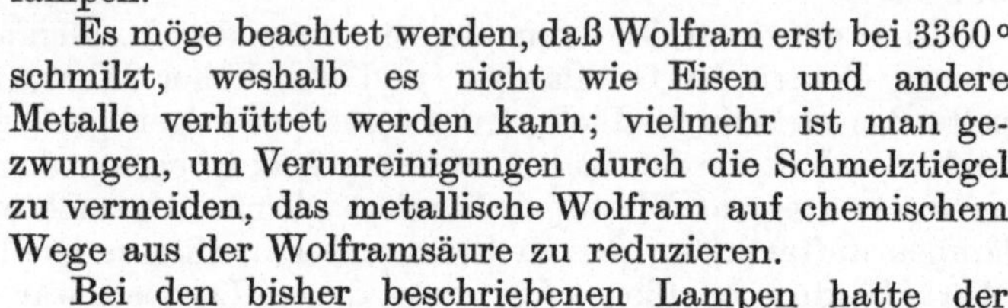

Abb. 332. Wendeldraht.

benutzung ca. 0,6—0,7 At beträgt, beim Brennen jedoch der Innen- und Außendruck gleichgroß ist und steigerte dabei die Temperatur auf 2450°.

Aber der Leuchtdraht wurde jetzt wendelförmig, wie Abb. 332 zeigt, aufgewickelt, dadurch konnte er auf einem viel kleineren Raum untergebracht werden. Diese Lampen heißen allgemein Wendeldrahtlampen.

Dieser Wendeldraht kann nun girlandenartig, zickzackförmig oder kranzartig an einem Träger befestigt werden, wobei die Halter ebenfalls aus Molybdänmetall hergestellt sind. Abb. 333 stellt eine von Siemens & Halske fabrizierte „Wotan"-Lampe dar.

Diese gasgefüllten Lampen werden heute von 75 W bis zu 10000 W als sogenannte Halbwattlampen hergestellt. Der Osramkonzern benutzt Nitrogenium zur Gasfüllung und nennt daher seine gasgefüllten Lampen kurz Nitralampen. Bis mit 60 W werden aus Festigkeits-

gründen die Vakuumlampen noch beibehalten, allerdings meist unter
Verwendung von Wendeldraht.

Der Grund hierfür liegt in dem außerordentlich dünnen Draht-
material, welches für die niederkerzigen jedoch
hochvoltigen Lampen in Frage kommt.

Um dickere Fäden für Lampen mit kleiner
Kerzenzahl verwenden zu können, muß auch die
Spannung an den Klemmen des Leuchtfadens
klein sein, was bei Wechselstrom durch die Re-
duktorlampe erreicht wird. Einen andern Weg
hat die Firma Philips eingeschlagen. Sie baut
50 Voltlampen und schaltet, um die Lampe an
höhere Spannungen (aber nur Wechselstrom) anschließen zu können, einen kleinen Kondensator,
der im Sockel der Lampe untergebracht ist, mit
dem Faden in Reihe. So kann die Lampe ohne
weiteres an 220 V angeschlossen werden, wobei
der Energieverbrauch bei einer Lichtausbeute von
1,3 HK etwa 3 W beträgt. Die Firma nennt diese
Lampe kurz Sparlampe. (Vgl. das Beispiel 20 auf
S. 46, woselbst auch in Abb. 60 das Schaltungsschema dargestellt ist.)

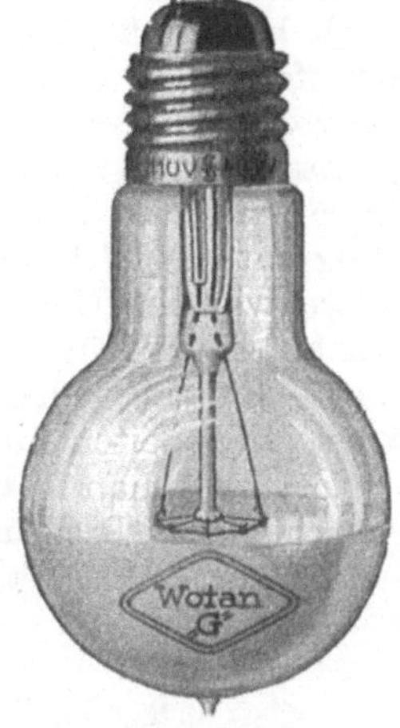

Abb. 333.
Ältere Wotanlampe.

Der Durchmesser des noch verwendeten Leuchtfadens ist 0,008 mm
und gehen ca. 700 km Draht auf 1 kg, obwohl das spezifische Gewicht
über 19 ist. Das feinste Menschenhaar ist 0,065 mm stark, also rund
8mal dicker als der Leuchtfaden; und diese dünnen
Drähte können die starke spezifische Belastung, die bei
der Halbwattlampe erforderlich, nicht vertragen, weswegen eben bis zu den 60 Wattlampen Vakuumlampen
verwendet werden. Bemerkt sei noch, daß auf jeder
Lampe, entweder auf dem Glase oder auf dem Sockel der
Wattverbrauch der Lampe und die zugehörige Spannung
angegeben ist.

Für Projektionsapparate ist eine möglichst punktförmige Lichtquelle erforderlich. Außerdem ist bei Kino-
apparaten Gleichstrom erforderlich, damit nicht unangenehme Lichtschwankungen durch die Periodenzahl des
Wechselstromes entstehen. Hier ist mit der Einführung
der Osram-Kinolampe ebenfalls ein Ersatz für die
umständliche Umformung von Wechselstrom in Gleichstrom geschaffen worden, speziell für die Schul- und
Hauskinos, wenn auch die ständigen Lichtspielthea-
ter bei Umformer und wohlbewährter Bogenlampe
bleiben.

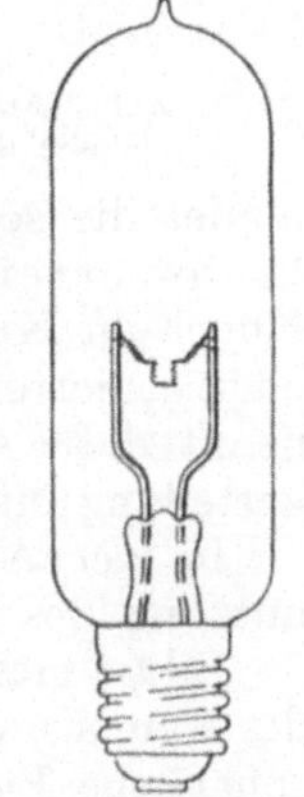

Abb. 334. Osram-
Nitra-Kino-Lampe,
600 Watt, 40 Amp.,
15 Volt.

Die Lichtleistung der Kinolampe ist allerdings auf Kosten der
Lebensdauer bedeutend erhöht und soll nur noch $^{1}/_{4}$ W pro HK
benötigt werden. Wie die Abb. 334 zeigt, ist der wendelförmige
Leuchtdraht in zwei Schenkeln angeordnet, die bei der 600 W-

Lampe für 15 V. aus einem 0,7 mm dicken Wendeldraht hergestellt sind [1].

Zunächst noch einiges über die Begriffe und Mittel, mit denen der Lichttechniker arbeiten muß. Wie überall in der Technik, finden wir auch hier Maße und Maßeinheiten als Grundlage, und zwar sind die drei folgenden Größen am wichtigsten: das Lumen, die Hefner-Kerze und das Lux. Eine Lichtquelle sendet in den Raum einen gewissen Lichtstrom, der in Lumen gemessen wird, und ist daher diese Größe ein Maß für die Lichtleistung. In einer bestimmten Richtung hat der Lichtstrom eine gewisse Lichtstärke oder Intensität. Diese wird in Hefner-Kerzen gemessen. Der Teil des Lichtstromes, der auf einen Körper fällt, erzeugt dort eine gewisse Beleuchtung, die in Lux ausgedrückt wird. Eine leuchtende Kugel strahlt ihr Licht nach allen Seiten hin gleichmäßig aus.

Zeichnet man in der Vertikalebene die Lichtstärken (HK) in den verschiedenen Richtungen in einem bestimmten Maßstabe auf und ver-

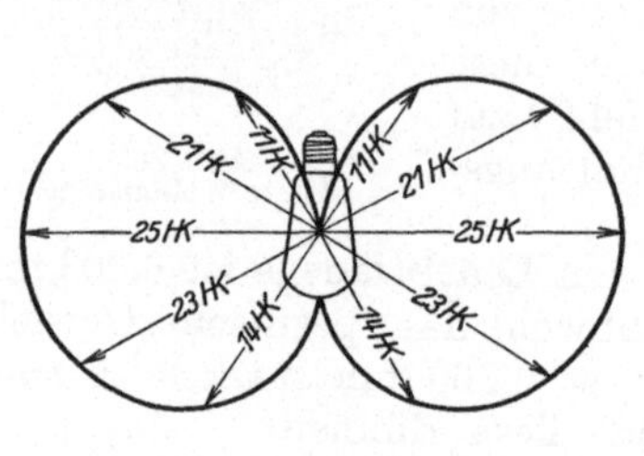

Abb. 335 a. Lichtverteilung einer langfädigen Metalldrahtlampe.

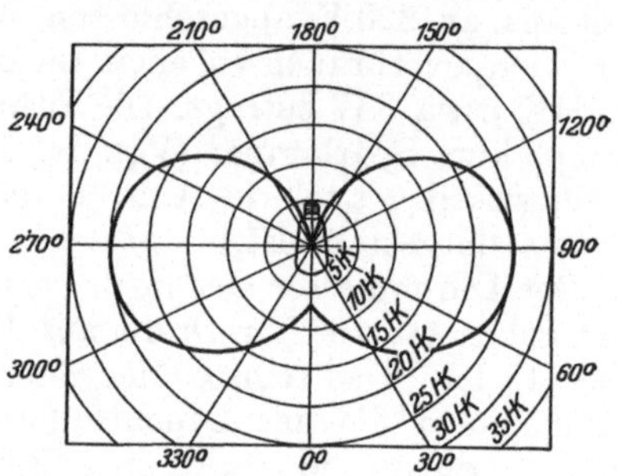

Abb. 335 b. Lichtverteilungskurve auf Lichtverteilungspapier.

bindet die so gefundenen Endpunkte miteinander, so erhält man die Lichtverteilungskurve, die bei einer gleichmäßig leuchtenden Kugel ein Kreis ist. Auf dieselbe Weise kann man nun von nackten oder armierten Lichtquellen die Lichtverteilungskurven darstellen. Man nennt diese Arbeit „Photometrieren". Abb. 335a zeigt die Lichtverteilung einer langfädigen Metalldrahtlampe.

In der Abb. 335 b ist dieselbe Lichtverteilungskurve unter Benutzung des sogenannten Lichtverteilungspapieres aufgezeichnet.

Bildet man den Mittelwert aller Lichtstärken sämtlicher Richtungen des Raumes, so erhält man die mittlere räumliche, auch mittlere sphärische Lichtstärke der Lampe (J_0). Das ist also die Lichtstärke, welche die Lampe haben würde, wenn sie bei demselben Gesamtlichtstrom nach allen Richtungen gleich stark strahlen würde. Neben dieser mittleren räumlichen Lichtstärke sind auch noch die Begriffe obere und untere mittlere hemisphärische Lichtstärke in Gebrauch.

Man bildet eben einfach den Mittelwert aller Lichtstärken in der oberen oder unteren Raumhälfte und bezeichnet sie mit $J \square$ bzw. $J_\square$.

––––––––––

[1] Näheres siehe Osram-Lichtheft B 5.

Diese Werte werden besonders bei Bogenlampen oft angegeben, wenn auch neuerdings versucht wird, nur noch den erzeugten Lichtstrom als Maß für die Leistung einer Lampe einzuführen.

Der Lichttechniker wird nun oft mehr Licht in der unteren, andermal mehr im oberen Halbraum haben wollen, ganz wie es der jeweilige Verwendungszweck erfordert.

Durch geeignete Anordnung von Reflektoren und lichtstreuenden Gläsern kann die Lichtverteilungskurve der nackten Lampe dem jeweiligen Verwendungszweck angepaßt werden. Diese Umformung geht nicht ganz verlustlos vor sich, und nennt man das Verhältnis des von der Leuchte abgegebenen Lichtstromes zum Lichtstrom der nackten Lampe den Wirkungsgrad der betreffenden Leuchte.

Wie allgemein bekannt ist, vermag sich das Auge durch Vergrößern oder Verkleinern der Pupillenöffnung den verschiedenen Helligkeitswerten anzupassen. Man bedenke, Sonnenlicht gibt eine Beleuchtung von

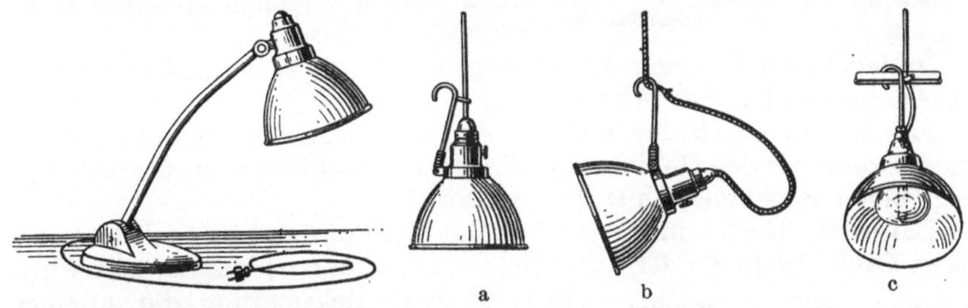

Abb. 336. Schreibtischleuchte der Firma
Körting & Mathiesen, Leipzig.
Abb. 337.
Kandem-Arbeitsplatzbeleuchtung.

100000 Lux, hellster Mondschein dagegen $^1/_{10}$ Lux, so daß also ein Verhältnis von 1:1000000 entsteht.

Diese Kontraste müssen vermieden werden, denn sonst muß das Auge eine beträchtliche aber völlig unnötige Arbeit durch fortwährende Anpassung vom Hellen ins Dunkle verrichten, die bald zu Ermüdungen und Sehstörungen führt. Es müssen also Blendungen und große Ungleichmäßigkeiten vermieden werden. Um das Blenden durch nackte Lampen zu verhindern, werden kleinere Lampen mattiert geliefert, entweder die ganze Birne oder nur die untere Hälfte, wie Abb. 333 zeigt. Bei größeren Lampen wird die Birne aus Opalglas hergestellt, falls die Lampen nicht durch die Armatur selbst dem Auge entzogen werden.

Man unterscheidet allgemein Leuchten für Arbeitsplatzbeleuchtung und solche für Allgemeinbeleuchtung.

Für Schreibtische hat die Körting & Mathiesen A.-G. die in Abb. 336 gezeigte Schreibtischleuchte auf den Markt gebracht, während für Arbeitsplatzbeleuchtung in Fabriken usw. die Kandem-Hakenleuchte (Abb. 337) mit ihren vielen Verstellmöglichkeiten in Betracht kommt.

Bei der Allgemeinbeleuchtung verwendet man vielfach die direkte Beleuchtung, wie solche durch die Abb. 338a erhalten wird. Bei dieser ist die obere und untere Glasschale aus dünnem Opalglas hergestellt.

Sind die Decken und der Wandfries weiß, so zieht man diese auch zur **halb indirekten** Beleuchtung heran, indem man für die obere Schale Klarglas wählt. Die Lichtverteilungskurve einer solchen Leuchte veranschaulicht die Abb. 338b.

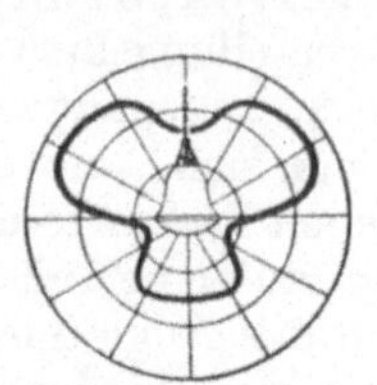

Aber auch die Abb. 339 stellt einen halb indirekten Deckenbeleuchtungskörper dar, wie er bei verhältnismäßig niedrigen Räumen in Anwendung kommt. Er wird, wie schon der Name sagt, direkt an der Decke befestigt. Die obere Glocke ist Klarglas, die untere Opalglas.

Die schattenloseste und gleichmäßigste Beleuchtung wird durch die **ganz indirekte** Beleuchtung erzielt. In solchen Fällen ist die untere Schale durch eine nicht Licht durchlassende ersetzt.

Abb. 338a. Kandem-Leuchte für direktes Licht.

Abb. 338b. Lichtverteilungskurve der Leuchte 338a, aber obere Glocke Klarglas.

In feuchten Räumen werden sogenannte **wasserdichte Armaturen** verwendet, wie Abb. 340 zeigt.

Für Außenbeleuchtung muß die Armatur so gebaut sein, daß Lampe und Fassung vor den Unbilden der Witterung geschützt sind. Die Abb. 341 zeigt einen Kandemstrahler für Arbeitshöfe.

Die dritte Größe in der Lichttechnik ist die erzielte Beleuchtung, deren Größe in Lux oder auch Meterkerze genannt, ausgedrückt wird.

Es ist diejenige Beleuchtung, die auf einer Ebene erzeugt wird, wenn diese in einem senkrechten Abstand von 1 m von einer Lichtquelle mit 1 HK Intensität beleuchtet wird.

Abb. 339.
Innen-Armatur.

Abb. 340.
Wasserdichte Armatur.

Abb. 341. Kandem-Tiefstrahler
für Außenbeleuchtung.

Für die verschiedenen zu beleuchtenden Räume werden je nach Anforderung größere oder geringere Helligkeiten verlangt. So wird z. B. für Lagerräume eine mittlere Beleuchtungsstärke von ca. 3 Lux erwünscht sein, eine Beleuchtung, die für Graveure oder Uhrmacher nicht ausreichend wäre, denn für solche Arbeitsplätze werden 200 Lux wohl zumindest erforderlich sein.

Um gut lesen zu können, sollen nach den Angaben der Firma Körting & Mathiesen ca. 150 Lux erforderlich sein, weniger Helligkeit verlangsamt die Lesegeschwindigkeit, mehr dagegen hat keinen Zweck.

Die erforderlichen Helligkeiten für die verschiedensten Raum- und Arbeitsplatzbeleuchtungen können aus Tabellen entnommen werden.

Die Osramgesellschaft hat in einfachster Weise für Wohnräume nicht die erforderlichen Lux, sondern die bei Beleuchtung durch gasgefüllte Lampen notwendige Wattzahl angegeben, und schwankt diese pro Quadratmeter Bodenfläche bei Nebenräumen bis zu den bestbeleuchtetsten Gesellschaftsräumen bei mittelmäßig heller Decke zwischen 3÷14 W, eine Angabe, die leicht die erforderliche Lampengröße errechnen läßt, da ja die neuesten Lampen nicht mehr nach HK, sondern nach ihrem Wattverbrauch genormt sind.

Bogenlampen.

Unterbricht man einen geschlossenen Stromkreis langsam und vorsichtig an irgendeiner Stelle nur um einige Millimeter, so hört der Strom, falls die Stromquelle genügende Spannung hat, nicht auf, sondern er geht an der Unterbrechungsstelle als Flamme durch die Luft über. Am einfachsten läßt sich diese Flamme, wie dies erstmalig von Davy gezeigt wurde, zwischen Kohlenstiften erzeugen, die man wagerecht hält; es brennt dann die Flamme infolge der warmen aufsteigenden Luft

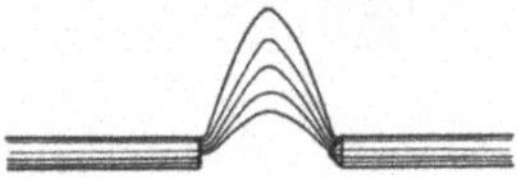

Abb. 342. Davy-Lichtbogen.

bogenförmig nach oben, weshalb solche Lampen kurzweg Bogenlampen genannt werden (Abb. 342). Bei vertikaler Stellung der Kohlen ist von dem Bogen zwar nichts zu sehen, doch wird auch hier die Bezeichnung beibehalten.

Die Temperatur im Lichtbogen beträgt ca. 4000°. Der Lichtbogen kann mit Gleichstrom oder Wechselstrom erzeugt werden. Die erforderliche Spannung schwankt bei Gleichstrom zwischen 36 und 43 V, während bei Wechselstrom nur eine solche von 28÷33 V erforderlich ist.

Je nachdem der Lichtbogen mit Gleich- oder Wechselstrom erzeugt wird, bilden sich die Kohlenenden verschieden aus, wie dies die Abb. 343 zeigt. Leitet man bei Gleichstrom den Strom von der oberen zur unteren Kohle, so wird die obere allmählich kraterförmig ausgehöhlt, die untere dagegen zugespitzt. Bei Wechselstrom werden beide Kohlen ausgehöhlt, aber weniger als die positive bei Gleich-

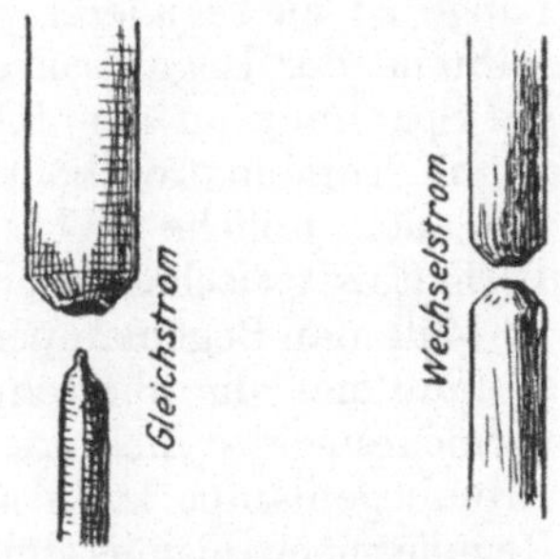

Abb. 343. Kohlenspitzen bei Gleich- und Wechselstromlampen.

strom. Die verschiedenartige Form beider Kohlenspitzen bei Gleichstrom rührt daher, daß der Strom beim Austritt aus der positiven Kohle von dieser kleine, glühende Teilchen mitreißt, die dann zum Teil auf der anderen Kohle wieder abgesetzt werden. Da aus diesem Grunde bei Gleichstrom diejenige Kohle, aus welcher der

Strom in den Lichtbogen übertritt, immer stärker abgenutzt wird als die andere, die negative Kohle, so wird die positive Kohle in den Gleichstrombogenlampen stets dicker genommen als die negative Kohle, damit der Lichtbogen immer an derselben Stelle bleibt. Außerdem erhält die positive Kohle einen Docht aus weicherem Material, damit der Lichtbogen immer in der Mitte zwischen den Kohlen übergeht und deshalb ruhiger brennt. Die so hergestellte Kohle heißt daher auch Dochtkohle, während die ohne weichen Einsatz versehene Kohle Rein- oder Homogenkohle genannt wird. Beide Kohlen verbrennen allmählich, aber die positive stärker als die negative, weil sie heißer wird. Die Kohlen werden also immer kürzer und der Zwischenraum zwischen ihren Spitzen wird immer länger. Da der Lichtbogen immer dieselbe Länge besitzen muß, wenn die Lampe ruhig brennen soll, muß jede Bogenlampe eine Vorrichtung besitzen, welche die Kohlen selbsttätig wieder einander nähert, wenn sie allmählich verzehrt werden. Die Auslösung dieser Regelungsvor-

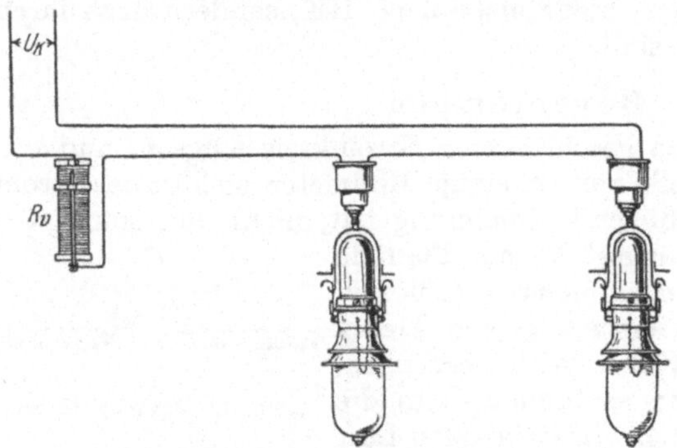

Abb. 344. Zwei Nebenschlußbogenlampen hintereinander einschl. Vorschaltwiderstand an 110 Volt.

richtung geschieht in den meisten Fällen durch Elektromagnete, und je nach der Schaltung derselben kann man Hauptstrom-, Nebenschluß- und Differenzbogenlampen unterscheiden. Bei der Hauptstrombogenlampe sucht der Mechanismus den Lichtbogen in bezug auf seine Länge so zu regulieren, daß die Stromstärke immer dieselbe bleibt; während der Reguliermechanismus der Nebenschlußbogenlampe die Spannung an den Klemmen der Kohlen konstant zu halten sucht. Durch Kombination beider Reguliervorrichtungen erhält man die heute fast allein übliche Differenzbogenlampe, die auf ein konstantes Verhältnis zwischen Spannung und Strom hinarbeitet.

Will man Bogenlampen an eine Netzspannung von 110 V anschließen, so muß man die überschüssige Spannung in einem Widerstand nutzlos vernichten oder mehrere Lampen hintereinanderschalten. Die Hauptstrombogenlampe kann aber nur in Einzelschaltung brennen, weil der Reguliermechanismus für Hintereinanderschaltung nicht geeignet ist, während die Nebenschlußlampe sehr gut zu zweien bei 110 V Netzspannung brennt, wie Abb. 344 zeigt; allerdings muß die nun noch überschüssige Spannung vom Vorschaltwiderstand R_v verbraucht werden.

Einen solchen einstellbaren Widerstand zeigt die Abb. 345. Auf einem Porzellanzylinder ist ein Draht aus Widerstandsmaterial aufgewunden. Die Stromzu- und -ableitung geschieht durch die Klemmen S_1, S_2.

Je weiter man den Ring R nach S_2 zu verschiebt, um so kürzer wird
das Stück des Widerstandsdrahtes, durch welches der Strom hindurchgeht, um so stärker also der
Strom, und umgekehrt würde
man den Strom schwächen, wenn
man den Ring R nach S_1 zu verschiebt.

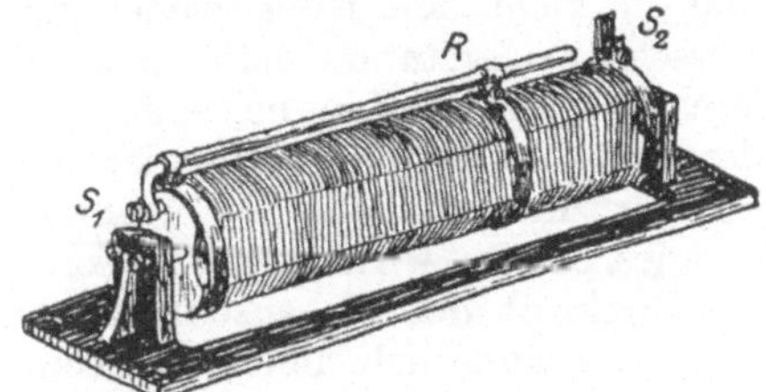
Abb. 345. Vorschaltwiderstand für Bogenlampen.

Wie schon gesagt, kann man
bei 110 V zwei Bogenlampen hintereinander schalten, weil die
Lampen sich gegenseitig kaum
stören, und bei 220 V lassen sich
vier Lampen hintereinander schalten, wobei immer ein Vorschaltwiderstand genügt.

Das Prinzip der Differenzlampe soll an Abb. 346 erklärt werden. Die
Lampe besitzt zwei Spulen S_1 und S_2, von denen S_2 mit dünnem Draht
und vielen Windungen bewickelt ist, hohen Widerstand hat und im Nebenschluß zum Lichtbogen liegt, während die andere Spule S_1 mit wenigen
dickdrähtigen Windungen vom Lichtbogenstrom durchflossen wird. Beide

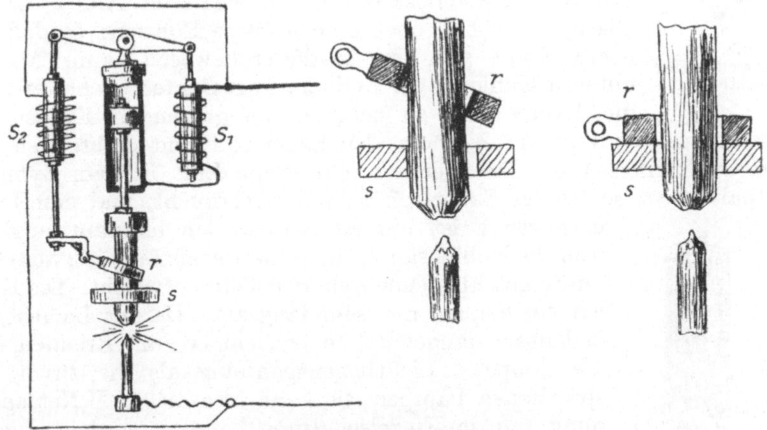
Abb. 346. Differenzbogenlampen.

Spulen wirken auf einen Hebel. Wenn kein Vorschaltwiderstand vorhanden ist, zieht die Nebenschlußspule S_2 immer mit derselben Kraft,
während die Hauptstromspule S_1 bei kurzem Lichtbogen, also großer
Stromstärke, stark zieht und dann den Klemmring r schräg hält, so daß
die obere Kohle vermittels dieses Ringes und der Scheibe s festgeklemmt
ist. Wird der Lichtbogen durch den Kohlenabbrand länger, so wird der
Strom in der Hauptstromspule schwächer, und die Nebenschlußspule S_2
zieht den Hebel auf ihrer Seite herunter, wodurch der Klemmring r
sich auf die Scheibe s in der Freistellung legt und die obere Kohle nach
unten sinken kann. Damit sie nur langsam sinkt, ist sie mit einer Stange
verbunden, die einen in einem Rohr sich bewegenden Kolben trägt.
Gleichzeitig dienen Kolben und Rohr zur Stromzuführung für die obere

14*

Kohle. Wird nun durch das Herabsinken der oberen Kohle der Lichtbogen wieder kürzer, so wird der Strom in der Hauptstromspule stärker, und sie zieht den Ring wieder in die schräge Klemmstellung. Ohne Vorschaltwiderstand bleibt also die Zugkraft der Nebenschlußspule konstant, und die Lampe reguliert nur infolge der veränderten Zugkraft der Hauptstromspule. Wendet man noch einen Vorschaltwiderstand an oder führt eine längere Leitung zu der Lampe, die wegen ihres Widerstandes ebenso wirkt wie ein Vorschaltwiderstand, so wird auch noch die Zugkraft der Nebenschlußspule, genau wie bei der Nebenschlußlampe, veränderlich, und zwar wenn bei kurzem Lichtbogen die Hauptstromspule stark zieht, zieht die Nebenschlußspule schwach, umgekehrt bei langem Lichtbogen.

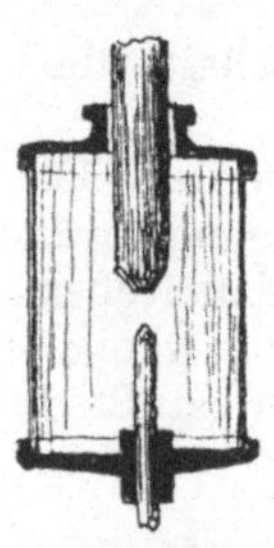

Wir wollen noch die Dauerbrandlampen kurz besprechen, welche vor den gewöhnlichen Lampen den Vorzug haben, daß die Kohlen wesentlich länger aushalten, nämlich 80÷120 Brennstunden, während bei den gewöhnlichen Lampen nur 8÷14 Brennstunden in Betracht kamen.

Die Dauerbrandlampen besitzen einen in einem Glaszylinder eingeschlossenen Lichtbogen nach Abb. 347.. Der Glaszylinder hat oben eine größere Bohrung, so daß die obere Kohle sich frei in dieser bewegen kann. An der unteren Kohle ist der Zylinder abgedichtet. Schaltet man die Lampe ein, so nehmen die glühenden Kohlen zunächst aus der Luft im Zylinder den Sauerstoff und verbrennen mit ihm zu Kohlensäure. Da aber nur sehr wenig Luft in dem Zylinder enthalten ist, so ist der Sauerstoff schnell verbraucht, und eine Luft

Abb. 347.
Eingeschlossener
Lichtbogen.

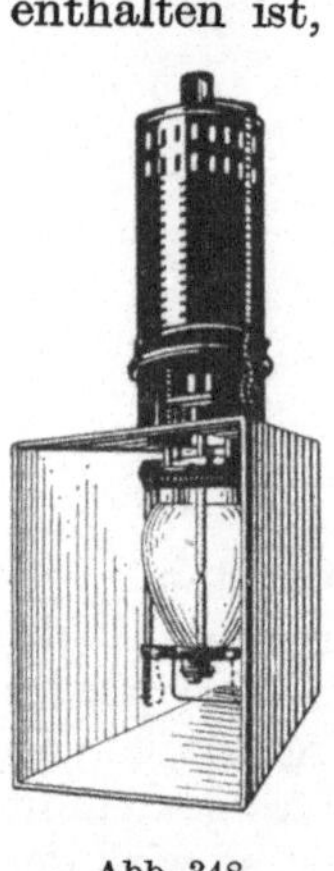

erneuerung ist nur außerordentlich langsam möglich, weil die Kohlensäure, die schwerer als Luft ist, aus dem unten geschlossenen Zylinder nicht entweicht. Die Kohlen verbrennen nur sehr langsam. Da der Lichtbogen bedeutend länger ist, so braucht er zum Brennen fast die doppelte Lichtbogenspannung als die zuvor besprochenen Lampen, sie kann also an 110 V Netzspannung nur in Einzelschaltung benutzt werden. Lichtbogen von größerer Länge sind sehr reich an ultravioletten Strahlen, die bekanntlich stark auf die photographische Platte wirken. Man verwendet deshalb derartige Lampen hauptsächlich zum Herstellen von Lichtpausen usw. Allerdings haben sie den Nachteil, daß die Glaszylinder durch die sich auf ihnen niederschlagenden Verbrennungsgase beschlagen und schließlich so angeätzt werden, daß eine Reinigung nicht mehr möglich sein dürfte. Die Abb. 348 zeigt eine Lichtpauslampe der Firma Körting & Mathiesen.

Abb. 348
Lichtpauslampe der
Firma Körting &
Mathiesen.

Durch Zusatz von Salzen, welche Kalzium, Strontium oder Barium enthalten, verfertigte zuerst Bremer im Jahre 1900 die Effektkohlen, die günstiger brennen, aber längeren Lichtbogen besitzen,

weil die verdampfenden Metalle den Bogen besser leitend machen.
Sie brennen unruhig und sind hauptsächlich nur für Außenbeleuchtung geeignet. Das Licht ist je nach der Art des Salzes rötlich,
gelblich oder bläulich gefärbt. Die gelbliche Lichtfarbe hat den
praktischen Vorteil, daß sie den Nebel besser durchdringt als das
weiße Licht. Aus diesem Grunde werden solche Kohlen hauptsächlich in Städten mit häufiger Nebelbildung als
Straßenbeleuchtung verwendet. Gewöhnlich werden
die Kohlen dann auch nicht mehr senkrecht über-
einander, sondern schräg abwärts nach Abb. 349 in
der Lampe befestigt. Derartige Lampen heißen dann
Intensivflammenbogenlampen. Bei ihnen ist die
Lichtausbeute größer, weil der Krater der positiven
Kohle, von dem das meiste Licht ausstrahlt, nicht
durch eine darunterstehende Kohle zum Teil verdeckt
ist. Sie müssen aber, damit der Bogen nach unten

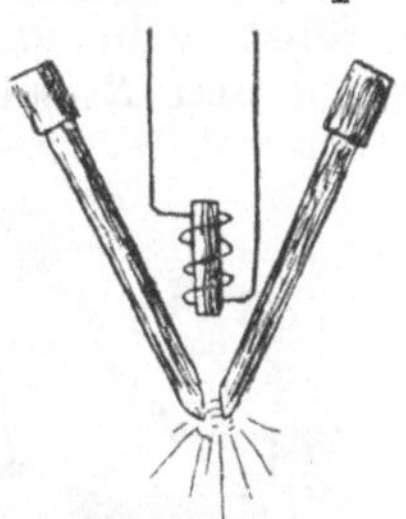

Abb. 349.
Schrägstehende Kohlen
mit Blasmagnet.

brennt, einen Blasmagneten erhalten, der vom Haupt-
strom mit durchflossen wird und den Bogen nach
unten drängt. Da die entstehenden Metalldämpfe der Gesundheit nicht
zuträglich sind, so werden diese Effektkohlen nur bei im Freien bren-
nenden Lampen verwandt.

Die neue von Körting & Mathiesen seit drei Jahren gebaute Dia-
Carbone-Bogenlampe ist eine Dauerbrandbogenlampe mit Effekt-
kohlenbeschickung in übereinanderstehender Form, bei der die den

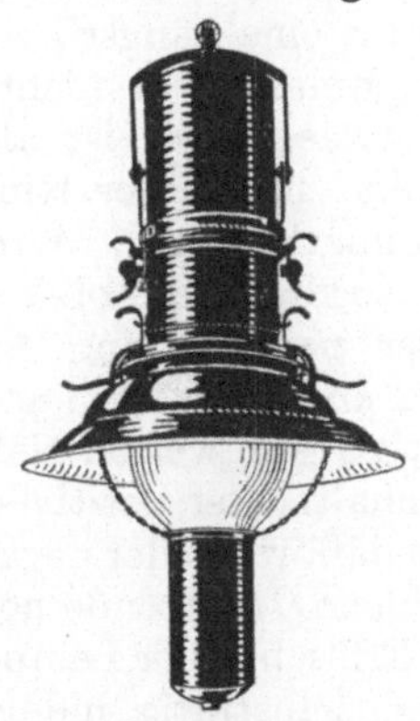

Abb. 350. Dia-Carbone-
Bogenlampe.

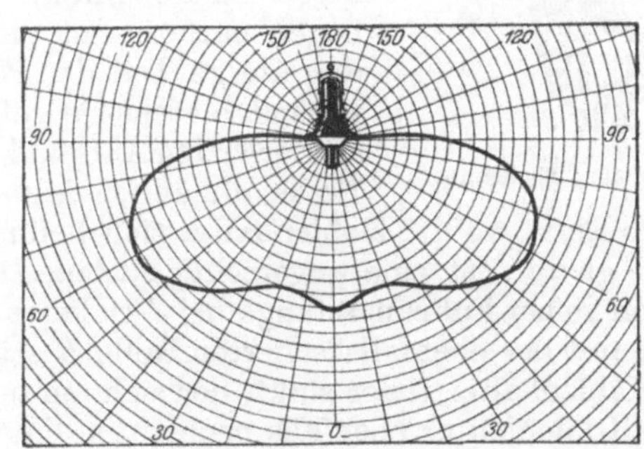

Abb. 351. Lichtverteilungskurve der Gleichstrom-Dia-Carbone-
Lampe mit Opalglas-Außenglocke.

Brennraum abschließende Glocke aus einem Glasstück hergestellt und
so geformt ist, daß die Verbrennungsprodukte sich erst in besonders
vorgesehenen Räumen der Glocke niederschlagen. Sie gibt hemisphä-
risch eine Lichtstärke von ca. 7000 HK bei einem Wattverbrauch von
0,24 W pro HK$_0$, der erzeugte Lichtstrom soll 44000 Lumen sein.
Die Lichtausbeute 26,5 Lm/W. Die günstigste Aufhängehöhe beträgt
ca. 20 m. Die Abb. 350 zeigt eine solche Lampe, und Abb. 351 die zugehörige Lichtverteilungskurve bei Anschluß an ein Gleichstromnetz.

Eine andere Ausführungsform der Lampe mit schrägstehenden Kohlen zeigt die Abb. 352, nach ihrem Konstrukteur „Becklampe" genannt. Gleichzeitig ist das Bestreben zu erkennen, den Regelmechanismus durch Vermeidung von Zahnrädern und Uhrwerken einfacher zu gestalten.

Der Strom wird der Klemme K_1, die vom Gestell isoliert ist, zugeführt, geht dann durch die Spule S nach der positiven, ebenfalls bei J und R isoliert befestigten Kohle A und durch den Lichtbogen zur Kohle B, welche sich mit der Spitze einer Längsrippe auf den Silberkörper C aufstützt und so den Strom zum Gestell der Lampe und der negativen Klemme K_2 führt. Im stromlosen Zustand liegt die Spitze der Kohle A an derjenigen von B an, weil der Eisenkern E in der Spule S nach unten hängt und durch die Stangenverbindung den Hebel h nach links drückt. Beim Einschalten fließt also sofort Strom durch die Kohlen, aber dann zieht auch die Spule S sogleich ihren Eisenkern E hoch, wodurch der Hebel h unten nach rechts gedreht und die Spitze der Kohle A etwas von der Kohle B fortbewegt wird, so daß der Lichtbogen entsteht. Ein weiteres stoßweises Nachschieben der Kohlen, wie bei allen bisher besprochenen Lampen, tritt hier nun nicht auf. Die negative Kohle besitzt eine Längsrippe, deren Spitze unten, weil sie weiter vom Lichtbogen entfernt ist, immer etwas länger ist als der übrige Teil der Kohle, und mit dieser Rippenspitze steht sie auf dem Silberkörper C. Wird sie durch den Abbrand kürzer, so kommt ihr oberes Ende allmählich immer tiefer nach unten. An

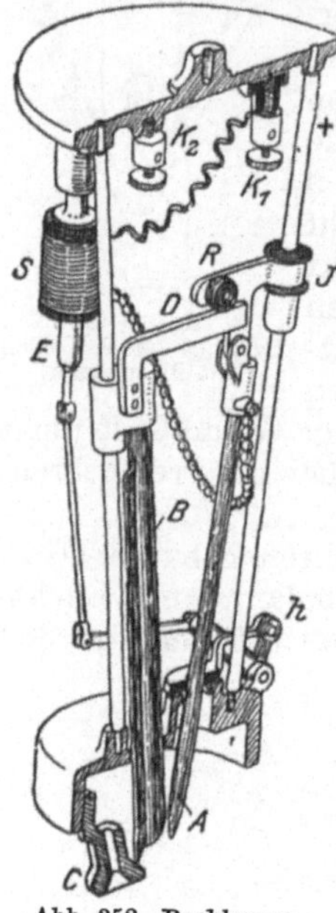

Abb. 352. Becklampe.

diesem Ende, wo der Kohlenhalter sich befindet, der an einer Führungsstange gleitet, ist eine wagerechte Schiene D befestigt, auf welche sich der von seiner Führungsstange bei J isolierte Kohlenhalter der positiven Kohle mit der ebenfalls isolierten Rolle R stützt, so daß, wenn der negative Kohlenhalter tiefer sinkt, der sich auf seine Schiene D stützende positive Kohlenhalter ebenfalls nach unten sinkt. Das Erlöschen der Lampe erfolgt dann, wenn die Kohlen zu kurz geworden sind, selbsttätig, indem die Rippe nicht bis zum oberen Ende der Kohle geht, und die Kohle nur lose in ihrem Halter steckt, aus dem sie herausfällt, wenn die Rippe abgebrannt ist. Die Becklampe arbeitet mit immer gleichem Abstand der Kohlen, so daß bei Änderung des Stromes infolge Spannungsschwankung oder Ungleichmäßigkeiten in den Kohlen ein Ausgleich nicht durch Verändern der Lichtbogenlänge bewirkt werden kann. Es sind deshalb selbsttätige Beckregler vorgesehen, das sind Eisendrahtwiderstände in luftleeren oder mit indifferenten Gasen gefüllten Glasröhren, deren Widerstand von ihrer Temperatur in der Weise abhängt, daß bei stärkerem Strom, infolge der größeren Erwärmung, eine derartige Widerstandszunahme erfolgt, daß der Strom fast konstant bleibt.

Die Abb. 353 zeigt einen solchen Variator, wie er auch beim Akkumulatorenbetrieb vielfach noch zum Konstanthalten der Ladestromstärke Verwendung findet.

Die besprochenen Bogenlampen, mit Ausnahme der Stützkohlenlampen, sind auch für Wechselstrom anwendbar. Die Wechselstromlampen müssen jedoch, wenn die Spulen auf Hülsen aus Metall aufgewickelt sind, mit geschlitzten Hülsen versehen sein, wie Abb. 354 zeigt, weil sonst in ihnen durch das Wechselfeld des Stromes Induktionsströme entstehen, durch die die Hülsen heiß werden. Auch hier sind Vorschaltwiderstände erforderlich, die aber aus einem Scheinwiderstande, d. h. induktiven Widerstand (Drosselspule), bestehen können. In einem derartigen Widerstand wird der Verlust kleiner als in einem induktionsfreien (siehe Wechselstrom).

Eine Bogenlampe, deren Werk nur bei Wechselstrom arbeiten kann, zeigt Abb. 355. Es kommt dort die Ferrarisscheibe (vgl. auch die Abb. 110 S. 79) zur Anwendung, indem der Nebenschlußmagnet n die Aluminiumscheibe in der Richtung 1 dreht, der Hauptmagnetstrom h dagegen in der Richtung 2. Beide Magnete haben wegen des Wechselfeldes Blechkerne. Die gezeichnete Lampe wirkt als Differenzlampe.

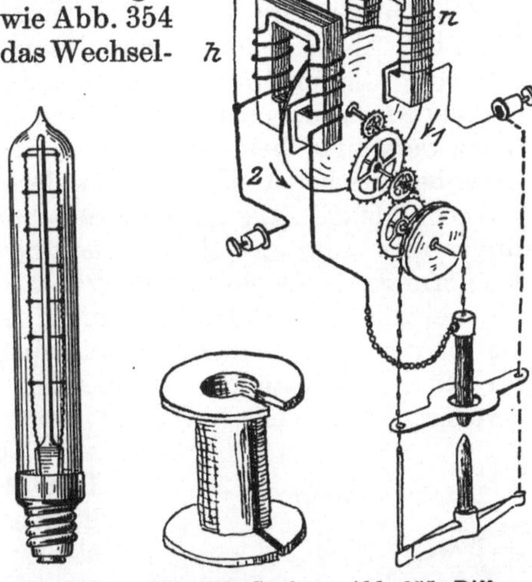

Abb. 353.
Variator.

Abb. 354. Spulenhülse für Wechselstrom.

Abb. 355. Differenzbogenlampe nach dem Ferraris-Prinzip.

Während bei den bisher beschriebenen Bogenlampen der Lichtbogen nicht hermetisch von der Außenluft abgeschlossen ist, wird bei der Wolframbogenlampe, auch „Punktlichtlampe" genannt, der Lichtbogen zwischen zwei Wolframelektroden gebildet, die sich in einem mit Stickstoff gefüllten Glühlampenkolben befinden.

Bei der Gleichstromtype berühren sich im ausgeschalteten Zustand die beiden Wolframelektroden, wie dies die Abb. 356 zeigt. In dem Kathodenstiel ist ein Bimetallstreifen eingesetzt. Hierunter versteht man zwei dünne zusammengelötete Metallbleche, deren Längenausdehnung bei Erwärmung verschieden groß ist und die sich daher bei Temperaturänderung krümmen.

Abb. 356.
Wolframbogenlampe.

Wird nun der Strom eingeschaltet, so erwärmt sich, nach dem Jouleschen Gesetz, der Bimetallstreifen. Er krümmt sich infolge der verschiedenen Längenausdehnung und zieht die Kathode von der Anode ab, wodurch der Lichtbogen gebildet wird. Man spricht von einer Berührungszündung.

Die Lichtbogenspannung beträgt ca. 55 V, so daß ein Vorschaltwiderstand bei Netzspannungen über 100 V benutzt werden muß.

Bei der Wechselstromtype sind die Elektroden auch im ausgeschalteten Zustand voneinander entfernt; im leuchtenden Zustand, der durch eine Glimmentladung eingeleitet wird, leuchten die Kugeln in heller Weißglut. Als Füllgas ist hier Neon verwendet.

Da die Glimmzündung erst bei Spannungen über 200 V einsetzt, der Lichtbogen jedoch nur 25 V braucht, so müssen hier ebenfalls Vorschaltwiderstände benutzt werden, und verwendet als solche gern die bereits beschriebenen Eisendrahtwiderstände (s. Abb. 353).

Diese Punktlichtlampen werden hauptsächlich in der Mikrophotographie und Mikroprojektion benutzt, wo es darauf ankommt, eine punktförmige Lichtquelle mit großer Flächenhelligkeit zu besitzen.

Auch die Quecksilberdampflampe gehört streng genommen noch zu den eigentlichen Bogenlampen, denn es wird hier zwischen einer flüssigen Kathode (Quecksilber) und einer festen Anode, die entweder Eisen oder Kohle ist, ein Lichtbogen erzeugt. Während aber bei den Kohlenbogenlampen der Lichtstrom hauptsächlich von dem sehr heißen Kohlenkrater ausgesandt wird, strahlt bei der Quecksilberdampflampe nur der Lichtbogen selbst das Licht aus (Abb. 357). Das Leuchtrohr der Lampe muß gut evakuiert sein. Beim Zünden der Lampe wird meist durch Neigen ein momentaner Kurzschluß zwischen den zwei Polen hergestellt,

Abb. 357. Quecksilberdampflampe.

worauf sich beim Zurückneigen der Lichtbogen, ganz wie bei der Kohlenbogenlampe, bildet.

Um ein glattes Zurückfließen des Zündquecksilbers zu erreichen, gibt man dem Leuchtrohr eine geringe Neigung gegen die Horizontale, wie dies die Abb. 357 erkennen läßt.

Der Lichtbogen ist bei niedrigem Quecksilberdampfdruck blaugrün, doch ändert sich die Farbe mit steigendem Dampfdruck, um bei ca. 1 Atmosphäre geblich grün bis silberweiß zu erscheinen.

Die Spannung des Lichtbogens beträgt bei diesen Lampen etwa $1 \div 3$ V pro Zentimeter Lichtbogenlänge. Soll also eine solche Lampe an eine Netzspannung von 440 V angeschlossen werden, und rechnet man für den Vorschaltwiderstand 40 V Spannungsverlust, so muß bei durchschnittlich 2 V Lichtbogenspannung pro cm die Länge des Lichtbogens $400 : 2 = 200$ cm werden. Durch ihre bedeutende Länge eignen sie sich zum Pausen in Lichtpausanstalten, da sie den Papierflächen ein sehr gleichmäßiges Licht liefern.

Die aus Quarzglas hergestellte Lampe der Hanauer Quarzlampengesellschaft, nach dem Physiker Dr. Kuch, hat nur eine Lichtbogenlänge von 10—15 cm, wobei allerdings die Spannung pro Zentimeter Lichtbogenlänge auf $10 \div 20$ V pro Zentimeter gesteigert werden konnte, ohne daß das Quarzglas durch die Hitze erweichte.

Die Quarzlampen, die vor der Einführung der stromsparenden Halbwattlampen zur Beleuchtung industrieller Werke verbreitet waren, sind jetzt durch die gasgefüllten Lampen vollständig verdrängt, da die oben erwähnte Lichtfarbe eine unangenehme Begleiterscheinung der Quarzlampe ist.

Dafür begann jedoch um diese Zeit die Quarzlampe für medizinische Zwecke, unter dem Namen künstliche Höhensonne, vielfach Verwendung zu finden. Während die früher zu Beleuchtungszwecken dienenden Quarzlampen automatisch durch eine elektromagnetische Kippeinrichtung „angezündet" wurden, erfolgt die Zündung bei der für medizinische Zwecke verwendeten Lampe durch eine Betätigung von Hand, da der Brenner durchwegs im Handbereich liegt.

Abb. 358. Gleichstromquarzbrenner.

Das Äußere eines Quarzbrenners für Gleichstrom zeigt die Abb. 358. An den beiden Rohrenden sind Kühlkörper aus gebogenen Blechen angebracht. Während der Gleichstrombrenner nur einen gewöhnlichen Vorschaltwiderstand zum Betrieb benötigt, genau so wie die Kohlenbogenlampe, so bedarf der Brenner für Wechselstrom einer verhältnismäßig kunstvollen Einrichtung.

Die Schaltung dieser Lampe ist ganz analog derjenigen eines Quecksilberdampfgleichrichters (Abb. 260), nur so geändert, daß die Energieverzehrung nach Möglichkeit in den Lampenkörper selbst verlegt ist, bei möglichster Freihaltung des Gleichstrompfades von Widerstand, während man ja bei den Gleichrichtern das Entgegengesetzte verlangt.

Die Abb. 359 stellt einen dreipoligen Brenner für Wechselstrom dar, und zwar

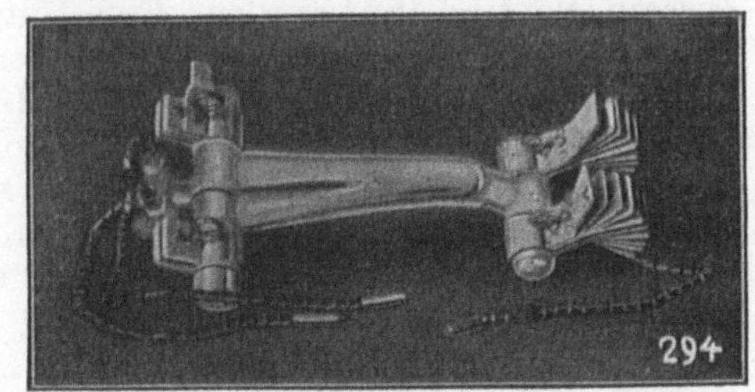

Abb. 359. Quarzbrenner für Wechselstrom.

sind zwei Klemmen für den Anoden- und die gegenüberliegende Klemme für den Kathodenanschluß bestimmt. Der erforderliche Transformator wird sekundär für eine Lichtbogenspannung von 2×180 V gewickelt. In der Zuleitung zur Kathode liegt eine große, fast widerstandsfreie Drosselspule.

Genau wie beim Gleichrichter muß beim Zünden ein großer induktionsfreier Anlasser mit vorgesehen werden, der von der Hanauer

Quarzlampengesellschaft direkt in den Gestellfuß des Lampenträgers eingebaut wird.

Das Zünden des Wechselstrombrenners erfordert in der Regel ein mehrmaliges Kippen, weil das Abreißen des Quecksilberfadens, welches die Lichtbildung einleitet, natürlich wirkungslos verläuft, falls es gerade nahe dem Nullpunkt vom Strom- oder Spannungsverlauf erfolgt. Gewöhnlich dürfte ein 3 ÷ 5maliges Kippen erforderlich sein.

Die Lampe für Gleichstromanschluß an 220 V erfordert einen Zündstrom von ungefähr 7,5 A, der nach kurzer Zeit auf 2,5 A sinkt. Bei einer Energieentnahme von 550 W erzeugt die Lampe 2000 HK.

Die medizinischen Wünsche sind (wie bereits erwähnt) auf die unsichtbaren ultravioletten Strahlen gerichtet, die diese Lampen aussenden, und denen man viele Heilwirkungen zuschreibt. Speziell bei Rachitis, Lungenleiden ist die Lampe mit großem Erfolge verwendet worden. Die neuesten Versuche gehen dahin, die Milch durch Bestrahlen mit der Quarzlampe gesünder und bekömmlicher für den Säugling zu machen.

In der Technik hat die Quarzlampe als sog. „Analysenlampe" große Verwendung gefunden. Die Wirkung der „Analysenlampe" beruht darauf, daß sehr viele Körper und Stoffe bei intensiver Beleuchtung eine eigene besondere Fluoreszenz (Selbstleuchten) zeigen, die aber bei Bestrahlung mit gewöhnlichen Lichtquellen wegen deren hohen Helligkeit nicht wahrnehmbar ist; hier kommt nur eine Lichtquelle mit einem für das Auge dunklem Licht in Betracht. Bei der Analysenlampe ist daher auch der Glaskörper ganz dunkel gehalten, so daß nur die unsichtbaren ultravioletten Lichtstrahlen (bei Ausschaltung jedes sichtbaren Lichtes) die dem Stoff charakteristische Fluoreszenz in großer Intensität hervorrufen und damit die technische Prüfung leicht ermöglichen.

So wird die Lampe in der Gummiindustrie zur Beurteilung des Rohmaterials herangezogen. Auch in der Nahrungsmittelbranche können Zusätze leicht erkannt werden. Eine Untersuchung, die auf chemischem Wege Stunden erfordert, dauert mit der Lampe nur wenige Minuten.

Die bisher erwähnten elektrischen Lampen und alle sonstigen Beleuchtungseinrichtungen, wie Gas, Petroleum usw., haben das gemeinsam, daß das Leuchten durch Körper hervorgerufen wird, die in der Lampe infolge hoher Temperatur, zum Glühen gebracht werden. Es entsteht also außer dem Licht stets noch Wärme. Je schlechter nun eine Lampe die ihr gelieferte Energie umsetzt, um so mehr Wärme entwickelt sie und um so weniger Licht erzeugt sie. Am schlechtesten ist in dieser Beziehung die Stearinkerze und am besten sind die elektrischen Lampen. Ein weiterer Vorzug des elektrischen Lichtes besteht darin: Da die Glühlampen in einer verschlossenen Glasbirne glühen, so kann der Luft kein Sauerstoff entzogen werden, weil die Fäden nicht verbrennen; auch die Kohlen der Bogenlampen entziehen der Luft nur sehr wenig Sauerstoff. Nun bedeutet aber ein Verbrennen stets eine unangenehme Luftverschlechterung, denn beim Verbrennen wird der Sauerstoff der Luft in Kohlensäure verwandelt. Der Mensch braucht aber den Sauerstoff zum Atmen, und da vor allem die Gaslampen sehr viel Kohlensäure entwickeln, ebenso Petroleum, so steht auch in gesundheitlicher Beziehung das elektrische Licht an der Spitze aller Beleuchtungsarten.

Nach dem vorhin Gesagten wäre das Ideallicht ein solches, welches gar keine Wärme erzeugte, sondern die ganze Energie in Licht umsetzte. In der Natur besitzen wir dieses Licht beim Glühwürmchen, künstlich können wir es herstellen durch elektrische Entladungen in Luft- oder gasverdünnten Glasröhren, in den sog. Geißlerschen Röhren. Wir bezeichnen diese Erscheinung mit Elektroluminiszenz. Dieses Luminiszenzlicht wird auch oft „kaltes Licht" genannt im Gegensatz zu den Temperaturstrahlern. Den Übergang zu den Luminiszenzstrahlern bilden die bereits beschriebenen Wolfram- und Quecksilberdampflampen.

Die Geißlerröhren sind schon lange bekannt, es war aber praktisch noch nicht möglich, diese vorteilhafte Art der Lichterzeugung zur Beleuchtung heranzuziehen, bis der Amerikaner Moore dies durch eine Erfindung möglich machte, deren wichtigster Teil ein selbsttätiges Ventil ist. Die Geißlerröhren haben nämlich alle die schlechte Eigenschaft, durch die Entladungen hart zu werden, d. h. die elektrischen Entladungen bewirken, daß die Luft- bzw. Gasverdünnung in der Röhre vergrößert wird. Lichterscheinungen treten aber nur bei einer ganz bestimmten Gasverdünnung auf, wird diese überschritten, so leuchten die Rohre nicht mehr. Dieses beseitigte Moore durch eine Einrichtung, die selbsttätig immer nur soviel Füllgas nachströmen läßt, um

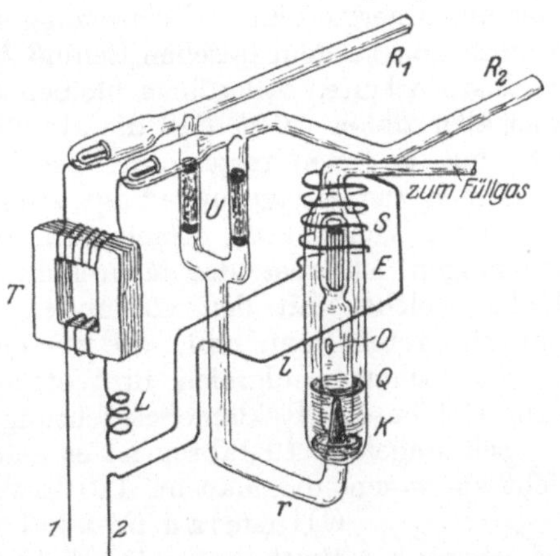

Abb. 360. Ventil und Apparate des Moorelichtes.

stets den notwendigen gleichmäßigen Druck in den Röhren zu erhalten. Ein solches Atemventil zeigt Abb. 360. T stellt einen Transformator dar, der primär mit seinen Klemmen 1 und 2 an das Lichtnetz der Stadt angeschlossen wird. Die ausgeführten Anlagen mit Rohrlängen von 20—75 m bedingen sekundär Spannungen von 5000 ÷ 25000 V. L ist ein induktiver Widerstand, S die Wicklung einer Spule, welche auf den Eisenkern E des Ventils wirkt. Das Ventil besitzt ein Rohr, durch welches die Gasart, mit der das Leuchtrohr $R_1 R_2$ gefüllt ist, eintreten kann. Der innere Glaskörper, an dem der Eisenkern befestigt ist, hat bei O ein kleines Loch, zum Eintritt für das Gas. Bei K ist eine möglichst dichte Kohle vor dem engeren Glasrohr eingekittet, die von Quecksilber so umgeben ist, daß die ganze Kohle bedeckt ist. Wird der innere Glaskörper durch die Wicklung S gehoben, was dann eintritt, wenn der Widerstand der Leuchtröhre sich ändert und dadurch Stromänderungen in der Zuführung zum Transformator auftreten, so tritt das Quecksilber zurück, und die Spitze der Kohle wird frei. Es tritt dann durch die

Kohle das Gas in das Rohr r und von dort in das U-Rohr, wo es durch Sand hindurch muß und von da in die Leuchtröhre. Der Sand ist bei U eingeschaltet, damit durch das U-Rohr hindurch kein Kurzschluß entsteht und die Hochspannungsentladungen nicht durch das U-Rohr vor sich gehen. Die Leuchtröhre erzeugt je nach dem Edelgas, welches sich in ihr befindet, ein verschieden gefärbtes Licht. Es läßt sich auch ein rein weißes Licht erzeugen, so daß Farbenproben und Farbenuntersuchungen bei diesem Licht vorgenommen werden können. Das Leuchtrohr setzt man bei der Montage aus einzelnen 2 m langen Stücken zusammen, die durch ein für diese Zwecke konstruiertes Gebläse zusammengeschmolzen werden. Wegen dieser leichten Zusammensetzbarkeit ist auch eine Reparatur sehr einfach.

Die vorhin gemachte Bemerkung, wonach in luftverdünnten Röhren fast alle Energie ohne Wärmeerzeugung nur in Licht verwandelt wird, könnte nun zu dem falschen Schluß führen, daß das Moore-Licht ohne Verluste arbeite. Allerdings bleiben die Leuchtröhren fast ganz kalt, was aber daher rührt, daß die abkühlende Oberfläche eine sehr große ist, und in ihnen treten auch nicht alle Verluste auf, wohl aber in den noch zur Anlage unbedingt erforderlichen Apparaten, wie Transformator, Ventil usw. Nach den allerdings schwierigen Vergleichsmessungen ist aber das Moorelicht heute ohne weiteres ein billiges Licht, welches mit den vorhandenen elektrischen Lampen in Wettbewerb treten kann und, wie verschiedene ausgeführte Anlagen beweisen, schon erfolgreich in Wettbewerb getreten ist, speziell auf dem Gebiet der Reklamebeleuchtung.

Seit ungefähr 10 Jahren ist es gelungen, Lampen für Luminiszenzlicht zu bauen, die man an 110 bzw. 220 V anschließen kann. Diese Glimmlampen haben als Füllgas eine Neon-Helium-Mischung, als Elektroden dienen Eisenbleche oder Drähte, die in ganz geringem Abstand voneinander angeordnet sind. Die Kathode überzieht sich mit einer rötlichen Lichthaut, wenn als Stromquelle Gleichstrom benutzt wird. Wird die Lampe an Wechselstrom angeschlossen, so findet sich diese Erscheinung an beiden Elektroden abwechselnd, das Auge nimmt aber des schnellen Wechsels wegen nur ein gleichzeitiges Leuchten wahr. Der Stromverbrauch beträgt ca. 20 mA. Zum Brennen ist ein Vorschaltwiderstand erforderlich, der für das Auge unsichtbar, in Form eines Eisenwiderstandes (Variators) im Sockel untergebracht ist.

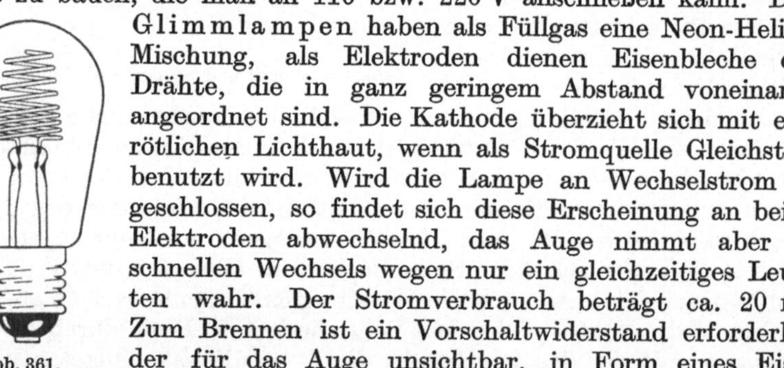

Abb. 361.
Drahtglimmlampe.

Die Abb. 361 zeigt eine „Bienenkorb-Glimmlampe", wie sie als Nachtlampe in Krankenstuben, als Signallampe, für Notausgänge im Theater, als Kontrollampe und für technische Sonderzwecke, als Indikator benutzt wird. Für Reklamezwecke findet die Ausführung in Buchstabenform große Verwendung.

XVII. Elektrische Stromerzeugungs- und Verteilungsanlagen.

Gewöhnlich erzeugt man in einer elektrischen Anlage die Elektrizität in einer Zentrale, woselbst die Maschinen arbeiten, und von wo aus man durch Drähte oder Kabel die elektrische Energie für Licht-, Kraft- und andere Zwecke verteilt. Da man fast stets in einer Zentrale mehrere Maschinen anwendet, die zu Zeiten großer Belastung zusammenarbeiten, sollen zunächst die dabei zu beachtenden Vorschriften behandelt werden.

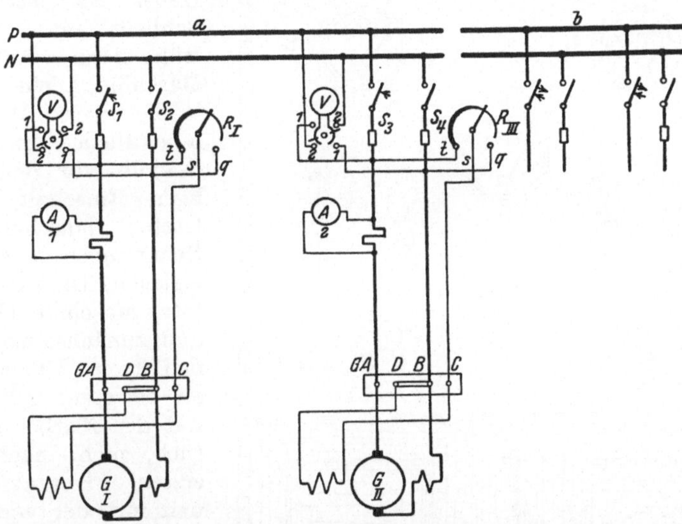

Abb. 362. Schaltplan für 2 parallel arbeitende Gleichstrom-Nebenschluß-Generatoren mit Wendepolen. (Rechtslauf, von der Antriebsseite gesehen.)

Erforderlich: a) 2 Gleichstrom-Nebenschluß-Generatoren, 2 Nebenschlußregler, 2 Spannungsmesser, 2 Spannungsmesser-Umschalter, 2 Strommesser, 2 einpolige Rückstromausschalter, 2 einpolige Hebelschalter, 4 einpolige Sicherungen. b) 2 Gleichstrom-Nebenschluß-Generatoren, 2 Nebenschlußregler, 2 Spannungsmesser, 2 Spannungsmesser-Umschalter, 2 Strommesser, 2 einpolige Überstrom- und Rückstrom-Ausschalter, 2 einpolige Hebelschalter, 2 einpolige Sicherungen.

In der Abb. 362 ist die Schaltung einer kleinen Gleichstromzentrale mit zwei Nebenschlußmaschinen, die Wendepole besitzen, gezeichnet. Unter der Abbildung sind die erforderlichen Schaltapparate usw. aufgeführt. Nehmen wir an, es sei eine Anlage in einer Fabrik, die nachts nicht zu arbeiten braucht. Dann werden morgens zunächst beide Maschinen eingeschaltet, wenn im Winter Kraft und Licht gleichzeitig gebraucht werden. Man stellt dann z. B. zuerst die Maschine I an, indem man nach Inbetriebsetzung der Antriebsmaschine durch Drehen der Kurbel des Reglers R_I vom Leerkontakt die Nebenschlußmaschine erregt. Man stellt außerdem den Voltmeterumschalter auf 1—1, um somit die Spannung der Maschine festzustellen. Zeigt die Maschine die normale Spannung an, so legt man den Schalter S_2 ein, und schaltet dann den Rückstromschalter S_1 ein, den man solange mit der Hand festhalten muß, bis die Belastung genügt, um den Automaten allein in seiner Stellung festzuhalten.

Soll die Maschine II auch eingeschaltet werden, so braucht sie sich nicht mehr selbst zu erregen, weil schon Spannung an den Schienen vorhanden ist. Man schließt deshalb bei dieser Maschine zuerst den Hebel S_4, dann fließt von den Schienen aus ein Strom durch die Magnetwirkung dieser Maschine, dessen Stärke mit ihrem Regler R_{III} so geregelt wird, bis auch sie die normale Spannung gibt, was man am Voltmeter V erkennt, wenn man U auf 1—1 stellt. Erst wenn die Spannung von der Maschine II genau so hoch geworden ist wie diejenige der ersten Maschine, darf man den Hebel S_3 schließen. Schließt man S_3 zu früh, dann würde aus Maschine I ein Strom in die zweite Maschine hineinfließen; man muß deshalb vor dem völligen Einschalten der letzten Maschine die Spannungen genau vergleichen. Die zugeschaltete Maschine II gibt nun zunächst noch keinen Strom. Um sie auch zu belasten, geht man mit der Kurbel R_I zurück, mehr nach dem ersten Kontakt zu und mit der von R_{III} weiter vor nach t zu. Dadurch reguliert man die EMK von Maschine I etwas herunter und diejenige der Maschine II herauf, dementsprechend liefern dann beide Maschinen Strom.

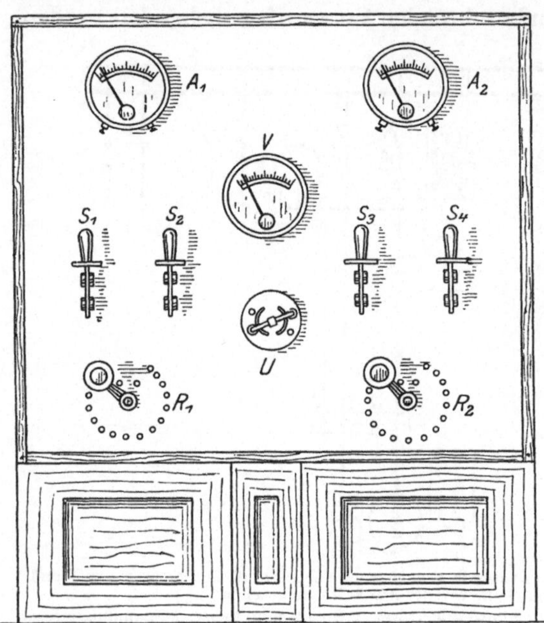

Abb. 363. Ansicht einer Schalttafel.

Herrscht nun zwischen den Schienen eine bestimmte Spannung, so muß, wenn dem Netz Strom entnommen wird, in der Maschine eine höhere EMK erzeugt werden als die Schienenspannung beträgt, weil ja der Strom in der Maschine schon durch den Ankerwiderstand getrieben werden muß und hierzu 2—3% der erzeugten EMK erforderlich sind. Ist nun die zweite, zugeschaltete Maschine so einreguliert, daß ihre EMK gerade gleich der Spannung (nicht gleich der EMK) der schon laufenden ist, welche gleichbedeutend mit der Schienenspannung ist, da man in Abb. 362 und überhaupt immer mit dem Voltmeter nur dann die gesamte EMK messen kann, wenn der Anker stromlos ist, so kann die zweite Maschine zunächst noch keinen Strom abgeben, sondern es heben sich, da beide Maschinen mit gleichen Polen zusammengeschaltet sind, die EMK der Maschine II und die Schienenspannung, herrührend von der belasteten Maschine I, gegenseitig auf, so daß in den Verbindungsleitungen von Maschine I zu den Schienen kein Strom fließt. Reguliert man die EMK von Maschine II etwas höher und gleichzeitig die von Maschine I etwas zurück, vermittels der entsprechenden Regler, so beteiligt sich auch Maschine II an der Stromlieferung ins Netz. Der Anteil des gesamten Stromes, der im Netz nötig ist, wird für jede Maschine durch die entsprechenden Amperemeter A_1 und A_2 angezeigt, und nach der Angabe dieser Amperemeter kann man die gesamte Belastung beliebig auf beide Maschinen verteilen. Will man dann später, wenn weniger Licht erforderlich ist, eine Maschine stillsetzen, weil jetzt eine einzige den ganzen Bedarf decken kann, so geschieht dies in folgender Weise. Gesetzt: es soll die erst eingeschaltete Maschine abgeschaltet werden, Maschine II also soll allein weiter arbeiten. Zuerst drehen wir die Kurbel von R_I immer weiter nach q hin, während gleichzeitig die Kurbel R_{III} von q nach t hin gedreht wird. Dabei beobachtet man die Maschinenamperemeter, und wenn A_1 auf Null steht, zieht man den Schalthebel S_2 heraus, setzt die Antriebsmaschine still und dreht R_I auf ausgeschaltet, Schalter S_1 fällt allein heraus.

Die zur Bedienung der Maschinen erforderlichen Apparate werden übersichtlich auf einer Schalttafel angeordnet, welche für die in Abb. 362 gezeichnete Schaltung etwa das Aussehen der Abb. 363 erhält. Alle Verbindungen der Apparate und Instrumente liegen auf der Rückseite der Marmortafel, welche aus diesem Grunde, wie Abb. 364 zeigt, stets einen genügenden Abstand, etwa 1 m, von der Wand erhalten muß. Auch sitzen auf der Rückseite die in Abb. 362 gezeichneten Sicherungen (vgl. Abschnitt XIV) an der Wand. Dieselben können für die Verteilungsleitungen, für die sie nur in Frage kommen, nach den Abb. 291 a b ausgeführt sein. Zu sehen sind ferner die gewöhnlich oben an der Schalttafel auf Porzellanisolatoren befestigten Schienen und bei J die Meßwiderstände für die Amperemeter A_1, A_2, die nach Abb. 97 b ausgeführt sind. Das zweite Voltmeter samt Umschalter ist nicht mit aufgezeichnet.

Die Marmortafel wird bei größeren Schalttafeln aus mehreren Stücken zusammengesetzt und ist, vermittels Winkel- und anderen Profileisen senkrecht stehend befestigt. Die Schalter S_2 und S_4 für

Abb. 364. Rückseite der Schalttafel.

die Maschinen brauchen nicht Momentausschaltung zu haben, da sie ja normalerweise nicht unter Strom ausgeschaltet werden.

In der Abb. 362a sind 4 Sicherungen vorgesehen, von denen zwei wegfallen können, wenn die Schalter S_1 und S_3 zwei Automaten sind, die bei einem Übersteigen der vorgesehenen maximalen Stromstärke sowohl, als auch bei einer Änderung der Stromrichtung die Leitung vom Netz automatisch abschalten (Abb. 362b).

Das einfache Schaltungsschema, zwei Maschinen allein nach Abb. 362 kommt in Wirklichkeit nicht sehr häufig vor, weil man gewöhnlich in elektrischen Gleichstromanlagen neben den Maschinen noch Akkumulatoren verwendet. In einer solchen Anlage wird das Schaltungsschema nicht mehr so einfach wie in Abb. 362. Das übliche Schema für eine Maschine mit Akkumulatoren zeigt Abb. 368. Auch hier ist ein Voltmeter V mit Umschalter u nötig.

Wie schon im Abschnitt VI auseinandergesetzt wurde, sind wegen der veränderlichen Spannung der Akkumulatorzellen zum Konstanthalten der Netzspannung sogenannte Zellenschalter erforderlich, auf die deshalb hier zunächst etwas eingegangen werden soll.

Die Zellenschalter dienen zum Ändern der Zellenzahl und sind

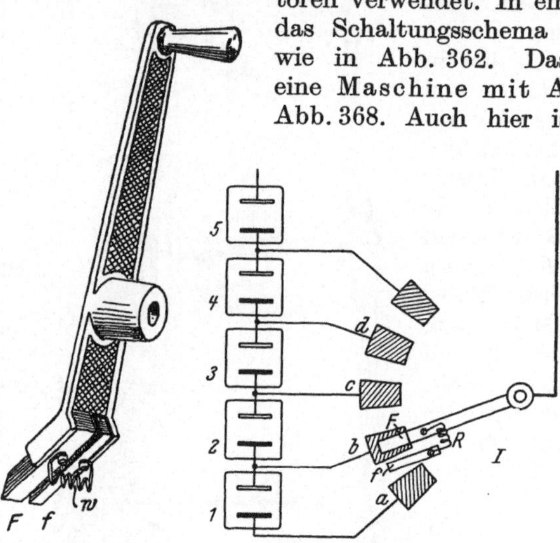

Abb. 365. Kurbel
eines Zellenschalters.

Abb. 366. Schaltung und
Wirkung des Zellenschalters.

in ihren kleineren Formen rund mit Drehkurbel, in größeren Formen gerade mit Schraubspindel ausgeführt. Die Kurbel der runden Zellenschalter hat das Aussehen von Abb. 365. Sie ist mit zwei Schleiffedern F und f ausgerüstet, und zwar ist die Hauptfeder F direkt an die gußeiserne Kurbel angeschraubt, während die Feder f von der Kurbel isoliert ist. Beide Federn sind durch einen kleinen spiraligen Draht w aus Widerstandsmaterial verbunden. Die Schaltung des Zellenschalters geht aus der Abb. 366 hervor. Die Federn F und f schleifen auf den kreisförmig angeordneten Kontakten $a, b, c, d,$ und zeigt die Abb. 366 die normale Stellung der Kurbel. Soll nun Zelle 1 noch zugeschaltet werden, so muß die Feder F von b auf a gedreht werden. Die einzelnen Kontakte a, b, c dürfen nun nicht so eng liegen, daß F den Zwischenraum überbrücken kann, denn dann würde die zuzuschaltende Zelle, also hier 1, kurzgeschlossen, wenn F beide Kontakte a und b miteinander verbindet. Da die Akkumulatorzellen, wie schon früher gesagt, sehr wenig Widerstand haben, würde durch Kurzschluß ein sehr starker Strom entstehen, der die Platten schädigen und gleichzeitig auch den Zellenschalter selbst bald unbrauchbar machen würde. Man muß daher diesen Kurzschluß vermeiden, indem man den Zwischenraum zwischen je zwei Kontakten breiter macht als, die Feder F ist. Jetzt würde aber beim Weiterdrehen der Kurbel jedesmal in der äußeren Leitung das Licht verlöschen, weil immer dann, wenn die Feder F zwischen zwei Kontakten steht, ausgeschaltet ist. Damit auch dieses vermieden wird, setzt man die zweite Feder f isoliert neben F und verbindet beide durch den kleinen Widerstand R. Dreht man jetzt von b nach a, so wird der Hilfskontakt f den Anschlußklotz a der Zelle 1 erreichen, bevor die Hauptfeder den Klotz b verlassen hat. Dreht man weiter, so wird F den Kontakt b verlassen, das Netz wird über den Widerstand R Strom erhalten. Man muß nun soweit drehen, bis die Hauptfeder die Stromführung wieder allein übernimmt, da es ja eine Energievergeudung wäre, wenn der Strom stets durch den Widerstand R fließen müßte. Außerdem würde

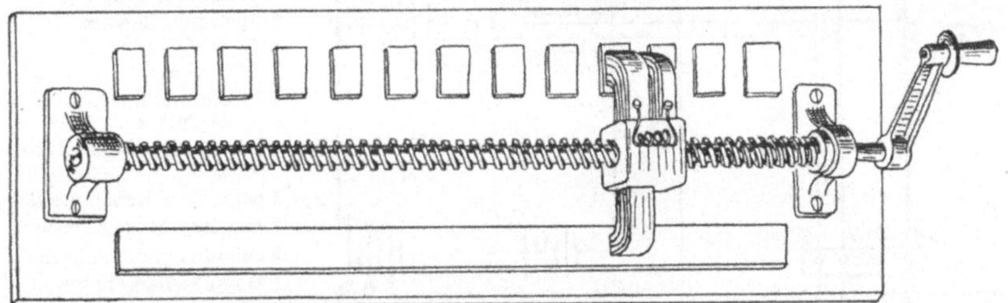

Abb. 367. Spindelzellenschalter.

die gewünschte Spannungserhöhung nicht eintreten, da der Spannungsverlust im Widerstande R ebenso groß ist wie die Spannung der zugeschalteten Zelle. Die Zellenschalter sind nun so eingerichtet, daß die Kurbel nur in der Normalstellung stehen bleiben kann, in den Übergangsstellungen dies jedoch nicht möglich ist.

Große Zellenschalter besitzen die Form nach Abb. 367. Auch hier ist eine Doppelfeder vorhanden, die auf den jetzt geradlinig angeordneten Kontakten schleift und durch Drehen einer Schraubenspindel bewegt wird, welches entweder von Hand oder mit Hilfe eines kleinen, vielfach ferngesteuerten Motors geschieht.

In elektrischen Anlagen mit Akkumulatoren benutzt man meist Doppelzellenschalter, um während der Ladung auch Licht brennen zu können. Diese Doppelzellenschalter sind bei kleineren Zellenschaltern einfach mit zwei Kurbeln versehen, von denen eine für Ladung, die andere für Entladung benutzt wird. Bei größeren Zellenschaltern nach Art der Abb. 367 benutzt man zwei Schalter.

In Abb. 368 ist ein Doppelzellenschalter vorhanden, und zwar ist E_s der Entladeschalter, L_s der Ladeschalter, die weiteren erforderlichen Apparate sind unter der Abbildung angeführt. Es können mit der Schaltung nach dieser Abbildung folgende Betriebszustände erreicht werden:

1. Maschine und Akkumulatoren arbeiten zusammen auf das Netz.

2. Maschine ladet die Batterie, letztere liefert gleichzeitig Strom ins Netz.

3. Maschine ist still gesetzt; Batterie arbeitet allein auf das Netz.

Der Betriebszustand unter 1 wird erforderlich, wenn zu Zeiten großen Stromverbrauchs die Maschine allein nicht die Leistung geben kann. Es steht dann der Maschinenumschalter U auf E, so daß die Maschine unmittelbar mit den Schienen verbunden ist, mit denen die Akkumulatorenbatterie durch den Entladeschalter E_B verbunden ist. Am Abend, wo die stärkste Belastung im Netze herrscht, würden Maschine und

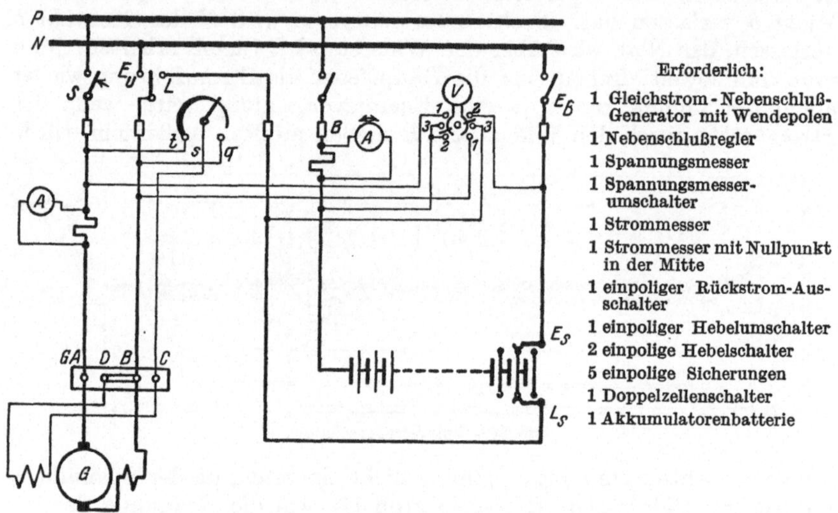

Abb. 368. Schaltplan für 1 Gleichstrom-Zweileiter-Generator mit Akkumulatorenbatterie. Ladung in einer Reihe durch Spannungssteigerung.

Batterie zusammen Strom abgeben. Nachts und gegen Morgen, zu welchen Tageszeiten der Strombedarf schwach ist, würde die Batterie allein Strom liefern und die Maschine stillstehen. Alsdann ist der Umschalter U ausgeschaltet, die Spannung der Batterie wird mit dem Entladeschlitten E_s auf der normalen Höhe gehalten und kontrolliert mit dem Voltmeter V, dessen Umschalter dann auf $2 \div 2$ stehen muß. In den Morgenstunden kann dann die Batterie wieder geladen werden. Dabei muß U auf L gedreht werden, dann ist die Maschine durch den Ladeschalter L_s mit der Batterie verbunden. Nun haben aber die Akkumulatoren, wie wir schon wissen, die Eigenschaft, bei der Entladung ihre Spannung zu ändern; dasselbe tun sie auch bei der Ladung, nur mißt man bei der Ladung zu Anfang schon 2 V. Später muß die Ladespannung gesteigert werden, was gewöhnlich bis zu 2,5 V geschieht, nur etwa alle Monate einmal ladet man auch bis zu 2,75 V Ladespannung. Da nun die letzten Zellen bei der Entladung immer nur ganz zuletzt eingeschaltet werden und deshalb nie so stark entladen werden wie die nicht am Zellenschalter liegenden Stammzellen, so dürfen sie auch nicht solange geladen werden wie die anderen Zellen; man wird also während der Ladung den Ladeschalter L_8 zuerst ganz nach links stellen und ihn dann allmählich nach 1 hin bewegen. Da die Anzahl der Zellen, wie schon früher gezeigt wurde, von der niedrigsten Entladespannung, die 18 V beträgt, abhängig ist, so muß in einer Anlage mit 110 V eine Zahl von $110:18 = 61$ Zellen vorhanden sein, und die gewöhnliche höchste Ladespannung für die ganze Batterie würde hiernach $61 \cdot 2,5 = 152$ V betragen und bei den von Zeit zu Zeit vorgenommenen stärksten Aufladungen sogar $61 \cdot 2,75 = 167,5$ V. Hieraus folgt, daß die Maschine in Abb. 368 so eingerichtet sein muß, daß sie zum Laden der Batterie diese höhere Spannung erzeugen kann. Ist die Maschine nicht in dieser Weise zum Laden von Akkumulatoren eingerichtet, so muß man bei der Ladung noch eine kleine Zusatzmaschine benutzen, die mit der Hauptmaschine hintereinander geschaltet das Mehr an Spannung bei der Ladestromstärke der Batterie geben muß[1].

In Abb. 368 würde die Sicherung B oder besser ein Überstromschalter nach Abb. 278 erforderlich sein, um die Batterie vor zu starker Stromentnahme zu schützen. Da die Richtung des Stromes in der Batterie bei der Ladung und der Entladung verschieden ist, kann man das Batterieamperemeter, falls es ein Drehspulinstrument ist, gleich so ausbilden, daß es anzeigt, ob geladen oder entladen wird. Ein derartiger Strommesser erhält dann nach Abb. 369 den Nullpunkt in der Mitte der Teilung und je nachdem, ob der Zeiger nach links oder nach rechts ausschlägt, wird geladen oder entladen.

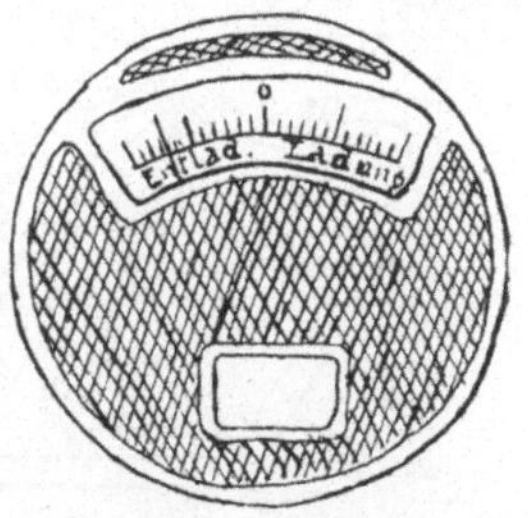

Abb. 369. Amperemeter für Akkumulatorenbetrieb. Nullpunkt in der Mitte.

Die Notwendigkeit des selbsttätigen Schalters S, der als Nullstromschalter (vgl. Abb. 277) ausgebildet sein muß, war schon erwähnt. Sein Zweck besteht darin, die Batterie vor einer Entladung in die Maschine zu schützen. Geht nämlich aus irgendeinem Grunde, z. B. Reißen oder Abfliegen des Riemens oder bei Überlastung die Spannung der Maschine zurück, so könnte schließlich Strom aus der Batterie in die Maschine fließen, wodurch diese natürlich als Motor laufen würde. Eine derartige Entladung der Batterie ist aber eine Verschwendung, und außerdem könnte sie auch, da bei einem kleinen Ankerwiderstand ein starker Strom entstehen würde, die Batterie durch Überlastung beschädigen. Hiergegen würde schließlich die schon erwähnte Sicherung B oder der an ihrer Stelle besser anzubringende Überstromschalter schützen, aber ehe überhaupt die Batterie zu einer derartigen zwecklosen Entladung kommt, schaltet schon der Rückstromschalter aus, weil ja der Maschinenstrom beim Sinken der Spannung schwächer und schwächer wird.

Als Maschinen benutzt man bei Akkumulatoren stets Nebenschlußmaschinen. Im Betriebe arbeiten sie aber als Maschinen mit Fremd-

---

[1] Genaueres über Schaltungen und die dabei zu beachtenden Regeln gibt das Buch von Kosak, Schaltungsbuch für Gl., dem auch mehrere Abbildungen entnommen sind. Verlag von Julius Springer, Berlin.

erregung, weil ihr Magnetstrom von der durch die Akkumulatoren konstant gehaltenen Schienenspannung erzeugt wird. Eine Maschine mit Fremderregung verhält sich ähnlich wie eine Nebenschlußmaschine, nur sinkt ihre Spannung bei Belastungszunahme nicht so stark wie bei der Nebenschlußmaschine, da bei dieser die eigene veränderliche Klemmenspannung den Magnetstrom erzeugt.

Werden Hauptstromgeneratoren als Stromerzeuger benutzt, so muß man an die auf Seite 99÷107 beschriebenen Eigenschaften denken, vor allem, daß bei zu großer Stromentnahme oder gar Kurzschluß eine gefährlich werdende Spannung entwickelt werden kann. Um diese zu vermeiden, ordnet man einen Schalter derart an, daß dieser beim Überschreiten der zulässigen Stromstärke die Hauptstromwicklung kurzschließt. Dadurch wird natürlich die Magnetwicklung stromlos,

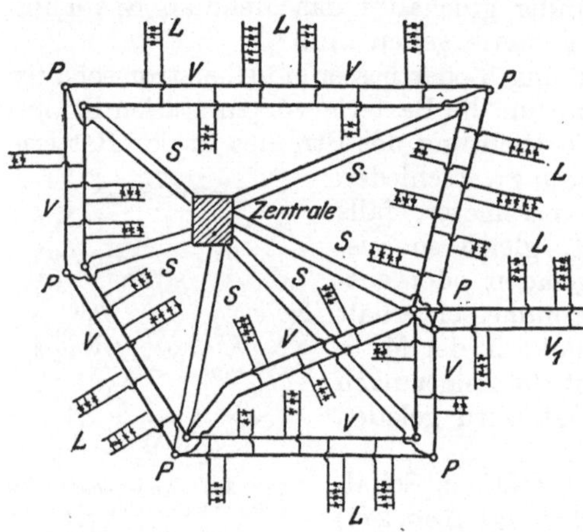

Abb. 370. Verteilungsnetz einer Gleichstromzentrale.

und somit kann in den Ankerdrähten keine EMK mehr induziert werden.

In den Schaltungen Abb. 362 u. 368 sind die Leitungen zu den Lampen unmittelbar an die Schienen angeschlossen. Dies geschieht nur in Einzelanlagen. Bei Zentralen, welche Ortschaften mit Strom versorgen, geschieht die Verteilung der elektrischen Energie nach dem Schema Abb. 370. Von der Zentrale aus, wo die Maschinen stehen, führen die Speiseleitungen S zu den Speisepunkten P. Die Speisepunkte sind in zweckmäßiger Weise nach dem Stromverbrauch und mit Rücksicht auf die Straßenzüge in dem Ort verteilt und werden dann miteinander durch die Verteilungsleitungen V verbunden. Erst an die Verteilungsleitungen, von denen es geschlossene (V) und offene (V_1) oder Stichleitungen gibt, sind die einzelnen Abnehmer mit ihren Lampen L angeschlossen. Die Speiseleitungen S besitzen keine Anschlüsse und müssen so bemessen sein, daß in ihnen allen genau derselbe Spannungsverlust auftritt, damit in den einzelnen Speisepunkten P genau dieselbe Spannung herrscht. Wenn zwischen den einzelnen Speisepunkten nur ein geringer Spannungsunterschied vorhanden ist, so fließen in den Verteilungsleitungen Ausgleichströme, die bei dem kleinen Widerstand der Leitungen so stark werden, daß sie eine unnötige Erwärmung der Leitungen herbeiführen. Da nun das Netz nicht immer in derselben Weise Strom verbraucht, und deshalb die Stromstärke in den Speiseleitungen sich ändert, so richtet man gewöhnlich Speiseleitungen und Speisepunkte so ein, daß man die Spannung in den letzteren konstant halten kann. Durch Spannungsmeßleitungen, die von den Speise-

punkten zu einem mit Umschalter versehenen Voltmeter in der Zentrale
führen, kann man die Spannung an den Speisepunkten feststellen,
und sie durch in die einzelnen Speiseleitungen eingebauten Regulierwiderstände, vielfach auch **Feederregulatoren** genannt, in bestimmten Grenzen ändern.

Die bisher beschriebenen Schaltungen sind alle nach dem Zweileiter-
system ausgeführt und gelten deshalb nur für kleinere Anlagen. Viel
häufiger führt man für Ortschaften das **Dreileitersystem** aus, dessen
Prinzip Abb. 371 zeigt. Es
sind zwei Maschinen hintereinander geschaltet, so daß
zwischen den beiden dick gezeichneten Außenleitern die
Summe der beiden Maschi-
nenspannungen herrscht.
Außerdem ist zwischen beiden Maschinen noch eine
dünnere Ausgleichsleitung,
die Nulleitung, angeschlossen. Letztere würde, wenn

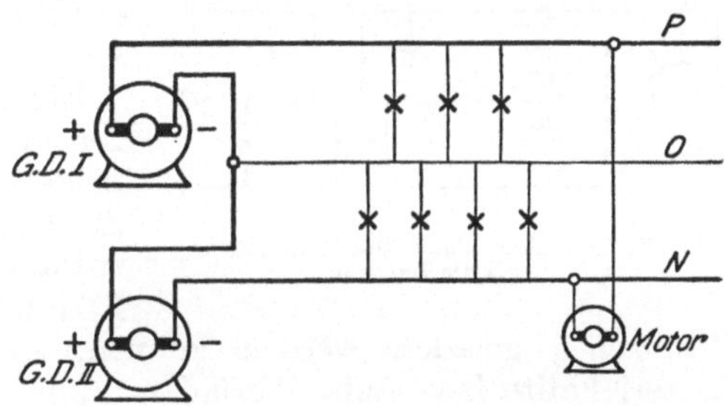

Abb. 371. Dreileiteranlage. Spannungsteilung durch
Hintereinanderschaltung zweier Maschinen.

zwischen $+$ und 0 und 0 und $-$, also in den beiden Netzhälften,
gleich viel Lampen brennen, vollständig stromlos und demnach
überflüssig sein. In Wirklichkeit wird natürlich niemals die Zahl
der Lampen oder die Belastung in beiden Netzhälften genau dieselbe sein; dann muß der Nulleiter den Unterschied des Stromes
in beiden Außenleitern führen. Die Verteilung von Anschlüssen
erfolgt immer so, daß die beiden Netzhälften möglichst gleichmäßig
belastet sind. Motoren werden gewöhnlich unmittelbar an die Außenleiter angeschlossen, während die Lampen nur mit der halben Spannung
brennen. Da allerdings doch nicht eine ganz gleichmäßige Belastung der
beiden Netzhälften erreicht werden kann, soll der Nulleiter immer mit $1/2$
des Querschnittes des erforderlichen Lichtaußenleiters verlegt werden.

Man zerlegt theoretisch das Netz in ein solches für Licht und ein
zweites für sämtliche Kraftanschlüsse. Da die Kraftanschlüsse an die
Außenleiter angeschlossen werden, so können sie die beiden Netzhälften
nicht verschieden belasten, weshalb diese Belastung bei der Bestimmung
des Querschnittes für den Nulleiter eben nicht in Betracht zu ziehen ist.
Die beiden Außenleiterquerschnitte addiert man und gibt dann der
Leitung den passenden feuersicheren Querschnitt.

Die Vorteile des Dreileitersystems sind leicht zu erkennen. Zwischen
den Außenleitern herrscht die doppelte Spannung einer Maschine,
folglich kann man bei denselben Leitungsverlusten die Energie auf eine
weitere Entfernung verteilen, als wenn man nur mit einer Maschine
arbeiten würde. Da nun der Mittelleiter meist geerdet wird, so hat
man bei einer Außenleiterspannung von 440 V trotzdem gegen Erde
nur eine Spannung von 220 V, wodurch diese Anlagen gemäß den
Sicherheitsvorschriften als Niederspannungsanlagen angesehen werden.
Man verdoppelt die Energie und braucht doch nicht den doppelten

Leitungsquerschnitt, sondern nur $^1/_2$ mehr für den Nulleiter. Würde man beide Maschinen getrennt schalten und jede die eine Hälfte des Dreileiternetzes versorgen lassen, so brauchte man im ganzen $4 \cdot q$ an Leitungsquerschnitt, während man bei Dreileiter dieselbe Energie mit nur $2 \cdot q + ^1/_2 q$ fortleiten kann.

Bei Verwendung von Akkumulatoren führt man die Maschine meist für die doppelte Spannung aus und legt den **Nulleiter an die Mitte der Batterie.** Die Schaltung einer solchen Anlage geschieht nach Abb. 372.

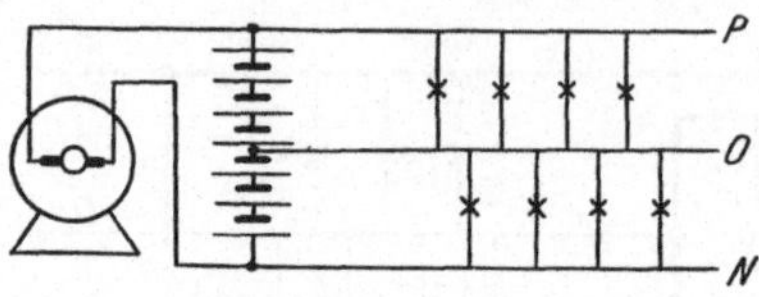

Abb. 372. Dreileiteranlage. Spannungsteilung durch die Batterie.

Ein Nachteil dieser Schaltung ist der, daß bei ungleicher Belastung der beiden Hälften des Dreileiternetzes die beiden Batteriehälften ungleich entladen werden. Da aber bei der Ladung beide Hälften immer nur gleichzeitig geladen werden können, so wird die weniger belastete Batteriehälfte fast stets überladen. Man kann dies teilweise durch Vertauschen der Batteriehälften erreichen, indem einmal die linke Batteriehälfte auf die linke Netzseite, das andere Mal diese Batteriehälfte auf die rechte Netzseite geschaltet wird, die rechte Batteriehälfte natürlich entsprechend umgekehrt.

In der Abb. 372 sind wieder Zellenschalter und sonstige Apparate fortgelassen, um die Schaltung übersichtlicher zu machen. Die Batterie gebraucht natürlich einen Doppelzellenschalter.

Die Spannungsteilung kann man auch durch zwei **Ausgleichsmaschinen** erreichen, wie sie die **Siemens-Schuckertwerke** und andere Firmen ausführen. Hierbei wird der Nulleiter nur noch zu den Ausgleichsmaschinen geführt, wie aus dem Schema Abb. 373 hervorgeht. *AM* sind die beiden Ausgleichsmaschinen, zwei kleinere Maschinen, welche wie der Nulleiter höchstens $^1/_2$ des Stromes und die halbe Spannung, also $^1/_4$ der Energie, zu lie-

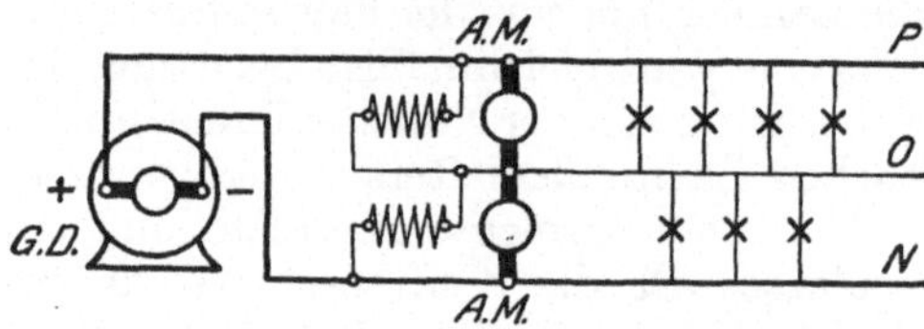

Abb. 373. Dreileiteranlage.
Spannungsteilung durch Ausgleichsmaschinen.

fern brauchen. Sie werden schnellaufend ausgeführt und miteinander gekuppelt, meist sogar mit einer durchgehenden Welle und nur einem Mittellager versehen. Von diesen beiden Maschinen läuft immer diejenige, welche in der augenblicklich schwächer belasteten Netzhälfte liegt, als Motor und treibt die andere an, so daß diese als Dynamo Strom in die stärker belastete Netzhälfte gibt, so daß ganz selbsttätig ein Ausgleich zustande kommt. Um die Wirkung des Ausgleichens zu erhöhen, erregt man die Ausgleichsmaschinen über Kreuz. In diesem Falle empfängt die als Motor laufende Maschine ihren Erregerstrom von der stärker belasteten Seite. Sie wird also, da die Spannung dieser Netzhälfte etwas geringer ist, schwächer erregt und läuft da-

her noch schneller, also erhöht damit die Tourenzahl der als Dynamo
laufenden Maschine.

Der Vollständigkeit halber möge noch das Laden einer Akkumulatorenbatterie durch einen Quecksilbergleichrichter, der an ein Dreh-
stromnetz angeschlossen ist, schematisch dargestellt werden. Die
Abb. 374 zeigt das Schaltungsschema der AEG für eine Telephon-
zentrale mit allen erforderlichen Meßinstrumenten, Schaltern und
Sicherungen, das wohl keiner weiteren Erläuterung bedarf.

Etwas abweichend von den Gleichstromanlagen müssen die Wechsel-
stromschaltungen ausgeführt werden. Wie schon früher erwähnt
wurde, muß man, wenn
mehrere Wechselstromma-
schinen zusammenarbeiten

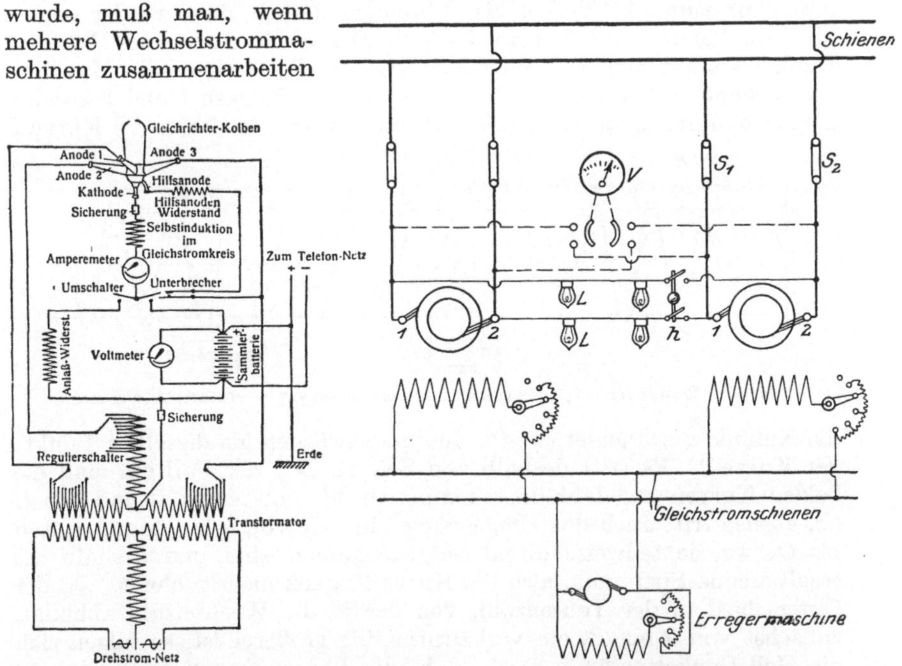

Abb. 374. Schaltungsschema zum Laden einer Akkumulatorenbatterie mit Quecksilberdampfgleichrichter.

Abb. 375. Einphasenmaschinen
mit Phasenlampen.

sollen, nicht nur auf gleiche Spannung achten wie bei Gleichstrommaschinen, sondern auch noch auf gleiche Phase. Man erkennt dies
leicht am Schema Abb. 375. Da die Wechselstromvoltmeter nur die
Spannung anzeigen, so könnten, obgleich die Spannungen beider Maschinen gleich sind, die augenblicklichen Pole gerade falsch sein, also
die Phasen nicht zusammenstimmen, und beim Zusammenschalten beider
Maschinen würde man dann einen Kurzschluß erhalten. Man muß deshalb noch einen Phasenindikator anwenden. Dieser beteht im einfachsten Fall aus den Glühlampen L. Um die zweite Maschine ein-
zuschalten, schließt man zunächst nur den kleinen Hilfshebel h und
verbindet dadurch beide Maschinen vermittels der Lampenleitung. Da
die Lampen unter dem gleichzeitigen Einfluß der Spannungen von beiden

Maschinen stehen, so werden sie dann am hellsten leuchten, wenn beide Spannungen genau zu gleicher Zeit steigen und abnehmen sowie dabei gleiche Richtungen haben. Deutlicher wird das Verhalten der Phasenlampen nach Abb. 376 erklärt. Die erste Maschine, welche schon mit voller Belastung läuft, hat die Kurve *1*. Die zweite Maschine, welche noch leer läuft, hat die Kurve *2*. Die Lampen stehen unter dem Einfluß der aus beiden Kurven resultierenden Kurve *3*, welche als ganz dicke Linie gezeichnet ist. Die Lampen können nur dann richtig hell brennen, wenn die resultierende Spannung, also die Kurve *3* über die Linien *a* und *b* hinaussteigt. Sie brennen deshalb von *0* bis *A* dunkel oder ganz schwach. Von *A* bis *B* brennen sie hell, dann wieder von *B* bis *C* dunkel und von *C* ab wieder hell. Der Wechsel zwischen Hell und Dunkel kommt nur dadurch zustande, daß die leerlaufende Maschine etwas schneller läuft als die belastete. In den Kurven *1* und *2* kommt dies ja dadurch zum Ausdruck, daß die Punkte, in denen die Kurve *1*

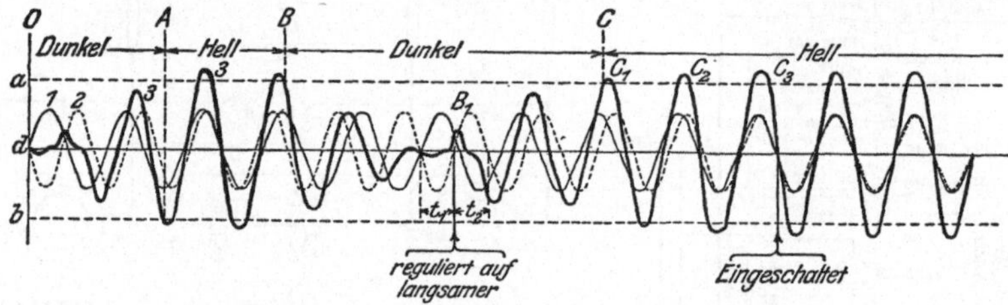

Abb. 376. Resultierende Spannung beim Parallelschalten von Wechselstrommaschinen.

die Nullinie *d* schneidet, weiter auseinanderliegen als dieselben Punkte der Kurve *2*. Es tritt deshalb von Zeit zu Zeit der Fall ein, daß die beiden Kurven ungefähr übereinstimmen wie von *A* bis *B* und von *C* ab, ebenso tritt auch das Umgekehrte ein, wie von *0* bis *A* und von *B* bis *C*, wo sie teilweise direkt entgegengesetzt sind und deshalb die resultierende Spannung, also die Kurve *3*, ganz niedrig bleibt. Da der Unterschied in der Tourenzahl, von der ja die Wechselzahl abhängt, zunächst von *0* bis B_1 ein verhältnismäßig größerer ist, so folgen sich die Hell-Dunkelzustände rasch, d. h. die Phasenlampen flackern, und der Maschinist kann schwer den Zeitpunkt treffen, wo die Lampen gerade hell sind und er einschalten darf. Man beeinflußt deshalb immer die Umlaufzahl der Antriebsmaschine von der zuzuschaltenden Wechselstrommaschine, damit die Zeitdauer der Wechsel in beiden Maschinen ungefähr die gleiche ist. Ganz gleich darf sie natürlich nicht sein, denn dann bliebe die resultierende Spannung immer dieselbe. Die Umlaufzahl der Antriebsmaschine wird gewöhnlich dadurch beeinflußt, daß man von der Schalttafel aus den Regulator mit Hilfe eines kleinen Elektromotors beeinflußt. In Abb. 376 ist angenommen, daß die leerlaufende Maschine bei B_1 auf langsamer beeinflußt wird, es geht deshalb dort die kürzere Zeit t_1 in die etwas längere t_2 über, und die Wechsel zwischen Hell und Dunkel dauern länger, wie man von *C* ab erkennt, wo angenommen ist, daß bei C_3 eingeschaltet wird. Nach dem Einschalten der zweiten Maschine (in Abb. 375 durch Schließen der Schalter S_1, S_2)

bleiben dann beide Maschinen, da sie jetzt elektrisch verbunden sind, in gleicher Phase.

Da die Parallelschaltung von Wechselstrommaschinen nach obigem nicht so ganz einfach ist, hat man verschiedene Hilfsapparate ausgeführt, die diese Vornahme erleichtern. Ein solcher Apparat ist das Weston Synchronoskop nach Abb. 377. Es ist das ein Instrument, welches ähnlich ausgebildet ist wie das Wattmeter dieser Firma. Der Zeiger befindet sich hinter einer durchscheinenden Skala, welche durch eine Phasenlampe beleuchtet wird. Die Schaltung geht ebenfalls aus dieser Abbildung hervor. Die feststehenden Spulen des Instrumentes sind über einen induktionsfreien Widerstand W mit den Sammel-

schienen, die bewegliche Spule über einen Kondensator C mit der einzuschaltenden Maschine verbunden. Normal steht der Zeiger in der Mitte der Skala. Da der Stromkreis der beweglichen Spule einen Kondensator enthält, der der festen Spule dagegen einen Widerstand mit verschwindend geringer Induktion, so können die Ströme in beiden Kreisen so einreguliert werden, daß sie um ein Viertel Periode gegeneinander verschoben sind, sobald die entsprechenden Spannungen (an den Schienen und an der

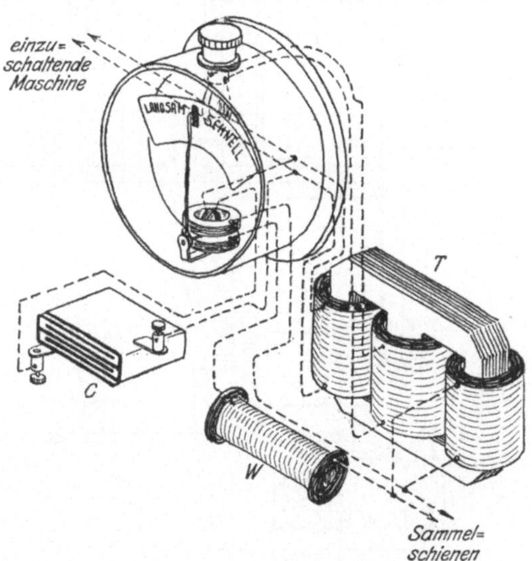

Abb. 377. Weston-Synchronoskop.

zuzuhaltenden Maschine) entweder in Phasengleichheit oder gerade in entgegengesetzter Phase sind. Unter diesen Umständen wird dann auf die bewegliche Spule kein Drehmoment ausgeübt, und der Zeiger wird gerade vor dem schwarzen Fleck auf der Mitte der Skala stehen. Da aber die Phasenlampe nur leuchtet, wenn Phasengleichheit vorhanden ist und dunkel bleibt, bei entgegengesetzter Phase, so ist nur im ersten Fall der Zeiger scharf und deutlich zu erkennen. Laufen die Maschinen nicht mit gleicher Phase, so tritt eine Drehung der beweglichen Spule ein, und zwar erfolgt die Ablenkung nach der einen Seite, wenn der eine Strom gegen den anderen voreilt, und nach der anderen Seite, wenn er nacheilt, und dementsprechend erkennt man, ob die zuzuschaltende Maschine zu schnell oder zu langsam läuft und kann demnach die Umlaufszahl der Antriebsmaschine richtig einstellen. Die Phasenlampe, welche von der resultierenden Spannung beider Maschinen betrieben wird, ist nicht direkt angeschlossen, wie in Abb. 375, sondern mit einem Transformator T, wie dies gewöhnlich geschieht, da Wechselstrom-

maschinen meist Hochspannung erzeugen und die Lampe mit Niederspannung brennen muß. Wie schon aus Abb. 376 hervorgeht, wird der
Zeiger des Instrumentes hin und her schwingen und die Lampe in demselben Takt aufleuchten, so daß der Zeiger, da er immer nur auf einer
Stellung beleuchtet wird, eine Drehung entweder im einen oder im an-

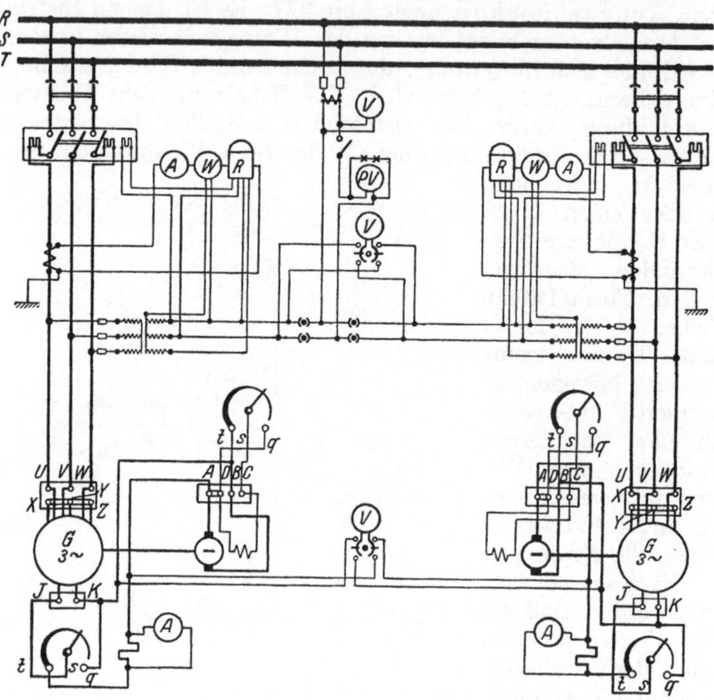

Abb. 378. Parallelarbeitende Drehstrom-Synchron-Generatoren für Hochspannung.

Es sind vorhanden:

2 Synchrongeneratoren	1 einphasiger Spannungswandler mit anmont. Sicherungen
2 Magnetregler	2 dreiphasige Spannungswandler mit anmont. Sicherungen
2 Erregermaschinen	
1 Nebenschlußregler	2 Stromwandler
1 Spannungsmesser	2 Ölschalter mit direkter Überstromauslösung
2 Spannungsmesserumschalter	2 aufgebaute Nullspannungsmagnete
2 Phasenvoltmeter mit anmont. Phasenlampen	2 dreipolige Trennschalter
2 Strommesser	2 zweipolige Steckkontakte mit 1 Stecker
2 Leistungsmesser (bei ungleich belasteten Phasen sind Leistungsmesser für „beliebig" belastete Phasen und ein zweiter Stromwandler erforderlich)	1 einpoliger Schalter, 6 Amp.
	1 Spannungsmesser für die Erregung
	1 Spannungsmesserumschalter für die Erregung
2 Rückstromrelais mit Ruhekontakten	2 Strommesser für die Erregung

deren Sinne auszuführen scheint. Ist die Wechselzahl beider Maschinen
gleich, aber die Phasen ungleich, so bleibt der Zeiger an irgendeiner
Stelle der Skala stehen.

Wie man die Phasenlampen bei Hochspannung und Dreiphasenstrom schaltet, zeigt Abb. 378. Es erhalten sowohl die Lampen
als auch die Meßinstrumente kleine Transformatoren (vgl. Abb. 116).
Außerdem ist, wie auch schon in Abb. 116 für Einphasenstrom angegeben,
ein Wattmeter W, ein Amperemeter A und Voltmeter V notwendig.

Auch hier kämen natürlich selbsttätige Ölschalter mit Überstromausschaltung in Frage, wie sie früher schon beschrieben wurden. Das Zubehör ist unter der Abbildung angeführt.

In Dreiphasenzentralen geschieht der Anschluß der Lampen bei der gewöhnlich angewendeten Sternschaltung nach Abb. 256, und bei den Verteilungsnetzen stehen in den Speisepunkten (vgl. Abb. 370) die Niederspannungstransformatoren, während die Speiseleitungen Hochspannung führen. Die Verteilung der Belastung auf die einzelnen Maschinen kann dann auch nicht mehr wie bei Gleichstrom durch die Regler erfolgen, sondern nur durch Veränderung der Dampfzufuhr zu den Dampfmaschinen.

Zur Konstanthaltung der Spannung auch bei Belastungsänderungen oder Drehzahlschwankungen der Antriebsmaschine benutzt man Magnetregler, wie sie bereits bei den Nebenschlußmaschinen Seite 107 und folgende besprochen wurden. Der Feldregler in Abb. 158a ist ein feinstufiger Widerstand, der in die Erregerwicklung der Gleichstromdynamo eingeschaltet ist. In Wechselstromanlagen erfolgt die Spannungsregulierung durch Einbau eines solchen Reglers in die Magnetwicklung der Erregermaschine. Die Schaltung zeigt die Abb. 190 auf Seite 125.

In Betrieben mit wenig Schwankungen geschieht die Betätigung dieses Reglers von Hand aus. Erfolgen aber die Belastungsschwankungen sehr oft, so müßte dauernd reguliert werden, die Bedienung würde zu teuer, ja bei vielen Belastungsänderungen könnte die Handregelung gar nicht mehr diesen Schwankungen folgen. In solchen Fällen benutzt man automatische Regler.

Erfolgt die Änderung nicht zu stoßweise, so kann man Solenoidregler zur Regulierung verwenden. Die Abb. 379 zeigt das Schaltungsschema eines solchen

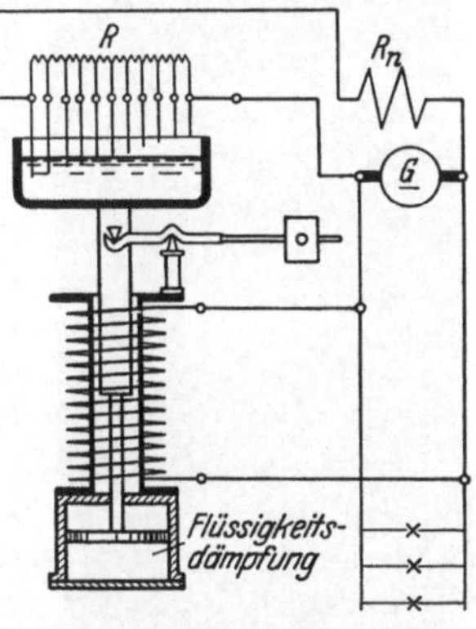

Abb. 379. Solenoidregler.

Solenoidreglers. Dieser besitzt zwei Hauptteile, den Regulierapparat und den eigentlichen Widerstand R, dessen Enden in einer Reihe verschieden langer Kontaktspitzen enden.

Der Regulierapparat besteht aus einer Spannungsspule, in deren Höhlung ein Eisenkern eingezogen wird, welcher an einem Wagebalken mit Laufgewicht aufgehängt ist. Am oberen Ende des Kernes befindet sich ein schmaler Napf, der mit Quecksilber gefüllt ist, in welches die Kontaktspitzen des Widerstandes R eintauchen, und zwar, bei höchster Stellung des Napfes, alle Spitzen. Der Widerstand R ist dann kurz geschlossen, während bei tiefster Stellung des Kerns kein Widerstandsende eintaucht. Der Erregerstrom muß also den ganzen Widerstand durchfließen.

Am unteren Ende des Eisenkerns befindet sich noch der verstellbare Kolben einer Flüssigkeitsdämpfung. (Es sei hier nochmals daran erinnert, daß eine stromdurchflossene Spule einen Eisenkern so in ihre

Höhlung einzuziehen sucht, daß Stab- und Spulenmitte zusammen-fallen.)

Die Arbeitsweise ist nun folgende: Die Spannungsspule, welche an den Klemmen der Dynamo liegt, hält bei normaler Spannung den Wagebalken samt Gegengewicht mit dem Eisenkern im Gleichgewicht. Steigt die Spannung, so wird die Zugkraft größer und zieht den Eisenkern mit dem Napf nach unten, wodurch ein oder mehrere Drahtenden aus dem Quecksilber herauskommen. Dadurch werden die betreffenden Widerstandstufen, die erst durch das Quecksilber kurz geschlossen waren, jetzt in den Stromkreis der Erregerwicklung eingeschaltet, wodurch die normale Spannung wieder hergestellt wird. Bei sinkender Spannung findet das Umgekehrte statt, der Napf mit Eisenkern wird durch das Gegengewicht gehoben, und eine Reihe Widerstände dadurch kurz geschlossen.

Da beim Unterbrechen der einzelnen Widerstandsdrähte stets eine Funkenbildung auftritt, so werden solche Regler nur für Ströme bis etwa 12 A verwendet. Dieser Nebenschlußstromstärke entspricht ungefähr eine Generatorleistung von 80 kW.

Für noch größere Leistungen benutzt man dann Selbstregler nach Abb. 380 Sie unterscheiden sich von den Reglern für Handbetätigung nur dadurch, daß die Verstellung der Kontaktkurbel durch einen angebauten Steuermotor erfolgt. Die Kraftübertragung geschieht entweder durch Riemen auf ein Zahnradvorgelege, wie vielfach von der AEG ausgeführt, oder durch Schnecke auf ein Schneckenrad. Die Betätigung des Motors erfolgt durch ein Spannungsrelais, oder durch ein Kontaktvoltmeter mit Minimum- und Maximumkontakt, welches den elektromagnetischen Umschalter einschaltet, und so mit Hilfe der Kon-

Abb. 380. Selbsttätiger Nebenschlußregler (AEG).

taktkurbel Widerstand zu- oder abschaltet. Die Abb. 380 läßt den Griff für Handbedienung erkennen, damit bei etwa eintretenden Störungen in den Steuerungsorganen der Regler weiter von Hand bedient werden kann.

Beim Eilregler von Siemens wird der ganze Regelbereich in etwa 6 Sekunden durchlaufen.

Auch der Schnellregler der Brown-Boveri & Cie.-Werke beruht ebenfalls auf der Änderung des Widerstandes im Erregerstromkreis. Das Zu- und Abschalten der feinstufigen Widerstände erfolgt durch das Abwälzen von Kontaktsektoren in einer als Hohlkehle ausgebildeten Kontaktbahn. Durch die Konstruktion, auf die hier einzugehen zu weit führen würde, ergibt sich eine praktisch reibungslose und ohne jede Funkenbildung vor sich gehende Verstellung der Segmente, wobei auch die erforderliche Verstellkraft eine sehr geringe ist.

Diese mechanische Kraft wird bei Wechselstromanlagen durch ein nach dem Ferraris-Prinzip (siehe S. 79) gebautes Drehsystem erzeugt, bei Gleichstromanlagen durch ein Drehspulsystem, wie solches bei den Drehspulinstrumenten besprochen wurde. Die ganze Apparatur ist in einem staubdichten Gehäuse untergebracht.

Während die bisher besprochenen Regler beim Ansprechen Widerstand im Erregerstromkreis zu- oder abschalten, wird bei den Schnellreglern nach dem Tirrillsystem ein ganz anderes Prinzip verfolgt. Es wird nämlich der im Erregerkreis liegende Magnetregler durch ein Kontaktpaar ungefähr 250mal in der Minute kurz geschlossen und dann wieder eingeschaltet; wobei sich je nach dem Verhältnis der Zeitdauer zwischen Kurzschließen und Einschalten dieses Widerstandes ein Mittelwert der Erregerspannung einstellt.

Soll in einer Drehstromanlage die Spannung mit Hilfe des Tirrillreglers konstant gehalten werden, so erfolgt dies in der in Abb. 381 schematisch dargestellten Weise. Das Wichtigste des Tirrillreglers sind die beiden Hebelarme H_1 und H_2, die an der einen Seite die Kontaktstücke K_1 und K_2, an den anderen Enden die beiden Eisenkerne M_1 und M_2 besitzen. Der Widerstand des Magnetreglers ist nun kurz geschlossen, wenn der Kontakt K_1 mit K_2 in Berührung kommt. Auf den Hebel H_1 wirkt einerseits die Federkraft F und sucht K_1 nach unten zu ziehen, die Spule M_1 dagegen will je nach der höheren oder niedrigeren Spannung zwischen den Punkten A und B den Eisenkern mehr oder weniger einziehen, so daß dadurch eine schwingende Bewegung des Hebels H_1 eintritt, und dadurch K_1 und K_2 geöffnet

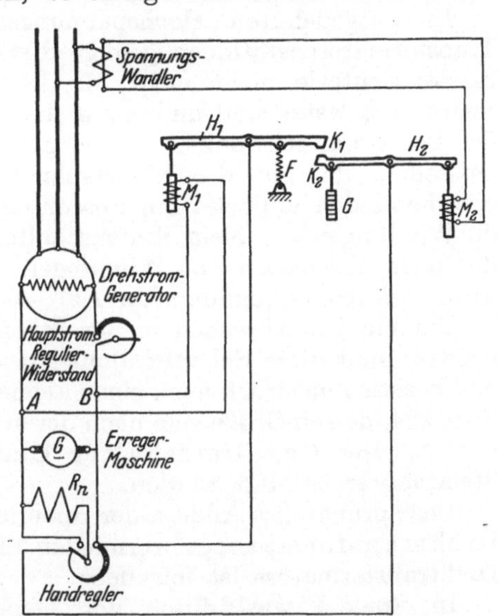

Abb. 381.
Drehstromgenerator mit Tirrillregler.

und geschlossen werden. Die Schließungs- und Öffnungszeit ist nun von der Entfernung der beiden Kontakte K_1 und K_2 abhängig. Diese Entfernung wieder wird durch den vom Spannungswandler gespeisten Zugmagneten M_2 geändert. Wird die Betriebsspannung des Generators kleiner, so wird auch die Kraft der Spule M_2 kleiner, wodurch der schwere Eisenkern nach unten sinkt und den Kontakt K_2 nach oben bewegt. Dadurch wird die Entfernung $K_1 K_2$ kleiner und somit die Zeit des Kurzschließens größer. Die Spannung steigt infolge des größeren Erregerstromes an.

Man kann rechnen, daß durchschnittlich 250 Schwingungen in der Minute erfolgen, so daß also in 24 Stunden sich rund 360 000 Schwingungen ergeben, eine Zahl die höher ist als die Schwingungszahl unserer Taschenuhren. Um die Kontakte K_1 und K_2 zu schonen, baut die AEG noch bis etwa 12 Zwischenrelais ein, welche natürlich besonders kräftige Kontakte tragen.

Da am Prinzip nichts geändert wird, wohl aber die Übersichtlichkeit der Darstellung verlorengehen würde, sind diese Zwischenrelais, ebenso die Umschalter, durch die von Zeit zu Zeit die Richtung der die Kontakte durchfließenden Ströme umgekehrt werden soll, weggelassen.

Auch der Tirrillregler wird sorgfältigst durch gute Abdichtung gegen ein Verstauben geschützt.

Der Schnellregler der Siemens-Schuckert-Werke unterscheidet sich nur durch seinen mechanischen Aufbau von dem Tirrillregler. Statt der Hebelarme H_1 und H_2 dient hier ein Zitterrelais zum Kurzschließen des Magnetreglers. Da die sonstige Arbeitsweise dieselbe ist, soll hier auf diesen Regler nicht näher eingegangen werden.

In ausgedehnten Hochspannungsanlagen mit einer Reihe von Transformatorenstationen genügt die Konstanthaltung der Spannung in der Zentrale nicht mehr, da ja die einzelnen Speisepunkte verschieden belastet sind und somit die sekundären Netzspannungen mit der Belastung schwanken. Hier muß man vielmehr Transformatoren aufstellen, die auf der Niederspannungsseite Anzapfungen, entsprechend den auftretenden Spannungsschwankungen, besitzen, wobei die Windungen zu einem Stufenschalter geführt werden. Das einfache Zu- oder Abschalten von Windungen erhöht oder vermindert sprungweise Sekundärspannung. In Abb. 403 ist dies schematisch gezeigt.

Um ein Unterbrechen in der Stromabgabe beim Schalten zu vermeiden, sind diese Schalter ähnlich wie die Zellenschalter konstruiert, und besitzen natürlich auch einen kleinen Widerstand, so wie in Abb. 366 Seite 224, dessen Größe sich nach der sprungweisen Spannungsänderung richtet. Der Regulierschalter kann von Hand oder durch einen Steuermotor betätigt werden.

Das sprungweise Ändern der Spannung wird durch Verwendung von Drehtransformatoren vermieden. Das Grundprinzip eines solchen Drehtransformators ist folgendes:

In Spule I wird durch den Generator ein Magnetfeld erzeugt, das den punktierten Verlauf in Abb. 382 hat. Die Spule II kann nun um die Drehachse O so gedreht werden, daß einmal alle Feldlinien die Windungen der Spule II durchfluten, wodurch natürlich auch eine elektromotorische Kraft E_2 induziert wird. Ein Herausdrehen der Spule II aus dem magnetischen Felde verringert die Anzahl der die Windungen durchsetzenden Feldlinien, damit wird auch die in der Spule II induzierte EMK kleiner, die Lampen erhalten jetzt eine geringere

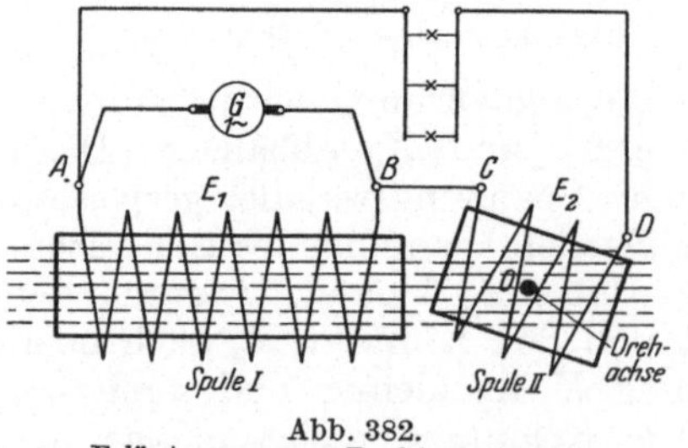

Abb. 382.
Erläuterung zum Drehtransformator.

Spannung als vorhin. Man hat es also durch ein Drehen der Spule II in der Hand, die Spannung AD stetig zu ändern.

In der Praxis wickelt man die Windungen der Spule I auf den Stator, die der Spule II auf den Rotor eines asynchronen Motors.

In Drehstromanlagen benutzt man hierzu einen Drehstrom-asynchronmotor, wobei natürlich der Läufer an einem Rotieren infolge des Drehfeldes gehindert werden muß. Allerdings ändert sich jetzt nicht mehr E_2, sondern der Phasenverschiebungs-winkel zwischen den beiden elektromotorischen Kräften, wodurch, da ja die Addition von E_1 und E_2 nunmehr geometrisch erfolgt, sich auch die Lampen-spannung ändern muß.

Die Verstellung des Rotors, also der Windungen der Spule II geschieht durch Schnecke und Schneckenrad.

Die Betätigung der Verstell-vorrichtung kann entweder von Hand, durch Fernschaltung, oder aber auch automatisch erfolgen. Die Abb. 383 zeigt einen Dreh-transformator mit Handantrieb.

Abb. 383.
Drehtransformator mit Handantrieb.

Eine besondere Art von elektrischen Anlagen sind die elektrischen Bahnen. Das Schema einer Bahnanlage zeigt Abb. 384. G sind die Maschinen in der Zentrale, von denen natürlich noch mehr wie zwei vorhanden sein können. Die negative Sammelschiene ist geerdet und

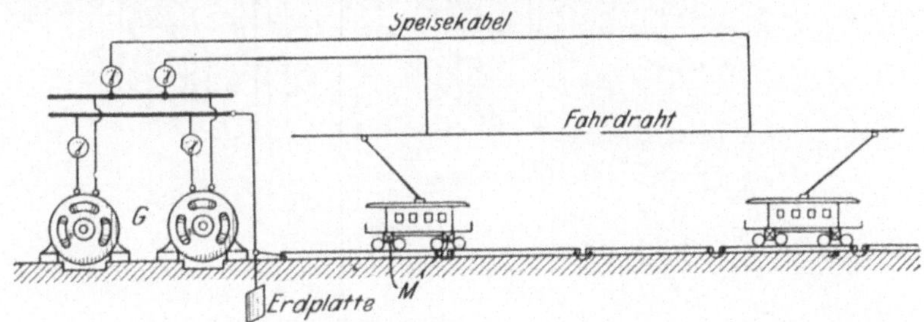

Abb. 384. Schema einer elektrischen Bahn.

gleichzeitig mit den Fahrschienen verbunden. Der Fahrdraht besteht aus einzelnen Abteilungen, deren jede ihr besonderes Speisekabel be-sitzt. Von dem Fahrdraht wird der Strom durch einen Bügel oder eine Rolle abgenommen und zum Motor geleitet, der dann, wie Abb. 385 zeigt,

am eisernen Untergestell des Wagens befestigt ist. Die weitere Fortleitung des Stromes geschieht durch die Räder, Schienen und Erde
zur Zentrale zurück.

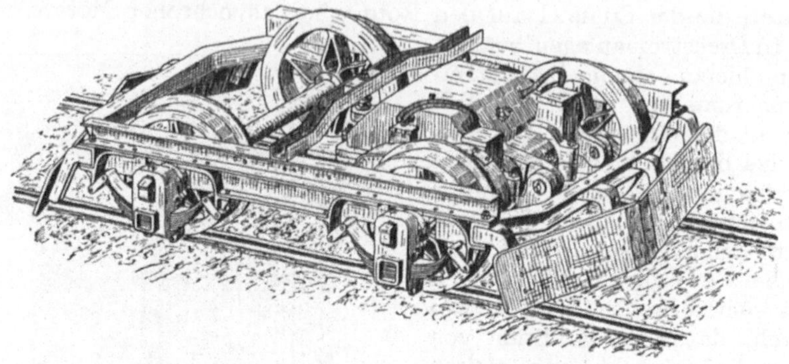

Abb. 385. Untergestell für kleine Straßenbahn.

Die Regelung der Stromaufnahme und der Geschwindigkeit des
Wagens geschieht vermittels Schaltwalzen, welche vorn und hinten

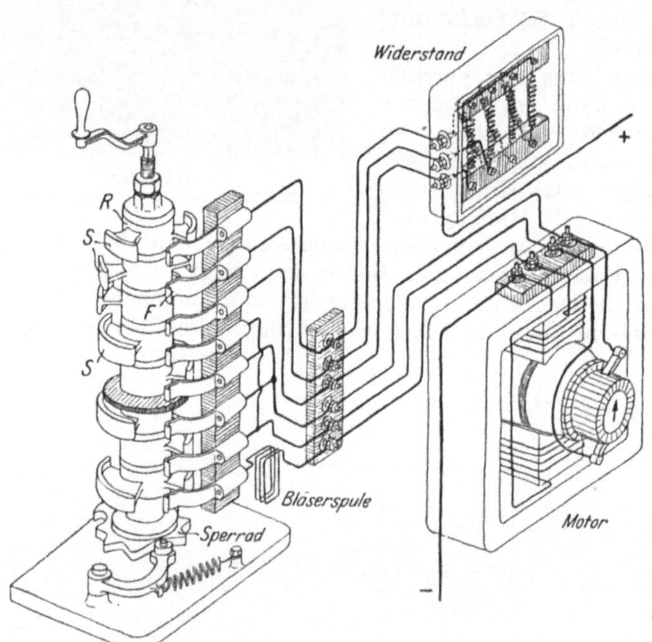

Abb. 386. Schaltwalze mit ihren Verbindungen.

auf den Plattformen angebracht sind. Eine geöffnete Schaltwalze ist
in Abb. 386 dargestellt. An einer senkrechten Welle, die durch eine
Kurbel gedreht wird, befinden sich eine Anzahl Kontaktringe R mit

besonderen Schleifflächen S. Dreht man die Walze, so kommen je nach
ihrer Stellung mehr oder weniger verschiedene der federnden Kontakt-
finger F mit den Schleifflächen in Berührung, und dadurch können die
verschiedenartigsten Schaltungen hervorgebracht werden. Eine ganz
einfache Schaltwalze nur zum Anlassen eines Motors zeigt im Schaltungsschema Abb. 387. Dieses ist so erhalten worden, daß man sich die Walze
aufgeschnitten denkt und dann ausgebreitet aufzeichnet. Die mit römi-

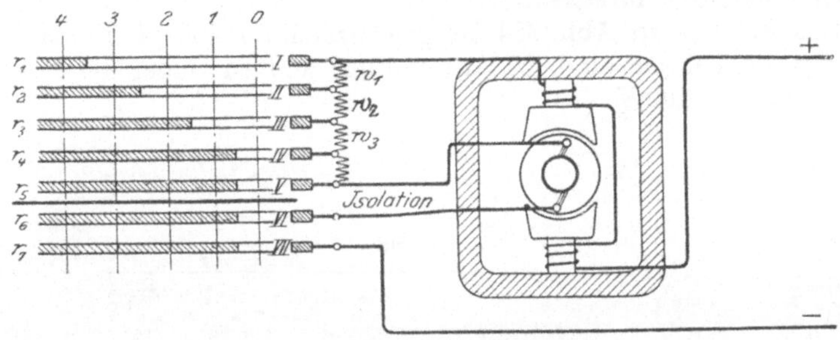

Abb. 387. Schema einer Schaltwalze.

schen Zahlen bezeichneten Kontakte sind die Finger. Steht die Walze
so, daß die Finger auf der Linie 0 stehen, dann ist ausgeschaltet, weil
keiner der Finger auf einer der schraffiert gezeichneten Schleifflächen
aufliegt. Steht die Walze mit der Linie 1 vor den Fingern, so liegen
von diesen IV, V, VI und VII auf, und der Strom geht von $+$ durch
die Magnetwicklung des Motors, darauf durch die Widerstandsstufen
w_1, w_2, w_3 des Anlassers zu Finger V, durch den Anker des Motors

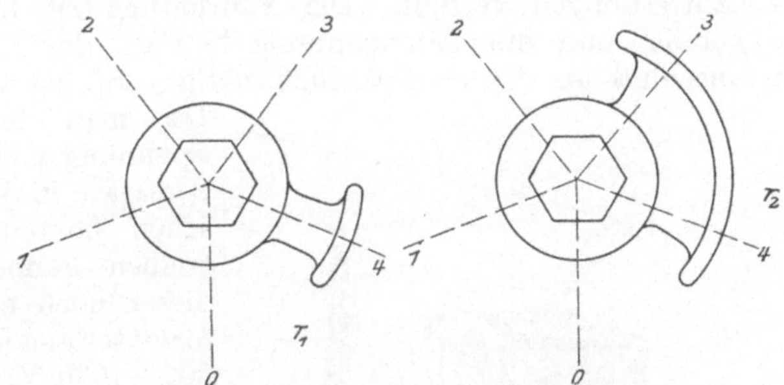

Abb. 388. Kontaktringe zur Schaltwalze.

·nach Finger VI auf Ring r_6, und da dieser wieder mit r_7 verbunden
ist, geht der Strom weiter durch Finger VII zur negativen Leitung.
Damit der Strom nicht vom Ring r_5 zum Ring r_6 herübergeht, ist
zwischen diese beiden Isolation geschoben. Dreht man die Walze auf
Stellung 2, dann liegt außer den in Stellung 1 aufliegenden Fingern auch
noch III auf, so daß dann der Strom von $+$ nur noch durch die beiden
Widerstandsstufen w_1 und w_2 hindurchgeht. Auf Stellung 3 geht er nur
noch durch w_1 und auf Stellung 4 ist aller Widerstand ausgeschaltet,

so daß der Motor die volle Spannung erhält. Aus dem Schema
Abb. 387 ergibt sich, daß der Kontaktring r_1 nur auf Stellung 4
eine Auflagefläche haben darf, r_2 auch noch auf Stellung 3 usw. Daraus
folgt die Form der Ringe r_1 und r_2 nach Fig. 388. Bei einer Schaltwalze
für elektrische Bahnen sind dann noch viel mehr Schaltungen ausführbar; z. B. kann man rückwärts fahren, indem man die Umlaufrichtung des Motors umschaltet, dann kann man mit der Walze
gleich elektrisch bremsen.

Das Schema in Abb. 384 ist gewöhnlich nur bei kleineren Bahnen,
wie Straßenbahnen sind, in Anwendung und ist dabei die Fahrdrahtspannung ca. 500 V.

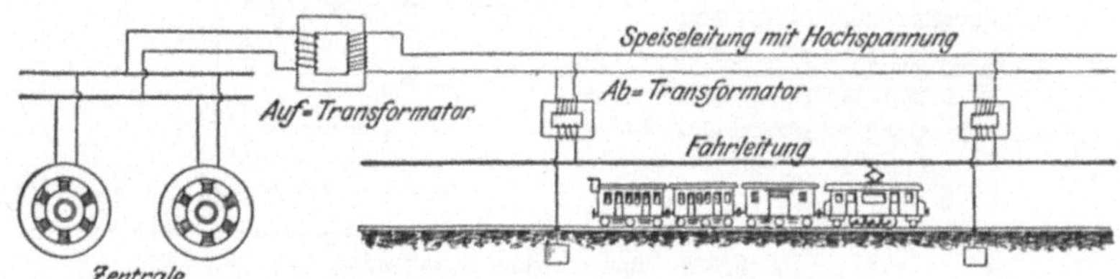

Abb. 389. Schema einer Wechselstromvollbahn.

Bei Überlandbahnen ist man bis auf 2400 V Spannung gegangen.
Größere Bahnen, namentlich Vollbahnen, führt man heute nur noch
mit Wechselstrom aus. Das Schema einer solchen Anlage
zeigt Abb. 389. Die Spannung der Maschinen in der Zentrale
wird zunächst durch einen Auftransformator in Hochspannung
von 80000÷100000 V verwandelt und durch Speiseleitungen auf
sehr weite Entfernungen verteilt. Die Fahrleitung ist in einzelne
Abschnitte geteilt, und die Fahrspannung beträgt, damit nicht zu
häufig ein Anschluß an die Speiseleitung nötig wird, etwa 15000 V.

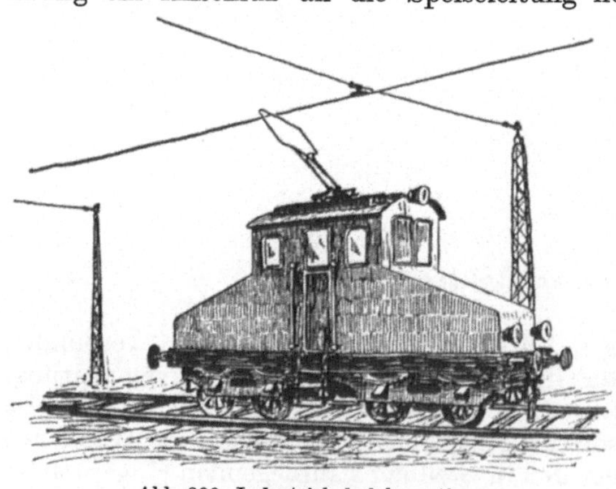

Da man mit dieser Spannung nicht gut die Apparate in der elektrischen Lokomotive betreiben kann, wird in dieser noch ein Transformator angebracht für 300÷1000 V. Die Motoren sind Kollektor-
motoren und werden gewöhnlich für große Leistungen gebaut. Ihre
Wechselzahl beträgt, wie schon früher erwähnt wurde, etwa
$16^2/_3$ Hertz.

Abb. 390. Industriebahnlokomotive.

Abb. 390 zeigt das Äußere einer Lokomotive für industrielle Zwecke
mit Fahrgeschwindigkeiten von etwa 15÷20 km und Fahrdraht-

spannungen von ca. 500 V. Diese Form ist heute ja schon ziemlich bekannt, wird aber nur für kleinere Leistungen angewendet. Zum Betrieb von Schnellzügen und Güterzügen werden schwerere Loko-

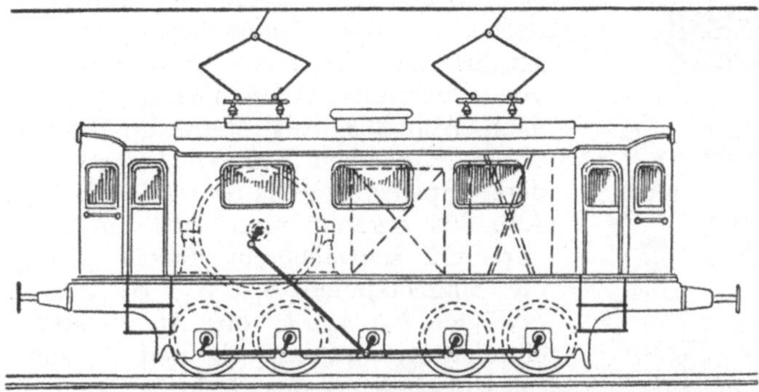

Abb. 391 Große Vollbahnlokomotive.

motiven nach Art der Abb. 391 benutzt. Sie besitzen gewöhnlich nur einen großen Motor von mehreren Hundert bis einigen 1000 PS-Leistung, welcher oben im Wagen steht und durch eine Triebstange

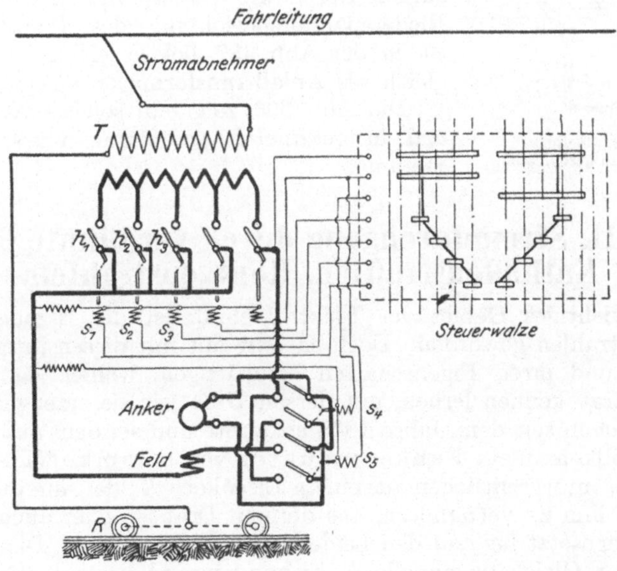

Abb. 392. Schema einer Schützensteuerung.

auf eine Blindwelle arbeitet, die dann mit den übrigen Rädern gekuppelt ist.

Bei den in solchen Lokomotiven auftretenden starken Strömen

16*

kann man auch nicht mehr die einfachen Schaltwalzen nach Abb. 386 verwenden. Man arbeitet dann mit Schützensteuerung, wie sie in Abb. 392 dargestellt ist. Dort wird dann die Steuerwalze, die nach Art der Schaltwalzen Abb. 386 ausgeführt ist, nur zum Ein- oder Ausschalten von besonderen Schützen benutzt, die nach Abb. 393 aus Magneten bestehen, die durch Anziehen eines Ankers a besondere Starkstromschalter S schließen. Aus Abb. 392 erkennt man, daß die Steuerwalze nur mit schwächerem Strom arbeitet und die Magnetspulen S_1, S_2, S_3 usw. für die Schützen h_1, h_2, h_3 des Anlaßtransformators einschaltet, während S_4 und S_5 die Spulen für Umschaltung der Drehrichtung des Motors sind. R sind die Räder der Lokomotive, durch welche die Rückleitung des Stromes erfolgt. Die Hochspannung von 15 000 V, wie vorhin bemerkt war, erzeugt einen Strom von der Fahrleitung durch die Hochspannungswicklung des Transformators T und zurück durch die Räder und Schienen. Die Niederspannungswicklung des Transformators ist in der Abb. 387 dick gezeichnet und dieser gleich als Anlaßtransformator ausgebildet.

Die Abb. 393 zeigt ein solches Schütz, einmal in geöffneter und dann in geschlossener Stellung.

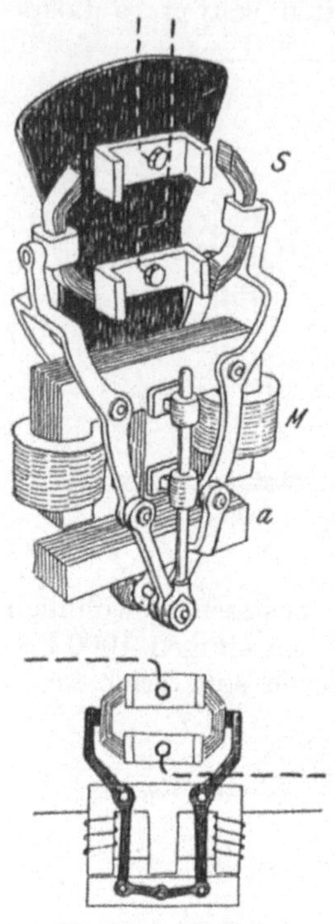

Abb. 393. Schütz, geöffnet und geschlossen.

XVIII. Stromdurchgang durch verdünnte Gase. Kathodenstrahlen. Röntgenstrahlen.

Ein wichtiges Gebiet der Elektrotechnik ist die Erzeugung von Röntgenstrahlen geworden. Doch ehe wir uns mit diesen interessanten Strahlen und ihren Eigenschaften beschäftigen, wollen wir zunächst den Apparat kennen lernen, mit dessen Hilfe wir sie erzeugen. Es ist dies der schon seit dem Jahre 1848 bekannte und seitdem außerordentlich vervollkommnete Funkeninduktor von Rühmkorff (Abb. 394). Er besteht im wesentlichen aus einem Eisenkern K, der, um die Wirbelströme in ihm zu vermindern, aus dünnen Drähten oder auch Blechen zusammengesetzt ist und den beiden Spulen S_1 und S_2. Die Spule S_1 ist mit der Gleichstromquelle E verbunden und besteht aus 2 Lagen eines etwa 2—3 mm dicken, mit Seide oder Baumwolle umsponnenen Kupferdrahtes. Von dem Eisenkern ist die Wicklung durch Preßspan oder auch Hartgummi gut isoliert. Bei den größeren Apparaten wird über die Wicklung noch ein Hartgummirohr geschoben. Die Spule S_2 besteht aus einem etwa 0,2—0,3 mm dicken Kupferdraht, der, zweimal

mit Seide besponnen, in vielen Tausenden von Windungen auf das
etwa 10 mm dicke Hartgummirohr R aufgewickelt ist. Da die in S_2
erzeugte EMK außerordentlich hoch ist, so muß man, wie dies auch
bei den Transformatoren auf S. 167 erwähnt wurde, die Spule S_2 aus
sehr vielen einzelnen Spulen, die die Form dünner Scheiben haben, herstellen (vgl. Abb. 394). Die Windungen der Spulen sind so miteinander
verbunden, daß eine einzige fortlaufende Wicklung entsteht. Rühmkorff stellte seine Apparate mit 3—4 Scheiben her, während heute
mehrere Hundert genommen werden. Die ganze Spule ist in einen
dicken Aufguß aus Paraffin eingehüllt, in den die Klemmen K_1 und K_2
eingesetzt sind, die in Ver-
bindung mit den Enden der
Wicklung stehen. Scheiben
aus Hartgummi nebst einer
dünnen Spule aus demselben
Material schließen die Spule
nach außen ab.

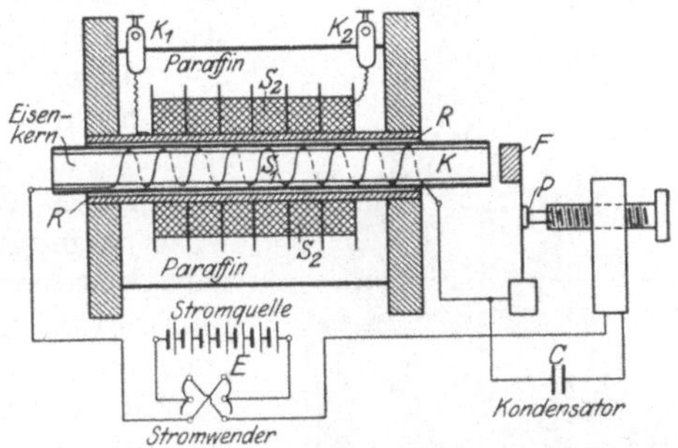

Abb. 394. Schematische Darstellung des
Funkeninduktors.

Die Wirkungsweise ist nun
folgende: Wird der Strom-
kreis der Spule S_1 geschlossen, so entstehen in dem
Eisenkern K Feldlinien, deren
Zahl also von Null bis zu
einem Maximum zugenommen
hat. Infolgedessen entsteht in den Windungen der Spule eine EMK
von gewisser Richtung wie die Regel auf S. 28 ergibt. Wird der
Strom in der Spule S_1 unterbrochen, so verschwinden diese Feldlinien, und in den Windungen der Spule S_2 entsteht abermals eine
EMK, die aber die entgegengesetzte Richtung wie die vorige hat.
Würde man also die Klemmen K_1 und K_2 durch einen Leiter
verbinden, so flösse in demselben ein Wechselstrom. Es besteht
aber zwischen der EMK beim Schließen bzw. Öffnen des primären
Stromes ein bedeutender Unterschied in bezug auf die Größe derselben. Diese hängt nämlich ab einmal von der maximalen Feldlinienzahl, also von der Stärke des primären Stromes, und das andere
Mal von der Geschwindigkeit, mit der die Feldlinien entstehen bzw.
verschwinden. Wie auf S. 29 auseinandergesetzt wurde, entsteht
beim Schließen des primären Stromes in den Windungen der Spule S_1
eine EMK der Selbstinduktion (Extraspannung), die dem Strome entgegengerichtet ist, also verhindert, daß der Strom rasch seinen größten
Wert erreicht. Das Anwachsen der Feldlinien erfolgt demnach nur
langsam, und die EMK in der Spule S_2 bleibt infolgedessen klein. Anders
beim Öffnen des Stromes. Hier hat man durch den Kondensator C
ein Mittel in der Hand, den Strom fast plötzlich zu unterbrechen, d. h.
die Induktionslinien fast augenblicklich zum Verschwinden zu bringen.
Die in der Spule S_2 erzeugte EMK nimmt infolgedessen sehr hohe Werte
an, so daß sie imstande ist, auch in der Luft in Form eines Funkens
überzugehen.

Zusammengefaßt merken wir uns: Beim Schließen des primären Stromes entsteht eine kleine EMK von gewisser Richtung, beim Öffnen eine große von entgegengesetzter Richtung. Der entstehende Strom hat daher bei größeren, äußeren Widerständen zwischen K_1 und K_2, z. B. Luftstrecken, immer dieselbe Richtung, da der Schließungsstrom nicht zustande kommt. Den Klemmen K_1 und K_2 kommen also bestimmte Vorzeichen zu.

Das gute Arbeiten eines Funkeninduktors hängt wesentlich von dem Unterbrecher ab. In Abb. 394 ist als Unterbrecher der Wagnersche oder Neefsche Unterbrecher gezeichnet. Ein Stück Eisen (F) ist an

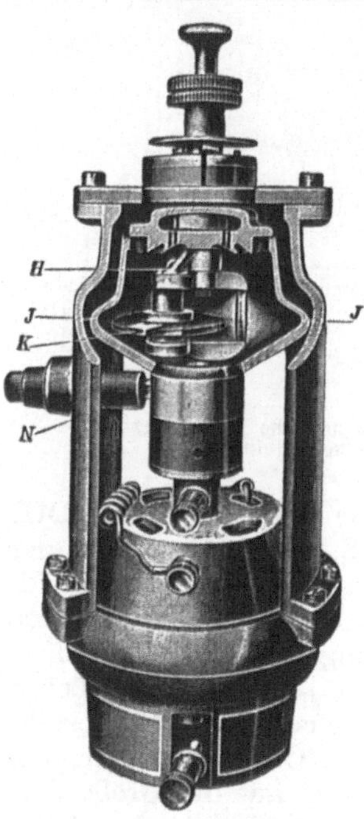

Abb. 395. Rotaxunterbrecher.

einer Blattfeder befestigt, die an einen Platinstift P lehnt. Hierdurch ist der Stromkreis der Stromquelle E geschlossen, der Eisenkern K wird magnetisch und zieht das Eisenstück F an. In diesem Augenblick wird der Strom bei P unterbrochen, der Eisenkern wird unmagnetisch usf. Der Stromkreis wird hierdurch in rascher Folge geschlossen und unterbrochen, wobei beim Unterbrechen die große EMK entsteht. Dieser älteste Unterbrecher, auch Platinunterbrecher genannt, eignet sich nur für kleinere Induktoren, da naturgemäß eine größere Stromstärke durch den stumpfen Kontakt bei P sich nicht unterbrechen läßt. Man verwendet bei größeren Apparaten gegenwärtig fast nur Quecksilberunterbrecher und die elektrolytischen Unterbrecher von Wehnelt und Simon.

Von den Quecksilberunterbrechern, deren es eine große Zahl gibt, soll nur der Rotax-Unterbrecher der Aktiengesellschaft Sanitas, Berlin, näher beschrieben werden.

Er besteht aus dem birnenförmigen Unterbrechergefäß J (Abb. 395), welches durch einen Elektromotor mit vertikaler Welle in Rotation versetzt werden kann. Das im Gefäß befindliche Quecksilber wird bei der Rotation zentrifugal geschleudert und bildet bei J einen in sich geschlossenen Quecksilberring. Ein Kontakträdchen aus Isoliermaterial, dessen Achse von einem Winkelstück getragen wird, ist mit zwei Kupferkontakten K versehen und taucht mit seiner Peripherie in den Quecksilberring hinein, so daß es bei der Rotation des Gefäßes, wie ein Kammrad vom anderen, mitgenommen und ebenfalls in Umdrehungen versetzt wird. Da sein Durchmesser etwa nur halb so groß ist wie der des Quecksilberringes, so macht es annähernd die doppelte Tourenzahl. Dabei taucht nun abwechselnd einmal ein Kupferkontakt, im nächsten Augenblick das Isolationsmaterial des Rädchens in das Quecksilber hinein, wodurch man in schneller Folge Stromschluß und Stromöffnung erhält. Der dem metallischen Gefäß mittels der schleifenden Kontaktkohle N zugeführte Strom gelangt durch das Quecksilber, durch den Kupferkontakt K, das Winkelstück und die durch den isolierenden Deckel hindurchgeführte Achse nach einer oben montierten Klemme, die durch die primäre Wicklung des Induktors hindurch mit dem anderen Pole der Stromquelle in Verbindung steht. Bei H befindet sich eine Quecksilberkammer, die einen gleichmäßigen Kontakt zwischen dem sich bewegenden Rädchen und dem feststehenden Winkelstück gewährleistet.

Um jede Funkenbildung zu verhindern und die Unterbrechung plötzlich herbeizuführen, wird das Gefäß mit einer gewissen Menge Petroleum gefüllt. Dasselbe wird ebenfalls zentrifugal geschleudert und bildet einen zweiten, auf dem Quecksilber aufliegenden Ring.

Anstatt des Petroleums oder Alkohols wird in ähnlich gebauten Apparaten auch Leuchtgas verwendet.

Um die Stromstärke zu ändern, z. B. zu vergrößern, muß man den Stromschluß verlängern. Zu dem Zweck ist die das Winkelstück tragende Achse exzentrisch durch eine Bohrung des Deckels hindurchgeführt, so daß man durch Drehung der Achse das Rädchen mehr oder weniger in den Quecksilberring eintauchen lassen kann.

Bei dem elektrolytischen Unterbrecher von Wehnelt taucht in verdünnte Schwefelsäure (1:20) eine Bleiplatte P und ein dünner Platindraht, der nur mit seinem Ende a aus einem Glas- oder Porzellanrohr herausragt. Man schließt nun den negativen

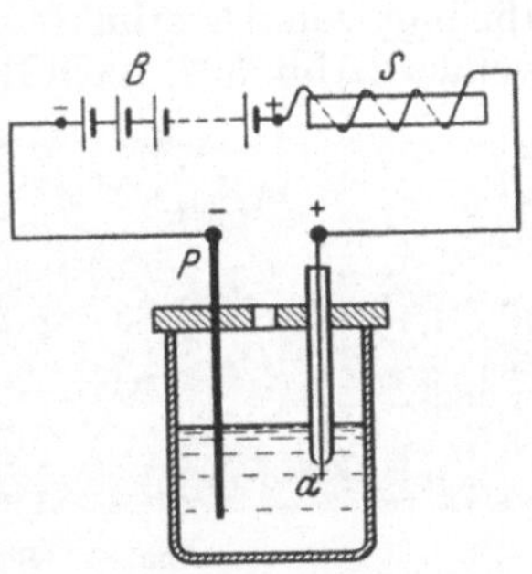

Abb. 396. Wehnelt-Unterbrecher.

Pol der Stromquelle an die Bleiplatte P, den positiven an die primäre Wicklung des Induktor S und den Platindraht a wie Abb. 396 zeigt. Sofort geht ein starker Strom durch den Elektrolyten, wodurch derselbe in Wasserstoff und Sauerstoff zersetzt wird. Da, wo der Platindraht in die Schwefelsäure eintaucht, bildet sich um ihn eine Hülle von Sauerstoff, vermengt mit Wasserdampf, die den Strom unterbricht. Das Wasser tritt wieder an den Stift, wodurch der Stromkreis abermals geschlossen ist, und das Spiel wiederholt sich bis 1000mal in einer Sekunde. Der Kondensator C in Abb. 394 ist bei diesem Unterbrecher nicht erforderlich.

Erwähnt sei noch, daß die beiden beschriebenen Unterbrecher, wegen der großen Anzahl der Unterbrechungen, an jede Gleichstromlichtleitung ohne weiteres angeschlossen werden können.

Versuche mit dem Funkeninduktor.

Verbindet man die Klemmen K_1 und K_2 des Funkeninduktors mit zwei isoliert stehenden Metallkugeln und setzt den Induktor in Tätigkeit, so geht bei einer gewissen Spannung zwischen den beiden Kugeln ein Funken über. Vergrößert man die Entfernung der beiden Kugeln, so muß man auch die Spannung des Induktors entsprechend steigern, um neue Funken zu erhalten. Es entspricht also jeder Spannung eine gewisse Entfernung der Kugeln. Die größte Entfernung, bei der noch ein Übergang der Elektrizität von einer Kugel zur andern stattfindet, heißt die Schlagweite des betreffenden Apparates. Da man die Entfernung der beiden Kugeln leicht, die Spannung aber nur sehr schwer messen kann, so beurteilt man Induktionsapparate nicht nach der Spannung, sondern nach ihrer Schlagweite. Die Schlagweite des Induktors beträgt beispielsweise 40 cm, heißt, daß man die Kugeln 40 cm auseinanderstellen kann, und daß dann, bei genügender primärer Stromstärke, noch ein Funke beim Öffnen des primären Stromes entsteht. Die Klemmen K_1 und K_2 des Induktors in Abb. 394 müssen in diesem Falle natürlich mehr als 40 cm voneinander entfernt sein, weil sonst der Funke zwischen ihnen übergehen würde.

Ersetzt man die eine Kugel durch eine Metallplatte, die andere durch eine Spitze (Abb. 400), so zeigt der Versuch, daß die Schlagweite abhängt von der primären Stromrichtung, die man durch den Stromwender (Abb. 394) nach Belieben ändern kann, und zwar erhält man die

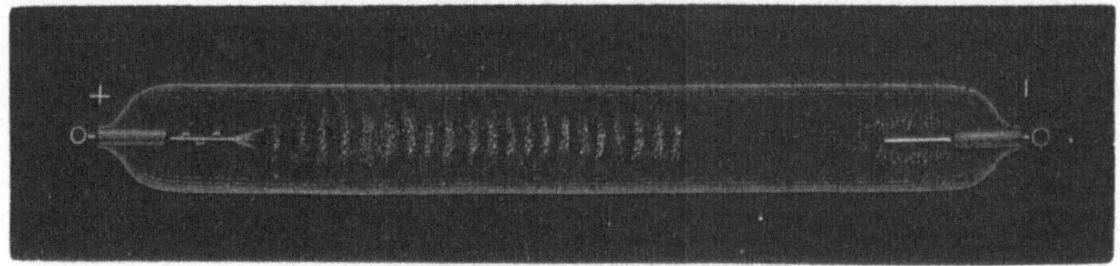

Abb. 397. Lichterscheinung bei geringer Verdünnung.

größere Schlagweite, wenn die Platte mit dem negativen Pol der sekundären Spule des Induktors verbunden ist.

Läßt man den elektrischen Funken eines Induktors in Glasrohren übergehen, aus denen die Luft zum Teil entfernt ist, so zeigen sich daselbst Erscheinungen, die im wesentlichen von dem Verdünnungsgrade der Luft abhängen. Ist die Verdünnung eine mäßige, so erscheint der positive Pol, die Anode, von einem purpurroten Lichtschein umgeben, der fast das ganze gerade, oder auch gekrümmte Rohr ausfüllt, während der negative Pol, die Kathode, von einem blauen Licht eingeschlossen ist. Der Strom geht von der Anode zur Kathode, wobei er allen Krümmungen des Rohres folgt.

Bei gewissen Verdünnungen nimmt man in dem roten Licht tellerförmige Schichtungen wahr, wie solche in Abb. 397 deutlich zu erkennen sind.

Wird die Verdünnung der Luft durch Auspumpen erhöht, so dehnt sich das blaue Licht immer weiter aus, während das rote zurückgeht. Bei sehr großer Verdünnung sind nur noch die Strahlen vorhanden, die von der Kathode ausgehen und sich geradlinig im Rohre ausbreiten, also den Krümmungen desselben nicht mehr folgen und auch nur wenig sichtbar sind. Treffen sie auf die gegenüberliegende Glaswand, so leuchtet diese in grünem Lichte. Nicht alle Gläser leuchten grün, Bleigläser z. B. blau, Didymgläser rot. Ebenso wie das Glas kommen eine Menge anderer Körper, namentlich Mineralien, wenn sie von den Kathodenstrahlen, so nennt man diese Strahlen, getroffen werden, zum Leuchten.

Man nennt dieses Leuchten phosphoreszieren, wenn der Körper nach dem Bestrahlen, eventuell unter Änderung der Färbung, noch eine Zeitlang weiter leuchtet, dagegen fluoreszieren, wenn das Leuchten mit der Bestrahlung aufhört. (Siehe auch die Angaben bei der Analysenlampe auf S. 218.)

Von der Lage der Anode ist der Gang der Kathodenstrahlen ganz unabhängig. Immer gehen sie senkrecht von der Kathodenfläche weg. Ist diese daher ein Stück einer Kugelfläche, so treffen sich die Strahlen im Mittelpunkte der Kugel, den man nun den Brennpunkt nennt, und gehen von ihm aus wieder auseinander. Metallische Körper fluoreszieren nicht, kommen jedoch, in den Brennpunkt gebracht, durch die Wärmeentwicklung zum Glühen.

Die Kathodenstrahlen lassen sich durch einen Magneten ablenken.

Die Kathodenstrahlen gehen durch das Glas des Rohres nicht hindurch, und erst Lenard gelang es (1893), sie durch ein in das Glas eingesetztes Aluminiumfenster von 0,0026 mm Dicke nach außen treten zu lassen, um sie dort zu untersuchen. Die austretenden Strahlen färben die Luft hinter dem Fenster purpurn; Kalkspatkristalle leuchten im hellen Orange auf und leuchten auch nach dem Bestrahlen eine Zeitlang weiter. Kleine Lebewesen werden durch die Strahlen getötet.

Die bisher beschriebenen Erscheinungen in verdünnten Gasen (denn es braucht nicht Luft zu sein) lassen sich nach unseren heutigen Anschauungen wie folgt erklären:

Der Durchgang der Elektrizität durch ein Gas wird in ähnlicher Weise bewirkt wie in einem elektrolytischen Leiter. In diesem bewegen sich, infolge der elektrischen Kräfte, die elektrisch geladenen Moleküle oder Ionen je nach ihrer Ladung in entgegengesetzter Richtung, die positiv geladenen Kationen, nach der negativen Kathode hin, die negative geladenen Anionen, nach der positiven Anode. Die elektrolytische Leitung ist nur möglich, wenn solche Ionen vorhanden sind. Wenn die Moleküle nicht in solche geladenen Teile zerfallen sind, so kann keine Leitung der Elektrizität stattfinden. In den elektrolytischen Flüssigkeiten ist nun der Zerfall in Ionen ohne Mitwirkung des Stromes eingetreten, wie dies auf S. 59 u. folg. erläutert wurde. Bei diesen Elektrolyten bewirkt also der Strom nur eine Verschiebung der Ionen gegen den Widerstand der Flüssigkeit. Da dieser Widerstand beträchtlich ist, so bewegen sich die Ionen in einem flüssigen Elektrolyten mit ganz geringen Geschwindigkeiten[1].

Beim Durchgang der Elektrizität durch Gase haben wir es mit ähnlichen Verhältnissen zu tun, denn auch hier vermitteln die Ionen den

---

[1] Das Wasserstoffion wandert am schnellsten. Trotzdem ist seine Geschwindigkeit nur 0,003 cm pro Sekunde für 1 Volt Spannungsunterschied auf 1 cm Länge.

Stromdurchgang. Da der Widerstand gegen die Bewegung der Ionen sehr bedeutend kleiner ist als im Elektrolyten, so erlangen sie wesentlich größere Geschwindigkeiten. Prallt nun ein positiv geladenes Ion auf die Kathode, so sendet diese hierfür Elektronen aus, d. s. neue elektrische Teilchen, die nur negative Elektrizität enthalten, gleichsam die Atome der negativen Elektrizität. Die Elektronen nehmen, je nach der Höhe der Spannung der Stromquelle, Geschwindigkeiten von 100 000 und mehr Kilometern pro Sekunde an. Wo sie auftreffen, entstehen Licht und Wärmeerscheinungen. Enthält das Rohr noch verhältnismäßig viel Gas, so treffen die Elektronen auf Gasmoleküle und bringen diese hierdurch zum Leuchten (Glimmlicht, vgl. die Lampe Abb. 361, S. 220). Bei größerer Verdünnung des Gases gelangen sie bis zur Glaswand, und diese kommt zum Fluoreszieren, kurz: Die mit einem Bruchteile der Lichtgeschwindigkeit (300 000 km pro Sekunde) fliegenden Elektronen sind die oben beschriebenen Kathodenstrahlen. Außerdem erzeugen die Elektronen im Rohre überall, wo sie auf andere Körper auftreffen, eine neue Art von Strahlen, die nach ihrem Entdecker benannten Röntgenstrahlen. Die Eigenschaften dieser sind nach den Untersuchungen Röntgens etwa folgende:

1. Sie treten aus dem Rohre, in welchem sie erzeugt werden, geradlinig aus, sind aber für unser Auge nicht unmittelbar wahrnehmbar.

2. Treffen sie auf fluoreszenzfähige Körper, so bringen sie dieselben zum Leuchten.

3. Sie wirken auf die photographische Platte ein.

4. Sie durchdringen mehr oder weniger fast alle Körper.

5. Sie lassen sich durch den Magneten nicht ablenken.

6. Sie lassen sich nach Röntgen (1895) weder brechen noch zurückwerfen.

Die unter 6. genannte Eigenschaft hat sich als unrichtig herausgestellt, denn man hat durch besondere Methoden die Ablenkung bestimmt und weiß daher heute, daß die Röntgenstrahlen sehr kurzwelliges Licht sind. Während für die roten Lichtstrahlen die Wellenlänge ein 760 millionstel Millimeter beträgt, ist sie bei den violetten Strahlen nur noch ein 380 millionstel Millimeter und bei den Röntgenstrahlen gar nur 1—0,01 millionstel Millimeter.

Die außerordentlich praktische Wichtigkeit verdanken sie der unter 4. genannten Eigenschaft, nämlich mehr oder weniger alle Körper zu durchdringen. So gehen sie z. B. durch Fleischteile fast ungehindert hindurch, während sie von den Knochen zum größten Teil absorbiert werden. Läßt man diese Strahlen daher auf eine Hand fallen, hinter welche eine Tafel gestellt ist, die mit einer fluoreszierenden Masse (z. B. Bariumplatin-Zyanür) bestrichen ist, so leuchtet die Substanz an den Stellen, wo die Strahlen ungehindert hindurchgegangen sind, heller auf als an den Stellen, wo sie zurückgehalten wurden. Man erhält daher auf der Tafel, die gewöhnlich Schirm genannt wird, eine Art Schattenbild, wie es die Abb. 398 in verkleinertem Maßstabe darstellt. Allerdings ist dieses Bild dadurch erhalten worden, daß man an Stelle des Schirmes eine in schwarzes Papier gepackte photographi-

sche Platte brachte. Da auch metallische Gegenstände die Röntgenstrahlen nur wenig durchlassen, so kann man diese leicht vom Fleisch
unterscheiden, wie dies der Fingerring erkennen läßt.

Im folgenden sollen die zur Erzeugung und Verwendung der Röntgenstrahlen erforderlichen Apparate kurz besprochen werden. Den Haupt-
bestandteil einer Röntgeneinrichtung bildet der Funkeninduktor. Wenn
auch ein Funkeninduktor von 20—25 cm Schlagweite genügt, so empfehlen Fachleute doch Apparate von 40—50 cm. Da das Licht auf dem
Fluoreszenzschirm desto gleichmäßiger wird, je rascher der Unterbrecher arbeitet, so wählt man am liebsten Quecksilber- oder Wehnelt-
Unterbrecher. Die rotierenden Quecksilberunterbrecher sind teurer in
der Anschaffung, brauchen jedoch weniger Strom und Spannung als
die elektrolytischen und schonen infolgedessen das Rohr.

Schon Röntgen hatte gefunden, daß es vorteilhafter ist, die Katho-

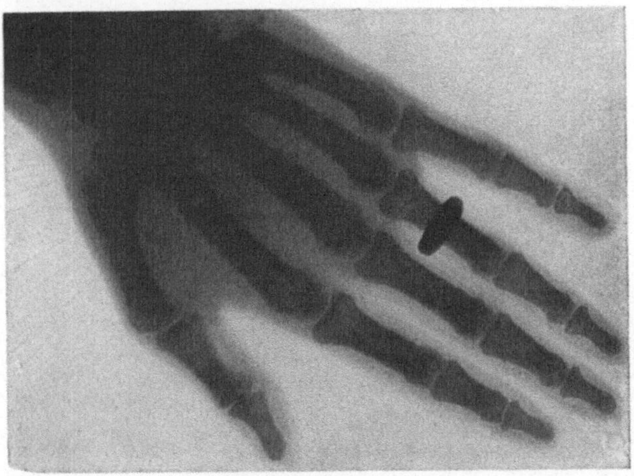

Abb. 398. Röntgenaufnahme.

denstrahlen auf ein Platinblech fallen zu lassen, anstatt auf die gegenüberliegende Glaswand, wie in den allerersten Rohren, um dort die
neuen Strahlen zu erzeugen. Die Abb. 399 zeigt ein derartiges Rohr.
Ein kugelig geformtes Aluminiumblech A bildet die Kathode. Die hier
entstehenden Kathodenstrahlen vereinigen sich auf dem schräggestellten
Platinblech P, der sogenannten Antikathode, wo sie zum Teil reflek-
tiert werden, auf das Glas auftreffen und dieses in dem Strahlenkegel R
zum Leuchten bringen; ein anderer Teil verwandelt sich in Wärme,
durch welche die Antikathode heiß wird und demgemäß gekühlt werden
muß; und ein Teil verwandelt sich in die dem Auge unmittelbar nicht
sichtbaren Röntgenstrahlen, die gleichfalls in den Strahlenkegel R fallen.

Die Anode bildet ein Aluminiumblech B, das mit der Antikathode P
durch einen Draht D verbunden ist. Die Klemmen des Induktors sind
mit F und C oder B zu verbinden. Bei richtiger Einschaltung erscheint

das Rohr in dem Strahlenkegel R hellgrün leuchtend, während die andere Hälfte dunkel bleibt. Sollte die angegebene Beleuchtung nicht eintreten, so hat man falsche Pole und muß schleunigst die Stromrichtung umkehren, entweder indem man den primären Strom des Induktors umkehrt, oder die Drähte am Rohr vertauscht. Die falsche Schaltung längere Zeit bestehen zu lassen, ist nicht zulässig, da hierdurch die Lebensdauer des Rohres verkürzt wird.

Der Ansatz G diente zum Auspumpen und ist zum Schutze gegen Verletzungen mit einem Gummihut überzogen.

Von größtem Einfluß auf die Eigenschaften eines Rohres ist seine Luftverdünnung. Ist diese gering, d. h. enthält das Rohr noch relativ

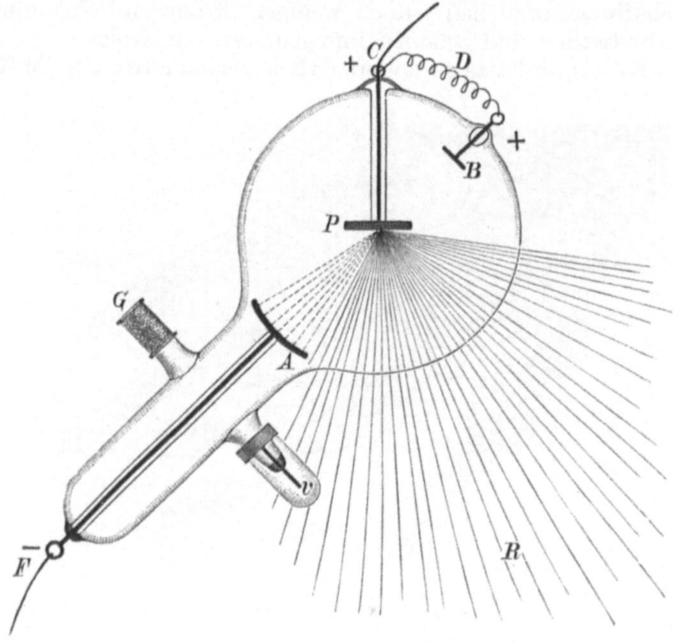

Abb. 399. Röntgenrohr.

viel Luft, so nennt man es weich. Die Spannung an den Klemmen braucht nur eine geringe zu sein, so daß 6—10 cm Schlagweite genügen, um z. B. eine gute Handdurchleuchtung zu erhalten. Nach längerem Betriebe wird die Luftverdünnung größer, indem ein Teil der Luft von den Glaswänden absorbiert wird. Das Bild auf dem Schirm wird heller, und man kann z. B. die Knochen der Handwurzel und des Vorderarmes deutlich von den Weichteilmassen unterscheiden.

Bei weiter fortschreitender Luftverdünnung wird das Rohr immer härter, die Röntgenstrahlen erlangen mehr und mehr Durchdringungsvermögen, die Weichteile erscheinen überhaupt nicht mehr auf dem Schirm, und die Knochen fangen an durchscheinend zu werden. Photographische Aufnahmen geben keine Kontraste. Ein solches Rohr nennt man hart.

Während das ganz weiche Rohr einer Schlagweite von 2—3 cm bedarf, genügen zum Betriebe sehr harter Röhren nur noch Apparate von 40—50 cm, oder es geht überhaupt kein Strom mehr durch dieselben.

Da nun der Röntgentechniker, je nach dem zu untersuchenden Objekt, sowohl weiche wie auch harte Röhren braucht, so haben die Fabrikanten ihre Röhren mit Reguliervorrichtungen versehen, die es gestatten, den jeweilig gewünschten Verdünnungsgrad herzustellen.

So macht man Gebrauch von der Eigenschaft des Platin- bzw. Palladiummetalls, in glühendem Zustand für Wasserstoff durchlässig zu sein, und schmilzt ein Röhrchen v (Abb. 399) aus diesem Metall in das Glas ein; das eine im Rohr befindliche Ende ist offen, das andere, äußere, geschlossen. Ist nun das Rohr zu hart geworden, so entfernt man die Schutzkappe des Röhrchens und erwärmt dasselbe mit einem Streichholz, oder eine Spiritusflamme bis zur Rotglut, wodurch Gas in das Rohr eintritt. Sollte man es dabei zu weich gemacht haben, so braucht man den Strom nur einige Sekunden in falscher Richtung hindurchzuschicken, um sofort wieder eine genügende Härte herzustellen.

Es gibt auch noch andere Reguliervorrichtungen, die sogar automatisch wirken, auf die aber hier nicht näher eingegangen werden soll. Bemerkt soll nur noch werden, daß durch das Auftreffen der Kathodenstrahlen (der Elektronen) auf die Antikathode diese recht heiß wird und deshalb bei länger andauerndem Betriebe gekühlt werden muß, was am einfachsten dadurch erreicht wird, daß man die Masse der Antikathode stark vergrößert.

Wir haben gesehen, daß zum Betriebe von weichen Rohren einige Zentimeter Schlagweite genügen und, wenn wir uns erinnern, daß unser Induktionsapparat beim Schließen des primären Stromes auch eine EMK erzeugt, die der beim Öffnen entgegengerichtet ist, so werden wir uns nicht wundern, daß bei solchen weichen Rohren ebenfalls der Schließungsstrom wirksam ist, also durch das Rohr ein Strom von falscher Richtung fließt. Um dies zu vermeiden, schaltet man in den Stromkreis des Röntgenrohres ein sogenanntes Ventilrohr ein, welches dem Strom nur in einer Richtung den Durchgang gestattet. Die Abb. 400 zeigt den vollständigen Anschluß eines Röntgenrohres mit einem Ventilrohr. Damit beim Zuhartwerden des Rohres die Funken nicht etwa zwischen F und C übergehen, ist parallel zum Rohr eine Funkenstrecke, bestehend aus Platte und gegenüberstehender Spitze, eingeschaltet.

Wir wollen uns nun zu erklären versuchen, von was das Durchdringungsvermögen der Röntgenstrahlen abhängt. Die heutigen Forschungen erteilen die Antwort: „Das Durchdringungsvermögen der Röntgenstrahlen hängt lediglich von der Geschwindigkeit ab, mit der die Kathodenstrahlen (Elektronen) die Antikathode treffen." Enthält das Rohr noch relativ viel Gas, so prallen die Ionen mit Molekülen zusammen, wodurch Elektronen frei werden, die hierbei entstehenden Elektronen erreichen aber nur eine geringe Geschwindigkeit, und zwar einmal weil die Spannung zwischen Kathode und Antikathode nur gering ist (siehe weiches Rohr) und außerdem, wenn der Zusammenstoß in der Nähe der Antikathode stattfand, die Weglänge, auf welcher die elektrische Kraft das Elektron treibt, nur klein bleibt. Hieraus folgt

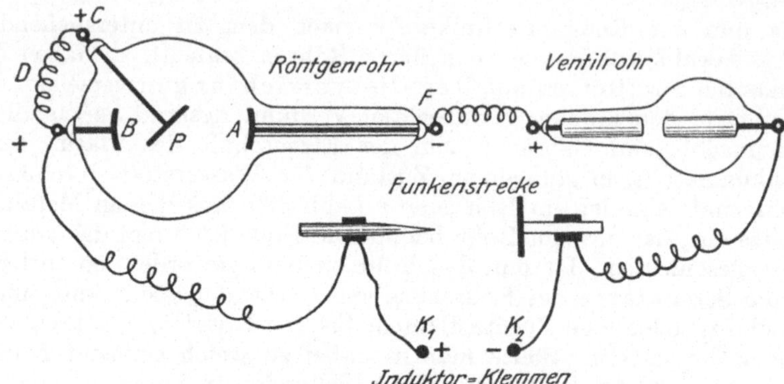

Abb. 400. Anschluß eines Röntgenrohres einschl. Ventilrohre.

zwingend, daß bei demselben augenblicklichen Verdünnungszustand des Gases die einzelnen Strahlen verschiedene Geschwindigkeiten erhalten werden, abhängig vom Ort des Zusammenpralls. Die größte Geschwindigkeit erreichen die von der Kathode ausgehenden Elektronen, weil auf sie die elektrische Spannung am längsten wirkt. Nimmt die Verdünnung des Gases zu, so werden Zusammenstöße zwischen den einzelnen Gasteilchen immer seltener, und die meisten Kathodenstrahlen gehen von der Kathode selbst aus.

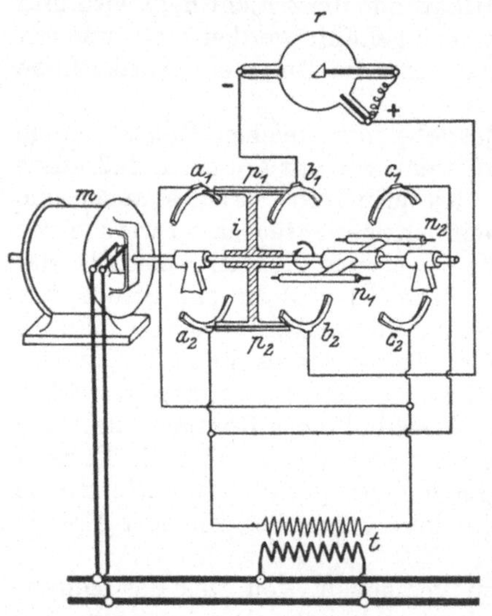

Abb. 401. Hochspannungsgleichrichter.

Auf der Antikathode werden beim Auftreffen der Elektronen nun Röntgenstrahlen erzeugt, und zwar desto kurzwelligere und damit desto durchdringungsfähigere, je größer ihre Geschwindigkeit war. Aus dieser Erklärung folgt, daß jedes mit Gas gefüllte Röntgenrohr Röntgenstrahlen von verschiedenem Durchdringungsvermögen erzeugen muß. Da aber dem Arzt, wenn er Röntgenstrahlen von großer Durchdringungskraft braucht, wie dies bei der sogenannten Tiefentherapie der Fall ist, mit den Strahlen von geringer Durchdringungskraft nicht gedient ist, so müssen die letzteren durch Blenden, d. s. dünne Aluminiumbleche, zurückgehalten werden, wodurch natürlich auch die gewünschten Strahlen an Wirksamkeit verlieren.

Um den Röntgentechniker über das Durchdringungsvermögen der Röntgenstrahlen zu unterrichten, hat man Härteskalen eingeführt, die gleichfalls auf der Durchlässigkeit der Strahlen durch dünne Metalle beruhen. Man kennt die Härteskalen von Benoist, Walter, Wehnelt und Bauer. Bei der letzten wird die Spannung des Rohres mit einem elektrostatischen Instrument gemessen und hiernach die Härte beurteilt.

Bisher wurde stillschweigend vorausgesetzt, daß zum Betriebe des Induktors Gleichstrom zur Verfügung stünde. Ist nur Wechselstrom vorhanden, so muß dieser in Gleichstrom umgewandelt werden, was ja nach den auf den Seiten 165ff. und 170ff. beschriebenen Methoden leicht auszuführen ist.

Man kann aber auch den Wechselstrom in einem Wechselstromtransformator auf hohe Spannung bringen und diesen mit Hilfe eines rotierenden Hochspannungsgleichrichters gleichrichten. Da das Rohr jetzt Gleichstrom zugeführt erhält, ist das gefürchtete Schließungslicht unmöglich.

Der Hochspannungsgleichrichter der Firma Siemens & Halske ist schematisch in Abb. 401 dargestellt. Er besteht aus drei Paaren in drei parallelen Ebenen angeordneter, feststehender Kontakte a_1, a_2, b_1, b_2 und c_1, c_2, deren jeder ungefähr ein Viertel eines Kreisbogens umfaßt, und aus den zwischen den festen Kontaktsegmenten rotierenden, zur Drehachse parallelen Kontaktstäben p_1, p_2 und n_1, n_2. Da letztere paarweise in zwei aufeinander senkrechten Ebenen liegen, so ist das eine Paar von ihnen (z. B. n_1, n_2) stets außer Betrieb, wenn das andere Paar (also p_1, p_2) gerade Kontakt macht. Von den festen Kontaktsegmenten sind die äußeren mit den beiden Hochspannungsklemmen des Transformators, und zwar die Segmente a_1 und c_2 mit der einen, a_2 und c_1 dagegen mit der anderen Klemme verbunden, so daß während der einen, z. B. der positiven Halbwelle a_2 und c_1 positive Pole und a_1, c_2 negative Pole darstellen, während im Laufe der nächsten, d. h. der negativen Halbwelle umgekehrt a_1 und c_2 positive, a_2 und c_1 negative Pole sind. An die mittleren Segmente b_1 und b_2 ist die Kathode bzw. die Antikathode des Röntgenrohres angeschlossen.

Die Welle des Gleichrichters ist mit derjenigen eines vierpoligen Synchronmotors m (s. S. 139) gekuppelt, der von dem Wechselstromnetz, dem der Transformatorstrom entnommen ist, gespeist wird und demzufolge mit diesem synchron rotiert. Während einer Periode des Wechselstromes vollführt der Motor und somit der rotierende Teil des Gleichrichters eine halbe Umdrehung; es ist also die Zeitdauer, während welcher das eine Paar von Kontaktstäbchen, z. B. p_1, p_2 zwischen den Kontaktsegmenten a_1, b_1, a_2, b_2 verweilt, gleich der Dauer einer halben Periode, vorausgesetzt, daß die Kontaktsegmente sich genau auf je einen Viertelkreisbogen erstrecken, was nicht ganz der Fall ist, weil sonst beim Übergang von dem einen Stabpaar auf das andere für kurze Zeit der Transformator kurz geschlossen wäre.

Wir erkennen also, daß für die Zeit eines Stromwechsels p_1, p_2 mit dem Rohre, dann für den nächsten Stromwechsel aber n_1, n_2 verbunden ist. Dem Rohre wird also dauernd gleichgerichteter Strom zugeführt.

Diese Apparate sollen so vorteilhaft sein, daß die Firma Siemens & Halske sie auch dann empfiehlt, wenn nur Gleichstrom zur Verfügung steht, dieser also erst in Wechselstrom umgeformt werden muß.

Die bisher besprochenen Röntgenrohre mußten, um einen Strom hindurchzulassen, noch etwas Gas enthalten (s. auch S. 249).

Verschiedene Physiker, wie Wehnelt, Lilienfeld, Langmuir und Coolidge, kamen nun auf die Idee, Kathodenstrahlen im luftleeren Raum zu erzeugen. Man hatte nämlich gefunden, daß man durch Glühen von Metallen bzw. Oxyden Elektronen aus ihnen austreiben konnte. Wenn nun die Elektronen elektrischer Strom sind, so war es nur erforderlich, diesen Elektronen die genügende Geschwindigkeit zu erteilen, indem man das glühende Metall zur. Kathode einer Hochspannungsquelle machte.

Das von der AEG hergestellte Coolidgerohr hat als Kathode eine Wolframdrahtspirale, während die Antikathode aus einem massiven Wolframklotz besteht, wie die Abb. 402 leicht erkennen läßt. Führt man der Heizspirale aus einer Akkumulatorenbatterie oder einem

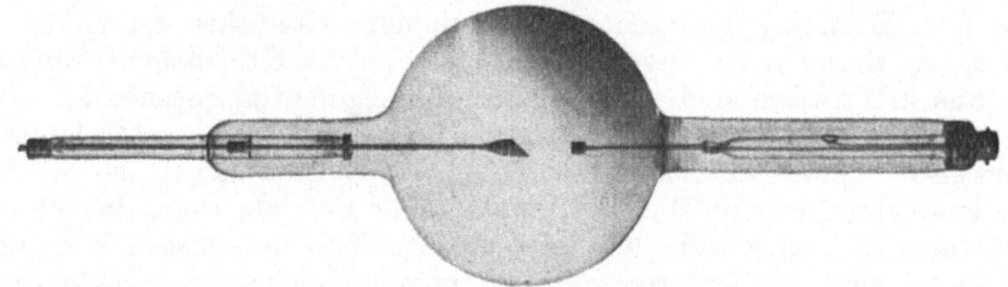

Abb. 402. Coolidge-Rohr.

kleinen, besonderen Transformator, erforderlich sind etwa 5 V und 4 A, Strom zu, so sendet der weißglühende Draht Elektronen aus, deren Zahl mit der Temperatur des Drahtes steigt. Durch die angelegte Hochspannung erhalten die Elektronen die gewünschte Geschwindigkeit und verwandeln sich so beim Auftreffen auf der Antikathode in Röntgenstrahlen. Die Durchdringungsfähigkeit dieser, also die Härte des Rohres, hängt nur ab von der Größe der angelegten Hochspannung, während die Stromstärke im Rohr von ihr unabhängig ist und sich lediglich durch den Heizstrom regulieren läßt. Will man z. B. 4 Milliampere (0,004 A) durch das Rohr schicken, so stellt man, bei beliebiger Hochspannung, den Heizstrom so ein, daß die verlangten 4 Milliampere hindurchgehen. Ändert man jetzt die Hochspannung, so bleibt die Stromstärke 4 Milliampere unverändert bestehen, nur wird die Härte des Rohres bei höherer Spannung eine größere.

Auf einen Umstand möge bei den luftleeren Röhren besonders hingewiesen werden. Würde man das Rohr falsch anschließen, so entstünde, selbst bei außerordentlich hoher Spannung, kein Strom, da ja die Elektronen, die von dem Heizdraht ausgehen, es sind, die den Strom darstellen und diese bei falscher Polarität am Austritt aus dem Heizdraht verhindert werden, weil sie dann ja keine Abstoßung, sondern eine Anziehung erleiden. Ein derartiges Rohr. wirkt also als Gleichrichter, kann demnach auch ohne weiteres mit Wechselstrom betrieben werden. Ja dies, dürfte sogar die vorteilhaftere Betriebsart sein. Denn bei Gleichstrom kann man die Spannung nur durch vorgeschaltete Widerstände regulieren, die viel Leistung nutzlos in Wärme umsetzen, während bei Wechselstrom die Spannungsänderung verlustlos herbeigeführt wird durch Änderung des Übersetzungsverhältnisses, wie dies aus der Formel 29 (S. 58) hervorgeht.

45. B e i s p i e l : Ist $w_1 = 1000$, $w_2 = 50\,000$ Windungen, $U_1 = 220$ V, so wird

$$U_2 = 220 \cdot \frac{50\,000}{1000} = 11\,000 \text{ V}.$$

Macht man jetzt $w_1 = 100$ Windungen, so wird $U_2 = 110\,000$ V.

Da der Heizdraht und die Kathode den einen Pol gemeinsam haben, so muß die Heizstromquelle ebenfalls gut isoliert sein, um Erdschlüsse zu vermeiden, was bei Wechselstrombetrieb einfach durch einen kleinen Heiztransformator erreicht wird. Die Abb. 403 gibt das Schaltungsschema an, welches wohl keiner weiteren Erläuterung bedarf. Schalter und Sicherungen sind weggelassen. Bei konstanter Netzspannung gehört zu jedem Kontakt der primären Wicklung des Hochspannungstransformators eine bestimmte sekundäre Spannung, die man an einem Voltmeter ablesen kann.

Es war auf S. 256 gesagt worden, daß man die Härte des Rohres lediglich durch die Spannung einstellt. Es könnte hieraus der falsche Schluß gezogen werden, daß das Rohr jetzt auch nur Strahlen einer Härte liefert.

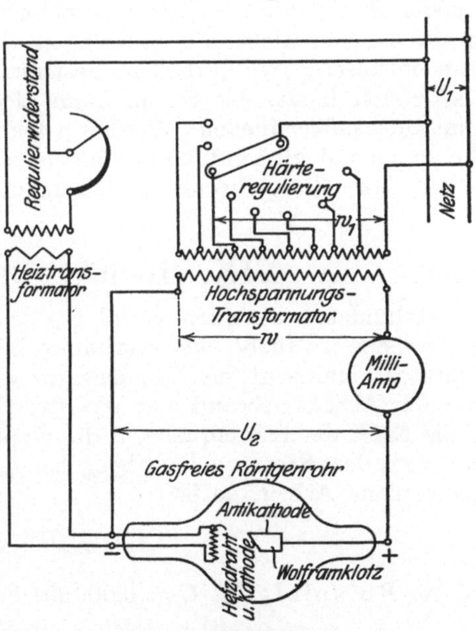

Abb. 403.
Betrieb des gasfreien Rohres mit Wechselstrom.

Das ist natürlich nicht der Fall, denn wie wir gesehen haben, hängt das Durchdringungsvermögen von der Geschwindigkeit ab, die den Elektronen erteilt wurde, und diese ist abhängig von der jeweiligen Spannung an den Elektroden. Wenn auch unser Strom im Rohre immer dieselbe Stärke besitzt, da er ja nur von der Temperatur der Heizspirale abhängt, so ist doch die Spannung an den Elektroden veränderlich, denn sie ändert sich während einer Viertelperiode von Null bis einem Maximum, so daß demgemäß auch ein Gemisch von weichen und harten Strahlen erzeugt wird. Wollte man Strahlen nur einer Härte erzeugen, was für die Tiefentherapie von großer Bedeutung wäre, da man dann ohne Blenden auskäme, so müßte man das gasfreie Rohr mit hochgespanntem konstanten Gleichstrom treiben, wie man einen solchen etwa durch Influenzmaschinen erhält. Die Firma Siemens hat einen anderen Weg eingeschlagen, indem sie durch Gleichrichter nach besonderer Schaltung eine nahezu konstante Gleichstromspannung an den Elektroden des Rohres erzeugt, worauf hier jedoch nicht mehr weiter eingegangen werden soll.

Der Austritt von Elektronen aus weißglühenden Körpern gestattet nun auch eine einfache Erklärung des Vorganges beim Quecksilbergleichrichter (vgl. S. 171 das Inbetriebsetzen). Wenn sich zwischen *b* und *B* (Abb. 259 und Abb. 260) der Lichtbogen durch das Zerreißen des stromdurchflossenen Quecksilberfadens gebildet hat, so treten aus dem weißglühenden Quecksilber Elektronen aus, die von dem Quecksilber, wenn es Kathode ist, fortgetrieben werden zu einer der augenblicklichen Anoden *A*. Da die Elektroden *A* nicht zum Glühen kommen, so können sie auch keine Elektronen aussenden und somit den Strom leiten, der ja nach unserer (willkürlichen) Festsetzung immer entgegengesetzt den Elektronen fließt, der Strom kann also immer nur in der Richtung zum Quecksilber fließen. Werden jedoch durch Überlastung des Rohres die Anoden *A* glühend, so senden sie ebenfalls Elektronen aus, und es treten dann die gefürchteten Rückzündungen ein.

XIX. Hochfrequenzströme.

Verbindet man einen Kondensator (vgl. S. 43) mit einer Gleichstromquelle, so fließt eine bestimmte Elektrizitätsmenge auf den Kondensator. Man sagt, der Kondensator wird geladen. Hierzu gehört ein gewisser Arbeitsaufwand, den die Stromquelle leisten muß. Bezeichnet *E* die EMK der Stromquelle, *C* die Kapazität des Kondensators und *A* die von der Stromquelle abgegebene, d. h. vom Kondensator aufgenommene Arbeit, so ist

$$A = \frac{1}{2}\, CE^2 \text{ Joule}. \tag{40}$$

46. Beispiel: Ist $C = 0{,}000\,001$ Farad, $E = 10\,000$ V, so wird

$$A = \frac{1}{2} \cdot 0{,}000\,001 \cdot 10\,000^2 = 50 \text{ Joule}.$$

Diese Arbeit kann man aufbewahren, sie wird erst wieder frei, wenn man den Kondensator entladet, d. h. die beiden Klemmen K_1 und K_2 in Abb. 55, S. 43 miteinander durch einen Leiter verbindet. Diesen Vorgang der Entladung wollen wir nun etwas näher betrachten.

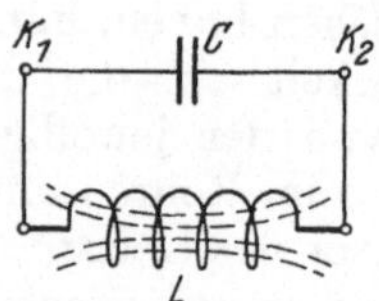

Abb. 404. Entladung des Kondensators.

In Abb. 404 sei *C* der geladene Kondensator, dessen Klemme K_1 mit dem positiven Pol der Stromquelle verbunden war, *L* eine Spule ohne Eisen mit dem Selbstinduktionskoeffizienten *L*.

In dem Augenblick, in dem die Verbindung der Klemmen geschieht, fließt von K_1 ein Strom durch die Spule und erzeugt Induktionslinien in ihr, wodurch eine dem Strom entgegengerichtete EMK entsteht, die verhindert, daß der Strom momentan den Höchstwert annimmt. Hat er seinen Höchstwert erreicht, so ist die EMK Null geworden, und wenn nun der Strom wieder abnimmt, so entsteht eine neue EMK, die aber jetzt dem Strome gleich gerichtet ist, wie dies ja aus den Regeln auf S. 28 hervorgeht. Diese EMK ladet den Kondensator von neuem, nur daß jetzt die Klemme K_2 positiv wird. Sind keine Verluste vorhanden, was wir der Einfachheit halber zunächst annehmen wollen, so ist die ganze Arbeit wieder auf dem Kondensator angelangt, wenn der Strom den Wert Null erreicht hat. Nun wiederholt sich der Vorgang der Entladung, nur fließt jetzt der Strom in entgegengesetzter Richtung solange durch die Spule, bis der Kondensator wieder die ursprüngliche Arbeit aufgenommen hat. Wir erkennen also, daß in der Spule ein Wechselstrom fließt, dessen Periodenzahl in folgender Weise gefunden werden kann: Der Strom in der Spule L wächst bei der ersten Entladung des Kondensators von 0 bis zum Strommaximum (J_{max}) an, wobei in der Spule die Arbeit $\frac{1}{2} L J_{max}^2$ in Form der erzeugten Induktionslinien aufgespeichert wurde (vgl. S. 31). Diese Arbeit wurde dem geladenen Kondensator entnommen, in welchem die Arbeit $\frac{1}{2} C E_{max}^2$ aufgespeichert worden war, also muß

$$\frac{1}{2} L J_{max}^2 = \frac{1}{2} C E_{max}^2 \qquad \text{(I)}$$

sein. Da wir vorläufig annehmen, daß keine Verluste stattfinden, so ist der Echtwiderstand unserer Spule Null, also nach Gl. 14a ist: $J_{max} = E_{max} : L\omega$. Setzt man diesen Wert in I ein, so wird:

$$\frac{1}{2} L \left(\frac{E_{max}}{L\omega}\right)^2 = \frac{1}{2} C E_{max}^2$$

wo $\omega = 2\pi f$ nach Formel 12 ist, woraus

$$f = \frac{1}{2\pi\sqrt{CL}} \quad \text{Hertz} \qquad \text{(41)}$$

folgt. C ist in Farad und L in Henry einzusetzen.

47. Beispiel: Ist $C = 0{,}00000045$ F, $L = 0{,}000007$ H, so wird

$$f = \frac{1}{2\pi\sqrt{0{,}00000045 \cdot 0{,}000007}} = 89\,700 \text{ Hz} .$$

Man erkennt hieraus, daß auf diese Weise Wechselströme fast beliebig hoher Periodenzahl erzeugt werden können, wenn nur C und L entsprechend gewählt werden.

Da aber jeder Draht sowohl Kapazität als auch Induktivität besitzt, so kann man mit C und L gewisse Grenzen nicht unterschreiten.

Diese Wechselströme breiten sich bei geeigneten Anordnungen mit Lichtgeschwindigkeit, d. i. 300000 km pro Sekunde, im Raume aus, und man spricht daher, entsprechend den Erscheinungen des Lichtes öfters von ·Schwingungen als von Perioden.

Die Entfernung von A bis C einer Periode (Abb. 405) nennt man

Wellenlänge und bezeichnet sie mit λ (lambda); es ist dies die Entfernung, um die sich eine Schwingung im Raume fortpflanzt. Sie wird gefunden, wenn man die Lichtgeschwindigkeit mit der Zeitdauer T einer Periode multipliziert, oder da ja $T = 1:f$ ist (vgl. S. 32) die Lichtgeschwindigkeit durch die Frequenz dividiert. Durch eine Formel ausgedrückt, ist

$$\lambda = 300\,000 \cdot T = \frac{300\,000}{f} \ \mathrm{km}. \tag{42}$$

48. **Beispiel:** Für die oben errechnete Frequenz $f = 89\,700$ Hz ist $\lambda = 300\,000 : 89\,700 = 3{,}35$ km. Wollte man Wellenlängen von 300 m (0,3 km) erzeugen, so müßte $f = 300\,000 : \lambda = 300\,000 : 0{,}3 = 1\,000\,000$ Hz sein.

Doch diese Betrachtungen gehören mehr in das Gebiet der drahtlosen Telegraphie und Telephonie, auf die hier nicht weiter eingegangen

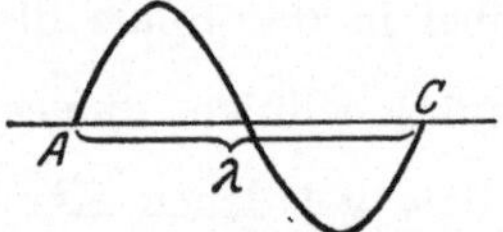

Abb. 405. Ungedämpfte Schwingung.

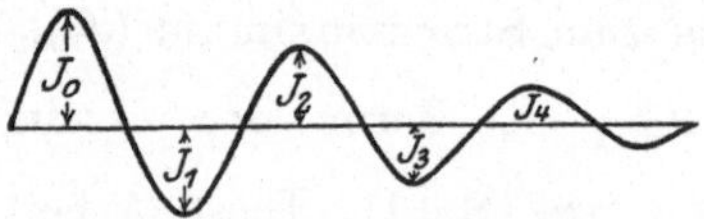

Abb. 406. Gedämpfte Schwingungen.

werden kann. Jedenfalls haben wir in der Entladung eines geladenen Kondensators durch eine Spule ein Mittel kennengelernt, um Wechselströme sehr hoher Frequenz, sogenannte **Hochfrequenzströme**, zu erzeugen.

Leider verläuft der Vorgang nicht ganz in der bisher angenommenen Weise. Denn zunächst ist es nicht möglich, die Spule L in Abb. 404 an

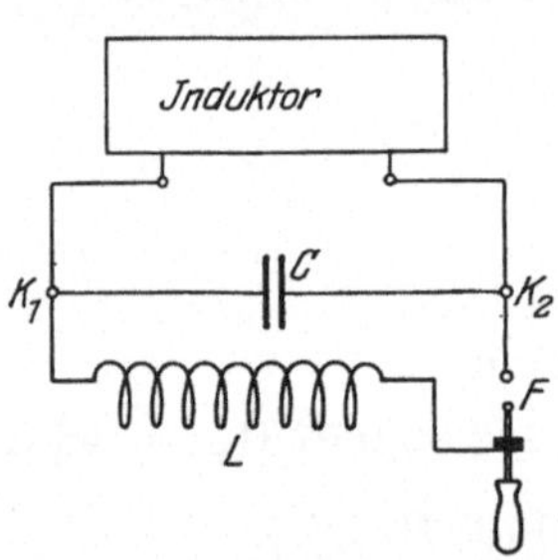

Abb. 407. Schaltungsschema.

die beiden Klemmen K_1 und K_2 des geladenen Kondensators anzuschließen, ohne daß schon bei Annäherung an die Klemmen die Entladung in Form eines Funkens eintritt, und weiter geht in dem Funken und der in Wirklichkeit nicht widerstandslosen Spule Arbeit durch Stromwärme verloren. Die Folge ist, daß nach einer kleinen Zahl von Ladungen und Entladungen die ganze Energie des Kondensators aufgebraucht ist, und er von der Stromquelle von neuem geladen werden muß. Die Periodenzahl der entstehenden Wechselströme wird hierdurch nicht beeinflußt, wohl aber der Maximalwert während jeder halben Periode, wie dies die Abb. 406 veranschaulicht, wo J_0 den Maximalwert der ersten Entladung, J_1, J_2, J_3 in jeder folgenden darstellt. Die in Abb. 405 gezeichneten Wechselströme heißen **ungedämpfte Schwingungen**, während man die in Abb. 406 gezeichneten **gedämpfte** nennt. In der Akustik würde man z. B. ungedämpfte Schwingungen durch den Strich eines Fiedelbogens auf einer Saite erzeugen, während gedämpfte Schwingungen durch das Zupfen der Saite entstehen.

Da die erstmalige Ladung des Kondensators infolge des Energieverbrauchs wieder erneuert werden muß, so muß eine dauernde Verbindung zwischen Kondensator und Stromquelle vorhanden sein. Die Abb. 407 zeigt die Schaltung, wenn man als Stromquelle einen Funkeninduktor nach Abb. 394 benutzt. Die sekundären Klemmen desselben sind mit den Klemmen K_1 und K_2 des Kondensators verbunden, wodurch der Kondensator geladen wird, wenn der primäre Strom des Induktors (hier nicht gezeichnet) unterbrochen wird. Die Entladung erfolgt durch die Spule L und die Funkenstrecke F, die aus zwei kleinen Metallkugeln, gewöhnlich Zinkkugeln, besteht. Der Abstand derselben beträgt, je nach der Größe des Induktors und der Kapazität C des Kondensators, einige Millimeter und läßt sich durch Verschieben der einen Kugel nach Belieben regulieren.

Diese Funkenstrecke war früher viel in Gebrauch, ist aber neuerdings durch die von M. Wien erfundene Löschfunkenstrecke

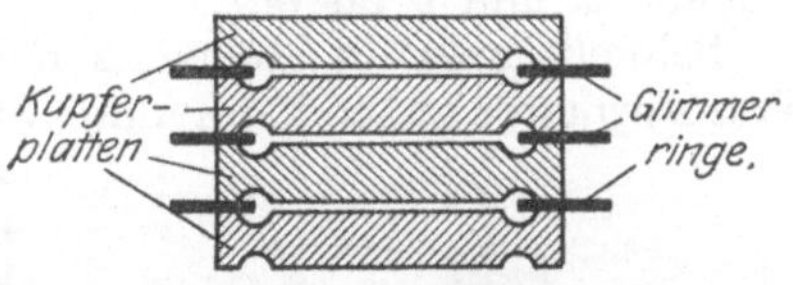

Abb. 408. Wiensche Funkenstrecke.

verdrängt worden. Sie besteht aus zwei oder auch mehreren Kupferplatten, die durch 0,1 bis 0,2 mm dicke Glimmerringe voneinander isoliert sind. Durch Hintereinanderschalten mehrerer Platten kann man die Länge und somit die Ladungsenergie vergrößern, da diese ja nach der Formel 40 mit dem Quadrat der Spannung wächst. Die Abb. 408 zeigt schematisch eine aus drei hintereinandergeschalteten Strecken bestehende Anordnung.

Obwohl die Gesetze der Hochfrequenzströme dieselben sind wie der Wechselströme niedriger Periodenzahl, so bringen sie doch Erscheinungen hervor, die zunächst auffällig erscheinen. Wir wollen daher einige der wichtigsten Versuche hier beschreiben.

Schließt man an Stelle der Spule L in Abb. 407 einen dicken Kupferbügel K wie in Abb. 409 an, so entstehen in dem

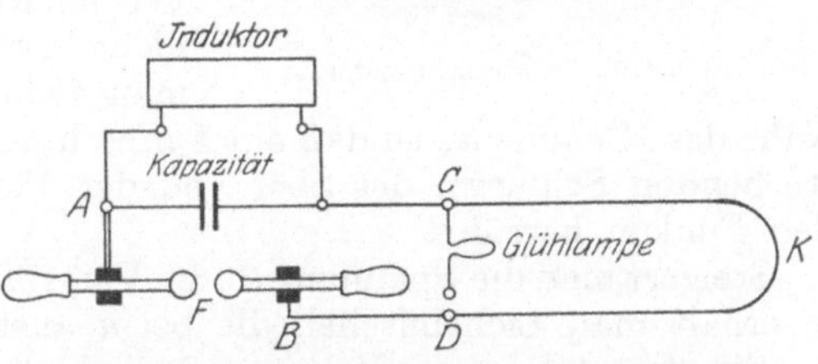

Abb. 409. Nachweis des scheinbaren Widerstandes.

Stromkreis $A\,C\,K\,D\,B\,A$ Hochfrequenzströme, für die der Bügel $C\,K\,D$ einen großen scheinbaren Widerstand bietet, so daß eine zwischen C und D angeschlossene Glühlampe zum Leuchten kommt. Ja sie leuchtet sogar auch dann, wenn man bei D noch einen kleinen Luftzwischenraum läßt, so daß dort der Strom in Form eines Funkens übergehen muß. Der scheinbare Widerstand des Bügels $C\,K\,D$ ist eben viel größer als der Widerstand der Lampe und der Luftstrecke bei D. Dieser Versuch erklärt die Wirksamkeit der Drosselspule in Abb. 46: Jedes Leitungsnetz besitzt nämlich Widerstand, Selbstinduktion und Kapazität, also dieselben Größen, die in dem Kreise $A\,C\,K\,B\,A$ der Abb. 409 vorkommen und dort die Hochfrequenzströme erzeugen, wenn die Kapazität durch den Induktor geladen wurde und sich dann entlud. Die Ladung besorgt in diesem Falle der Blitz, der dann durch die Luftstrecke des Hörnerableiters einen geringeren Widerstand findet als durch die Drosselspule.

Auch transformieren kann man die Hochfrequenzströme, nur darf man keinen Transformator mit Eisen benutzen, da in einem solchen die Eisenverluste zu groß ausfallen würden. Die Abb. 410 zeigt einen geeigneten Transformator, den schon Tesla angegeben hat. Er besteht primär aus etwa 6 Windungen eines 4 mm dicken Kupferdrahtes und sekundär aus 200 bis 1000 Windungen eines dünnen Drahtes, die in einer Lage auf einem Glaszylinder aufgewickelt sind und in den Metallstücken a und b enden.

Schließt man an Stelle des Kupferbügels K (Abb. 409) den Tesla-Transformator an, so kann man zwischen a und b lange Funken erhalten, zum Zeichen, daß man es mit sehr hoher Spannung zu tun hat. Gewöhnlich verbindet man die Klemme b der Abb. 410 mit Erde und kann nun die Funken zwischen a und einem zur Erde abgeleiteten Metallteil übergehen lassen. Diesen Metallteil kann man in der Hand halten und den Strom durch den Körper zur Erde ableiten, ohne hierbei das Geringste zu spüren. Die Hochfrequenzströme sind dem Körper unschädlich, da sie wegen der hohen Periodenzahl eine chemische Wirkung nicht hervorbringen können. Kommt man jedoch mit dem Finger in die

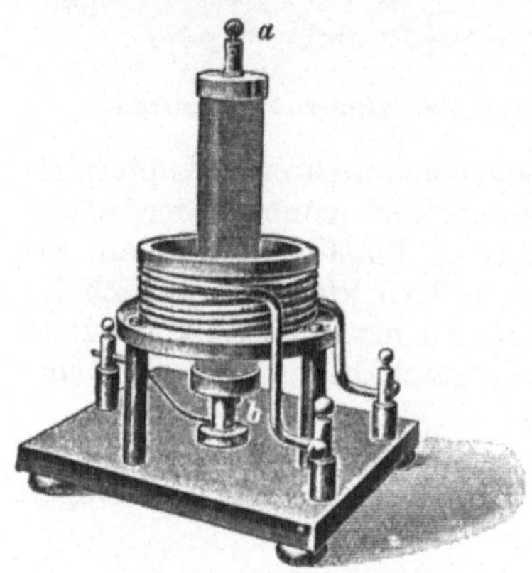

Abb. 410. Teslatransformator.

Nähe der Klemme a, so daß ein Funke überspringt, so spürt man einen stechenden Schmerz, der aber von der Verbrennung der Haut durch den Funken herrührt.

Steigert man die Spannung durch Vergrößerung der Funkenstrecke F, so erhält man Lichtbüschel, die bei a austreten.

Ein etwa 1 m langes Vakuumrohr ohne besondere Elektroden kommt zum Leuchten, wenn man das eine Ende desselben in der Hand hält, das andere Ende in die Nähe der Klemme a des Transformators bringt. Der Strom geht in diesem Falle durch das Rohr und den menschlichen Körper zur Erde.

Bei den bisher beschriebenen Versuchen war die ältere Funkenstrecke bestehend aus zwei kleinen Zinkkugeln, in Verwendung gedacht, bei den folgenden soll jedoch die Löschfunkenstrecke nach Abb. 408 verwendet werden. Da die Luftstrecke bei dieser nur sehr klein ist, so bedarf man auch nur geringer Spannungen zum Laden der Kapazität (1500—2000 V genügen), die man dann besser durch einen Transformator an Stelle des Induktors erzeugt. Auch der Tesla-Transformator braucht sekundär nur geringe Spannungen zu erzeugen, so daß man mit wenigen sekundären Windungen auskommt. Die Schaltung ist dann nach Abb. 411 ausgeführt gedacht, wo die Funkenstrecke F die Löschfunkenstrecke vorstellt.

Verbindet man die beiden Klemmen a und b der sekundären Spule durch geeignete Elektroden mit Teilen des menschlichen Körpers, z. B. indem man die Elektroden mit den beiden Händen anfaßt, so empfindet man den Stromdurchgang, entsprechend dem Jouleschen Gesetz (S. 17) als ein angenehmes Wärmegefühl, das da, wo der elektrische Widerstand des Körpers am größten ist, sich am meisten bemerkbar macht, d. i. vor allem in den Gelenken. Der Arzt hat hierdurch ein einfaches Mittel in die Hand bekommen, inneren Körperteilen durch Hindurchleiten eines Hochfrequenzstromes Wärme zuzuführen. Man nennt dies Verfahren die Diathermie oder auch Wärmepenetration.

Wie in Abb. 411 angegeben, ist bei diesen Versuchen die Wiensche Funkenstrecke (Abb. 408) benutzt worden. Ihr Vorzug besteht gegenüber der älteren Kugelfunkenstrecke darin, wesentlich weniger gedämpfte Schwingungen zu erzeugen. Während bei der Kugelfunkenstrecke etwa 10 Schwingungen bis zum völligen Abklingen entstehen, bringt man es bei Benutzung der Wienschen Funkenstrecke auf ein Vielfaches hiervon. Aber noch ein weiterer Vorteil läßt sich erzielen, indem bei der kleinen Entfernung der Kupferplatten (Abb. 408) die Zahl der Ladungen und Entladungen sich außerordentlich steigern läßt bis auf etwa 1000 pro Sekunde, während man bei gewöhnlichen Funkenstrecken im günstigsten Falle eine Funkenfrequenz von 30—50 erzielen kann. Man erhält also bei Anwendung der gleichen Ladespannung im Primärkreis, wie bei den alten Funkenstrecken, eine Energiesteigerung von 1000:50, also etwa den 20fachen Betrag.

Mit Hilfe des sogenannten Dreielektrodenrohrs kann man durch die Hintereinanderschaltung von Spule und Kondensator nach Abb. 407 auch ungedämpfte Schwingungen erzeugen, indem man die während jeder Periode verlorengegangene elektrische Arbeit durch die Stromquelle wieder ersetzt. Das Dreielektrodenrohr ist in Abb. 412 schematisch dargestellt. In dem luftleer gemachten Rohr V befinden sich drei Elektroden A, K und G. A ist ein Blech, das mit dem positiven Pol einer Gleichstromquelle B verbunden wird, während der negative Pol an den glühenden Draht K angeschlossen ist. G ist eine gelochte Platte, die Gitter genannt wird. Durch das Rohr kann ein Strom, der von der Batterie B, der sogenannten Anodenbatterie, herrührt, nur dann fließen, wenn der Draht K durch die Heizbatterie H zum Glühen ge-

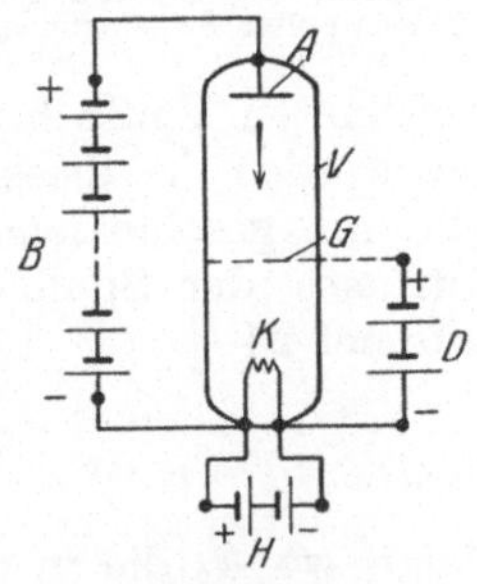

Abb. 412.
Dreielektrodenrohr.

bracht ist, denn dann entsendet er Elektronen, die nach A durch die Löcher des Gitters G fliegen. (Vgl. Coolidge Rohr.) Wird nun das Gitter und die Kathode K mit einer dritten Stromquelle D verbunden, so wird dieser Strom verstärkt, wenn das Gitter mit dem positiven Pol der Stromquelle D, hingegen geschwächt (eventuell bis auf Null), wenn es mit dem negativen Pol von D verbunden ist, denn in diesem Falle stößt das Gitter, da es selbst negative Ladung besitzt, die Elektronen ab, so daß sie nicht zur Anode A gelangen können. Die Schaltung zur Erzeugung von ungedämpften Schwingungen zeigt die Abb. 413. Eine Spule mit der Induktivität L und der eventuell regulierbaren Kondensatorkapazität C sind gemäß der Abb. 404 zu unserem Wechselstromkreise verbunden. Das Hitzdrahtamperemeter Am zeigt den entstandenen Wechselstrom an. Die Spule S, in der durch die von L induzierten Feldlinien Wechselstromspannungen entstehen, stellt die in Abb. 412 dargestellte Stromquelle D vor, durch die also das Gitter bald mit dem positiven, eine halbe Periode später mit dem negativen Pol einer Stromquelle verbunden ist und in letzterem Falle den Anodenstromkreis unterbricht.

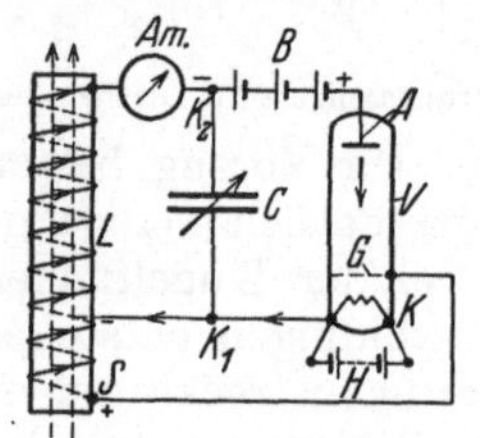

Abb. 413. Erzeugung ungedämpfter Schwingungen.

Anstatt der Gleichstromquelle B konnte man auch eine Wechselstromquelle verwenden, es war dann zu beachten, daß die Ladung des Kondensators nur immer während einer Halbwelle stattfand, nämlich dann, wenn der positive Pol mit der Anode A des Rohres V verbunden war.

Läßt man die Feldlinien der Spule L durch die Windungen einer dritten, hier nicht gezeichneten Spule hindurchgehen, etwa wie in Spule S der Abb. 411, so werden in diesen Windungen elektromotorische Kräfte erzeugt, die im geschlossenen Kreise einen Strom von der Frequenz des Stromes der Spule L (Abb. 404) erzeugen, dessen Größe aus der Formel 24

$$J_2 = E_2 : \sqrt{ R_2{}^2 + \left((L_2\,\omega - \frac{1}{C_2\,\omega} \right)^2 }$$

folgt, wo E_2 die in den Windungen der dritten Spule erzeugte EMK, R_2 den gesamten Echtwiderstand des Stromkreises, L_2 die Induktivität und C_2 die Kapazität desselben bedeutet; $\omega = 2\,\pi\,f$ ist die Kreisfrequenz, die aus der Formel 41 berechnet wird. Wie man aus der Formel erkennt, hängt bei einem gegebenen Widerstand R_2 die Stromstärke ab von der Größe $L_2\omega - \dfrac{1}{C_2\omega}$ sie wird am größten, wenn $L_2\omega = \dfrac{1}{C_2\omega}$ ist, nämlich

$J_2 = E_2 : R_2$ Ampere. Man spricht in diesem Falle von Resonanz. Man erreicht sie, indem man entweder L_2 oder C_2 (oder beide) veränderlich macht. Kommt es nicht darauf an, die Frequenz zu ändern,

so kann man auch C in Abb. 413 so ändern, daß $\omega = \dfrac{1}{\sqrt{C_2 L_2}}$ wird.

Schlußbemerkungen.

Die in den vorstehenden Abschnitten zusammengedrängt gegebene Übersicht über die Elektrotechnik umfaßt nun noch längst nicht das gesamte Gebiet dieser Naturkraft. Der Umfang des Buches aber und der damit beabsichtigte Zweck lassen eine erschöpfende Behandlung sämtlicher Anwendungen der Elektrizität nicht erwarten. Es wurde vielmehr nur auf die eigentliche Starkstromtechnik eingegangen und der sogenannte Schwachstrom fast ganz vernachlässigt. Damit soll aber nicht gesagt sein, daß dieser Gegenstand unwesentlich ist, denn zur Schwachstromtechnik zählt man die sehr wichtigen Anwendungen der Elektrizität im Fernsprechen und Fernschreiben oder Telegraphieren, und auf diesen für Handel und Verkehr heute unentbehrlichen Gebieten sind auch in den letzten Jahren eine ganze Reihe von Erfindungen gemacht worden, die zu einer immer weiteren Vervollkommnung geführt haben.

Ohne Zweifel ist die Elektrizität eine derartig leicht und einfach für alle möglichen Zwecke anzuwendende Naturkraft, daß ihr sicher die Zukunft gehört. Sie läßt sich auf außerordentlich weite Entfernungen fortleiten und ermöglicht so die Ausnutzung von ungünstig gelegenen Wasserkräften, die sonst nicht verwertet werden könnten.

Die heutige Erzeugung der Elektrizität ist immer noch umständlich. Wenn es einmal gelingen wird, Wärme unmittelbar in Elektrizität zu verwandeln, ohne solch große Verluste wie bei den Thermoelementen, dann ist damit ein Problem gelöst, an dem schon viele Köpfe gearbeitet haben. Wenn es in zufriedenstellender Weise gelöst wird, dann wird man kaum noch eine andere Energieform wie die Elektrizität anwenden.

Zur näheren Begründung des soeben Gesagten möge einiges über unsere Mittel zur Umwandlung von Energie im allgemeinen angeführt werden. Die Energiequelle, von der wir abhängen, und auf die wir alles zurückführen können, ist die Sonne. Sie leuchtet und erwärmt uns; infolge ihrer chemischen Wirkung wächst unsere Nahrung, und infolge der Verdunstung des Wassers durch die Sonnenwärme kommt das Fließen der Flüsse und Ströme zustande, so daß unsere Wasserkräfte auf die Wirkung der Sonne zurückgeführt werden müssen, und sie ist auch in letzter Hinsicht die Kraftquelle für unsere Dampfmaschinen, denn die Kessel, in welchen der Dampf erzeugt wird, müssen mit Kohle oder anderem Material geheizt werden, und unsere Heizstoffe sind auch nur Produkte der Sonnenwärme.

Wir nutzen also auch in der Dampfmaschine die Sonnenwärme aus, aber in welch mangelhafter Weise und auf welche umständliche Art! Wir verfeuern zu diesem Zweck das Heizmaterial unter einem Kessel, in den wir kaltes Wasser pumpen. Das Wasser kann in der Dampfmaschine keine Arbeit leisten, es muß deshalb in Dampf verwandelt werden, wozu eine sehr große Wärmemenge erforderlich ist, die nur zum kleinen Teil in der Dampfmaschine in Arbeit umgesetzt wird. Wir verfeuern also die Kohlen, ohne etwas dafür zu erhalten. Berücksichtigt man die Wärme, welche in der Kohle enthalten ist und die davon erhaltene nutzbare Arbeit, die die Dampfturbine liefert, so beträgt die nutzbare Arbeit im besten Fall 20% der gesamten Wärme. Die Dampfmaschine verschwendet also in unerhörter Weise die Kohlen, und es leuchtet danach ein, daß eine Erzeugung der Elektrizität unmittelbar aus der Kohle, oder noch besser, unmittelbar aus der Sonnenwärme ein erstrebenswertes Ziel ist.

Sachverzeichnis.

Aufgaben und Lösungen aus der Gleich- und Wechselstromtechnik. Ein Übungsbuch für den Unterricht an technischen Hoch- und Fachschulen, sowie zum Selbststudium. Von Prof. **H. Vieweger.** Neunte, erweiterte Auflage. Mit 250 Textabbildungen und 2 Tafeln. VIII, 360 Seiten. 1926. RM 9.90; gebunden RM 11.40

Einführung in die komplexe Behandlung von Wechselstromaufgaben. Von Dr.-Ing. **Ludwig Casper.** Mit 42 Textabbildungen. V, 121 Seiten. 1929. RM 6.60

Die symbolische Methode zur Lösung von Wechselstromaufgaben. Einführung in den praktischen Gebrauch. Von **Hugo Ring.** Zweite, vermehrte und verbesserte Auflage. Mit 50 Textabbildungen. VII, 80 Seiten. 1928. RM 4.50

Die Berechnung von Gleich- und Wechselstromsystemen. Von Dr.-Ing. **Fr. Natalis.** Zweite, völlig umgearbeitete und erweiterte Auflage. Mit 111 Abbildungen. VI, 214 Seiten. 1924. RM 10.—

Aufgaben aus der Maschinenkunde und Elektrotechnik. Eine Sammlung für Nichtspezialisten nebst ausführlichen Lösungen. Von Ingenieur Professor **Fritz Süchting,** Clausthal. Mit 88 Textabbildungen. XVI, 235 Seiten. 1924. RM 6.60; gebunden RM 7.50

Grundzüge der Starkstromtechnik für Unterricht und Praxis. Von Dr.-Ing. **K. Hoerner.** Zweite, durchgesehene und erweiterte Auflage. Mit 347 Textabbildungen und zahlreichen Beispielen. V, 209 Seiten. 1928. RM 7.—; gebunden RM 8.20

Hilfsbuch für die Elektrotechnik. Unter Mitwirkung namhafter Fachgenossen bearbeitet und herausgegeben von Dr. **Karl Strecker.** Zehnte, umgearbeitete Auflage.

Starkstromausgabe. Mit 560 Abbildungen. XII, 739 Seiten. 1925. Gebunden RM 20.—

Schwachstromausgabe (Fernmeldetechnik). Mit 1057 Abbildungen. XXII, 1137 Seiten. 1928. Gebunden RM 42.—

Einführung in die höhere Mathematik unter besonderer Berücksichtigung der Bedürfnisse des Ingenieurs. Von Professor Dr. phil. **Fritz Wicke,** Chemnitz. In zwei Bänden.

Erster Band: Mit den Abbildungen 1—231 und einer Tafel. VI, 427 Seiten. 1927. Gebunden RM 24.—

Zweiter Band: Mit den Abbildungen 232—404. III, Seite 429—921. 1927. Gebunden RM 24.—

Elektrische Starkstromanlagen. Maschinen, Apparate, Schaltungen, Betrieb. Kurzgefaßtes Hilfsbuch für Ingenieure und Techniker sowie zum Gebrauch an technischen Lehranstalten. Von Oberstudienrat Dipl.-Ing. **Emil Kosack,** Magdeburg. S i e b e n t e, durchgesehene und ergänzte Auflage. Mit 308 Textabbildungen. XI, 342 Seiten. 1928. RM 8.50; gebunden RM 9.50

Schaltungsbuch für Gleich- und Wechselstromanlagen. Dynamomaschinen, Motoren und Transformatoren, Lichtanlagen, Kraftwerke und Umformerstationen. Unter Berücksichtigung der neuen, vom Verband Deutscher Elektrotechniker festgesetzten Schaltzeichen. Ein Lehr- und Hilfsbuch von Oberstudienrat Dipl.-Ing. **Emil Kosack,** Magdeburg. Z w e i t e, erweiterte Auflage. Mit 257 Abbildungen im Text und auf 2 Tafeln. X, 198 Seiten. 1926. RM 8.40; gebunden RM 9.90

Anleitung zur Entwicklung elektrischer Starkstromschaltungen. Von Dr.-Ing. **Georg I. Meyer,** Beratender Ingenieur für Elektrotechnik. Mit 167 Textabbildungen. VI, 160 Seiten. 1926. Gebunden RM 12.—

Die Stromwendung großer Gleichstrommaschinen. Von Dr.-Ing. **Ludwig Dreyfus,** Västerås, Schweden. Mit 101 Textabbildungen. XII, 191 Seiten. 1929. RM 16.—; gebunden RM 17.50

Die Transformatoren. Von Dr. techn. **Milan Vidmar,** ord. Professor an der jugoslavischen Universität Ljubljana. Z w e i t e, verbesserte und vermehrte Auflage. Mit 320 Abbildungen im Text und auf einer Tafel. XVIII, 751 Seiten. 1925. Gebunden RM 36.—

Der Transformator im Betrieb. Von Dr. techn. **Milan Vidmar,** ord. Professor an der jugoslavischen Universität Ljubljana. Mit 126 Abbildungen im Text. VIII, 310 Seiten. 1927. Gebunden RM 19.—

Elektrische Gleichrichter und Ventile. Von Prof. Dr.-Ing. **A. Güntherschulze.** Z w e i t e, erweiterte und verbesserte Auflage. Mit 305 Textabbildungen. IV, 330 Seiten. 1929. Gebunden RM 29.—

Kurzschlußströme beim Betrieb von Großkraftwerken. Von Professor Dr.-Ing. und Dr.-Ing. e. h. **Reinhold Rüdenberg,** Chef-Elektriker der Siemens-Schuckert-Werke und Privatdozent an der Technischen Hochschule zu Berlin. Mit 60 Textabbildungen. IV, 75 Seiten. 1925. RM 4.80

Berechnung von Drehstrom-Kraftübertragungen. Von Oberingenieur **Oswald Burger.** Mit 36 Textabbildungen. V, 115 Seiten. 1927. RM 7.50

V e r l a g   v o n   J u l i u s   S p r i n g e r   /   B e r l i n

Elektrische Maschinen. Von Prof. **Rudolf Richter,** Karlsruhe.
Erster Band: **Allgemeine Berechnungselemente. Die Gleichstrommaschinen.** Mit 453 Textabbildungen. X, 630 Seiten. 1924.

Gebunden RM 27.—

Zweiter Band: **Wechselstrommaschinen und Transformatoren.**

Erscheint Ende 1929.

Elektromaschinenbau. Berechnung elektrischer Maschinen in Theorie und Praxis. Von Privatdozent Dr.-Ing. **P. B. Arthur Linker,** Hannover. Mit 128 Textfiguren u. 14 Anlagen. VIII, 304 Seiten. 1925. Gebunden RM 24.—

Der Drehstrommotor. Ein Handbuch für Studium und Praxis. Von Prof. **Julius Heubach,** Direktor der Elektromotorenwerke Heidenau G. m. b. H. Zweite, verbesserte Auflage. Mit 222 Abbildungen. XII, 599 Seiten. 1923.

Gebunden RM 20.—

Die Asynchronmotoren und ihre Berechnung. Von Oberingenieur **Erich Rummel,** Strelitz i. Mecklb. Mit 39 Textabbildungen und 2 Tafeln. IV, 108 Seiten. 1926.   RM 5.10; gebunden RM 6.30

Die asynchronen Drehstrommaschinen mit und ohne Stromwender. Darstellung ihrer Wirkungsweise und Verwendungsmöglichkeiten. Von Prof. Dipl.-Ing. **Franz Sallinger,** Eßlingen. Mit 159 Textabbildungen. VI, 197 Seiten. 1928.   RM 8.—; gebunden RM 9.20

Die Gleichstrom-Querfeldmaschine. Von Ingenieur Dr. **E. Rosenberg,** Wien-Weiz. Mit 102 Textabbildungen. V, 97 Seiten. 1928. RM 11.—

Meßgeräte u. Schaltungen zum Parallelschalten von Wechselstrom-Maschinen. Von Oberingenieur **Werner Skirl.** Zweite, umgearbeitete und erweiterte Auflage. Mit 30 Tafeln, 30 ganzseitigen Schaltbildern und 14 Textbildern. VIII, 140 Seiten. 1923. Gebunden RM 5.—

Meßtechnische Übungen der Elektrotechnik. Von Oberingenieur a. D. **Konrad Gruhn,** Gewerbestudienrat. Mit 305 Textabbildungen. VI, 177 Seiten. 1927.   RM 10.50

Elektrotechnische Meßinstrumente. Ein Leitfaden von Oberingenieur a. D. **Konrad Gruhn,** Gewerbestudienrat. Zweite, vermehrte und verbesserte Auflage. Mit 321 Textabbildungen. IV, 223 Seiten. 1923.

Gebunden RM 7.—

Herzog-Feldmann, Die Berechnung elektrischer Leitungsnetze in Theorie und Praxis. Vierte, völlig umgearbeitete Auflage von Prof. **Clarence Feldmann,** Delft. Mit 485 Textabbildungen. X, 554 Seiten. 1927. Gebunden RM 38.—

Leitfaden der Lichttechnik für Unterricht und Praxis. Von Professor Dr.-Ing. **W. Voege,** Elektrisches Prüfamt Hamburg. Mit 47 Abbildungen im Text sowie zahlreichen Tabellen und Beispielen. V, 80 Seiten. 1928. RM 4.50

Die Stromversorgung von Fernmelde-Anlagen. Ein Handbuch von Ingenieur **G. Harms.** Mit 190 Textabbildungen. VI, 137 Seiten. 1927. RM 10.20; gebunden RM 11.40

Drahtlose Telegraphie und Telephonie. Ein Leitfaden für Ingenieure und Studierende. Von **L. B. Turner.** Ins Deutsche übersetzt von Dipl.-Ing. **W. Glitsch,** Darmstadt. Mit 143 Textabbildungen. IX, 220 Seiten. 1925. Gebunden RM 10.50

Die Isolierstoffe der Elektrotechnik. Vortragsreihe, veranstaltet von dem Elektrotechnischen Verein E. V. und der Technischen Hochschule Berlin. Herausgegeben im Auftrage des Elektrotechnischen Vereins E. V. von Prof. Dr. **H. Schering.** Mit 197 Abbildungen im Text. IV, 392 Seiten. 1924. Gebunden RM 16.—

Gummifreie Isolierstoffe, Technisches und Wirtschaftliches. Unter Mitarbeit von Fachgenossen verfaßt von Dr.-Ing. **Arthur Sommerfeld,** Süddeutsche Isolatorenwerke G. m. b. H., Freiburg i. B. Herausgegeben vom Zentralverband der deutschen elektrotechnischen Industrie E. V., Berlin. Mit zahlreichen Abbildungen. 103 Seiten. 1927. RM 2.80; gebunden RM 3.60

Elektrische Festigkeitslehre. Von Prof. Dr.-Ing. **A. Schwaiger,** München. Zweite, vollständig umgearbeitete und erweiterte Auflage des „Lehrbuchs der elektrischen Festigkeit der Isoliermaterialien". Mit 448 Textabbildungen, 9 Tafeln und 10 Tabellen. VIII, 474 Seiten. 1925. Gebunden RM 27.—

Einführung in die Elektrizitätslehre. Von Professor Dr.-Ing. e. h. **R. W. Pohl.** Zweite, verbesserte Auflage. Mit 393 Abbildungen, darunter 20 entlehnte. VII, 259 Seiten. 1929. Gebunden RM 13.80

Vorlesungen über Elektrizität. Von Professor **A. Eichenwald,** Dipl.-Ing. (Petersburg), Dr. phil. nat. (Straßburg), Dr. phys. (Moskau). Mit 640 Abbildungen. VIII, 664 Seiten. 1928. RM 36.—; gebunden RM 37.50